应用计算智能
——如何创造价值

Applying Computational Intelligence
How to Create Value

[美] Arthur K. Kordon 著

程国建 张 峰 燕并男 徐英卓 译

国防工业出版社

·北京·

图书在版编目（CIP）数据

应用计算智能：如何创造价值/（美）亚瑟·K. 科登（Arthur K. Kordon）著；程国建等译. —北京：国防工业出版社，2016.8

书名原文：Applying Computational Intelligence：How to Create Value

ISBN 978-7-118-10914-6

Ⅰ. ①应… Ⅱ. ①亚… ②程… Ⅲ. ①数据处理 Ⅳ. ①TP274

中国版本图书馆 CIP 数据核字（2016）第 188577 号

Translation from English language edition:
Applying Computational Intelligence How to Create Value
byArthur Kordon
Copyright © 2010 Springer Berlin Heidelberg
Springer Berlin Heidelberg is a part of Springer Science+Business Media
All Rights Reserved

本书简体中文版由 Springer Science+Business Media 授权国防工业出版社独家出版发行。

版权所有，侵权必究。

※

国防工業出版社出版发行

（北京市海淀区紫竹院南路 23 号　邮政编码 100048）

北京嘉恒彩色印刷有限责任公司

新华书店经售

*

开本 710×1000　1/16　印张 22¾　字数 434 千字

2016 年 8 月第 1 版第 1 次印刷　印数 1—2000 册　定价 95.00 元

（本书如有印装错误，我社负责调换）

国防书店：（010）88540777　发行邮购：（010）88540776

发行传真：（010）88540755　发行业务：（010）88540717

译者序

通过模拟自然界生物体的结构、功能和行为涌现出了许多新的技术和方法，它们可用于解决人类社会面临的实际问题。近十几年来兴起的计算智能就是各类自然科学和信息科学相结合的产物。它是以自然界特别是生物体的功能、特点和作用机理为基础，研究其中所蕴含的信息处理机制、抽取相应的计算模型、设计相应的算法并用于解决各类采用传统方法难以求解的问题。计算智能的发展完全顺应于当前多学科不断交叉和融合发展的潮流，其主要特征表现为自治性、分布式、涌现、自适应和自组织。

计算智能对工业界来说仍是一个相对较新的技术领域。在新兴技术类别中，它是一个快速发展的研究领域，包含了从早期的模糊系统、人工神经网络到近代的人工免疫系统、深度机器学习等算法。许许多多的业界报告及学术论文已经证明了模糊逻辑、神经网络、进化计算、群体智能和智能代理等计算智能技术在实际应用中的潜力，并且随着大数据时代的到来，计算智能的应用范围正在日益扩大。新的以软件驱动的淘金热将是“把数据转换为金子”的机器学习领域，而计算智能正是机器学习的核心所在。计算智能的应用领域包括对复杂优化问题的求解、智能控制、模式识别、网络安全、硬件设计、社会经济、生态环境等方面。

本书用最少的理论细节清晰地解释了不同计算智能方法的主要原理，提供了一种实践中成功应用计算智能创造价值的集成方法学。对于如何处理许多技术和非技术问题，本书提供了实用的指导准则，特别是对现实世界中的一些典型应用案例进行了剖析。本书以思维导图方式引导读者进行研读，思维导图是表达发散性思维的有效的图形思维工具，它简单却极其有效，是一种革命性的思维工具。本书主要讨论了以下主题：①如何拓宽计算智能的读者群？②怎样用计算智能来创造价值？③如何在实际中应用计算智能？④怎样判定计算智能未来的发展方向？本书分为四大部分：第 1 部分是有关计算智能构成要素的简明、通俗的介绍；第 2 部分侧重于讨论计算智能创造价值的潜力；第 3 部分涵盖了本书最重要的内容，即成功应用计算智能解决实际问题的方法策略；第 4 部分指明了计算智能的未来发展方向。本书可供工业及学术界研究人员、不同背景的管理人员、软件供应商、相关专业在校大学生及硕（博）士研究生等参考使用。

本书的翻译工作由程国建教授统一协调负责，本书第 1～7 章和术语表由张峰博士翻译，第 8～12 章由燕并男博士翻译，第 13 章由徐英卓教授翻译，第 14 和 15 章由程国建教授翻译，程国建、张峰负责审读全稿。

在翻译过程中，译者力求忠实、准确地把握原著，同时保留原著的风格。但由于译者水平有限，时间仓促，书中难免有错误和不准确之处，恳请广大读者批评指正。

前　言

在理论上，理论与实践没有差别。但在实践上，却并非如此。

—— Jan L.A. van de Snepscheut

计算智能领域中的很多学术思想已经以极快的速度和持久性渗透到了工业界。即使我们对其理论基础尚未完全明了，但数以千计的实际应用已经证明了模糊逻辑、神经网络、进化计算、群体智能和智能代理在实际使用中的潜力。计算智能的应用范围也正在日益扩大。一些软件供应商宣称，新的淘金热将是“把数据转换为金子”的机器学习领域。像“数据挖掘”“遗传算法”“群体优化”这些新的流行语已经丰富了高层管理者的词汇库，并使他们更加高瞻远瞩地关注 21 世纪的发展。自美国前总统乔治·W.布什在 2000 年总统竞选的一次辩论中使用“模糊数学”一词之后，其甚至变为了一个政治术语。以至于业务操作人员用谈论达拉斯牛仔的热情谈论神经网络的性能。

然而，对于大多数工程师和科学家而言，将计算智能技术引入实践当中并探寻不断出现的新方法、理解其理论原理及潜在价值成为一个越来越艰巨的任务。为了跟踪新技术（如遗传算法或支持向量机）的发展，人们必须使用谷歌搜索或学术期刊和书籍作为信息的主要来源（许多情况下这也是唯一来源）。对于多数从业者而言，面临的挑战是很难理解那些高度抽象及纯粹理论的学术专著。他们需要一本浅显易懂的计算智能参考书。这本书定义了计算智能创造价值的源头；它用最少的理论细节和证明清晰地解释了不同计算智能方法的主要原理；提供了一种实践中成功应用计算智能的集成方法学；对于如何处理许多技术和非技术问题提供了实用的指导准则；尤其是对现实世界中的某些典型应用案例进行了剖析。

动机

《应用计算智能——如何创造价值》是市场上第一本能满足此方面需求的书，多种因素驱使作者撰写本书。

首先是为了强调学术研究和工业研究的不同驱动力（图 0.1）。在学术研究和工业研究之间，价值是不同操作模式的基础。学术研究的主要目标是在自然界的不同层面上（从量子到宇宙）创造新的知识，发表文章的数量和质量是成功的定义。相反，工业研究的主要目标是在自然界的任一层面上通过探索和实践知识来创造价值，其成功的定义是增加利润并且提升市场竞争地位。

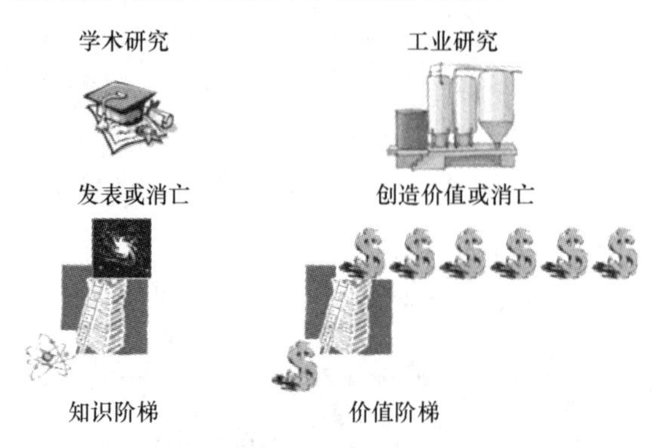

图 0.1　学术研究与工业研究的不同驱动力

由于工业界中的价值因素涉及企业的生存问题，因此相对学术界而言，价值是主导因素，并以多种方式支配工业界的研究模式。即使在没有任何研究基金的情况下，大学教授依然能够在某个知识领域的任意层次和深度上进行研究，以满足他们的好奇心。而工业界的研究人员却无法享受这种奢侈，他们必须关注那些能获取最大利益的知识领域中的某个层次。其结果是，在工业研究的几乎任何阶段都必须评估可能创造的价值。遗憾的是在文献资料中，这个重要的事实常常被忽略不计。本书的目的之一就是强调，在实践中采纳某些新技术（如计算智能）时必须突出创造价值这一决定性因素。

撰写本书的第二个原因是为了阐明在过去的十年中应用科学所发生的巨大变化。曾经有段时间，一批工业界的技术实验室，如贝尔实验室，具有宽泛的科学研究目标以及类似于学术界的运转模式。然而，现在的情况却发生了变化。全球化和股东利益最大化使应用研究项目经费持续削减并且转向短期研究。图 0.2 给出了一个颇具讽刺意味的流行于当今工业研发界的新十条戒律。

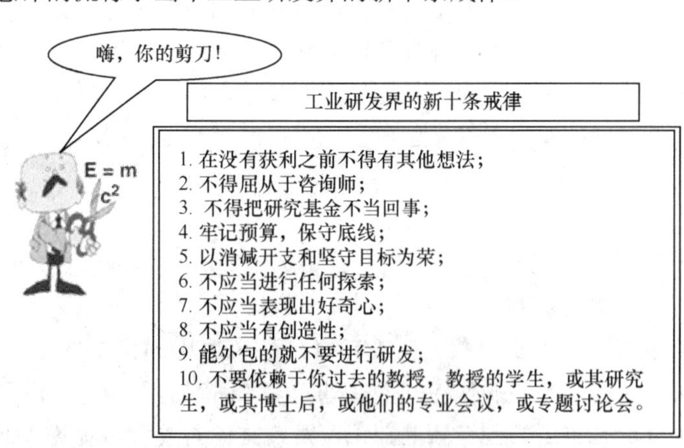

图 0.2　流行于工业研发界的新十条戒律

降低成本的改革运动要求应用新技术必须采用新策略，即必须保证付出的探索成本最低。结果是，应用研究的新方法学必须能够显著降低引入新技术的风险和时间成本。然而，既有的解决方案都是修修补补的，在开发有效的应用策略方面缺少成功经验。本书的目标之一就是提供一个将新技术实用化的系统方法，该方法成本低廉且适用于当前的精益工业研发环境。

决定撰写本书的第三个因素是作者拥有在跨国公司（陶氏化学公司，DOW Chemical Company）将计算智能应用于实践的丰富经验。在有才华的研究人员、富有远见的管理人员及热情员工的共同努力下，陶氏化学公司成为工业界将计算智能技术实用化的先导公司之一。本书中，虽然省略了一些可能危害陶氏化学公司知识产权的细节，但同时在很大程度上也将与学术及工业界分享积累的经验教训。此外，本书中给出的所有例子都是基于公开资源。

本书的目的

计算智能对工业界来说仍是一个相对较新的技术领域。在新兴技术类别中，它是一个快速发展研究领域。除此之外，计算智能是基于许多具有不同理论基础的方法的混合体，如模糊逻辑、神经网络、进化计算、统计学习理论、群体智能和智能代理等。以一种可理解的、一致的方式向非技术人员传授计算智能技术是一大挑战。遗憾的是，计算智能的综合复杂性已经明显地降低了未来用户的数量和其自身的应用潜力。另一个问题就是目前已知的大部分应用其实现的方法上均呈现非系统和修修补补的特性。总之，毫不奇怪，截至目前尚未见到一本综合的应用计算智能参考书籍。

本书的目的就是要填补这一需求，强调这些存在的问题并提供给广大读者一个如何成功应用计算智能的行动指南。如图 0.3 所示，以思维导图（Mind-Mapping）的方式表示了本书的关键主题。

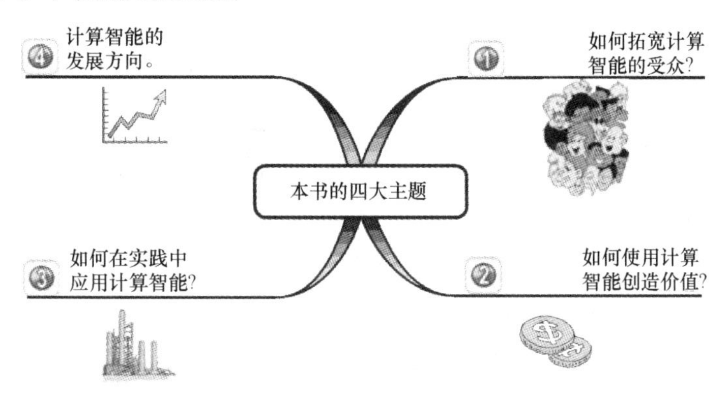

图 0.3　本书讨论的四大主题

本书所论述的四大主题：

（1）如何拓宽计算智能的受众？本书的第一个主题就是如何在专业团体之外拓展计算智能的潜在用户。本书将用最少的数学和技术细节来解释主要的计算智能方法，并把重点放在其独特的应用能力方面。

（2）如何使用用计算智能创造价值？本书的第二个主题是理清计算智能在实际应用中最常遇到的困惑，即创造价值问题。内容包括辨识可用计算智能产生效益的项目资源；对照工业中广泛使用的建模方法，定义计算智能技术的竞争优势；分析计算智能的局限性。

（3）如何在实践中应用计算智能？本书的第三个主题涵盖了主要关注点，即计算智能的应用策略。包括集成不同技术的方法学；计算智能的行销问题；实施完整的计算智能应用的特定步骤以及特定的应用范例。

（4）计算智能的发展方向。本书的第四个主题是探讨未来可持续性应用计算智能的问题。计算智能的潜在增长基于新方法优异的应用能力，以及工业界预期的增长需求。

本书的读者对象

本书的目标读者比现有的计算智能科学团体更为宽泛。图 0.4 以思维导图的方式展现了可从本书受益的读者类型。

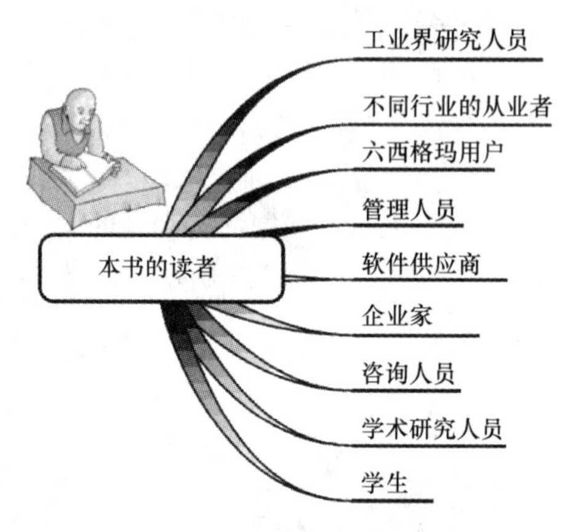

图 0.4　本书的潜在读者群

本书的潜在读者如下：

（1）工业界研究人员。包括在工业实验室中从事新产品及流程研发的科学家。通过本书他们将会理解计算智能对工业研究的影响而从中受益，同时可使用本书提供的应用策略来拓宽和提升工作绩效。此外，他们还将知道如何行销计算智能技术。

（2）不同行业的从业者。主要由计算智能的潜在终端用户组成，如过程工程师、供应链管理者、经济分析师、医生等。本书将以他们能够理解的语言来介绍主要的计算智能技术，并鼓励他们在其从事的行业中发现新的应用契机。

（3）六西格玛用户。六西格玛（Six Sigma）是工业界研发高质量解决方案的工作流程。它已被大多数跨国集团采纳为工业标准。据估计六西格玛的用户包括数以万计的项目领导（也称黑带）以及几十万的技术专家（也称绿带）。通常情况下，他们在项目管理中使用经典的统计学。计算智能是六西格玛用户在解决高度复杂问题时的一个自然扩展，黑带和绿带人员均可使用。

（4）管理人员。公司高管和项目研发经理可通过本书来理解计算智能创造价值的机制和其竞争优势并进而从中受益。中、初级管理人员可通过本书实用且非技术性的描述对这项新技术加以了解，这有助于使他们的管理工作更富有效率。

（5）软件供应商。包括两类供应商。一类是从事计算智能系统研发的通用软件供应商，另一类是从事计算智能特定技术研发的专业软件供应商。这两类供应商均可通过本书更好地理解其产品在此领域的市场潜力。

（6）企业家。包括具有创办高新技术企业热情的专家以及寻找大额技术投资的风险资本家。本书会给他们提供有关计算智能的本质、创造价值的潜能以及当前和未来的应用领域等重要信息，这将为其制定商业计划和进行投资策略分析奠定良好的基础。

（7）学术研究人员。包括一大类对计算智能领域研究和技术细节不甚了解的学术研究人员和少数正在研发并推进计算智能研究的有关人士。对于第一类人员本书可作为其了解该领域的入门读物，从工业界专家那里了解成功的实际应用的必要条件。第二类人员可通过本书更好地意识到计算智能对经济的影响，理解工业界的需求，从成功应用案例的细节中获益。

（8）学生，包括在校大学生及硕士、博士研究生。技术、经济、医学甚至社会学科的本科生和研究生可通过本书理解计算智能的优势和它在特定领域实践中的潜能。此外，本书会帮助学生了解工业研究和实际应用中所面对的问题。

本书的结构

本书可分为四大部分，其章节构成如图 0.5 所示。第 1 部分是有关计算智能构成要素的简明、通俗介绍。第 1 章讲述了人工智能与其后续技术之间的区别；第 2 章为计算智能综述及其关键的科学原理，接下来的五个章节介绍了计算智能的关键技术：第 3 章描述了模糊系统的主要特征；第 4 章介绍了人工神经网络和支持向量机；第 5 章简要论述了不同的进化计算技术；第 6 章论述了几种群体智能算法；第 7 章描述了智能代理的主要功能。

第 2 部分侧重于讨论计算智能创造价值的潜力。它包括三个章节：第 8 章介绍了计算智能的主要应用领域；第 9 章对比当前工业界主要的研发技术（如第一原理建模、统计学、启发式、古典优化等），详细论述了计算智能这项新兴技术的竞争优势；第 10 章讨论了在应用计算智能过程中所遇到的一些实际问题。

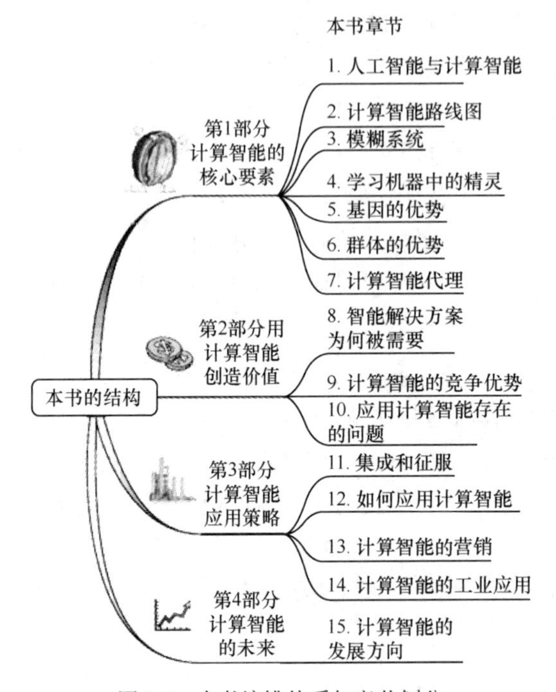

图 0.5　本书编排体系与章节划分

第 3 部分涵盖了本书最重要的内容，即成功应用计算智能解决实际问题的方法策略。第 11 章强调了在工业应用中整合不同计算智能技术的重要性，并给出了几个高效整合的例子；第 12 章给出了应用策略的主要步骤，同时为大量的六西格玛用户提供了指导原则；第 13 章侧重于计算智能行销方面的关键问题；第 14 章列举了在制造业和新产品设计方面应用计算智能的具体实例。

最后，第 4 部分讨论了计算智能的未来发展方向。第 15 章介绍了计算智能领域的新技术，并从行业预期需求方面进行了展望。

本书涉及较少的几个方面

（1）计算智能方法的详细理论描述。本书不包含对各种计算智能方法的深刻的学术论述。因为大部分读者希望看到的是尽量少用技术和数学描述的内容。建议需要深入了解某个特定主题的读者参阅合适的资源，如书籍、重要论文和网站等。本书讨论的重点是计算智能的应用问题，因此所有方法的描述和分析将面向计算智能的实际应用层面。

（2）对新的计算智能方法的介绍。本书并不对已知的方法提出新的计算智能方法或算法。本书的新颖性在于计算智能的应用方面。

（3）计算智能方法的软件手册。本书并非是一个特定软件产品的指令手册，有相关兴趣的读者可参阅本书所列示的相关网站。作者的目的是定义一个独立于任何特定软件的计算智能应用的通行方法。

本书的特点

本书与其他以计算智能为主题的书籍相比，主要特点如下：

（1）以宽广的视野描述计算智能：本书所传递的一个主要信息是，导致应用项目失败的根本原因在于我们只关注技术细节而忽略了实际应用中的其他方面。成功的应用策略基于三个要素，分别是科学方法、基础设施和人员，称为应用研究的“三驾马车”，如图 0.6 所示。

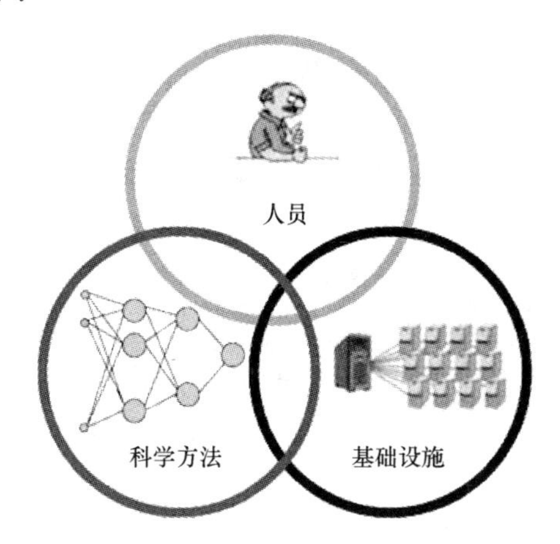

图 0.6　应用研究的三驾马车

第一要素是人员，即参与整个项目实施周期的相关人员，如研究人员、管理人员、程序员和不同类型的终端用户。第二要素是科学方法，主要关注现行的大多数分析方法，包括计算智能的理论基础。第三要素是基础设施，包括实施智能计算解决方案所必需的基础设施，如所需的软硬件资源以及所有对开发、部署和支持组织的工作流程。本书的理念是拓宽计算智能的应用视野，强调人员因素在成功的实践应用中的关键作用。

（2）力求科学技术的纯正性与市场行销之间的平衡：扩大计算智能受众必须将技术术语转化为非技术语言进行叙述。在此过程中会不可避免地丢失一些理论的严谨性和技术细节。原则上讲，市场化的语言会更简单、更精练。作者已准备好了接受来自学术界的批评，但同时坚信面向非技术读者的这一转变会带来更多的益处。

（3）强调可视化的描述：本书的第三个主要特征是采用各种各样的可视化工具，特别是将大量使用思维导图[①]及剪贴画[②]。作者坚信，要阐明一个概念，没有什么比一个生动的可视化表示会带来更好的效果。

思维导图（概念映射图）首先要求标记一个中心思想，然后从这个中心思想出发扩展新的思维及相关概念[③]。它强调用自己的语言标记关键想法，然后寻找想法之间的分支和联系，以这种方式映射知识有助于我们对新信息的理解和记忆。

---

① 本书的思维导图来自 ConceptDraw MindMap (http://www.conceptdraw.com/en/products/mindmap/main.php)。

② 本书的剪贴画来自网站 http://www.clipart.com。

③ 开发思维导图的入门书：T. Buzan, *The Mind-map Book*, 3rd edition, BBC Active, 2003。

致 谢

作者要特别感谢下列同事，他们为陶氏化学公司引入并开发了相应的计算智能应用：Elsa Jordaan、Flor Castillo、Alex Kalos、Kip Mercure、Leo Chiang 和 Jeff Sweeney，以及来自 Evolved Analytics 和 Wayne Zirk 的陶氏化学公司前雇员 Mark Kotanchek 和比利时安特卫普大学的 Ekaterina Vladislavleva。

除此以外，作者还要感谢 Guido Smits 所做的巨大贡献，他是一位有远见的专家，不仅将计算智能的很多方法引入公司，并且对这些方法做了非常有效的改进和提升。

此外，作者非常荣幸能够得到以下顶级专家和管理层的支持，他们是 Dana Gier、David West 和 Randy Collard，他们在将计算智能引入公司、应用以及扩充方面发挥了重要作用。

特别感谢保加利亚漫画家 Stelian Sarev 授予作者在第 13 章使用他的漫画作品的权利，同时感谢 John Koza 许可作者使用他的计算智能图标。

作者还要感谢下列各位为完善书稿质量而提出建设性意见：Flor Castillo、Elsa Jordaan、Dimitar Filev、Lubomir Hadjiski、Mincho Hadjiski、Alex Kalos、Mark Kotanchek、Bill Langdon、Kip Mercure、Adam Mollenkopf、Danil Prokhorov、Ray Schuette、Guido Smits、George Stanchev、Mikhail Stoyanov、David West 和 Ali Zalzala。作者特别感激两位匿名审稿人为本书提出了非常有价值的建议。特别感谢 Ronan Nugent 的支持和热心，他是这个项目成功的关键。

Arthur K. Kordon

2009 年 3 月于得克萨斯州杰克逊湖

目　录

第1部分　计算智能的核心要素

第 2 部分　计算智能创造价值

第 3 部分 计算智能的应用策略

第 4 部分　计算智能的未来

第 1 部分

计算智能的核心要素

第1章 人工智能与计算智能

最伟大的三个历史事件：第一是宇宙的诞生；第二是生命的出现；第三个我认为是人工智能的出现。

——Edward Fredkin

人工智能不是一门科学。

——Maurizio Matteuzzi

几乎没有任何一个研究领域能像人工智能（Artificial Intelligence，AI）这样引起如此广泛的宣传和公开辩论，人工智能的缩写 AI 也是少数几个被现代英语所接受的科学时髦术语。人工智能成功地渗入了好莱坞，并俘获了明星导演史蒂芬·斯皮尔伯格的关注。他所执导的电影巨片 *AI* 将人工智能的概念以视觉艺术的方式传播到了数以百万计的人群中。

考虑到 AI 的巨大流行性，读者通常会问这样一个合乎常理的问题：我们为什么需要另一个名称呢？本书第 1 章的目的就是对人工智能领域和计算智能（Computational Intelligence，CI）领域进行定义，并澄清两者间的区别，以回答读者的这个问题。在对两者进行讨论时，作者将重点关注这些广阔研究领域的实际应用能力。本章将介绍经典 AI[①]的重要技术和应用领域。计算智能的关键方法和应用问题则在本书的其他章节详细展开。如果读者对于 AI 的技术本质不感兴趣，可越过 1.1 节。

1.1 人工智能：先驱者

AI 巨大的人气是有其代价的。不同的研究团体对该领域的认识具有很大的差异性，对其科学重要性也持不同的观点，一个极端是将 AI 视为当代炼金术，而另一

① 计算智能出现之前 AI 的发展情况。

个极端则将 AI 颂扬为历史上的关键性事件。争论的主要原因在于 AI 的关键学科——人类智能的高度复杂性。AI 的研究工作集中于使用计算机科学、数学和工程方法分析人类智能。根据《人工智能手册》，AI 的经典定义如下：

人工智能是计算机科学的组成部分，它关注于设计智能计算机系统，该系统可以呈现人类行为的一些特点——理解语言、学习推理和解决问题等[①]。

同时，人类智能研究领域活跃于多个从事人类研究的科学团体如神经生理学、心理学、语言学、社会学和哲学等。遗憾的是，基于计算机科学研究的阵营与基于人类研究的阵营之间的必要协作被彼此之间的科学炮击所取代，这不仅没有解决问题，而且还增加了其混乱的级别。在学界内外有一个共识，即分析智能的研究工作还没有采取一个非常智能的方式。

1.1.1 应用人工智能的实际定义

作为学术分裂的结果，不同的研究机构都在争取其关于人类智能和人工智能的定义能获得普遍认可。感兴趣的读者可以从本章结尾处推荐的参考文献中发现这点。然而，本书的焦点是创造价值，作者将从实际应用的角度关注 AI 的重要特点。

AI 诞生于 1956 年夏天达特茅斯学院举办的著名的两个月的研讨会上，10 个创始人初步构建起了这个新研究领域的科学方向——模仿人类推理、理解语言（计算机翻译）和寻找通用问题求解器等。然而，由于很多原因，即便多个国家的政府机构慷慨资助，在接下来的十年中在这些方向上的研究也没有产生预期的结果。其中的教训之一就是，在最初的策略中忽视领域知识（即所谓的用“弱方法”试图建立适用于任何问题的通用解决方案）会导致失败。后来，研究工作转向基于狭窄领域的专家知识来开发推理机制。这不仅使 20 世纪 70 年代早期产生了众多成功的科学结论，而且还在 20 世纪 80 年代打开了大量的实际应用之门。

从实用的观点来看，人类智能最具价值的特点就是具有从变化的环境中提取出所有有用的数据并据此对未来做出正确预测的能力。通常，这些预测是特定的，并且受限于相关领域知识。从这个观点出发，我们将应用 AI 定义为一个方法系统和架构，通过表示已有的领域知识和推理机制来模仿人类智能解决特定领域的问题。可以用一个非常简单的方式来描述这个 AI 的狭义定义，即“将专家装入盒子（计算机）里”，如图 1.1 所示。

相对于最初的难以确认其创造价值潜力的通用型 AI 研究，应用型 AI 具有数个利润增长点。第一就是以顶级专家水平持续性操作来提高每一个流程的生产效率；第二就是对这个领域中“最好的和最聪明的”知识进行整合以降低决策风险，进而创造潜在价值；第三，即使专家离开了机构，应用 AI 也可以保留已有的领域知识，进而创造利润。

---

① A. Barr, E. Feigenbaum, *The Handbook of Artificial Intelligence*, Morgan Kaufmann, 1981.

图 1.1　应用人工智能“将专家装入计算机里”

成功的应用 AI 的定义是一个计算机化的解决方案，它可以像各领域专家一样响应不同的情形，以几乎与专家无异的方式进行推理和预测。理想的应用 AI 就是一台克隆了相关领域专家的大脑的机器。

1.1.2　关键的人工智能实践方案

有很多种克隆专家大脑的方法，在图 1.2 中列出了最重要的几种方法。专家系统在计算机中通过使用规则和框架来获取专家知识。可通过两个关键的推理机制模仿专家推理：目标驱动（逆向推理）和事件驱动（正向推理）。如果专家知识可以被多个案例表示，则可将其组织成特定类型的索引推理，称为实证推理。知识管理是知识获取、表示和实施的系统化方式。这些关键的应用 AI 方法将在下文中详细讨论。

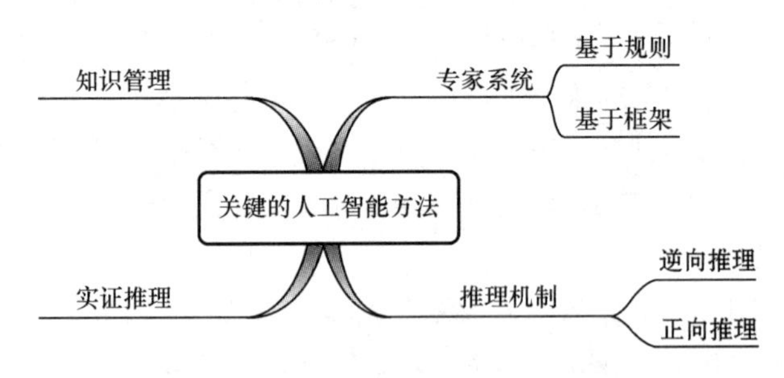

图 1.2　应用人工智能的主要方法

1.1.2.1　专家系统（基于规则和基于框架）

1．基于规则的专家系统

在计算机中表示人类知识的一种可能的方法就是借助规则。规则可以表示为对条件集的程序性响应。一条规则由正文和一组属性组成。创建一条新的规则时，可以在正文中输入两部分声明：第一部分称为前提，用于条件的测试；第二部分称为结论，用于指定当条件返回真值时将执行的动作。下面是一条规则的正文的例子。

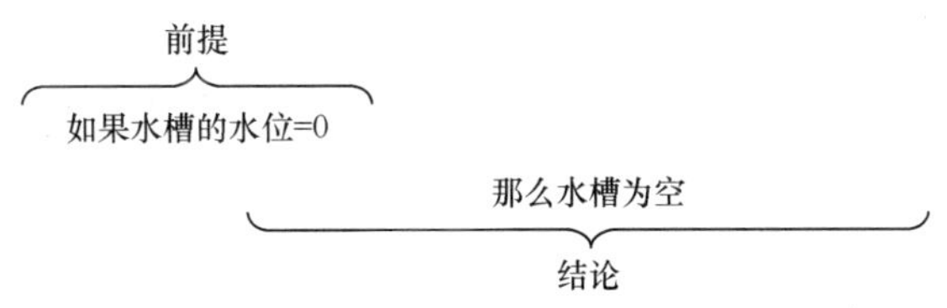

基于规则的专家系统是由一组独立的或相关的规则组成的。基于规则的专家系统的性能和创造的价值强烈地依赖于所定义的规则的质量。在这个过程当中，领域专家起着关键的作用。在基于规则的专家系统中，对专家的模仿是通过编程实现的，因而系统的性能最多只能达到专家的水平，而无法超越专家。

2．基于框架的专家系统

框架是表示领域知识的另一种方法，这种方法是由 AI 创始人之一 Marvin Minsky 在 20 世纪 70 年代首先提出的，其后出现的面向对象的编程语言则进一步推动了它的发展。框架是知识表达的一种类型，其中的属性集描述了一个给定的对象。每个属性都存储在一个可能包含默认值的位置中。以生产监测系统中的典型对象为例，其就是一个具有一组属性值的过程变量。对象属性包含了表示实体所需要的所有信息，包括数据服务器名称、标签名称、过程变量值、更新的时间间隔、数据的有效间隔和历史保存规范等。

基于框架的专家系统的独特性及强大的功能在于其通过定义类的层次结构从高抽象级别获取通用知识的能力。例如，一个生产检测系统的类的层次结构包括一般类，如过程单元、过程设备、过程变量和过程模型等。作为通用型对象，类的属性可由用户定义或从层次结构中的父类直接继承。例如，过程设备类包含继承属性（如从上一级过程单元类中继承的单元名称和单元位置）和用户自定义的属性（如尺寸、进口过程参数、出口过程参数和控制回路等）。

类可能具有关联方法，它定义了每个类的操作特点。多态性用一种特定类的方式表示通用操作。代码仅需要知道对象的名称和方法的标识即可调用方法。例如，过程设备类可能包含启动序列和关闭序列的方法。

各领域知识专家的任务就是以最高效的方式定义类的层次结构。基于框架的专家系统的最大优势就是一旦一个对象（或一类对象）被定义，则其工作可立即被重用。任何对象或对象集都可被无限次的克隆。而且，每一次克隆复制都完全地继承源对象（或源对象集）的所有属性和行为。另外，将对象、规则和过程组合加入模型库，其就可以与其他应用程序共享。

1.1.2.2 推理机制

下一个与应用 AI 相关的关键主题就是智能专家的推理本质。它涉及如何选择和放弃已定义的规则。这个主题的核心是推理引擎。推理引擎就是一段计算机程序，它通过搜索内容和驱动结论处理知识库的内容。用于推理的最重要的技术就是逆向推理和正向推理。

1.1.2.3 逆向推理

第一个推理机制——逆向推理，是基于目标驱动的推理。逆向推理开始于为一个已知的目标寻找一个或一组解，这个已知的目标通常是由专家定义的可能的解决方案。这个解决方案通常是由规则产生的结果。推理过程中将持续地寻找满足目标的解。如果发现了一个适当的规则，并且规则的前提部分与已有的数据相匹配，则假定目标已经达到，推理过程也随之结束。该推理策略通常应用于诊断专家系统。

1.1.2.4 正向推理

第二个推理机制——正向推理，是基于数据驱动的推理。正向推理开始于为已知的数据值寻找适当的规则。过程中通过不断地处理附加的数据而获得附加的规则。该推理策略通常应用于计划专家系统，是一种收集信息并利用信息进行推理的技术。这种推理类型的缺点是与定义的目标不相关。因此，许多与目标没有关系的规则都不会被启用。

1.1.2.5 实证推理

通过类比的方法进行推理是人类智能中的一项重要技术。领域专家通常将知识浓缩在一组以往已经解决的问题当中。当一个新问题出现时，他们将努力从过去已经解决的类似案例中寻找解决问题的方法。实证推理就是模拟这一行为的 AI 方法。

通过案例表现各领域知识的方法具有几大优点：第一，基于案例的推理不需要因果模型，也不需要对过程深度理解；第二，该技术简化了推理过程，可以避免曾经出现过的错误，也可以将注意力集中在问题的最突出的矛盾上。第三，知识获取的过程相对容易，而且与基于规则和基于框架的推理相比成本更低。在实践中，实证推理需要的调整最少，这点不同于基于规则的系统。

实证推理包含以下六个步骤：

步骤一：接受新的经验，并从领域专家中检索相关案例进行分析。

步骤二：选择最佳的案例集，以此来定义解决方案或对待解决问题进行解释。

步骤三：使用支撑论据或实现细节导出解决方案或完整解释。

步骤四：对解决方案或解释进行测试，对其优势、劣势和通用性进行评价。

步骤五：在实际中执行解决方案或解释，并对反馈进行分析。

步骤六：将新的解决方案或解释存进案例库，并适当地调整索引及其他的机制。

那么，什么时候适合于采用实证推理呢？一个明显的例子就是，一个基于清晰定义的实体构成的系统，同时这个系统又以丰富的以往案例为支撑。在这种情况下，明智的选择是通过具体的实例表示领域知识，因为，与传统的知识管理相比，它能显著地降低开发成本。另一个例子是，建立一个解决非常困难的问题的系统，往往需要付出极其巨大的开发成本。在这种情况下，实证推理以其低成本成为相对更好的选择。

1.1.2.6 知识管理

知识管理是创建一个需要大量的人类专业知识以解决特定领域问题的计算机系统的过程。图 1.3 显示了知识管理中涉及的关键组件。

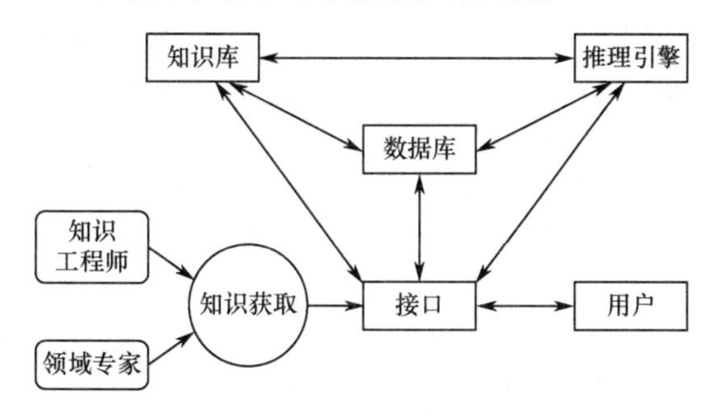

图 1.3　知识管理的关键组件

（1）知识库，用于构造基于规则或基于框架的专家系统。

（2）推理引擎，控制人工专家的“思考”和对知识的利用。

（3）用户接口，为非专业的用户提供了一个用户友好的对话框。

（4）数据库接口，包含了支持知识库的必要数据。

（5）知识管理是高效地集成这些组件的过程。

知识管理的决策过程是将领域知识收集、转化为知识库的过程，称为“知识获取”。

知识获取和组织是将领域专家的知识收集、组织成为适合于在专家系统中进行编码的形式的活动。在很多情况下，其本身就是对知识的一个强化过程。通常，在知识获取中，将增进专家在其领域内的洞察力和理解力。很多时候，知识的获取需要对专家进行个人访谈，以及观察他们如何工作和查看专业期刊，并进行“角色扮演”以捕获知识。凡是包含大量决策和规则的知识，则最好将其组织成逻辑图。如果知识包含大量的对象或数据结构，则适合用框架记录。

知识获取取决于两个关键角色（领域专家和知识工程师）的有效互动。我们已经讨论了领域专家的角色，接下来将讨论知识工程师的角色。

知识工程师是设计和创建基于知识的系统的个体。知识工程师帮助领域专家将信息映射为适合于创建系统的形式。其关注搜集到的数据的含义、事实和方案之间的逻辑依存关系以及应用数据的推理规则。成功的知识工程师需要具备以下人际关系技巧：

（1）良好且灵活的沟通技巧。具备解释专家以各种方式（口头、书面和肢体语言的方式）提供的信息的能力。

（2）机智且通晓处世之道。避免与领域专家产生隔阂，化解领域专家间可能的冲突。

（3）投入和耐心。与专家建立可靠的团队合作精神。知识工程师需要对他人进行不求回报的鼓励，需要与他人进行讨论而不显得自以为是。同时，不以挑剔的方式要求他人予以说明解释。

（4）坚持不懈。即使可能在领域知识上存在分歧或矛盾，也要忠于项目。

（5）自信。自信地领导知识管理过程。知识工程师需要表现出指挥领域专家合唱团的气魄。

知识管理的最后一个组成部分就是与终端用户交互的有效接口，方便使用是应用专家系统最终成功的关键因素。其中，关键的问题是具有解释已获取的知识的能力。

因为一般水平的终端用户都不是专家，所以有必要将专家知识表达得尽可能清楚。实现这点的最好方法就是以语言结合图形的方式表达知识块，以方便用户理解。

1.1.3 应用 AI 的成功案例

20 世纪 80 年代中期工业界开始讨论 AI 应用的基础方法。逐渐，一些运营商开发了成熟的软件架构，可以有效开发和部署专家系统，支持实际应用。AI 独特的技术优势获得了肯定，并在一些领域中创造了重要价值。应用 AI 在许多公司的工业应用中赢得了信誉，如福特、杜邦、美国快递、陶氏化学等公司。

1.1.3.1 应用 AI 的集成软件架构

应用 AI 的软件架构自 20 世纪 50 年代末以来发生了显著的变化。第一个 AI 软件工具是由 John McCarthy 发明的 Lisp 语言，20 年后出现了由 Marseilles 大学发明的 PROLOG 编程语言。然而，实际应用的真正突破是在 20 世纪 80 年代末开发的专家系统外壳，它通常由推理引擎、用户界面和知识库编辑器组成。当时，最流行的是 Level5 对象（Level5 Object）和 Nexpert 对象（Nexpert Object），前者适合于小于 100 条规则的小专家系统，后者则适合于处理复杂问题。大幅度提高生产效率的最先进的软件工具之一是 Gensym 公司的 G2，它为智能应用的建模、设计、开发和部署提供了一个完整的图形化开发环境。

在 G2 中，可以通过创建通用规则、过程、公式以及关系来协调整个对象类，完成对知识的有效捕获和应用。G2 中的结构化自然语言使 G2 表达的知识易于理解、编辑和维护。这种结构化自然语言不需要任何编程技巧就可以阅读、理解和维护。

1.1.3.2 应用 AI 的技术优势

自 20 世纪 80 年代末以来，应用 AI 的开发方法和其逐渐完善的基础架构通过解决各种工业问题的方式打开了创造价值的大门。为了给该技术选择最佳的发展时机，首先需要明确地界定该技术的优势。这样，潜在的用户和项目的利益相关者才可能意识到应用 AI 的独特能力，这将有利于特定问题的高效解决。与其他已知的工程方法相比，应用 AI 的关键特点使其具有明显的技术优势，下文将简要地进行介绍。

1.1.3.3 获取领域的专业知识

应用 AI 的关键优势是可将领域专家的特定知识转化为用户友好的计算机程序。专业知识是通过规则和框架进行表示的，这特别适合专家、专家系统开发者和终端用户使用。将领域知识映射到一个专家系统，可以保护商业秘密、提高可靠性和决策效率。

1.1.3.4 用自然语言表示知识

应用 AI 具备使用自然语言表示和处理知识的能力，这特别有利于将这一新出现的技术介绍给广大潜在用户。已获取的知识可以被专家系统的所有利益相关者所理解，包括领域专家、知识工程师和最终用户。同时，该特点还减少了开发费用，因为最耗时间的知识获取任务可以通过任何一个文字编辑器完成。

1.1.3.5 一致的规则结构

规则使用的 If – Then 结构是一个通用结构，语法易于解释和推理。从而，可以不考虑特定知识领域而采用统一模板进行知识定义。这大大降低了定义特定规则的开发和维护成本。

1.1.3.6 解释能力

应用 AI 吸引终端用户的一个重要特点就是解释能力。系统可以像人类专家一样在给出建议的同时解释推理过程。这在诊断专家系统中是一个非常重要的能力，对健康专家系统也很关键。通常，解释能力是终端用户接受专家系统建议的决定性因素。

1.1.3.7 知识与推理机制分离

应用 AI 的知识与推理机制分离的特点允许开发的标准专家系统外壳应用于不同的具体领域。因此，开发效率显著提高。实际上，在应用 AI 架构中这是一个关键特点，它打开了工业应用的大门。

1.1.3.8 AI 的应用领域

之前所讨论到的应用 AI 的技术优势可以以不同的方式转化为实际价值。同时，通用项目是很简单的，任何时候都可以从顶级专家那里创造价值。通用项目的不同形式表现为 AI 的各种关键应用（图 1.4），下文将对此做简要的说明。

1.1.3.9 咨询系统

专家系统最广泛的用途就是充当特定主题的值得信赖的人工顾问。通过显著地降低人类专家的人力成本来创造价值。在大多数情况下，咨询系统不是消除领域专家的工作，而是减少顶级专家的日常工作，从而使他们具有更多的时间创造新的知识，以产生更多的价值。咨询系统的另一个好处就是仅仅给用户提供建议，而用户本身仍具有最后的执行权。这就避免了潜在的法律风险，法律风险是专家系统产品使用的最大问题，涉及医学的专家系统更是如此。

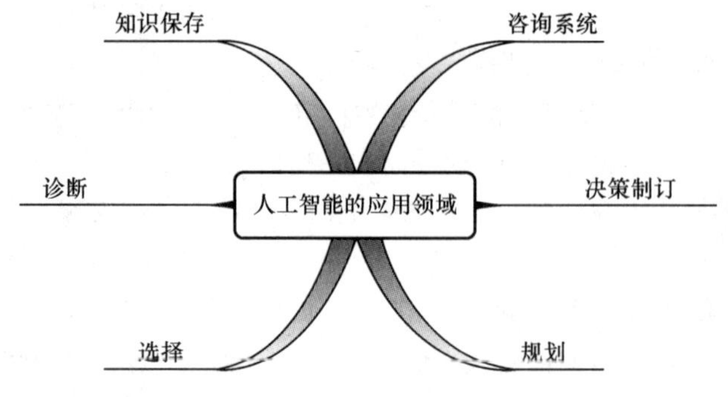

图 1.4　AI 创造价值的关键应用领域

1.1.3.10　决策制订

应用 AI 可以巩固现有知识、消除分歧，同时完善不同专家的推理过程。最终的专家系统具有更好的决策能力，甚至超过了个体专家的能力。自动决策过程的另一个重要因素就是它消除了纯粹的人的因素，如疲劳、紧张和任何一种强烈的情绪。特别是在紧张的实时环境中，计算机驱动系统能在最短的时间里做出决策并予以执行。即便在一个单一的生产企业中，对于紧急事件的有效处理也能创造数百万美元的价值。

1.1.3.11　规划

规划是一个依赖于多种因素的复杂的事件序列，是宝贵的顶级人类专家知识发挥作用的一个领域。将知识（或部分知识）转移到计算机系统中，将进度缓慢或对市场需求响应不足造成的损失降到最低，达到持续性可靠运行。企业越大，规划对经济的影响就越大。例如，在福特汽车公司，基于 AI 的生产计划系统的影响在数十亿美元之上（将在 1.1.3.15 节描述）。

1.1.3.12　选择

通常，在因素相互影响和目标相互冲突的条件下，选择适当的材料、配方、工具和地点等是非常困难的，它需要具有丰富经验的专家。通过专家系统将这些不同类型的活动转化为自动化过程，将极大地减少物质和能源的浪费。其中典型的例子就是波音公司在 20 世纪 80 年代应用的电气连接器装配专家系统，它能自动地为电子连接器的装配选择正确的工具和材料。在飞机制造中，连接器的装配是最耗时的操作之一，而专家系统的使用将其平均装配时间从 42min 降到了 10min，而且还大大降低了出错率。

1.1.3.13　诊断

获取专家知识以进行故障检测和诊断是应用 AI 的一个关键应用。通过减少检测时间、增加提前发现问题的可靠性以及防止损失巨大或非常危险的事故来创造价值。从医疗诊断到航天飞机诊断，诊断专家系统的应用极其广泛。

1.1.3.14 知识保存

顶级专家在任何国家的就业市场中都非常抢手，在任何情况下（如疾病、意外事故和退休等）丧失一个专家都可能对经营业绩产生直接的负面影响。然而，在某些情况下，知识的断裂是无法挽回的，而解决这一问题的最好策略就是使用专家系统。这个过程的关键点在于给予顶级专家奖励，从而鼓励专家进行知识转移。

1.1.3.15 AI 在现实世界中的成功应用案例

自 20 世纪 80 年代中期以来，应用 AI 的优势得到了学术界、工业界和政府的积极探索。下面将介绍已知的成千上万的应用中具有里程碑意义的几个例子。

首先介绍第一个成功应用的专家系统 DENDRAL[①]，它是 20 世纪 70 年代初斯坦福大学在美国航天局的支持下开发的。其初始目的是在海量的光谱仪数据的基础上设计一个能确定火星土壤的分子结构的计算机程序。虽然没有自动将数据映射到正确的分子结构上的科学算法，但 DENDRAL 系统能够使用从专家那里组织的知识来实现这一功能。该领域专家通过从数据中寻找已知的模式降低可能结构的数量，最终提供少量的相关解。最终，该程序可以达到一个经验丰富的人类化学家的能力水平。

另一个成功的案例是 MYCIN，同样是由斯坦福大学在 1972—1976 年开发的，它开启了 AI 最有价值的应用领域之一：诊断系统。MYCIN 是应用于感染性血液疾病的诊断系统，是一个基于规则的专家系统。它包含了 450 条独立的规则，其能力可以与医生媲美，并且能提供用户友好的建议。专家认为其新颖之处是确定性，另外，其最终的服务表现一直好于初级医生。

20 世纪 80 年代初，AI 在工业界成功应用的首个案例是在 VAX 计算机组装前为其选择零部件的 R1 专家系统。它包含了 8000 条规则，其开发的投入相当于 100 人年，并且需要大约 30 个人对该系统进行维护。然而，数字仪器公司（DEC）声称系统的使用使公司每年大约能节省 2000 万美元。

在这些早期成功案例的鼓舞下，20 世纪 80 年代末期不同产业的一些公司开始应用 AI 系统，杜邦开始在公司进行大范围的专家系统介绍活动，被称为“将话筒放在盒子中”。同时，超过 3000 多位工程师学习了如何捕获他们的知识，以放进基于规则的小专家系统中。这样，在 20 世纪 90 年代初期就有大约 800 个系统被部署在诊断、选择和规划领域中，总计大约创造了 1 亿美元的利润。英国石油公司开发了一款包含 2500 条规则的专家系统——GASOIL 系统，该系统用于设计提炼厂。坎贝尔汤（Campbell Soup）公司通过对专家知识的获取改善了他们对消毒器的控制。陶氏化学公司则成功地将数个专家系统应用于生产规划、材料选择、复杂过程的故障排查以及报警处理。

最后，以令人印象深刻的 AI 在福特汽车公司的应用来结束这一长串的成功案

---

① 该应用的细节见 E. Feigenbaum, P. McCorduck and H. Nii.*The Rise of Expert Company*, Vintage Books, 1989.

例[①]。在福特公司的整个制造过程中，规划系统是核心。其作为一个嵌入式AI组件，在公司内部被称为直接人力管理系统。该智能系统能自动读取和解释流程指令，然后利用这些信息计算出完成特定工作所需要的时间。另外，其他因素如工程学知识等也应用于AI系统，从而能够在汽车组装前防止出现任何潜在的工程问题。

直接人力管理系统的构建基于两种方法，即知识表示采用标准化的知识语法和描述逻辑。标准语言的目的是在生产的各种工程职能之间建立一个明确且含义一致的交流指令。标准语言的使用消除了几乎所有工艺流程手册中的歧义，并在公司中为工艺单的书写创建了一套标准的格式。应用标准语言的真正惊人之处在于大量的工程操作竟然用仅由400个词组成的词库即可表示。

直接人力管理系统的决策制定过程的核心是知识库，该知识库使用语义网络模型表示汽车装配工艺的所有规划信息。该系统自20世纪90年代初以来一直都在运行，并被证明具有可靠的维护性能。虽然知识库由于新工具或组件的使用以及新技术的产生（如混合动力汽车和卫星无线电）进行了成千上万次的修改，但系统的可维护性一直都相当好。最近，新增的自动机器翻译系统，可成功地将英语翻译为德语、西班牙语、葡萄牙语和荷兰语。这使AI系统可以被全球用户使用，其全球职能得以发展。自该系统作为汽车制造的一个集成组件以来，其对经济的影响大约在数十亿美元左右。

1.1.4 应用AI存在的问题

尽管应用AI创造了令人印象深刻和被高度宣传的应用，但它也面临着诸多挑战。下文将讨论应用AI的最重要的三个问题：技术、基础架构和利益相关者。

1.1.4.1 应用AI的技术问题

1. 知识的一致性

专家系统最大的技术缺陷之一就是缺乏证明规则完整性和一致性的通用且实用的方法。因此很难识别出错误的知识。原则上，专家系统是以口号“我们信任专家”为基础的，知识的一致性和准确性几乎完全依赖于专家的能力水平和其客观性。当知识来自于多个专家时，需要对知识进行调解和均衡，这个时候问题将变得更加复杂。处理不同专家间的分歧是极其重要的。有时候，在定义规则时刻意追求共识并不是最好的策略，因为对特定的主题而言，可能其中一个专家是对的，而其他专家是错的。另一个重要的问题是规则之间能否进行正确的互动，以得到最好的结果。这个问题在基于规则的比较大的专家系统中显得特别棘手。

2. 扩展困难

使用相互依赖的规则扩展基于规则的知识是昂贵且耗时的。即使是从几十条扩

---

① N. Rychtyckyj, Intelligent Manufacturing Applications at Ford Motor Company, *Proceedings of NAFIPS 2005*, Ann Arbor, MI, 2005.

展到几百条也将使知识管理（特别是知识获取）变得特别困难。更加棘手的是，在扩展时出现的规则交互将使问题变得更为复杂，而且往往在专家系统的初始设计阶段无法发现此类问题。

幸运的是，基于框架的专家系统所具有的面向对象的性质，可以最低限度地减少知识扩展增加的工作量。

3. 静态、不学习特性

一旦开始实施，运行的专家系统将无法改变其规则和框架。系统没有内置的学习能力，也无法自动地修改、增加和删除规则。这就造成了不能识别专家系统边界的危险，同时系统不能充分地响应环境变化。知识工程师的职责就是咨询领域专家后引入变化。然而，可能出现这样的情况，即新操作条件下的流程知识不存在，甚至专家也需要进行一定的学习才能定义新的规则。

4. 智能表示的主观性

专家系统的性能取决于领域专家知识的可获得性和专业水平。他们提供的“绝活”是其专业领域内特定问题的主观探索模型。通常，即使对现有数据进行物理解释或统计分析也很难证明所定义的规则的正确性。人类智能表示的主观性引发了一个基本问题，即应用 AI 能否对问题客观性有充分的响应。

1.1.4.2 应用 AI 的基础架构问题

1. 20 世纪 80 年代有限的计算机性能

应用 AI 的一个显而易见的问题就是可用的硬件设备和软件架构非常有限，这点在 20 世纪 80 年代初开始工业应用时表现得最为突出。大部分系统都是在耗费数十万美元的小型机（如 VAX）上实施的，这极大地增加了硬件成本。起初，软件架构需要使用专业语言（如 Lisp 或 PROLOG），其非传统的编程风格增加了学习的难度。即使在应用 AI 处于巅峰的 20 世纪 80 年代末和 90 年代初，其仍然在具有有限的运算和网络能力的个人计算机上进行处理。最大的进步就是专家系统外壳的推出，它极大地减少了应用 AI 实施中的工作量。

2. 高成本

应用 AI 开发缓慢的关键瓶颈是知识获取非常耗时。经典的应用 AI 如 DENDRAL 的设计花费了 30 人年的开发时间。甚至在现在，采用像 G2 这样的先进工具的情况下，应用 AI 的开发也需要几个月的时间，而大部分时间都花在了知识获取上。

高成本的另一个原因是以往低估了维护成本。维护一个无学习能力的专家系统是非常低效的，而且也非常昂贵，特别是在需要增加相互依存的新规则时，这点表现得尤为突出。这种系统维护的隐性需求就是需要知识工程师和相应领域专家的持续投入，他们一般都是受过高等教育的专家（通常是博士学位水平），将他们的时间花在系统维护上是非常低效的。指望他们能长期参与也是一个不切实际的假设，对领域专家来说尤为如此。正因如此，在专家系统处于巅峰状态的20世纪80年代末和90年代初，一个专家系统的整体成本是非常高的，每年大概在25万美元到50万美元之间[①]。

1.1.4.3 应用AI利益相关者的问题

1. 知识提取

解决专家系统的瓶颈——知识获取的关键问题在于领域专家与系统间的关系。优秀的专家通常都很忙，而且有的时候还很难合作。虽然他们中的大部分人都处于职业领域的顶尖位置，但他们没有共享知识的真正愿望。另外，在当前各企业不断裁员的背景下，他们对将自己的知识转移到计算机程序中的工作有一种恐惧感。解决方案就是让专家认识到知识共享的价值所在，并对他们进行实际的激励，以及管理层向专家明确保证他们的工作稳定性。

2. 不完全分布

应用AI的一个意想不到的问题是等级结构造成的官僚主义影响了已定义规则的质量。从某种意义上来说，更高的层次级数带来了著名的彼得效应[②]。根据彼得原理，技术专家位于最底层。他们越往高层发展，其工作内容就越会被行政工作和生成文档之类的工作所替代。然而，在选择领域专家获取知识来源时，并没有考虑到彼得原理的影响。其结果是，选择专家完全基于其在层次结构中的高级别，而不是基于技术考虑。由彼得原理产生出的伪专家定义的规则将直接对专家系统的信誉带来严重危害。真正的专家能立即发现系统的不足，从而不使用该系统。挑战由他们的老板定义的规则，通常不是一个好的职业选择。最终出现的荒唐结果是：这些官僚主义产生的专家系统不仅无法辅助领域内顶级专家，反而为系统的无能做了宣传。

3. 法律问题

另外，最初被低估的AI应用问题，即计算机专家可能产生的法律影响，对存在高诉讼的国家（如美国）来说显得尤为重要。医疗诊断非常适合应用基于规则的系统。然而，由于其高诉讼风险，这个领域基本上没有大规模的专家系统的应用。

1.1.5 应用AI的教训

应用AI是20世纪80年代末和90年代初被大规模介绍的第一批新兴技术之一。一方面，其创造了许多成功的工业应用，并继续提供着数十亿美元的价值；另一方面，最初的热情和技术自信被失望和怀疑所取代。我们从中可以吸取许多教训，下文将对此做简要的总结。毋庸置疑，这些经验教训大部分都与应用AI中人的因素有关，而不是应用AI的技术问题。其中的绝大部分教训对基于计算智能的应用同

① E. Feigenbaum, P. McCorduck, and H. Nii.*The Rise of Expert Company*, Vintage Books, 1989.

② 在等级森严的官僚体系中，人员的级别越高，越可能不称职。

样适用。

1.1.5.1 应用 AI 的教训一：切忌不切实际

将 AI 宣传为彻底变革科学和工业的魔幻技术是非理性和过度兴奋的表现。在媒体和科幻小说的推动下，人们对 AI 的期望极度膨胀。在很多情况下，高层管理人员都确信应用 AI 将在短时间内极大地提高生产效率。然而，人们极大低估甚至忽略了 AI 所带来的问题（特别是与人的因素相关的问题），现实的情况是，技术的失败或开发中产生的资金黑洞将严重损毁 AI 技术的信誉，终结管理层对其的支持。

1.1.5.2 应用 AI 的教训二：切忌用运动方式推行新技术

忽略用户的需求，而仅仅通过管理层的强制力或员工高度参与的热情来推广新技术并不是很高效的策略。这两种情况都是将技术强加在问题之上，此时可能需要一些简单的解决方法。导致的结果是，此类情况下大部分 AI 应用都是低效率的，而且还消弱了技术的可信度。成千上万的专家可以捕捉他们自己的知识并创建专家系统的想法并没有完全成功。相反，它产生了知识工程师可以将其角色委托给领域专家的错误印象。AI 可以在很简单和琐碎的规则下工作，但在大多数情况下，它需要专业的知识管理技巧。

1.1.5.3 应用 AI 的教训三：切忌忽略维护与支持

维护和支持成本是总成本中最难评估的一部分。在应用 AI 的案例中，该部分被明显地低估了。被忽略的关键因素是知识更新的高成本。在实践中，它需要原有开发团队的领域专家和知识工程师的持续投入。在复杂和存在依存关系的规则下，知识库的更新是非常耗时的。另外就是如何利用领域专家。如果领域专家已经离开了公司，则知识的更新将耗费更多的时间与资金。

1.1.5.4 应用 AI 的教训四：尽早地阐明和展示价值

在引进任何一项新技术时，越早地展示其价值，则越有利于技术的推广。最佳的策略是选择开发一个低复杂度且能明确交付的易于展现价值的应用。读者可能会觉得将领域专家的大脑“克隆”到计算机中并没有增加新知识，因而并不会自动地创造价值。但是，多个专家的知识整合绝对能创造价值。另外，使用顶级专家而不是普通专家的建议能改善决策的质量，这也是价值的另一个来源。专家系统毋庸置疑的额外价值来源是持续获得专家的即时反馈。

1.1.5.5 应用 AI 的教训五：为应用的可持续发展制订策略

遗憾的是，由于扩展复杂的关联性规则是十分困难的，因此许多 AI 应用都不是从原有的实现上进行的扩展。最初的热情并没有结出一连串成功应用的果实。另外，绝大多数应用都无法自我维护，它们的维护成本不断增加，并且还失去了最初的专家来源。这导致管理层对系统的支持逐渐消退，应用越来越少。

1.1.5.6 应用 AI 的教训六：将应用的成功与利益相关者联系起来

应用 AI 是人类最敏感的问题，因为它对人类的智能提出了挑战。与使用没有内置人类脑力的简单设备相比，它创造了一种不同的人机交互方式。从某种意义上来说，人类专家将“放在盒子里的话筒”视为自己的竞争对手。我们也可以观察到隐藏在专家系统与用户之间的对抗性，用户一直试图挑战由计算机给出的建议。解决这个问题的最好办法就是奖励应用 AI 系统的所有利益相关者，这也有利于提高互动性。首先，需要激励的是最终用户，使他们愿意支持而不是破坏应用。

20 世纪 80 年代，应用 AI 成功进入工业领域，从而使 AI 科学焕发新生。如今其产生了大量的工业应用，创造了数十亿美元的价值。然而，由于技术、基础架构和人的因素的综合影响，绝大多数应用的效率和可信度都在不断的恶化。毫无生机的呆板规则、对数据增长的无视、快速改变的动态环境以及全球化业务的复杂性对经典 AI 提出了挑战。现实需要系统具备更多的特点，如自适应性、学习能力和创新性。渐渐地，受人尊敬的先驱——经典 AI 将火炬传给了它的继任者——应用计算智能。

1.2 计算智能：继任者

一些研究方法（绝大多数都产生于 20 世纪 60 年代到 20 世纪 70 年代之间）逐渐填补了经典 AI 缺失的性能。新出现的科学领域——机器学习为关键的学习特性的实现提供了大量方法，如人工神经网络、统计学习理论和递归分割。新的逻辑类型——模糊逻辑则填补了经典 AI 在表示模糊知识和用模糊信息模仿人类思维上的不足。另外，快速发展的研究领域——进化计算和群体智能则实现了令人印象深刻的自动探索新的解决方案的能力。所有这些令人印象深刻的特点和相关技术创造了一种表达智能的新方法，称为计算智能。本章侧重于从实用的角度对这一新研究领域进行定义，并将介绍其关键方法，同时阐明它与应用 AI 之间的不同。

1.2.1 应用计算智能的实际定义

下面是研究机构普遍接受的计算智能的定义之一[①]：

计算智能是一种具有学习能力和能够处理新情况的计算方法，这样的系统被认为拥有多个推理属性，如泛化、发现、协同和抽象。

基于硅元素的计算智能系统通常包含多个混合范式，如人工神经网络、模糊系统和进化算法，其用知识元件进行增强，被设计用于模仿基于碳元素的生物智能的一个或多个方面。

计算智能（CI）的学术定义强调两个关键要素。第一个要素就是此项技术基

① 详见文章：Http://www.computelligence.org/download/citutorial.pdf。

于新的学习能力，它允许在思维的最高抽象级别模仿生物智能，如泛化、发现和协同。第二个要素就是明确指出计算智能的核心是机器学习、模糊逻辑和进化计算的整合。

知道 CI 的学术定义后，下一步将关注其在实际应用中的价值创造，下面是本书对应用 CI 的定义：

应用计算智能是通过学习和发现新模式、关系和复杂动态环境的结构来增强人类智能以解决实际问题的系统化方法和基础架构。

与将专家装入计算机中的应用 AI（图 1.1）不同的是，应用计算智能是人类与计算机间的高效合作，这极大地增强了人类智能，如图 1.5 所示。

图 1.5　应用计算智能

以下三个关键因素推动了计算智能的发展：

（1）经典 AI 未解决的问题；

（2）计算机运算能力的快速发展；

（3）数据角色的蓬勃发展。

本书在前文已经讨论了第一个因素的作用。第二个因素的重要性体现在大多数机器学习（特别是进化算法）都要求计算机具备很高的运算能力，如果没有足够的运算资源，这些方法将无法运作，并无法用于解决实际问题。第三个因素强调在现代思维上数据的巨大影响力。网络技术极大地推进了通过数据驱动进行决策的趋势，新的无线通信技术则将进一步推动该趋势的发展。计算智能方法受益于当前的数据爆炸，其成为将数据转化为知识的引擎，并最终创造价值。

根据计算智能的定义可知，其创造价值的驱动力来源于对人类智能的增强，以使应用系统具有持久的适应性，并能自动地发现新特征。从新产品的发现到在巨大变化的动态环境中对非常复杂的工业过程的完美优化，获得的知识可以产生多个利益链条。本书的目标之一就是识别和探索计算智能创造价值的巨大机遇。

1.2.2　计算智能的关键方法

下文将简要地介绍组成计算智能新技术的主要方法，以开始本书的计算智能之旅。这些方法的概念图如图 1.6 所示，同时，每种方法都通过相应的图标进行了形象化表示（本书的绝大多数图都使用了该表示方法）。对每一种技术的详细分析则在第 3 章到第 7 章中进行。

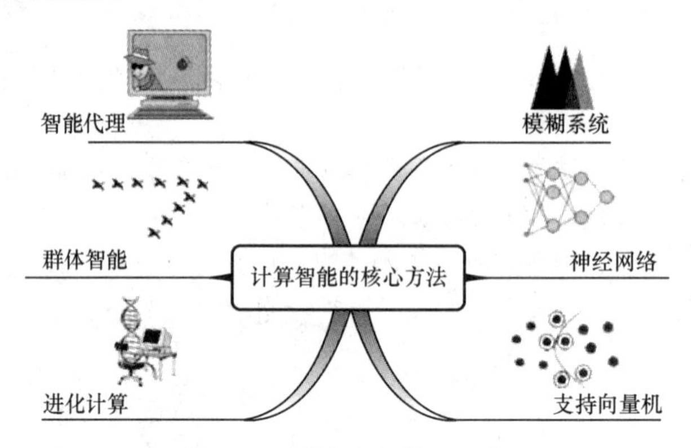

图 1.6　计算智能的核心方法

1.2.2.1　模糊系统

模糊系统是计算智能的组成部分，模拟了人类认知的不精确性。它用定量化的方法表示模糊词汇，模仿人类的近似推理。模糊逻辑允许在计算机中用不同的逻辑类型进行数值化推断。与经典的明确逻辑相比，这种方法更贴近现实世界。在这种方式下，计算机“知道”模糊词汇的含义，例如“略好一些”或“不是很高”，并可在计算逻辑问题时使用它们。与传统理解相反的是，模糊逻辑产生的最终结果一点也不模糊，其交付的结果取决于精确的数值计算。

1.2.2.2　神经网络

计算智能的学习能力基于两个完全不同的方法——人工神经网络和支持向量机。人工神经网络（简称神经网络）的灵感来源于大脑处理信息的过程。一个神经网络由大量的节点（称为神经元）组成，是真实生物的脑神经元的一个简单数学模型。神经元通过链接进行连接，每个链接都具有一个与它相关的权值。学习到的模式在生物神经元中是通过触突连接的强度进行记忆的。与其类似，在人工神经网络中，知识的学习可以通过链接的数学模型的权值来表示。另外，在生物神经元中，新模式的学习是通过正面或负面的经验调整触突强度来实现的。相同的是，人工神经网络的学习是通过调整已定义的适应度函数的权值来实现的。

1.2.2.3　支持向量机

支持向量机（SVM）提供的学习能力来自于统计学习理论的数学分析。在工程和数理统计的很多实际问题中，学习是使用有限的观测值来估计系统的未知关系或结构的过程。统计学习理论给出了设计经验主义机器学习的数学条件，这为在精确的表示已有数据和处理未知数据之间保持最佳平衡提供了解决方法。支持向量机的关键优势之一就是，对于给定的学习数据集其学习结果具有最优的复杂度，并具有泛化能力。

1.2.2.4 进化计算

进化计算是在计算机中模拟自然进化，自动地生成具体问题的解决方法。生成的一些解决方法具有全新的特点，即该技术具有创新的能力。在模拟进化中，预先假定了一个适应度函数。进化计算首先在计算机中创造人造个体的随机样本，如数学表达式、二进制字符串、符号和结构等。在模拟进化的每一阶段，新的群体都是通过计算机模拟基因操作创造的，如突变、交叉和复制等。与自然进化一样，仅最优秀的和最聪明的个体能幸存下来，并被用于下一阶段。由于模拟进化中的随机特性，这个过程需要重复数次以选择最终的解决方法。通常，在模拟进化中持续性寻找最高适应度的解，对所探索的问题往往能获得超越其他方法的解。

1.2.2.5 群体智能

群体智能是对动物和人类社会中的社会交往的模拟，其研究人工计算机群体的集体行为的优势。一个有代表性的例子就是一群鸟的行为。另外，蚂蚁、白蚁和蜜蜂的行为也特别值得研究。该方法是一种新型的动态学习，它基于个体间的持续性社会交流。因此，群体智能可以对复杂系统进行实时优化和分类。对动态环境下的时序安排和控制等工业应用来说，计算智能的此项能力特别重要。

1.2.2.6 智能代理

智能代理是具有智能特征的人造实体，如自治性、对环境变化的适当反应、持续性追求目标、灵活性和鲁棒性，以及与其他智能体进行交流的社会性。其中，特别重要的是智能代理的交互能力，它模仿了人类的交流类型，如谈判、协调、协作和团队合作。我们可以将此项技术视为现代版的AI，通过学习和社会交流，其表达知识的能力被极大地增强。在当前全球化的有线和无线网络环境下，智能代理可以扮演分布式人工智能的通用载体的角色。

1.3 AI与CI间的关键不同点

1.3.1 关键技术的不同

应用AI与应用CI间具有许多不同的技术点，图1.7展示了其中差异性最大的三点。

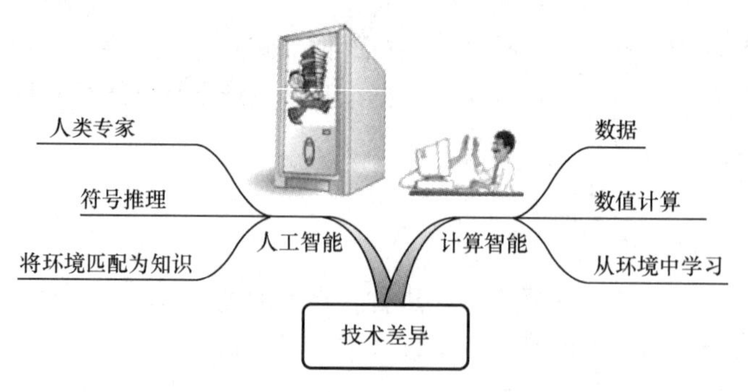

图 1.7　应用 CI 和应用 AI 之间的主要差别

1.3.1.1　关键不同点一：表达智能的主要来源

应用 AI 是基于计算机中领域专家进行知识表达，而应用 CI 则是根据现有的数据进行知识表达。第一种情况智能表达的主要来源是人类；而第二种情况的主要来源则是数据，不过，组织、解释和使用知识的仍是人类。

1.3.1.2　关键不同点二：处理智能的机制

经典 AI 的核心是符号推理方法，而 CI 的核心则是基于数值的方法[①]。

1.3.1.3　关键不同点三：与环境的交互

应用 AI 努力地将环境适用于已知的解决方法，并以静态知识库进行表示。相反，CI 可以利用每一个从环境中学习的机会，并创造新的知识。

1.3.2　基本原理的不同

2001 年 1 月，Jay Liebowitz 教授在著名国际期刊《应用专家系统》上发表了一篇令人激动的社论文章[②]。文章的题目非常吸引人《如果你爱狗，创建专家系统；如果你爱猫，创建神经网络》，如图 1.8 所示。

下面是 Liebowitz 教授对这个惊人的“科学”发表的见解。

PERGAMON　　Expert Systems with Applications 21 (2001) 63　　Expert Systems with Applications　　www.elsevier.com/locate/eswa

Editorial

If you are a dog lover, build expert systems; if you are a cat lover, build neural networks

图 1.8　Liebowitz 教授定义 AI 和 CI 之间差异的历史性社论文章

由于专家系统需要大量的人机交互和忠诚度，因此如果开发者具有良好的沟通

① 符号推理的情况下，推理是基于符号的，它表达了知识的不同类型，如事实、概念和规则。

② J. Liebowitz, If you are a dog lover, build expert systems; if you are a cat lover, build neural network, *Expert Systems with Applications*, 21, pp.63, 2001.

技巧，则它能表现得很好。这与喜欢伙伴关系、富有表现力和能产生同感的狗爱好者具有相似性。根据 Liebowitz 教授的说法，猫爱好者则是不会为吸引注意力而喊叫的典型独立类型。因而，这与神经网络的黑箱特性具有相关性，因为神经网络是用模式进行训练的，并且只需要少量的人工干预和互动。神经网络与专家系统相比，显得枯燥无味，几乎像猫一样独立。如果将专家系统视为应用 AI 的符号，将神经网络视为应用 CI 的符号，则 Liebowitz 教授定义了这两个应用研究领域的基本原理的不同点，如图 1.9 所示。

图 1.9　应用 AI 和应用 CI 的本质差别

以上对 AI 和 CI 的基本原理的不同点所提出的假设至少能得出一个结论，即作者是专一的猫爱好者。

1.3.3　集成的观点

最近，AI 出现了一个新的研究方向，认为智能主要与理性行为相关。传递这一行为的人造物是智能代理。创建这样一个计算机生物需要同时整合经典 AI 和 CI 的方法。也许，该集成方法将是这个领域的下一个发展方向。本书将在第 7 章讨论智能代理的协同性。

1.4　小　　结

主要知识点：

应用 AI 通过表示已有的专家知识和推理机制来模仿人类智能以解决特定领域的问题。

应用 AI 是以专家系统、推理机制、实证推理和知识管理为基础的。

应用 AI 在不同产业的咨询系统、决策、规划、选择、诊断和知识保存领域中创造了数十亿美元的价值。

应用 AI 仍然存在知识一致性、系统扩展性、学习能力缺乏、维护困难和成本昂贵等问题。

应用 CI 通过在复杂动态环境中学习和发现新模式、关系和结构来增强人类解决实际问题的智能。

应用 AI 是静态的，以人类知识和符号推理为基础。而应用 CI 则不断地从变化的环境中学习，是以数据和数值方法为基础的。

总　　结

应用 AI 耗尽了其创造价值的潜力，需要将火炬传递给其继任者——应用计算智能。

推荐阅读

在该书中，掌上计算的创始人从实践的角度对智能做了有趣地解释和讨论：

J. Hawkins, *On Intelligence*, Owl Books, NY, 2005.

该书充满热情地介绍了 20 世纪 80 年代的关键人工智能应用：

E. Feigenbaum, P. McCorduck, and H. Nii, *The Rise of the Expert Company*, Vintage Books, 1989.

该书从哲学上激烈地讨论了人工智能的本质：

S. Franchi and G. Güzeldere, *Mechanical Bodies, Computational Minds: Artificial Intelligencefrom Automata toCyborgs, MIT Press,* 2005.

AI 圣经：

A. Barr and E. Feigenbaum, *The Handbook of Artificial Intelligence,* Morgan Kaufmann, 1981.

以下是作者最喜欢的能够反映 AI 研究现状的著作：

G. Luger, *Artificial Intelligence: Structures and Strategies for Complex Problem Solving,*6th edition, Addison-Wesley, 2008.

S. Russell and P. Norvig, *Artificial Intelligence: a Modern Approach,* 2nd edition, PrenticeHall, 2003.

The details for the example with the AI system at the Ford Motor Company:N. Rychtyckyj, Intelligent Manufacturing Applications at Ford Motor CompanyFord MotorCompany, published at *NAFIPS* 2005, Ann Arbor, MI, 2005.

A recent survey of the state of the art of expert system methodologies and applications:S. Liao, Expert Systems Methodologies and Applications – a decade review from 1995 to 2004,*Expert Systems with Applications,* 28, pp. 93–103, 2005.

The famous editorial with the Ultimate Difference between AI and computational intelligence:J. Liebowitz, If you are a dog lover, build expert systems; if you are a cat lover, build neuralnetwork, *Expert Systems with Applications,* 21, p. 63, 2001.

第2章 通过计算智能迷宫的路线

路标可以指向进入迷宫的高速公路。

——Stanisław Jerzy Lec

本书的第1部分的目的是简单地向读者介绍主要的计算智能方法，如模糊系统、神经网络、支持向量机、进化计算、群体智能以及智能代理。重点介绍其创造价值的潜力。在这一章中将首先介绍各种方法的重要特征和其应用潜力。重点回答以下三个问题：

问题1：

每个方法的三个主要优点和缺点各是什么？

问题2：

每个计算智能方法都是基于什么科学原理？

问题3：

各种不同的方法是怎样与计算智能应用领域相联系的？

对于每种特定方法的详细描述以及它们的应用潜力评估将在第3章至第7章给出。

2.1 CI方法的优缺点

计算智能的一个独特特征是其多样性，并且每个方法都各具特性。然而，这会给潜在用户造成混乱的感觉。方法的多样性使得学习过程困难，并且学习过程将非常耗时。通常，这将使人们对其中一个或两个方法不再关注。然而由于只有方法集成才能带来最大的优势，因此往往计算智能创造价值的潜力未能被充分发掘。

走进计算智能迷宫的第一步是确定每个方法的独特优势和潜在问题。要讨论的优点和缺点不是基于纯粹的科学优势或劣势，而是评估各个方法对于创造价值的潜力。好消息是一些方法的不足可以通过与其他方法集成而被克服。这种协同作用可能带来非常重要的机遇。

2.1.1 模糊系统的优点和缺点

模糊系统处理人类认知过程中的不精确性，它通过定量表示模糊规则的方式模仿人类的近似推理。其最明显的三个优点和缺点如图 2.1 所示。

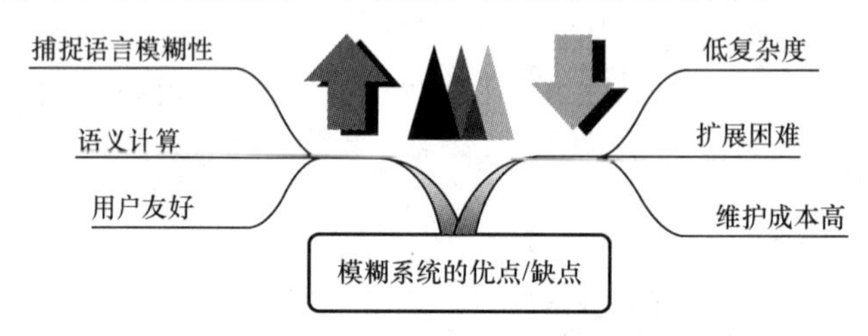

图 2.1 应用模糊系统的主要优点和缺点

应用模糊系统的主要优点：

（1）捕捉语言模糊性。相比于其他方法，模糊系统可以处理人类的含糊表达，并基于语言描述建立模型，例如“轻微地降低功率”“沿着中心移动”“表现欠佳”等。模糊逻辑以细微差别来替换经典二值逻辑，可以用现有知识的粒度来量化语言表达。例如，“轻微地降低功率”可以在数学上用一张具体的表格来表示（具体称为隶属度函数，将在第 3 章中详细介绍）。表中包含具体的减少功率的数量直至其功率为 0。数值范围或“轻微地降低功率”这个语言描述的粒度就转化为一个特定问题，并且是基于已有的专家知识的。

（2）语义计算。将模糊的语言表达转化成数字形式，这使得我们可以像采用其他量化建模技术一样使用计算机进行精确计算。模糊系统的另外一个独特特征是用自然语言来表示结果，称为规则。因此，其与用户和专家的对话完全是基于自然语言的，而且不需要任何建模技术的相关知识。在许多实际的例子中，一个问题使用语言建模是唯一可用的选择。这种情况下使用计算智能中的量化模糊系统就会带来很大的好处。通常，数字建模的成本较高，而模糊系统的开发成本相对较低，因此这是一个可行的选择。

（3）用户友好。使用自然语言与用户和专家交互在很大程度上降低了模糊系统的开发和使用难度。模糊系统的所有关键部分——系统的语言描述、专家定义的隶属度函数以及由口头可解释的规则给出的推荐解决方案——都不需要经过特殊训练就能很容易理解和实施。开发一个原型也是相对较快和较容易的。

对于应用模糊系统的缺点，讨论其主要的三个问题：

（1）低复杂度。所有前面讨论的模糊系统的优点在实践中都被限制在 10 个变量或 50 个规则以内。超过这个数值，系统的解释能力就会丧失，系统的描述、语言变量的定义、推荐方案的理解都会变得困难。然而，很多系统，特别是在制造业，都需要更高维的数据，往往超出了模糊系统的实践限制。这个问题的一个可行的解决方案是，提取重要变量和记录以降低问题的复杂性。使用统计方法、神经网络和支持向量机均可以明显地降低问题的维数。完成这个目标的集成方法参见第 11 章。

（2）扩展困难。通常语义变量的量化是局部的，也就是说，只适用于特定的例子。例如，表示“轻微地降低功率”的隶属度函数，即使是在两种相似的情形下也可以很不相同。这将导致模糊系统的扩展非常困难，也很耗时。特别是在多变量规则情况下，描述很复杂的隶属度函数时。解决这个问题的可行方法是通过进化计算来自动地定义其隶属度函数和规则。

（3）维护成本高。模糊系统的静态性质以及定义的隶属度函数和规则的局部性，显著增加了维护的费用。甚至于系统中任一部分的微小改变都可能需要一系列的维护过程，以至于需要参数调整甚至于全部重新设计。克服这种限制和减少维护费用的方式是集成模糊系统和神经网络学习能力的优点，开发神经-模糊系统，通过过程数据进行隶属度函数更新。

2.1.2 神经网络的优点和缺点

神经网络的主要特征是其能够通过多次调整参数（权重）而进行学习。它的三个主要优点以及缺点如图 2.2 所示。

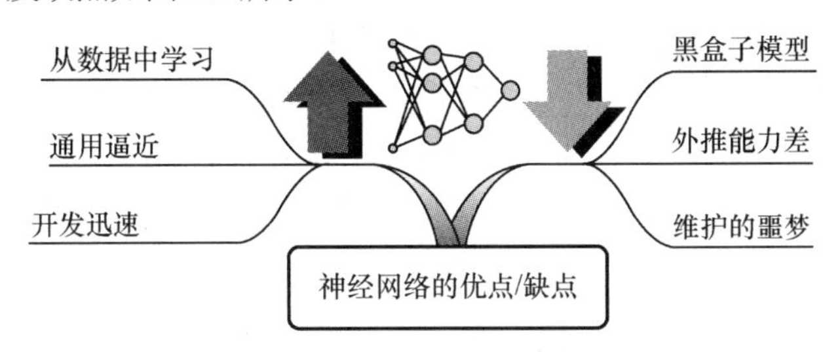

图 2.2 神经网络的主要优点和缺点

应用神经网络的主要优点如下：

（1）从数据中学习。神经网络是最有名的也是应用最广泛的一种机器学习方法。它致力于定义未知模式并依赖于已有数据。学习的过程是相对较快的，并且不需要很深的专业知识。学习算法是通用的，可以解决很大范围的实际问题。需要调整的参数也不多，并且理解和选择相对容易。从许多变量中学习长期模式时，神经网络有超出人类的学习能力。

（2）通用逼近。只要提供足够的数据和神经元，理论上已经证明神经网络可以逼近任何连续非线性数学函数。对于一组给定的数据集，如果存在非线性依赖关系，则可以用神经网络来解决。例如，对于模式发现或关系发现问题，模型开发过程可以使用任何方法来进行初始化，包括神经网络；反之，在神经网络失败时，那么其他的经验建模技术也不大可能会成功。

（3）开发迅速。基于神经网络的建模过程相比于大多数已知的方法，例如第一原理建模、模糊系统和进化计算，其速度都是较快的。然而，可用的历史数据的数量过少或者质量太低都将会严重影响模型的开发并造成大量的花销。在过程变量较多、数据质量较好的情况下，对于 10 多个变量和上千条数据，神经网络可以在几个小时内完成建模。

应用神经网络的主要缺点如下：

（1）黑盒子模型。很多用户认为神经网络是魔法软件，它可以表示数据中的未知模式或关系。然而如何解释魔法就成为一个问题，即使是简单的神经网络的数学描述都很难被理解。黑盒子建立了输入和输出之间的联系，但很难洞悉存在于数据中的关系的本质。因此，黑盒子并没有被大多数用户所接受，特别是在制造业这种必须要知道关系才能控制过程的行业。这个问题的潜在的解决方案就是集成模糊系统来增加神经网络的可解释性。

（2）外推能力差。神经网络在模型工作于未知过程条件下时，其卓著的逼近能力并不奏效。模型开发之初是建立在已有的数据基础之上的，经验模型不能保证模型对于超出其数据或应用范围之外的预测的正确性。不同的经验模型方法在未知过程条件下会存在不同程度的性能降低。不幸的是，神经网络对于未知的过程变化是很敏感的。在存在小的偏差时（超出模型的开发范围 10%以内），模型质量就会显著恶化。提高其外推能力的解决方案是通过使用进化计算来选择最优结构。

（3）维护的噩梦。外推困难与黑盒子问题综合起来，就使得神经网络的维护很困难。在一个典型的工业周期中，大部分工业过程的操作条件的改变量都超过了 10%。因此，神经网络的性能往往都降低了，导致大量的模型返工，甚至需要重新设计。神经网络的维护和支持需要特殊的训练，这将不可避免地增加维护的开销。

2.1.3 支持向量机的优点和缺点

在工程中，学习是一个使用有限观测数据估计未知关系或结构的过程。支持向量机可以在准确地代表现有数据和处理未知数据之间获得最佳平衡解。与神经网络相比，对于给定的学习数据集，统计机器学习的结果具有最优的复杂度，如果参数选择合理，则可能具有良好的泛化能力。支持向量机通过最具信息量的数据点表示知识，这些数据点称为支持向量。支持向量机的三个最主要优点和缺点见图 2.3。

应用支持向量机的主要优点：

（1）从小样本数据记录中学习。与模型开发需要大量数据的神经网络相比，支持向量机是从小样本记录中求解的。这种能力在新产品开发中是非常重要的，因为每个数据都有可能耗资巨大。其另一个应用领域是生物技术中的微阵列分析。

（2）模型复杂度受控。支持向量机可以通过调整一些参数对模型的复杂度进行直接的控制。此外，支持向量机基于统计学习理论，定义了一个模型复杂度的直接测度。根据这个理论，模型存在一个最优的复杂度。它是基于对已知数据的模型内插能力和对未知数据的模型泛化能力之间的最佳平衡。因此，具有最优复杂度的支持向量机模型对于过程变化能保证可靠的操作。

（3）新奇检测与数据压缩。支持向量机模型是建立在信息丰富的数据点上的，这些点被称为支持向量。这个特点为支持向量机提供了两个独特的机会。第一个机会是，如果某些准则满足的话，可以与现有支持向量比较新数据点的信息，来定义某些测度。这种能力至关重要，特别是对于在线模型应用中检测离群点。第二个机会是，应用支持向量机方法可以把大量的数据记录压缩成具有庞大信息内容的少量支持向量。通常情况下，压缩数据可以仅仅采用 10%~15%的原始数据记录来建立高效率和高质量的模型。

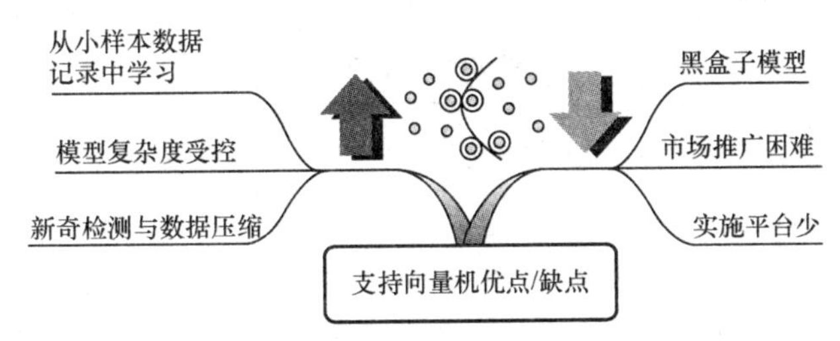

图 2.3 应用支持向量机的主要优点和缺点

应用支持向量机的缺点：

（1）黑盒模型。对于非专家来说，支持向量机模型的可解释性要比神经网络更具挑战。此外，开发模型需要更专业的参数选择，包括复杂的称为核的数学变换。为了理解后者，需要有一些数学专业知识。支持向量机的主要不足是模型的黑盒效应，以及之前已经讨论过的用户对于模型的消极响应。即便是相对于神经网络，支持向量机有更好的泛化能力也不能改变这种情况。改进的办法是集成模糊系统增加可解释性。另一个办法是避免将支持向量机作为最终模型应用于实践，而仅仅是利用其优势，例如数据压缩；在模型开发中提高可解释性，例如采用遗传编程（将在第 5 章讨论）。

（2）市场推广困难。解释支持向量机及其基础——统计学习理论，需要非常复杂的数学知识，这对一个经验丰富的研究人员来说甚至都是一个挑战。此外，模型的黑盒性质以及有限的软件都可能在市场推广中造成许多重大障碍。支持向量机是最难出售的计算智能方法。这个方法的技术能力和其应用潜力之间存在鸿沟，需要大量的市场推广来填补。填补这一缺口的第一步可使用第 4 章中的精练表示方法。

（3）实施平台少。支持向量机难以普及的难点之一是，采用非技术解释将该方法传播给广大的用户。另一大问题是用户友好的软件非常缺乏。大部分现有的软件是学术界开发的。虽然已经做了非常出色的工作，但是它没有为现实世界的应用做好准备。为此，软件开发商需要提供用户友好、整合了其他方法的软件，并且能够提供专业的支持。除了缺少专业软件，还需要大量支持向量机用户拉开这个技术在工业界应用的大幕。

2.1.4 进化计算的优点和缺点

进化计算通过对已定义匹配度的具体问题的自动求解来生成创新。其三个主要的优点和缺点如图 2.4 所示。

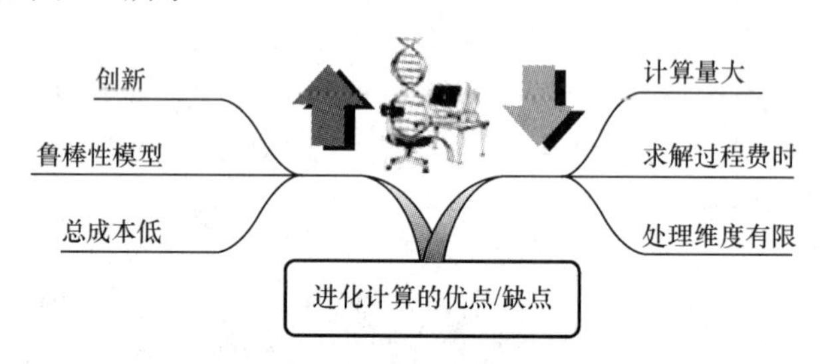

图 2.4 应用进化计算的主要优点和缺点

应用进化计算的主要优点：

（1）创新。进化计算最令人赞扬的特征是它对几乎所有实际问题都具有生成新颖解的无限潜力。当提前知道匹配度函数，并可以量化时，通过一系列的进化阶段以后就可以选定一个创新解。在匹配函数未知以及纯粹定性的情况下，如时装设计，在模拟进化阶段用户可以交互的方式选择创新解。

（2）鲁棒性模型。如果必须考虑复杂度的话，进化计算能产生在准确度和复杂度之间有最佳平衡的非黑盒模型。对于最终用户来说这是最好的情况了，因为它实现了简单的易于理解的经验模型，并且对于较小的过程变化具有鲁棒性。本书在不同章节给出了通过进化计算产生鲁棒模型的若干例子。

（3）总成本低。进化计算的一个非常重要的特性是开发、实现和维护的整个费用常常是较经济的。开发费用是最小的，因为鲁棒模型是自动产生的，几乎不需要人为干预。在多目标匹配函数的情况下，模型的选择非常快速，并且在不同准则下估计最佳平衡解非常省时。因为选择的经验解是显式的数学函数，它们可以在任何软件环境中实现，包括 Excel。因此，实现费用是最小的。模型的鲁棒性使得过程发生微小变化时无须进行模型调整或者重新设计。这减少了整体成本以及维护费用。

应用进化计算的主要缺点：

（1）计算量大。模拟进化需要强大的数字运算能力。在进化过程中使用其他建模模拟包的情况下（例如，电子线路的模拟），甚至需要计算机集群。幸运的是，依据摩尔定律[①]，计算能力持续增长，渐渐地解决了这个问题。最近，主要的进化计

① 摩尔定律阐述了在集成电路上晶体管的数目每两年会翻一番。

算应用开发都可以在标准的个人计算机上完成。另外，通过改进算法也可以获得额外的计算能力。第三个方法是通过缩减数据维数来减少计算时间。例如，通过神经网络、支持向量机等方法选择最具信息量的数据用于模拟进化。

（2）求解过程费时。计算密集型的模拟进化存在一个不可避免的问题就是模型生成缓慢。根据应用的维数以及特点不同，进化计算可能耗时数小时，甚至几天。但是，模型生成缓慢并不会提高开发费用。模型开发者的时间成本相对低，对于模型选择和验证来说这个时间通常仅限于几个小时。

（3）处理维度有限。当搜索空间非常大的时候，进化计算就不会非常有效了。通常限制变量数在 100 个以内，记录数在 10000 个以内，以便在可接受的时间内得到结果。在使用进化计算之前，强烈建议降低维数。可以使用神经网络来选择变量，用支持向量机来减少数据记录，最终结合进化计算来生成模型，详见第 11 章。

2.1.5 群体智能的优点和缺点

通过模仿动物和人类社会中的社会作用关系，群体智能提供了优化和分类复杂实时系统的新方法。群体智能的三个主要优点和缺点如图 2.5 所示。

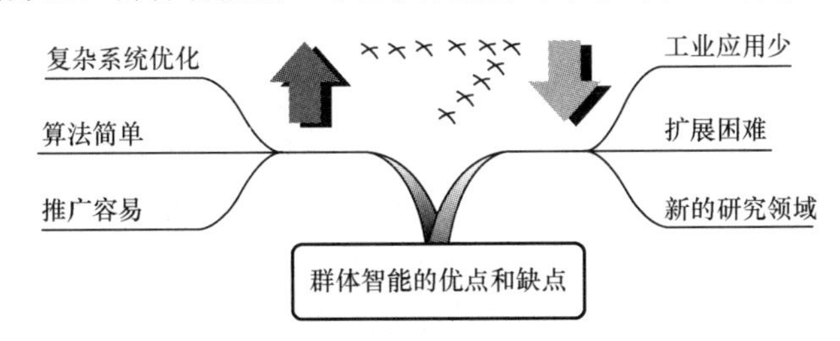

图 2.5 应用群体智能的主要优点和缺点

应用群体智能的主要优点：

（1）复杂系统优化。群体智能算法可以弥补经典优化器的不足，并且特别适用于静态和动态结合的优化问题、分布式系统以及非常嘈杂和复杂的搜索空间。在这些问题中，经典优化器无法有效应用。

（2）算法简单。与经典优化器相比，大多数群体智能算法简单，易于理解和实现。但是它们需要一直调整参数，并且需要根据问题而定。

（3）推广容易。群体智能系统的原理易于理解。因此，潜在用户大多愿意冒险应用该方法。

应用群体智能的主要缺点：

（1）工业应用少。令人印象深刻的群体智能的工业应用依然很少。但是，通过成功的市场推广这种情况可以很快改变，并且确定出合适的应用种类。

（2）扩展困难。在大规模问题上应用群体智能很难具有通用性。这增加了开发成本，降低了生产效率。

（3）新的研究领域。相对于其他大多数计算智能方法，群体智能的研究历史较短，仍然存在许多理论问题。然而，实践中对这个方法的呼声非常高，在科学发展的早期就已经开始探索它的应用潜力了。

2.1.6 智能代理的优点和缺点

智能代理或基于代理的模型可以模仿人类的相互作用而产生新的行为，如谈判、协调、合作和团队合作。智能代理的三大优点与缺点，如图 2.6 所示。

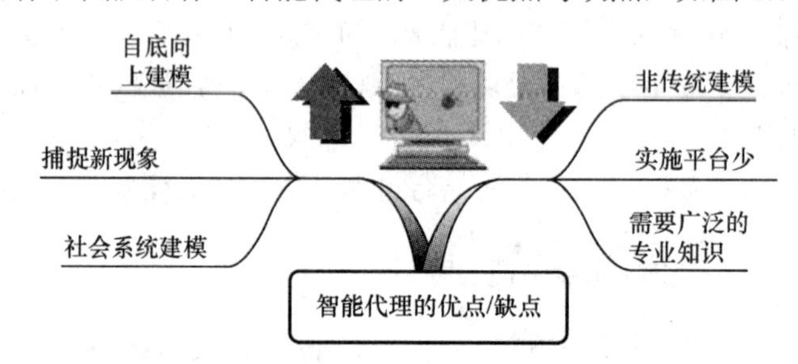

图 2.6 应用智能代理的主要优点和缺点

应用智能代理的主要优点：

（1）自底向上建模。相对于基于自然定理的第一原理建模或基于不同数据分析技术的经验建模，智能代理技术基于不同种类的代理的新出现行为。基于代理的建模的基础假设是，关键智能体的简单特性也可生成拥有复杂行为的系统。这种类型的系统不能用数学方法来描述。一个经典的例子是分析供应链系统的复杂行为，对关键的代理类型——客户、零售商、批发商、经销商和工厂进行自底而上的分析。

（2）捕捉新现象。智能代理的独特特点是在建模过程中会产生完全意想不到的现象。这些新兴模式来源于代理之间的互动。基于代理的建模的一个令人印象深刻的优点是，新兴现象可以通过一系列相对简单的代理捕获。这个特点具有巨大的应用潜力，特别是在当前正在发展的商业建模领域。

（3）社会系统建模。智能代理是为数不多的可以模拟社会系统的方法之一。作者坚信，在工业中社会响应建模是对目前已有建模方法的最重要补充。在全球化的快速市场中，由于潜在客户的文化多样性，需要建立模型准确地评估客户对即将生产的产品的接受情况。智能代理可以帮助填补这个空白。

应用智能代理的主要缺点：

（1）非传统建模。智能代理建模从数学或统计观点上看具有明显特点。它不像实体模型那样，表现形式为方程、定义的模态以及关系。通常，建模的结果是可视的，新兴现象则是由几个图形来表示。在某些情况下，模拟结果可能是一套规则或一个文件。但是，定性结果可能会搅乱经典建模用户的思维模式，并且一些建议的可信度也可能会受到质疑。验证基于代理的模型十分困难，因为对于新兴现象的了解非常少。

（2）实施平台少。已有的开发软件和智能代理的实现软件是非常有限的，并且需要极高的编程技能。基于代理的建模方法还处于起步阶段①。甚至不同的研究团体对智能代理的定义也是不同的。因此，用户对智能代理的理解也比较模糊。需要大量的市场推广工作来促进该技术的工业应用。

（3）需要广泛的专业知识。智能代理建模成功的关键是对主要的代理种类进行充分的描述。这就需要最好的专家定义和细化分类，并分析建模结果。这个过程非常费时，特别是当需要定义和组织多种专业知识时。分析建模结果和捕获新兴行为也需要较高的专业水平。

2.2 计算智能的关键科学原理

计算智能路线图的下一步是让读者了解这一领域的技术基础。图 2.7 给出了它的出发点的思维导图。

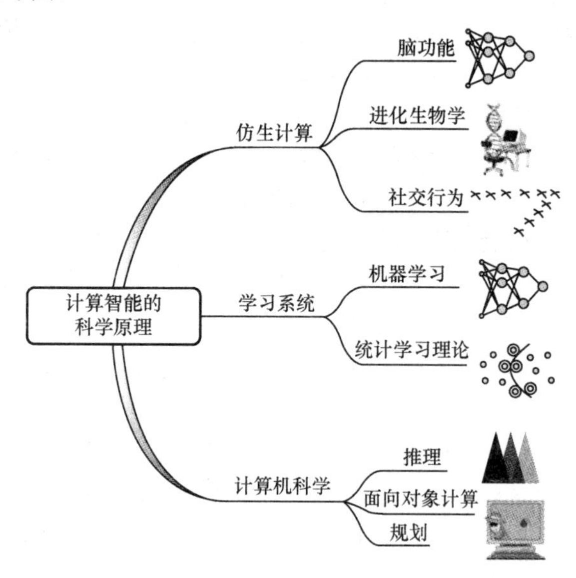

图 2.7 计算智能的基础科学原理的思维导图

计算智能有三个基础学科：仿生计算、学习系统和计算机科学。虽然它们的原理非常多样，但这些学科都有助于计算机求解这一技术的发展，可以提高人类智能。下面将具体地讨论其科学原理。

① 牛津大学出版社 2007 年出版的 *Managing Business Complexity* 一书中第一次讲述了智能代理建模方法。

2.2.1 仿生计算

毋庸置疑，计算智能的关键基础学科源于生物学中的智能。仿生计算使用来源于生物学中的方法、机制和特征发展新的计算系统以解决复杂问题。计算生物学相比于传统方法，其目的在于对一类具体问题发现新的技术。在计算智能中，生物计算分别从生物隐喻（脑功能、进化生物学以及社交行为）中驱动了三种方法的发展——神经网络、进化计算和群体智能。

（1）脑功能。很自然地首先将大脑看作理解智能的关键来源。最流行的计算智能方法——神经网络，其灵感就来自于脑功能。类似于神经元为大脑中的基本信息处理单元，简化的数学模型是人工神经网络的主要计算单元。大脑中神经元的组织原则、信息流和学习机制都可用于神经网络设计。

（2）进化生物学。达尔文关于自然进化的“危险的想法”，是理解和模拟智能的另一主要来源。最重要的步骤是把自然进化看作为一个抽象的算法，它可以在计算机上创建一个新的产物或改善现有产物的性能。进化计算在自然进化理论中表现为三个主要的过程：①个体的产生、复制与继承；②通过改变个体特性适应环境变化；③“最佳和最聪明”个体生存和失败个体灭亡的自然选择。进化计算的核心假设是，模拟进化将像生物通过数百万年的自然进化一样产生表现更优的个体。

（3）社交行为。第三类模仿生物的理解和智能的方法来源于模仿不同的生物物种，如昆虫、鸟类、鱼类和人类等。一种方法是再现某些物种的社会协调行为，例如模仿蚁群寻找食物或处理尸体的蚁群算法。另一种方法是通过表示人类通过信息共享处理知识的能力来探索社交行为。这两种情况下，即便通过非常简单的生物和人类协作模型的算法也能胜任复杂问题的优化。

2.2.2 学习系统

从变化的环境中学习和自适应是人类智慧的鲜明特点。众多研究领域，如神经科学、认知心理学、计算机科学的不同分支，都在探索这个复杂的现象。本书将重点放在机器学习和统计学习理论上，它们将直接影响计算智能。

机器学习。该方法使计算机通过样本、类比和经验进行学习。因此，系统的总体性能随着时间的推移而提高，也可以适应变化。大量的计算机学习技术已被定义和探索。一部分称为监督学习，需要由教师指导学习过程。但在许多情况下，计算机学习过程没有教师指导，只依靠分析现有的数据，称为无监督学习。有时，机器也可以通过试错的方式进行增强学习。

统计学习理论。在实际应用中，能够从小样本数据中学习是非常重要的。统计学习理论给出了从少量数据样本中抽取模式和关系的理论基础。这个学习系统的核心是平衡解决方案的性能和复杂度。统计学习理论介绍了两种关键的预测学习方法，从应用的观点看它们都非常重要。第一种方法在工业界非常流行，即归纳演绎方法。

它通过对现有数据进行建模，得到归纳学习的结果（从具体案例进展到一般关系，并获取模型）。然后，生成的模型使用演绎方法对新数据进行预测（也就是说，由该模型的类知识进展到具体预测的计算）。第二种方法，具有较大的应用潜力，即直推式学习方法。它避免了通过数据建模，而是根据已有数据直接预测。

2.2.3 计算机科学

计算机是应用计算智能最基础的工作环境，它连接了计算机科学研究领域的很多不同学科。本书将关注三个原理：推理、面向对象计算和规划。

（1）推理。模仿人类的思考和推理方式，是人工智能和计算智能的核心。逻辑推理有很多种方法，例如命题逻辑、一阶逻辑、概率逻辑和模糊逻辑。最主要的假设是理性行为，它可以产生可靠的推理过程。然而，在观察社会系统上，这个假设并不完全正确。

（2）面向对象计算。在过去的十年中，面向对象方法和程序设计语言的快速发展，对设计和实现分布式智能系统特别是智能代理促进明显。特别重要的代理作用有继承、封装、消息传递和多态性。

（3）规划。智能代理最有趣和最有用的功能之一就是它们为具体的任务自动制定计划。还有其他的一些功能，如条件规划、无功规划、执行监测和重新规划。

2.3 计算智能的主要应用领域

计算智能迷宫路线图中第三步的目标是，帮助读者在主要的应用领域匹配关键方法。图 2.8 是计算智能在制造业的应用，图 2.9 是其商业应用。计算智能的潜在应用的详细介绍将在第 8 章中给出。

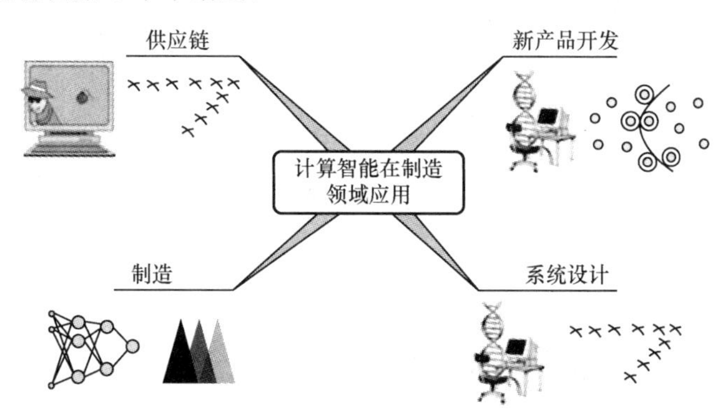

图 2.8 计算智能在制造业和新产品开发中的主要应用领域的思维导图

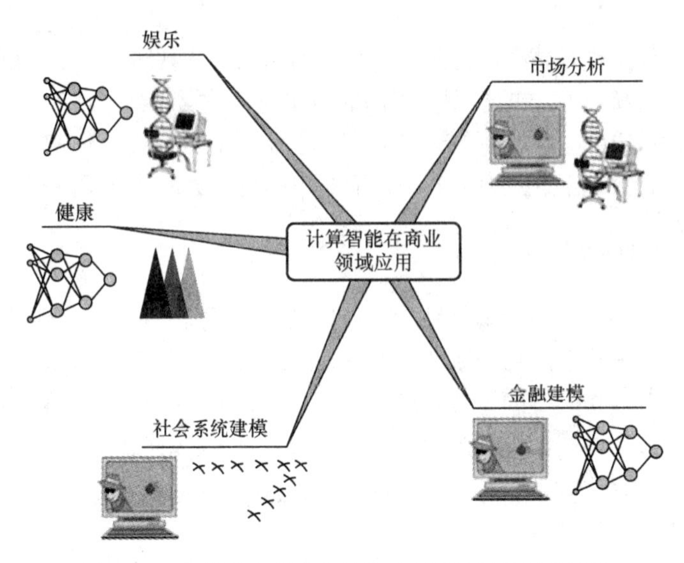

图 2.9　计算智能在商业中的关键应用领域的思维导图

2.3.1　新产品的开发

典型的新产品开发的任务清单包括识别新产品的客户和其业务需求；定义产品的特征；新产品的优化设计和设计的验证。两种计算智能方法（进化计算和支持向量机）特别适合解决有关新产品开发的问题。进化计算可以自动或交互地生成创新想法，这些想法可以表示成结构关系并且被数据支持。支持向量机能够从很少的数据中提取出模型，这是新产品开发的范式。这使得在新产品开发的相对早期阶段做决策时可以使用模型。另外，由于仅需要少量的昂贵试验使得开发成本大大降低，扩展也更为可靠。

2.3.2　系统设计

系统设计包括结构生成、优化和实施。进化计算，特别是遗传编程，在生成不同的物理系统的结构时非常有效。典型的例子是自动生成电子电路和光学系统[①]。其他的进化计算方法，如遗传算法和进化策略，被用在汽车零部件的设计优化、机翼的设计和洗涤剂配方的优化等许多工业应用中。近来，群体智能，特别是粒子群优化，可用于高噪声水平的工业问题的优化设计。

2.3.3　制造业

先进的制造业是建立在良好的规划、综合测试、过程优化和控制以及有效的运作规则之上的。这是计算智能方法的应用领域。例如，智能代理可用于规划。神经

① J.Koza, et al.*Genetic Programming IV. Routine Human-Competitive Machine Intelligence*, Kluwer, 2003.

网络、遗传算法和支持向量机可用于推理传感器和模式识别。进化计算和群体智能被广泛应用于过程优化。基于神经网络和模糊逻辑的工业控制系统包括化学反应器、炼油厂、水泥厂等。通过综合神经网络的模式识别能力、模糊逻辑的知识表示以及智能代理的决策能力可以构建有效的操作规则系统。

2.3.4 供应链

对供应链影响最大的活动就是优化调度。它包括车辆负荷和路径规划、运载者选择、补给时间最小化、半成品库存管理等。两种计算智能方法（进化计算和群体智能）可以在以上活动中拓宽优化调度能力，解决这些多维度并且在搜索域存在高噪声的具有多个最优解的问题。例如，西南航空公司把进化计算用于货运路由优化方案中，每年可节省 1000 万美元[①]。保洁公司基于进化计算和群体智能的供应网络优化系统每年可节省资金 3 亿美元以上。另一个基于计算智能的供应链应用是在适当的时间、适当的地方优化调度石油钻井，目标是在最大限度地降低成本的前提下，最大限度地扩大生产和储存。

对此类应用最有用的第三种技术是智能代理，它适用于预测客户的需求，预测客户需求是一个成功的供应链的关键因素。

计算智能与商业应用相关的应用领域思维导图如图 2.9 所示。

2.3.5 市场分析

对当前和未来市场的分析是计算智能的一个主要应用领域，在这个领域中计算智能可以展示它的潜在价值。这个领域中的典型应用不仅局限于客户关系管理、客户忠诚度分析以及客户行为模式检测。一些计算智能方法，例如神经网络、进化计算和模糊系统都有独特的市场分析能力。例如，自组织映射可以自动检测新客户群；进化计算可以生成客户关系管理的预测模型；模糊逻辑可以量化客户行为，这对于所有的数据分析数值方法都至关重要。典型的利用计算智能做市场分析的例子是，保洁公司利用客户关注度分析、客户行为预测和市场营销优化将全球系统库存减少了 30%[②]。

智能代理可以通过模拟客户对新产品及价格波动的反应对市场进行分析。

2.3.6 金融建模

金融建模包括计算企业金融问题、商业规划、财务安全、证券投资组合方案、期权定价以及各种经济情况。适用于这个领域的计算智能方法有神经网络、进化计算和智能代理。神经网络和遗传算法使用非线性的预测模型，可以通过以往的有效

① http://www.nutechsolutions.com/pdf/SO_Corporate_Overview.pdf.
② http://www.nutechsolutions.com.

数据设计各种财务指标；而智能代理可以根据经纪代理人的反应预测突发行为。进化计算在金融建模中的另一个作用是拓宽证券投资优化组合领域。

2.3.7 社会行为建模

工业建模的趋势是通过模拟社会系统改善商业决策。在这个过程中有三种计算智能技术是非常关键的。智能代理是表示不同的社会代理人行为的最合适方法。群体智能可以通过不同的社会互动机制模拟社会行为。模糊系统可以把人类的定性知识转化到数字世界。一个例子就是，相对于在 Eli Lilly 开展的大规模药物研发，通过社会模拟可以进行小规模的实验药物研发。根据智能代理和群体智能的模拟，新药研发的时间从原来的 40 个月缩短到 12 个月，同时成本从原来的大约 2500 万美元降低到 270 万美元[①]。

2.3.8 健康

日益增长的医疗保健方面的需求为创造价值提供了越来越多的机会，这已经不是秘密。计算智能在医疗诊断和建模、健康检测以及建立个人健康咨询系统等领域都有很好的作用。例如，医疗诊断大大受益于神经网络的模式识别能力。开发医学模型非常困难，它要求整合经验关系，这些关系可以由支持向量机和进化算法结合经验法则（虫模糊逻辑捕获的医师的知识）获得。医疗诊断和建模的最终产品将是个人健康检测和咨询系统，这些都是基于计算智能技术的。

2.3.9 娱乐

与娱乐有关的应用领域预计将会随着受过良好计算机教育的一代人的出现而蓬勃发展，这一代人退休后的一个主要目标就是高效地利用他们的空闲时间。他们中的一些人可能对进化艺术感兴趣，甚至把这种兴趣渗透到玩智能游戏中。因此，设计新的游戏作为心理体操去抵御因为衰老而引起的认知能力的降低是一个很有前景的领域。三种计算智能方法可以用于这个过程中——智能代理、进化计算和神经网络。通常情况下，进化神经网络是使设计的游戏具有学习能力的基础。智能代理则提供了一个适当的框架来定义游戏中的人物。

2.4 小　结

主要知识点：

理解每个计算智能方法的独特优势和局限，是进入该领域的第一步。

---

① http://www.icosystem.com/releases/ico-2007-02-26.htm.

计算智能的主要科学原理是仿生计算、学习系统和计算机科学。

所有科学原理都需要用丰富的科学知识来理解不同方法的技术细节。

进入应用计算智能领域的下一关键步骤是理解每一个具体方法的应用领域。

总　结

计算智能基于多种科学原理，其应用覆盖了几乎所有商业领域。

推荐阅读

下面的两本书提供了主要的计算智能技术的详细技术说明：

A. Engelbrecht, *Computational Intelligence: An Introduction*, 2nd edition, Wiley, 2007.

A. Konar, *Computational Intelligence: Principles, Techniques, and Applications*, Springer, 2005.

仿生计算智能科学原理最好的参考书：

L. de Castro, *Fundamentals of Natural Computing*, Chapman & Hall, 2006.

R. Eberhart and Y. Shi, Computational *Intelligence: Concept to Implementations*, Elsevier, 2007.

第3章 进入模糊世界

你不会意识到任何事情在一定程度上都是模糊的,直到你尝试着去使它变精确。

——波特兰·罗素

本章通过分析模糊系统的价值创造能力开始计算智能迷宫之旅，相对于其他的计算智能方法，这种方法的普及率更高。然而，目前，模糊系统“名声在外”的同时也伴随着对其的误解和对其原理理解的不足。本章的主要目的之一就是减少混淆和明确一些关键术语以及方法。模糊逻辑并不意味着模糊的答案。模糊集合和模糊逻辑使用简单的数值方法来推理“灰色领域”。模糊逻辑模型的精度的唯一限制是精确性与成本之间的权衡。模糊系统的最基本假设就是，对于一个问题总存在着一个有效的人工解决方法，这很接近工业现实，同时也存在着尖锐的学术批评。

本章将以如下的方式介绍模糊系统的价值创造能力：第一，以一种流行的非数学方式讨论主要的概念和方法；第二，本书把注意力集中在模糊系统的关键优势和其应用方面；第三，讨论应用模糊系统的主题以及其有名的应用领域，并说明具体的工业应用。本章会在结尾处给出模糊系统的一些市场应用实例，以及其在互联网上的相关资源。

本书第一部分提及的应用计算智能的其他关键方法也将采用相同的方式介绍。

3.1 模糊系统概要

模糊系统是一种定性建模方案，它使用自然语言和非二值模糊逻辑描述系统行为。建议从业者关注如下的与模糊系统相关的主题，如图 3.1 所示。

本章通过讨论模糊系统的最具特点的功能——处理模糊性来开始介绍模糊系统。接下来的步骤包括澄清模糊集的概念，这是把模糊概念转换为相应程度级别，最终转换为数字的基础。本章的重点是描述两个主要类型的模糊系统——基于专家知识的经典模糊系统以及更现代的基于数据的模糊系统，知识从数据中获得并经专家提炼。

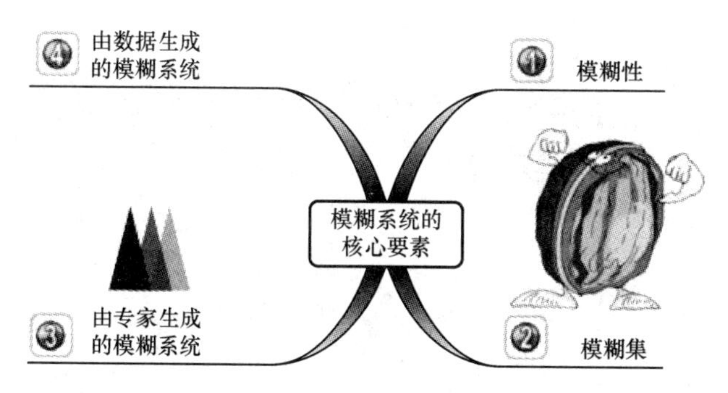

图 3.1　模糊系统的关键主题

3.1.1　处理模糊性

处理不精确和模糊信息是典型的人类智慧。然而，在计算机的数字世界中重现这一活动并不简单。模糊系统具有独特的能力，能将模糊的概念转换成一定的程度级别，构建通往计算机计算的桥梁。在基础水平，模糊系统能够将自然语言的语义模糊性转变为数学方法，使我们能够科学地分析主观智能。更为重要的是，这种能力具有巨大的创造价值的机会，并且在多种工业的非常早期的发展阶段就已经进行了探索和应用。

普遍认为，模糊系统是 1965 年产生于一篇发表于《信息与控制》杂志上的文章，这篇文章的作者卢特菲·扎德（Lotfi Zadeh）教授用了一个极具刺激性的标题"模糊集合"①。然而，这个新想法受到了学术界一部分人的疯狂挑战，尤其是在美国②。但幸运的是，该方法的价值创造潜力在爆发学术战争之前被发现了。20 世纪 70 年代后期以来，日本工业界与几家大公司如松下、索尼、日立、日产率先在各个领域开发出令人印象深刻的应用。因此，工业界的支持对这一新兴研究领域的生存起到了至关重要的作用。模糊系统的历史表明，成功的工业应用甚至比那些单纯傲慢的学术批评更具有说服力。

在讨论模糊系统表达模糊性的关键机制之前，先通过一个著名的术语"模糊数学"来澄清含义和减少混乱。模糊数学与模糊系统大相径庭。模糊数学是一个混乱和错误计算的代名词，其概念可以通过图 3.2 所示的例子加以详细说明。

两个基本概念——分级和颗粒是理解模糊系统如何处理模糊性的核心。一方面，在模糊系统中，一切事物都是允许被分级的；另一方面，模糊系统中的一切事物都是可以成粒的，因此用粒作为捕获实体的本质的一簇属性值。通过这种方式，

---

① 文章可以从以下网址下载：http://www-bisc.eecs.berkeley.edu/Zadeh-1965.pdf.

② 模糊逻辑的这段有趣历史详见 R. Seising 的著作 *The Fuzzification of Systems: The Genesis of Fuzzy Set Theory and Its Initial Applications: Developments up to the 1970s*, Springer, 2007.

人类智能的模糊性可以通过语义变量表示，语义变量也可以看作粒变量，粒值就是粒的语义标签。

图 3.2 有趣的模糊数学的例子[①]

分级和颗粒的哲学基础是不相容原理，是由扎德教授定义的。

不相容原理：随着一个系统的复杂度的增加，存在某个阈值，当超过这个阈值，精度和意义（或相关性）将成为最为独特的特点，我们对这个系统的行为做出精确且有意义的描述的能力就会逐渐减小[②]。

简单来说，高精度与高复杂性是不相容的。根据扎德教授的说法，该问题可以借助模糊逻辑的独特能力解决。而且其已经在工业和科学的许多领域被证明有效。

应用模糊系统的主要目的是将自然语言中的模糊性转换成价值。律师已经很有效地这样做了，并且赚取了巨大数额的金钱。

3.1.2 模糊集

模糊集是理解模糊逻辑和模糊系统的关键。本节将通过一个例子说明模糊集的概念以及二值逻辑和模糊集之间的差异。假设我们有满满一碗樱桃，白色和黑色樱桃所占的比例不同。那么该如何回答这个问题：这是一碗白色的樱桃吗？

在清晰逻辑的情况下，答案仅限于两个清晰的观点，是或者不是。然而能够满足这一回答的情形是碗里只有白色樱桃或者只有黑色樱桃。可以通过隶属度直观地描述这个清晰逻辑，当隶属度值为 0 时，表示碗中没有白色樱桃；当隶属度的值是

---

① 见网址：www.DirtyButton.com.

② Lotfi Zadeh, Outline of a new approach to the analysis of complex systems and decision processes, *IEEE Trans. Syst. Man and Cybern.*, vol. SMC-3, no. 1., pp. 28–44, 1973.

1 时，表示碗中都是白色樱桃（图 3.3）。

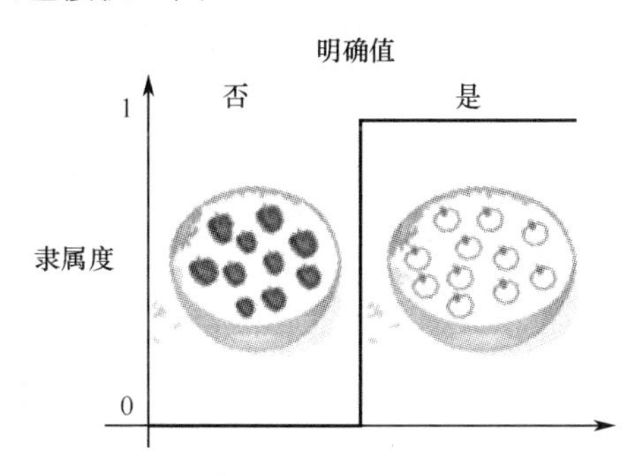

图 3.3　清晰逻辑下对于“这是一碗白色的樱桃吗？”的回答

然而在现实生活中，一个碗中包含的黑色和白色樱桃有许多不同的比例。不同的比例可以用特定的模糊短语表示，如稍微有一些、一部分和大部分等。每一个短语所代表的黑色和白色樱桃的比例可以用隶属度来量化，隶属度值的分布从 0（碗中没有白色樱桃）到 1（碗中全是白色樱桃）。归属的程度又称为隶属度或真值表，因此它在模糊集的元素（碗中黑色樱桃和白色樱桃的比例）和真值（隶属程度）之间建立了一个一一对应关系。表示两个可能的模糊集合（稍微有一些和大部分）的简单三角形隶属度函数的实例见图 3.4。

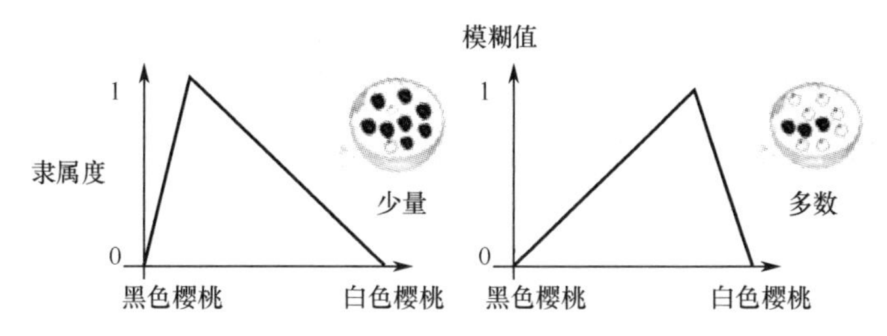

图 3.4　模糊集合“稍微”和“多数”对于“这是一碗白色的樱桃吗”的回答

这个例子清楚地说明了通过隶属度函数如何定义模糊集合。隶属度函数是一条曲线，它定义了语义变量空间的每一个点如何映射到介于 0 和 1 之间的一个隶属度值。隶属度函数的值衡量了目标满足一个非精确定义的属性的程度。隶属度函数可以是不同的形状，如三角形、梯形、S 形等。如这个例子所示，模糊集通过隶属度函数清晰地定义，从定义本身来说并没有什么模糊的含义。

3.1.3　由专家创建的模糊系统

模糊系统的生成，有两种最主要的来源专家和数据，可以分别将它们称作基于专家和基于数据的模糊系统。在基于专家的模糊系统中，模糊规则通常由专家规定；反之，在基于数据的模糊系统中，规则往往由数据簇抽取。第一类系统主要在本节讨论，第二类系统将在 3.14 节进行讨论。典型的基于专家的模糊系统的结构如图 3.5

所示。

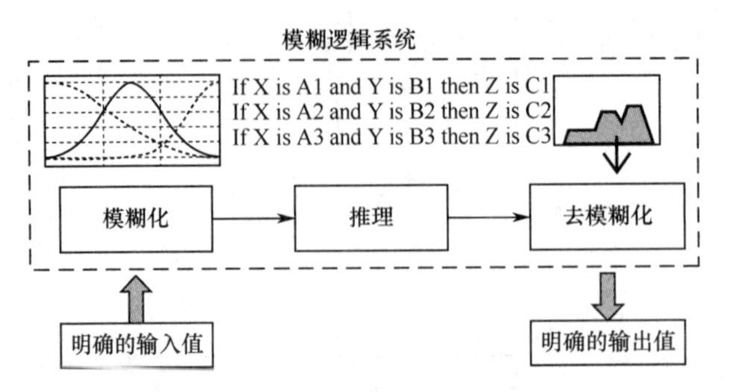

图 3.5　基于专家的模糊系统的主要模块

首先需要明确几个关键术语，如语义变量、模糊命题、模糊推理、模糊化和去模糊等概念。

模糊系统所独有的特点就是它们操纵语义变量的能力。语义变量是模糊集合的名称，它直接代表了隶属度函数的特定区域。例如，图 3.4 所示的短语“少量”是语义变量“一碗白色樱桃”的模糊集合。

模糊系统的推理部分基于模糊命题。通常情况下，都存在一个条件命题：

如果 w 是 Z，

那么 x 是 Y

其中：w 和 x 都是模型标量值；Z 和 Y 是语义变量。“如果”之后的命题是前项或述语，它可以是任何模糊命题；“那么”之后的命题即是结果，它也是一个模糊命题。但是，结果与前项的真假有关，例如 x 是 Y 的成员，对应的程度是 w 是 Z 的成员。

举个例子：

如果反应器温度低，

那么底部压力高

即底部压力是语义变量“低”的成员，相应地，反应器温度是语义变量“高”的成员。

模糊推理是一种解释输入变量并且基于一组规则对输出进行赋值的方法。模糊化在一个模糊集中寻找隶属度值。

集合两个或多个模糊输出集可以产生一个新的模糊输出集，输出可以通过去模糊化方法转化为清晰的结果。去模糊化是从模糊集中选择某一单一值的过程。它基于两个基本机制——重心和概率最大化。重心机制寻找属性值的平衡点，如每个模糊集的加权区域。另一个基本机制是概率最大化，主要寻找模糊集中的最高尖峰。

以一个非常简单的过程监控系统为例介绍专家型模糊系统的功能。专家型模糊系统代表了一个很大的应用领域，通过捕获最佳的流程操作员的知识进行工业过程监测和控制。

模糊系统的目标是通过两个输入变量——反应器的温度和流入反应器的腐蚀性物质来监测化学反应器顶部的压力。过程操作员用三个词汇来表示每个输入和输出变量的等级——低、良好或稳定或正常和高。操作人员对于过程掌控的独到知识表现为隶属度函数，每个变量对应三个语义水平。例如，用三个“S”型函数曲线代表反应器的温度，如图 3.6 所示。其中：y 轴为介于 0 到 1 之间隶属度函数的值；x 轴为物理测量的温度，介于 100℃～250℃之间，这是所要研究的整个温度的变化范围。

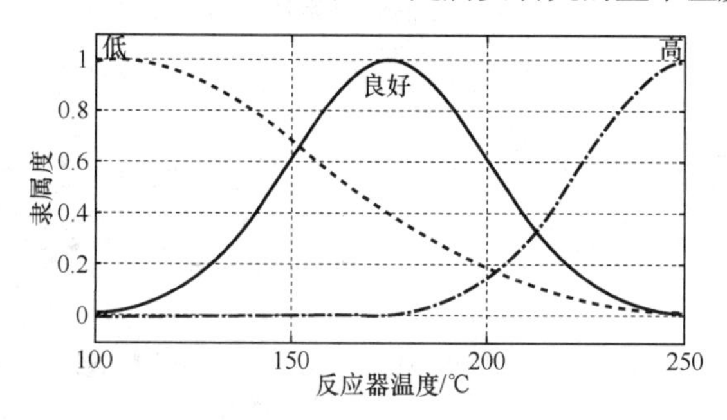

图 3.6 输入变量反应器温度的隶属度函数曲线

反应温度低，表示温度介于 100～150℃之间，而且在 100℃附近隶属度接近最大值；反应温度良好，表示温度介于 150～200℃之间，在 175℃附近隶属度达到最大值；反应温度高，表示温度介于 200～250℃之间，在 250℃附近时隶属度达到最大值。

类似地，图 3.7 表示流入的腐蚀性物质的隶属度函数曲线，但是表示“低”“正常”“高”的“S”型函数曲线的形状却不一样。至于本例的输出变量——反应器的顶部压力，过程操作员更愿意用三角形状的隶属度函数表示压力低、压力稳定和压力高（图 3.8）。

另一种获得操作员知识的方式是通过已定义的语义变量设计规则。举个例子，顶部压力的监测过程可以表示为三个模糊规则，如图 3.9 所示。

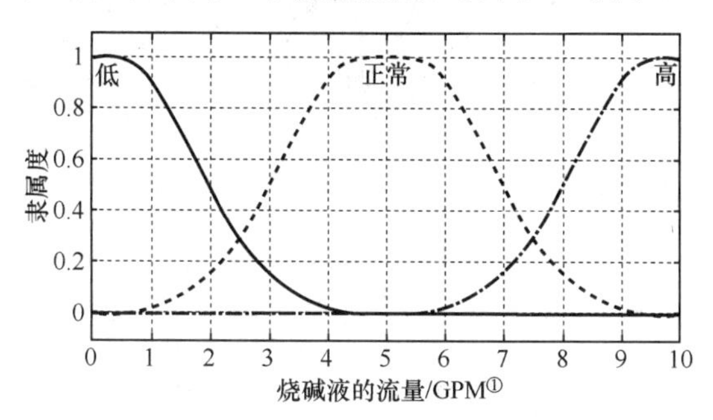

图 3.7 流入的腐蚀性物质的隶属度函数曲线

① 1GPM=3.785L/min。

低
稳定
高
1
0.8
0.6
0.4
0.2
0
隶属度
20
25
30
35
40
45
顶部压力/psig①

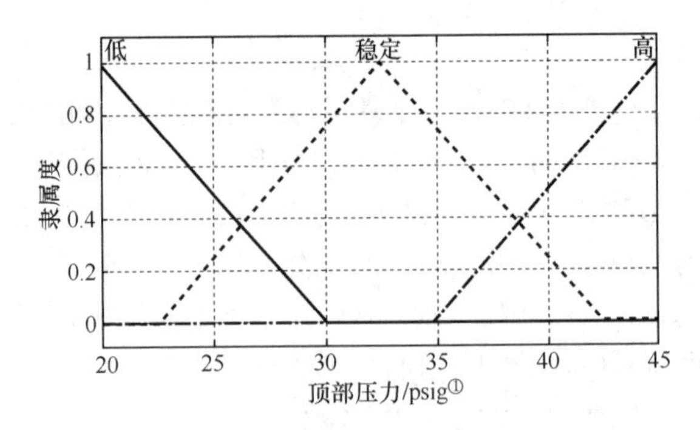

图 3.8　输出变量反应器顶部压力的隶属度函数曲线

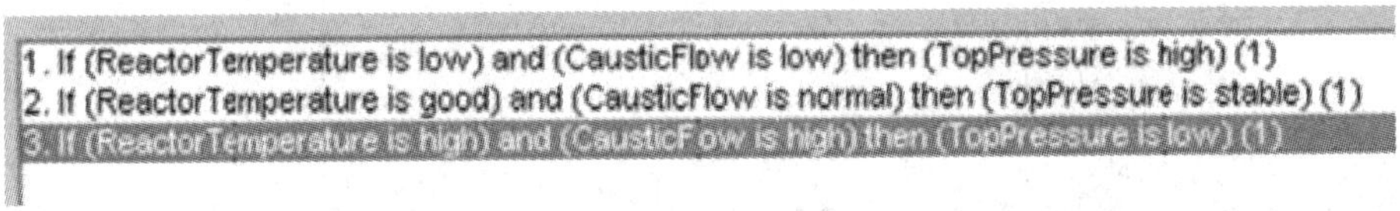

1. If (ReactorTemperature is low) and (CausticFlow is low) then (TopPressure is high) (1)
2. If (ReactorTemperature is good) and (CausticFlow is normal) then (TopPressure is stable) (1)
3. If (ReactorTemperature is high) and (CausticFow is high) then (TopPressure is low) (1)

图 3.9　由过程操作员定义的顶部压力的模糊规则

相对于经典的基于规则的系统，模糊规则的优势是决策空间的量化特点。对于本节所举的例子，决策空间可以可视化为两个输入变量（反应器压力和流入的腐蚀性物质）对应的顶部压力，如图 3.10 所示。

40
45
30
25
顶部压力
100
150
200
250
反应器温度
0
2
4
6
8
10
烧碱液

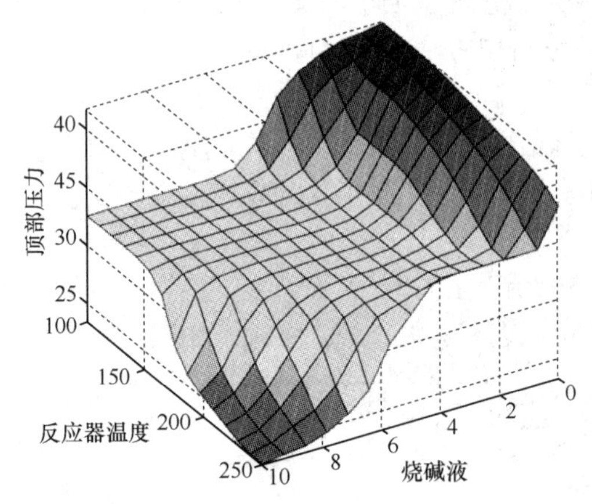

图 3.10　反应温度和流入的腐蚀性物质所对应的顶部压力模糊系统响应表面

如图 3.10 所示，可以清楚地看到，根据图 3.9 中所定义的规则，通过语义变量的隶属度函数可以将定性描述完全转化为量化的响应曲面。

3.1.4　由数据生成的模糊系统

另一类主要的模糊系统是基于模糊簇，来自已经获得的数据。与基于专家的模

① 1psi=6.89kPa。

糊系统相比，它的主要优势是在定义系统时减少了专家的角色。因此，开发成本可以大大降低。数据驱动模糊系统的主要模块如图 3.11 所示。

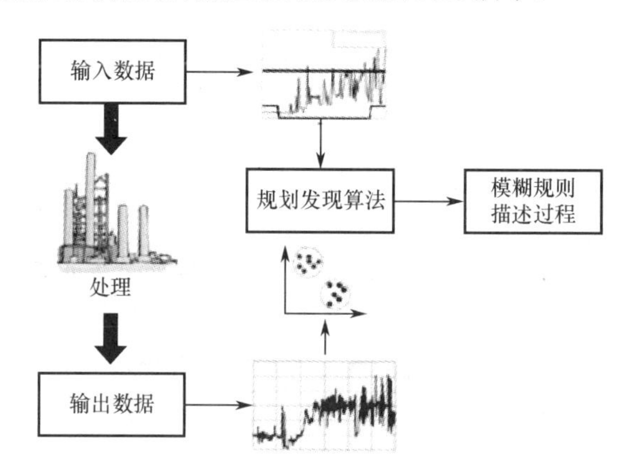

图 3.11　基于数据发现规则的模糊推理系统的主要模块

数据驱动的模糊系统的前提是，在关键过程的输入和输出中可以获得高质量的数据。为了有助于发现模糊规则，建议在尽可能大的范围内收集变量的数据。

数据驱动模糊系统的设想主要是，在数据中寻找簇来定义模糊规则以及隶属度函数，假设每一个簇就是一个规则。簇投影到一维空间，反映数据的隶属度程度。

这个规则发现算法基于不同类型的模糊聚类算法，它通过不同的边界将数据分为几个确定的簇。这些算法的原理是最小化数据点与簇中的某个候选者之间的距离，以及一个数据点与已选择的原型簇的隶属度最小化。由于应用了模糊聚类算法，数据被分为多个数据簇。每个数据簇可以表示成一个规则。将每个簇投影成变量，就可以得到规则中的模糊集。

图 3.12 是一个简单的模糊簇的例子，它基于两个分别以 V_1 和 V_2 为中心的数据簇以及两个变量 x_1 和 x_2。在这个特殊的例子中，曲线 A_1 和 A_2 表示 x_1 的隶属度函数，曲线 B_1 和 B_2 表示 x_2 的隶属度函数。

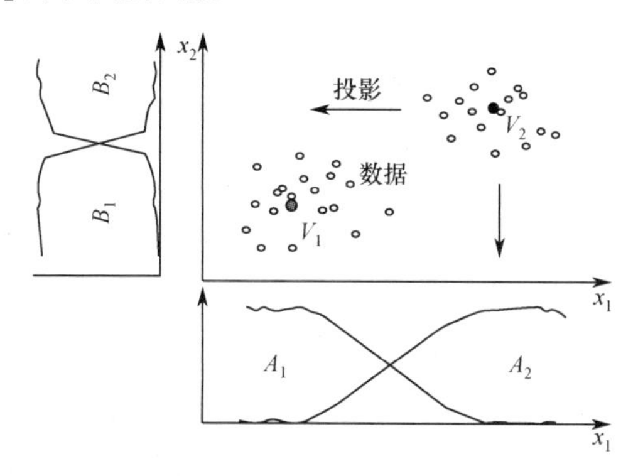

图 3.12　基于模糊簇定义隶属度函数

然而，在现实中更常见的是两个数据簇之间存在交叠。在这种情况下，发现规则就需要进行规则的合并，尤其是专家的反馈。

3.2　模糊系统的优势

模糊系统的一个关键优势就是它关注系统应该做什么，而不是试图建模它如何工作。但是，它假设存在充分的专家知识，就算是对于数据驱动的模糊规则发现也不例外，例如发现隶属度函数公式、规则库以及去模糊化。如果过程非常复杂或者数学建模非常昂贵，模糊系统就可以派上用场。

应用模糊系统的一些主要优点如图 3.13 所示，详细讨论如下：

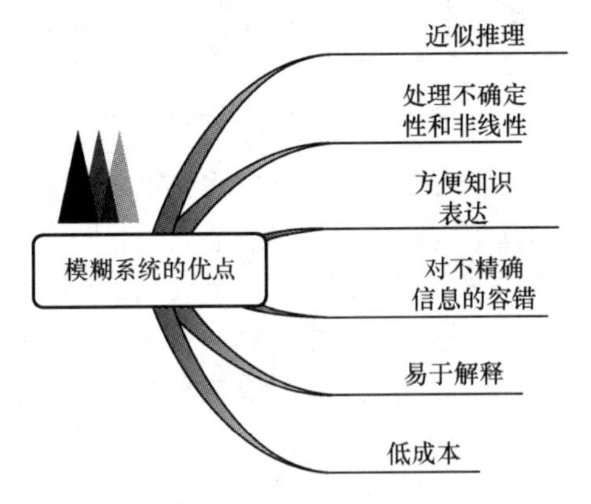

图 3.13　应用模糊系统的一些主要优点

（1）近似推理。模糊系统使用近似推理可以将复杂问题转换成简单问题。用自然语言和语义变量将系统描述成一组模糊规则和隶属度函数。对于专家来说，设计甚至维护系统都将变得很容易。系统具有通用的表述形式，可以进行独特的简洁描述。

（2）处理不确定性和非线性。模糊系统能有效地表示复杂系统的不确定性和非线性。一般来说，从数学上定义复杂工业系统中的不确定性以及非线性是非常有难度的，特别是它们的动态性。通常情况下，不确定性可以通过模糊集的设计而捕获，而非线性可由模糊规则的定义表示。

（3）方便知识表达。在模糊系统中，知识主要分布在规则与隶属度函数之间。通常情况下，规则是非常通用的，并且具体的信息是由隶属度函数获得的。这使得首先可以通过调整隶属度函数解决潜在问题。与经典专家系统相比，模糊系统中的规则数量明显要少。在模糊系统中，知识获取相对容易，同时更可靠，并且模糊性小于经典专家系统。事实上，以清晰的逻辑为基础的经典专家系统是模糊推理的一种特殊情形。大量的实际应用发现，模糊专家系统的模糊规则是清晰规则的 1/10～

1/100[1]。

（4）对不精确信息的容错。由于要处理模糊、不确定性以及非线性，模糊系统比以清晰逻辑为基础的系统更具鲁棒性。对不精确信息的容忍度通过预定义的模糊集和模糊规则的粒度水平控制。通过第一原理或经验建模再现相同的容错水平，效率可能会极低，并且花费极大。

（5）易于解释。模糊系统的两个主要部分——模糊集和模糊规则——易于向大量潜在用户解释。专家定义或精炼隶属度函数和模糊规则时，并不需要特殊的训练或者技能。由于易于解释，模糊系统的设计可以不用很费力就能传达给最终用户。模型的用户友好也可以使维护过程变得简便。

（6）成本低。模糊系统在很多应用中都表现为低成本，对硬件和软件资源的需求都很少，例如家用电器。相比于其他计算智能技术，模糊系统的开发、实施以及支持成本都是比较低的。

3.3 模糊系统的问题

除了已经讨论的模糊系统的问题（模型的低复杂度，扩展困难，改变操作条件时的维护费用高），本书将着重讨论两个重要问题：隶属度函数调整和去模糊结果的可行性。

随着系统复杂性的增加，定义和通晓规则变得越来越困难。一个尚未解决的问题是如何确定一个充分的规则集，并能够充分描述系统。此外，通过已有数据调整隶属度函数和调整已定义规则是非常耗时且成本很大的。一旦超过 20 个规则，开发和维护的成本就变得很高。

模糊系统的另一个众所周知的问题是，用于去模糊化和规则评价的算法所固有的启发式性质。原则上，启发式算法并不能保证在所有可能的操作条件下都有可行的解决方案。因此，与定义的条件稍稍不同的情况下，就有可能产生不想要的或者混乱的结果。

3.4 如何应用模糊系统

应用模糊系统的主要目的是将模糊性转化为价值，模糊系统最主要的工作是将专家的自然语言中的模糊信息转化为精确的并且可以高度解释的模糊集和模糊规则。即使是在数据驱动的模糊系统中，通过聚类算法自动发现规则，专家在这个过程中也扮演着至关重要的角色，因为专家要对这些算法进行解释和支持。

---

① T. Terano, K. Asai, M. Sugeno, *Applied Fuzzy Systems*, Academic Press, 1994.

3.4.1 何时需要模糊系统

以下是一个何时需要模糊系统的清单：

（1）解决方案中包含模糊知识。

（2）问题的解可以表示成语义规则，例如通过数据或问题进行学习。

（3）问题的解易于实施、使用和理解。

（4）解释和性能一样重要。

3.4.2 应用基于专家创建的模糊系统

设计一个模糊系统并没有固定的顺序。图 3.14 给出了定义经典专家系统的可能流程。

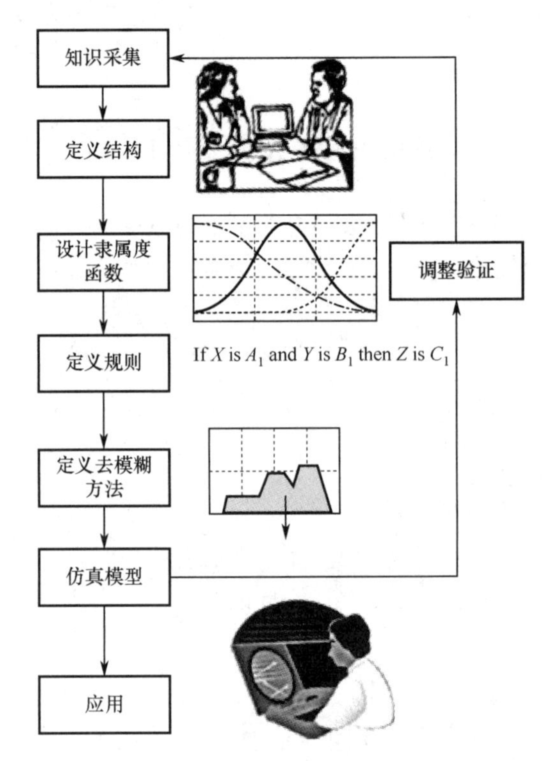

图 3.14　应用基于专家创建的模糊系统的关键步骤

应用模糊系统成功的 80%的因素取决于获取知识的效率和质量。这是一个针对特定目的从专家、数据集、已有的文档以及常识推理中提取出有用信息的过程。这个过程包括与专家进行面谈以及定义出模糊系统的主要特点，例如确认输入和输出变量、区分清晰与模糊变量、使用已定义的变量来制定原型规则、根据重要性对规则进行排序、识别操作中的约束条件以及定义预期性能。

作为知识采集的结果，模糊系统的结构通过功能特点和操作特点、关键的输入和输出以及性能准则定义。应用流程的下一阶段是将已定义的结构转移到一个特定的软件工具中，例如 Matlab 中的模糊逻辑工具箱。开发过程包括设计隶属度函数、定义规则以及相应的去模糊化方法。综合模型使用独立的数据进行迭代仿真和验证，直到通过调整隶属度函数达到预期的性能。一个实时模型可以应用于一个独立的软件环境，如 Excel。

3.4.3 应用基于数据创建的模糊系统

如果基于专家的模糊系统的成功在很大程度上取决于所获取的知识，那么基于数据的模糊系统的成功则与已有数据的质量有很大的关系。这种类型的模糊系统的应用的几个关键步骤如图 3.15 所示。

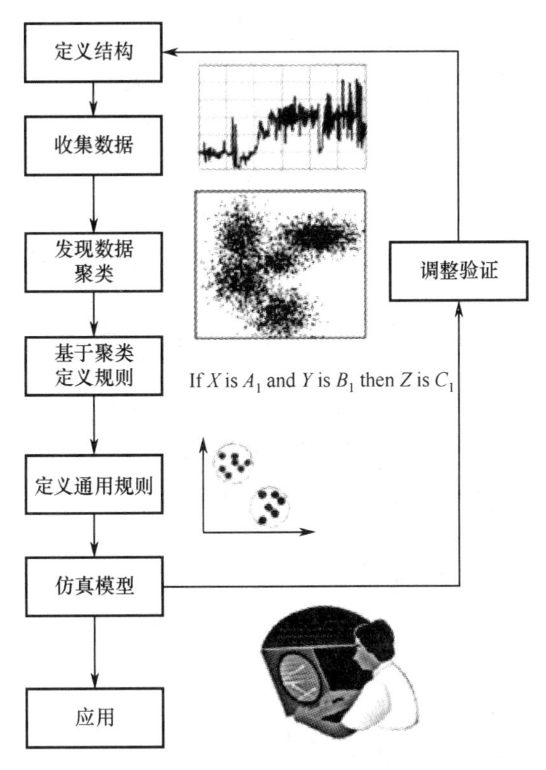

图 3.15 应用基于数据创建的模糊系统的关键步骤

在应用的最初阶段，已定义的结构主要包括数据相关的问题，选择过程的输入和输出，并在此基础上发现潜在的规则。数据采集是整个过程的重要组成部分，如果数据的范围过于狭窄或者过程的行为不能被充分的描述，其也可能是一个重大障碍。这种情况下，发现适当的模糊规则的机会很小。

数据处理部分包括从数据中发现原型簇以及定义相应的规则。设计中最有趣的一个步骤是确定原型簇的粒度大小。原则上，数据簇的空间越宽广，定义的规则就越一般化。但同时，过程中一些重要的非线性行为可能会丧失。建议通过领域专家确定模糊簇的合适大小。开发过程的最终结果是一个基于通用规则的模糊系统模型。两种方法在实时应用中并没有什么区别。

3.5 模糊系统的典型应用

模糊系统的应用领域非常广泛，从日本的地铁系统到非常普及的电饭煲。一些主要的应用领域在图 3.16 中系统列出。本节对每一个领域都将给出最具代表性的令人印象最深刻的应用，读者可以从关键的网站或网络搜索获得更多的细节。本节将会详细介绍两个重要的应用——日立公司开发的仙台地铁操作系统和松下电器的全自动洗衣机。

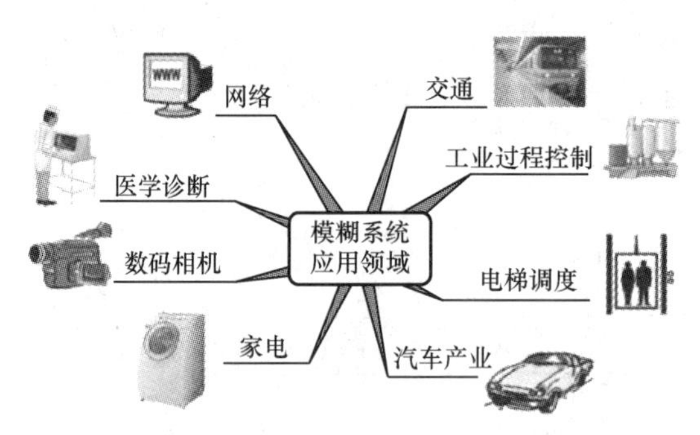

图 3.16 模糊系统的主要应用领域

（1）交通系统。一个有名的工业应用是日本仙台地铁系统的列车自动运行模糊预测控制器，是由日立公司在 1987 年 7 月实施的（图 3.17）①。地铁的控制操作包括在发出开始信号时进行加速，调整地铁的速度以防止其超过控制速度，在下一站发出停车信号时将地铁停在固定位置。对最有经验的地铁操作人员的表现进行的分析表明，语义因素在决策中起着很关键的作用。例如，对停车的控制，操作人员通过考虑乘客的人数、刹车的力量、列车是否可以停止，以及在加速和减速时保证乘客的舒适度来进行最高质量的操作。

操作人员认为模糊控制应该像他们驾驶列车一样保证“良好地停车”“精确地停车”以及“乘客舒适”。

所开发的模糊预测控制器基于模糊集中的 6 个模糊目标，这 6 个目标分别是安全、舒适、节能、速度、运行时间和停车精准。设计的模糊集使用“好”“坏”“非常好”“很不好”和“中间值”等语义变量，以及梯形、三角形和“S”形隶属度函数。令人惊叹的是，模糊系统在如此庞大而且复杂的地铁控制系统中仅仅用了 9 条

① T. Terano, K. Asai, M. Sugeno, *Applied Fuzzy Systems*, Academic Press, 1994.

模糊规则！而且地铁的运行相当平稳，以至于站在里面的乘客都不用扶杆或吊圈。在车里放一个鱼缸，鱼缸可以旅行完整个 8.4 英里①路线，甚至未从缸中溢出一滴水，这期间包括 16 次到站停车。

图 3.17　仙台的地铁系统——应用了模糊预测控制器的自动运行列车②

（2）工业过程控制。另一个著名的过程控制应用是在 20 世纪 80 年代初建于丹麦的一个水泥窑的控制。其他典型的应用包括热交换控制、活性污泥和污水处理工艺控制、水净化设备控制和赫司特公司的聚乙烯控制等。

（3）电梯调度。一些公司如奥梯斯、日立和三菱已经开发了智能电梯器件，采用模糊逻辑满足工作人员的需求。通过了解目前有多少乘客在每个电梯、在哪一层有乘客等候登上电梯以及所有的电梯目前的位置，模糊系统可以实现动态的最优控制。

（4）汽车产业。模糊系统已经被主要的汽车制造商如日产和斯巴鲁所使用，应用方面主要有巡航控制、自动变速箱、防滑转向系统和防锁死刹车系统等。

（5）家电。松下电器公司基于模糊逻辑的全自动洗衣机足以说明模糊系统在巨大的家电市场的应用潜力。它引发了其他家电产品如吸尘器、空调、微波炉以及著名的电饭煲等的应用浪潮③。洗衣机的最大问题是，很难在衣物的污秽程度和洗涤时间之间获得最佳的关系。由于几乎不可能收集到各种各样的污秽衣物的实验数据，所以很难在统计上将污秽程度与洗涤时间关联起来。

由于开发成本高，开发第一原理模型在经济上是不可接受的。最终，技术熟练的洗衣工的经验是关键，通过捕获其知识可以获得模糊系统中的规则和隶属度函数。

---

① 1 英里（mi）=1609 米（m）。

② http://osamuabe.ld.infoseek.co.jp/subway/maincity/sendai/sendai.htm.

③ N. Wakami, H. Nomura, S. Araki, Fuzzy logic for home appliances, *in Fuzzy Logic and Neural Network Handbook*, C. Chen （Editor）, pp. 21.1–21.22, McGraw-Hill, 1996.

系统基于三个关键参数：①*Ts*，即透光率达到饱和的时间（与污垢的程度有关）；②*Vs*，即输出的饱和水平（与污垢的含量有关）；③*Wt*，即剩余的洗涤时间。由技术熟练的洗衣工定义的这三个参数的隶属度函数以三角形和梯形为基础。规则是类似下面的两个例子：

规则 1：

如果输出的饱和水平 *Vs*“低”并且透光率达到饱和的时间 *Ts*“长”，

那么剩余的洗涤时间 *Wt* 就是“非常长”。

规则 2：

如果输出的饱和水平 *Vs*“高”并且透光率达到饱和的时间 *Ts*“短”，

那么剩余的洗涤时间 *Wt* 就是“非常短”。

通过使用一个简单的模糊系统，衣服的肮脏程度与洗涤时间之间的复杂的非线性关系就可以仅用 6 个规则和 3 个隶属度函数表示出来，并且在任何硬件环境下都能有效的实现。由于减少了过多或不足的洗涤，因此对时间和能源的节省都是巨大的。

（6）数码相机。这是模糊系统早期的应用领域。例如，佳能公司提出了模糊聚焦的概念。传统的自动聚焦相机可能仅对处于视野中心的单个物体反射一个红外（或超声）信号，并利用这一信息来确定距离。但是，如果在视野中有两个或多个对象，这种自动对焦相机就会发生失焦。佳能允许相机考虑多个目标，并利用模糊逻辑，整合所有目标来解决这个问题。在 1990 年，松下推出了模糊摄像机，可自动减少由于手工操作而导致的抖动。松下用模糊逻辑开发数字图像稳定器。这种稳定器可以比较每一对连续帧来发现它们有多少转移，然后作相应的调整。

（7）医学诊断。这一领域的典型应用有吸入氧的模糊逻辑控制、病人手术中的麻醉深度的模糊控制、重症监护的基于模糊逻辑的医疗决策、基于模糊规则的冠状动脉心脏病的风险评估等。

（8）网络。模糊逻辑在实现网络搜索引擎的改善方面的应用，是未来最大的应用领域之一，例如，可伸缩网络应用挖掘、基于概念的搜索引擎、网络用户的模糊建模、英国电信公司的模糊查询和搜索、Clairvoyance 公司的基于意见挖掘的模糊词库等。

3.6　模糊系统的推销

推销模糊系统需要相对较少的市场工作，因为这种方法很容易解释。此外，处于领先地位的公司在这一领域有很多令人印象深刻的应用。为了帮助读者理解市场工作，本书将对每个计算智能方法给出两个文档——推销幻灯片和电梯推介。其中，推销幻灯片如图 3.18 所示。

应用模糊系统
变模糊性为价值

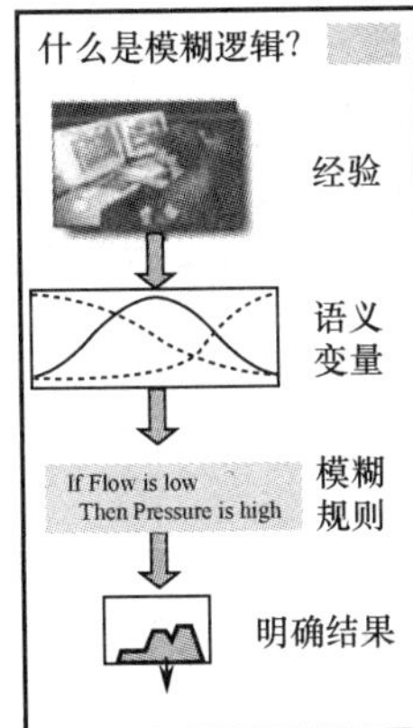

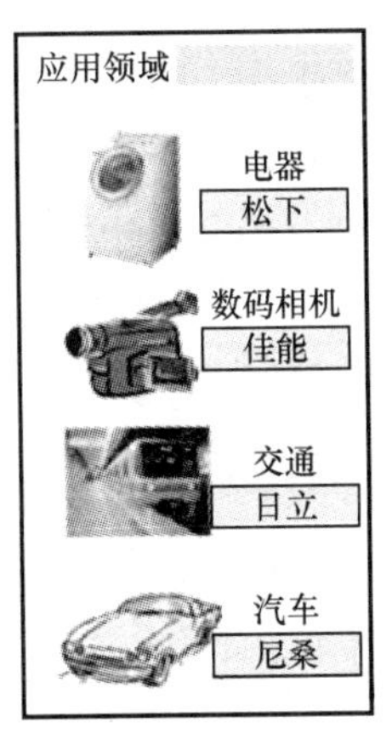

图 3.18　模糊系统的推销幻灯片

推销幻灯片可以用一张幻灯片传达某一技术的非常浓缩的信息。幻灯片的顶部是关键的口号，它抓住了该技术的价值创造能力的本质。对应用模糊系统而言，口号是“变模糊性为价值”。

推销幻灯片分为三个部分。左边部分以一种非常简单且图形化的方式展示该技术的工作原理。模糊逻辑的重点是在计算机上将人类知识通过语义变量和模糊规则转化为明确的结果。幻灯片的中间部分主要展示该方法的优点以及模糊系统的主要特点——以专家知识和数据的有效利用为基础进行产品设计。右边部分主要关注广为人知的应用领域和知名企业，这些公司已经成功地应用了这项技术或已经开发出了特定的模糊系统产品。

这种结构的推销幻灯片使非技术人员可以在 30s 内对模糊系统独特的功能以及应用情况有一个大概的了解。

图 3.19 是一个电梯推介的例子，它是将某项技术介绍给高级管理人员的一种方式。推介时间大约是 60s。它通过模糊系统无可争议的价值来说服老板。

模糊系统电梯推介

模糊系统将自然语言的模糊性和数据解释转化为价值。模糊逻辑并不模糊，它基于所有的事情均可以度表示这一想法。速度、高度、美、态度均可以按比例表示。相对于明确的黑白世界，模糊逻辑使用彩色谱，认为事情可以同时具有部分真和部分假。这可以在自然语言中定义规则来有效地表达已有经验，在计算机中以准确的方式表示词汇例如“小变异”。在开发数学模型非常昂贵，同时可获得特定问题的专家知识时，模糊系统特别有效。
模糊系统易于开发、实现和维护。存在众多应用，例如电器、数码相机、地铁运行、汽车以及松下、日立、尼桑和斯巴鲁等的工业过程控制。
模糊系统是一个新兴系统，前途无限。

图 3.19　模糊系统的电梯推介

3.7 模糊系统的可用资源

与计算智能相关的一个问题是，由于这个领域的高度动态变化特性，信息的更新变得非常快。在“谷歌时代”，最好的建议是寻找和发现最新更新。建议的通用资源有 http://www.scholarpedia.org/ 和 http://www.wikipedia.org/,上面有所有计算智能技术的许多有用的链接。每个计算智能方法的主要资源都会在本书中给出，以反映本书手稿的最后阶段（2009 年 3 月）的技术发展现状。

3.7.1 主要网站

本书推荐的网站：

贝克莱倡议的软计算：

http://www-bisc.cs.berkeley.edu

北美模糊信息处理协会（NAFIPS）：

http://nafips.ece.ualberta.ca/

国际模糊系统协会（IFSA）：

http://www.cmplx.cse.nagoya-u.ac.jp/~ifsa/

关于模糊系统的通用资源的网站：

http://www.cse.dmu.ac.uk/~rij/general.html

优秀的介绍模糊系统的网站：

http://blog.peltarion.com/2006/10/25/fuzzy-math-part-1-the-theory

3.7.2 精选软件

开发模糊系统的两个主要的软件工具——Wolfram 的工具箱和 Mathworks，链接如下：

Mathematica 的模糊逻辑工具箱：

http://www.wolfram.com/products/applications/fuzzylogic/

MATLAB 的模糊逻辑工具箱：

http://www.mathworks.com/products/fuzzylogic/

3.8 小　　结

主要知识点：

模糊性可由模糊集和模糊规则得到。

模糊系统并不模糊。

模糊系统的创建来自两个资源——领域专家和数据。在基于专家的模糊系统中，规则是由专家定义的；反之，在基于数据的模糊系统中，规则是由数据集中提取出来的。

模糊系统中知识主要分布在规则与隶属度函数中。通常情况下，规则是非常通用的，而具体的信息主要靠隶属度函数获得。

即使在一个很复杂的系统中，模糊系统也能有效地表示不确定性与非线性。通常，系统的不确定性通过模糊集的设计表示；而非线性由定义的模糊规则表示。

模糊系统已经成功地应用在交通运输、工业过程控制、汽车、数码相机以及许多家电如洗衣机、微波炉、吸尘器和电饭煲等领域。

总　　结

应用模糊系统有能力将自然语言的模糊性和数据转化为价值。

推荐阅读

以下几本书详细介绍了模糊系统的技术细节:

R. Berkan and S. Trubatch, *Fuzzy Systems Design Principles: Building Fuzzy IF-THEN RuleRuleBases*, IEEE Press, 1997.

T. Terano, K. Asai, M. Sugeno, *Applied Fuzzy Systems*, Academic Press, 1994.

R. Yager and D. Filev, *Essentials of Fuzzy Modeling and Control*, Wiley, 1994.

该书介绍了模糊系统的研究现状:

W. Pedrycz and F. Gomide, *Fuzzy Systems Engineering: Toward Human-Centric Computing*,Wiley-IEEE Press, 2007.

第4章 机器学习:学习机器中的精灵

学而不思则罔，思而不学则殆。

——孔子

自古以来，学习就在构建人类智能方面发挥着重要的作用。伴随着全球经济的发展，学习向着更加动态化和复杂化的方向发展。如果过去，大多数学习成果都集中在高中和大学时期，那么在21世纪，学习则在整个工作生涯中都是一个不间断的过程。应用计算智能可以在提高人类的学习能力的过程中发挥显著作用，通过其独特的能力可以发现新的模式和依存关系。

大量的学科构成了机器学习，其主要目的是通过计算和统计方法从数据中自动提取信息。一般来说，机器学习基于两种推理，即归纳—推演和转换，如图4.1所示。

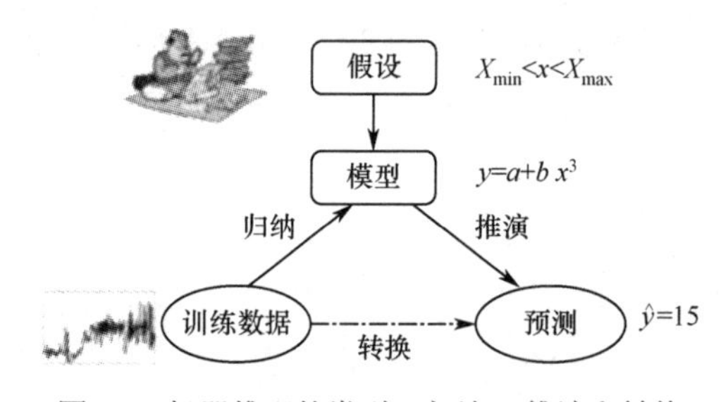

图4.1　机器推理的类型：归纳—推演和转换

归纳机器学习方法从数据集中抽取规则和模式，是一个由训练数据代表的特殊情况到新发现模型或依存关系（表现为估计模型）的通用化过程。在推理的推演阶段，推导的模型使用通用知识做具体预测。但通用水平受限于先验假设，例如输入变量的上限和下限。大多数机器智能系统基于归纳—推演。但是，对于很多实际情形，没有必要通过昂贵的过程来构建通用模型。在这种情况下最合适的方法是转换推理，推理的结果不需要明确地建立函数。相反，可以基于获得的训练和测试数据预测新输出。从成本的角度看，很明显，这是更加经济的解决方案。

机器学习算法的分类基于算法的预期输出。最常用的算法类型包括监督学习、非监督学习和强化学习。

（1）监督学习。该算法生成一个函数，可将输入映射到输出。存在一个关键假设，即存在一个“教师”，它通过提供输入——目标样本而给出关于环境的相关知识（图 4.2）。学习系统的参数通过目标和实际的响应（输出）之间的误差进行调整。监督学习是流行的神经网络——多层感知器和支持向量机的主要学习方法[①]。

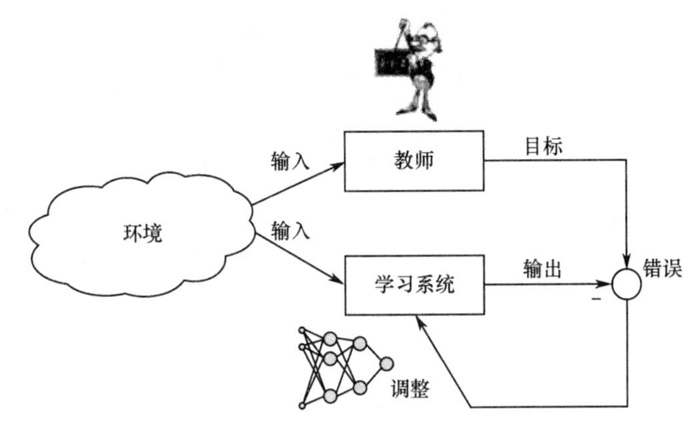

图 4.2　监督机器学习

（2）非监督学习。因为目标样本不可用或根本不存在，算法对一组输入集建模。非监督学习不需要“教师”，要求学习者基于自组织寻找模式（图 4.3）。该学习系统通过在输入数据中发现结构而进行自我调节。非监督学习的典型例子就是用神经网络构成的自组织映射。

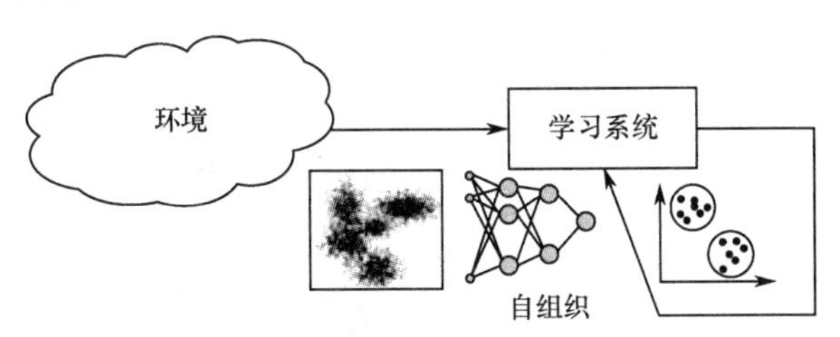

图 4.3　非监督机器学习

（3）强化学习。算法的思想是通过与环境交互进行学习，并调整其行为使对应该环境的目标函数最大（图 4.4）。这种学习机制基于试错行为并且评估奖励。每一个行为对环境都有一定的影响，且环境提供胡萝卜-大棒类型的反馈，此反馈指导学习算法。其目的是找出最佳行为，即能最大化长期增强的行为。强化学习也常常用于智能代理。

① 多层感知器和支持向量机将在后续章节中详细叙述。

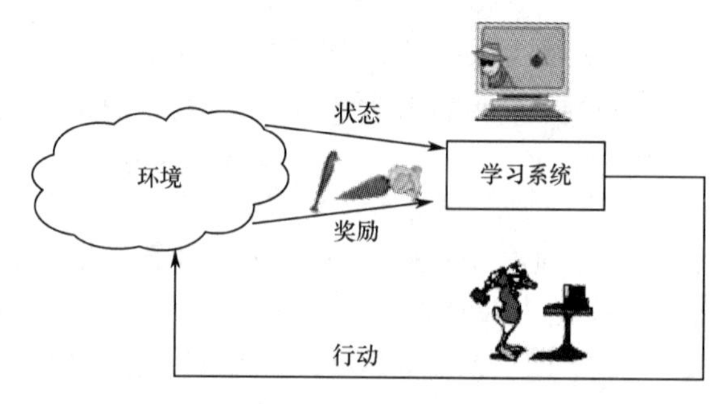

图 4.4　强化机器学习

应用机器学习的目的是通过学习动态复杂环境的行为来自动发现新模式和关系，创造价值。本章重点关注两个最广泛应用的机器学习技术——神经网络和支持向量机。而其他的几种方法如递归分割（或决策树）、贝叶斯学习、基于实例的学习以及分析学习等就不再进行讨论了，因为它们的价值创造潜力明显较低[①]。唯一的例外是决策树，它被用于数据挖掘应用中，并且是现有大多数数据挖掘软件包的一部分。

4.1　神经网络概要

发展机器学习算法的第一个灵感来自人类的学习机器——大脑。神经网络是试图模仿人类大脑中的某些基本的信息处理方法的模型。自 McCulloch 和 Pitts 关于此方面的第一篇论文于 1943 年问世以来，出现了成千上万篇相关论文以及创造了大量具有重要价值的应用，这一领域蓬勃发展[②]。图 4.5 为神经网络的关键主题，从业者应给予关注。

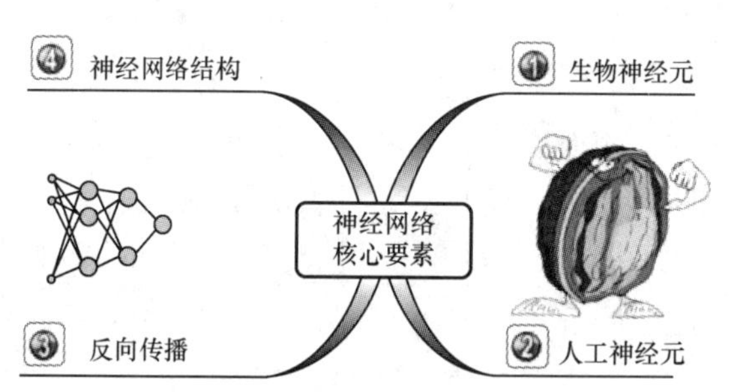

图 4.5　神经网络的关键主题

4.1.1　生物神经元和神经网络

生物神经元是神经系统的一个基石，生物神经末端类似于树状的结构称为树

① 关于机器学习方法的很好的综述，参见 T. Mitchell, *Machine Learning*, McGraw-Hill, 1997.

② W. McCulloch and W. Pitts, A logical calculus of ideas immanent in nervous activity, *Bulletin of Mathematical BioPhysics*, 5, p. 115, 1943.

突，它通过突触接受其他神经元的输入信号。在神经元另一端是一个从细胞体引出的单丝，称为轴突。生物神经元如图 4.6 所示。

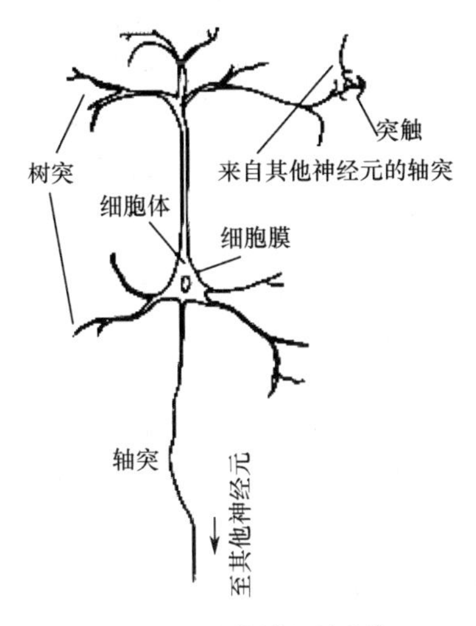

图 4.6 生物神经结构[①]

生物神经元通过电信号进行相互沟通。它们通过树突和轴突相互连接。树突为神经元的输入，轴突为神经元的输出。轴突通过一系列动作电位携带信息，电位取决于神经元的电位。每个生物神经元从它的输入收集全部电刺激，如果电位高于某个阈值，则对其他神经元产生一个固定幅度的输出信号。生物神经元可以看作一个简单的处理单元，对输入信号进行加权，如果超出临界值则激活神经元。生物神经元的处理能力是非常有限的。许多生物神经元之间互相交互从而形成大型网络使人类大脑具有学习能力、推理能力、泛化能力和模式识别能力。神经元的输入和输出之间的各种互连在实践上是无数多的。一个突触连接的神经元的典型数量为 100～1000。据估计，在人类大脑皮层中大约有 100 亿神经元和 60 万亿突触[②]。

研究生物学习机制的工作表明，突触在这一过程中发挥着重要的作用。例如，突触活动促进了生物神经元的沟通能力。因此，在同一时间里两个神经元之间的活动程度高，就可以被它们的突触所捕获，这可以促进它们以后的交流能力。生物学习的另一个发现对人工神经网络的发展有重大影响，即学习可以增强突触连接。

4.1.2 人工神经元和神经网络

生物神经元结构如图 4.6 所示，其原理如图 4.7 所示，突触强度用连接权重 w_{ij} 表示，并通过箭头宽度进行可视化表示。这个原理图是定义人工神经元结构的基础，

---

① http://www.learnartificialneuralnetworks.com.

② S. Haykin, *Neural Networks: A Comprehensive Foundation*, 2nd edition, Prentice Hall, 1999.

如图 4.8 所示。

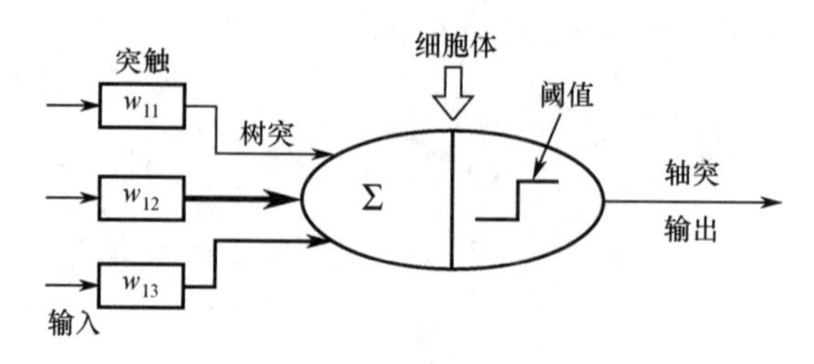

图 4.7　生物神经元的原理图

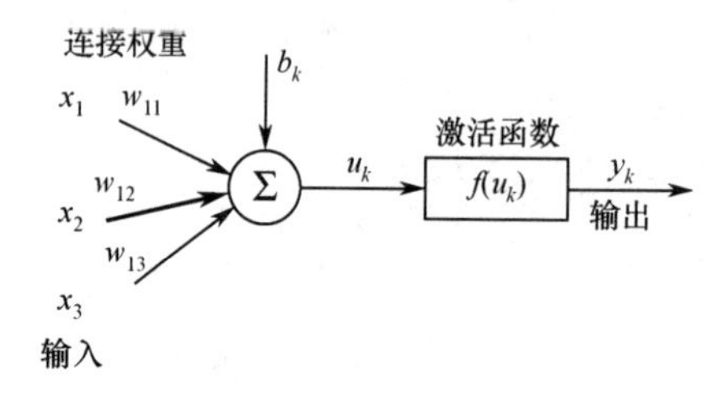

图 4.8　人工神经元结构

人工神经元或处理单元，用连接模拟生物神经元的轴突和树突，再对这些连接分配一定权重或强度来模拟突触。一个处理单元有很多输入和一个输出。每个输入 x_j 与它对应的权重 w_{ij} 相乘。这些输入加权的总和为 u_k 作为激活函数 $f(u_k)$ 的输入，激活函数作为特定的处理单元输出 y_k。b_k 为偏置项，也称为“阈值项”，作为人工神经元整个输入的零调整量。激活和抑制的连接分别用正或负权重表示。

人工神经元使用激活函数（整个输入的函数）计算激活水平。人工神经元之间最突出的特点表现为它们所选择的激活函数。普遍应用的激活函数有“S”函数和径向基函数（RBF）。“S”函数的典型形状如图 4.9 所示。

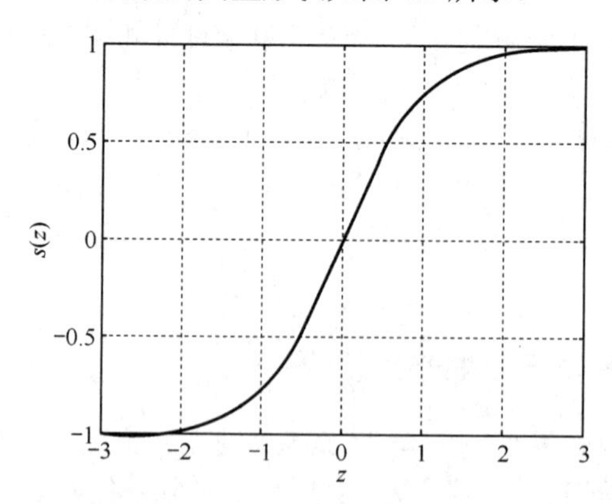

图 4.9　人工神经元的“S”激活函数

激活函数的重要特征是它为一个连续阈值曲线，可以计算导数。这个特点对于流行的人工神经网络学习算法——反向传播非常关键。

一个二维的径向基激活函数的典型形状如图 4.10 所示。

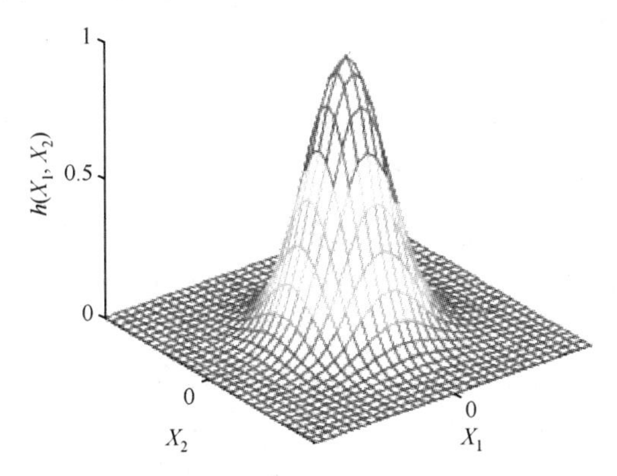

图 4.10 人工神经元的二维径向基激活函数

径向基函数的主要功能是使仅仅位于其中心附近的输入达到最大化，其他所有的输入几乎为零。径向基函数的中心和宽度可以变化以获得不同的神经元行为。

人工神经网络由一组处理单元以不同的网络结构构成。一个处理单元的输出可作为另一个处理单元的输入。存在大量的方式可以将人工神经元连成不同的网络结构。最流行和广泛采用的神经网络结构是多层感知器。它包括三层（输入、隐藏和输出），如图 4.11 所示。

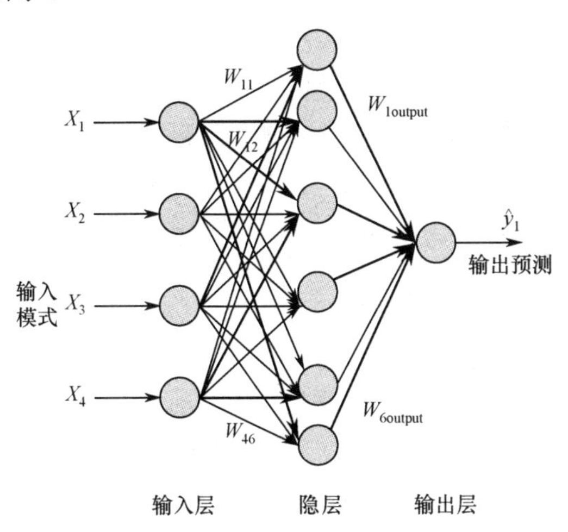

图 4.11 具有一个隐层的多层感知器结构

输入层连接输入模式，并将这些信号分配到隐层。隐层是神经网络的关键部分，它的神经元用于捕获输入模式中的特征。学到的模式可以表示为神经元的权重，表现为图 4.11 中箭头的宽度。这些权重又用于输出层以计算预测。这种结构的人工神经网络可能有多个隐层，每层具有不同数量的处理单元，同时输出层也可能有多个输出。多数应用神经网络只使用三层结构，如图 4.11 所示。

4.1.3 反向传播

神经网络学习的主要功能是通过调整连接权重表示预期的行为。反向传播，由保罗·沃伯斯在 20 世纪 70 年代提出，是已知的最流行的基于神经网络的机器学习方法[①]。反向传播背后的原理非常简单，描述如下。

该神经网络的性能通常采用某种误差衡量，误差为对给定的样本预期输出和实际输出之间的差值。反向传播算法的目的是，用下述方式最大限度地减少这种误差测度。

首先，神经网络权值初始化，通常选择用随机值。但是，在某些情况下也可以使用先验信息猜测初始权值。下一步是计算输出 y，以及对一组权重计算相关的误差测度。误差测度对每一个权重计算导数。如果增加一个权重的值，导致更大的误差，那么就应该减少权重的值。相反，如果增加权重的值，导致更小的误差，那么这个权重就应该增加。这里有两组权重，一组连接输入和隐层（图 4.11 中的 W_{ij}），而另一组对应输出和隐含层（图 4.11 中的 $W_{i\mathrm{output}}$），输出层计算的误差反向传播以调整第一组权重，因而称为反向传播。所有的权重都是通过这种方式调整的，这个过程不断循环，直到误差测度符合预定的阈值。

基本的反向传播算法通常能产生最小的误差。但是，仍然会存在局部最小的问题，这种情况很普遍。根据权重空间的初始点不同，基本的反向传播算法可能会陷入局部最小值。这种情况如图 4.12 所示，其中 x 轴代表了一个特定的权重的调整，y 轴表示神经网络的目标和预测输出之间的差值。假设在搜索空间存在两个局部最小和一个全局最小，在原始的反向传播算法里，根据初始随机值的不同，权重调整过程可以相差很大。对于这个例子，可能有三种情况。第一种情况，如果初始权值在位置 1，梯度方向（误差对权重的求导）可能将解推向局部最小值 1。这种误差的局部优化的结果是调整的权重 $W_{\mathrm{scenario1}}$。第二种情况，初始权重位于位置 1 或 2，在这两种情况下，梯度可能将解引向局部最小值 2，实际上其误差高于局部最小值 1。按照这个反向传播优化后的调整的权重是 $W_{\mathrm{scenario2}}$。

对初始位置 2 做轻微改变，可能结果会大有不同，引出第三种可能情况。权重的梯度可能会得到不同的结果，搜索结果可能会指向全局最小值 $W_{\mathrm{scenario3}}$。问题是，这三种情况发生的概率是一样的。因此，可能出现完全不同的权重调整，神经网络的性能差异也会很大。因此强烈建议，多次重复神经网络的开发过程，增加结果的可再现性。

反向传播算法的另一个问题是速度缓慢。对于给定的误差测度，可能需要成千

① P. Werbos, *Beyond Regression: New Tools for Prediction and Analysis in the Behavioral Sciences*, Ph.D. Thesis, Harvard University, Cambridge, MA, 1974.

上万次的迭代才能得到最终的权重集合。

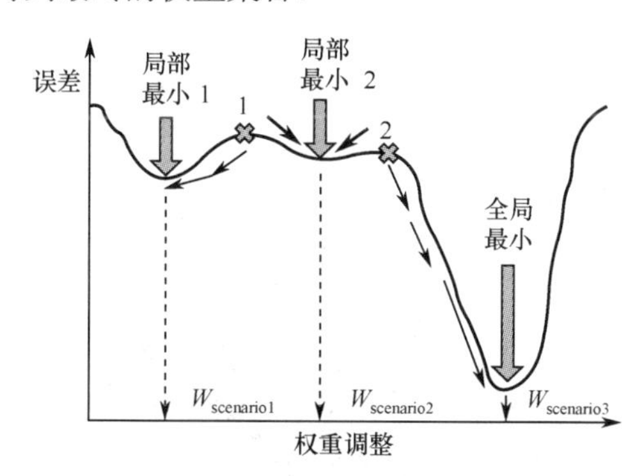

图 4.12 基于误差反向传播的权重调整

幸运的是，反向传播算法的这些广为人知的缺陷可以通过增加调整参数得到解决，例如矩和学习率。矩的项使得权重调整始终位于同一个方向。矩与不同的学习率结合，可加快学习进程并最大限度地减小陷入局部最小的风险。所以，误差反向传播过程可以更加有效并且易于控制。但是，我们必须考虑到，生物神经元并不是以反向传播的方式改变其突触的强度的，即反向传播并不是一个模拟大脑活动的过程。

传播或不传播？这是神经网络最重要的问题。

4.1.4 神经网络结构

在许多已有的神经网络结构中①，本书将关注多层感知器、自组织映射和并发神经网络。它们代表了神经网络的主要能力——学习函数关系、未知模式和动态序列。

神经网络结构的第一种类型是多层感知器，已在 4.1.2 节中介绍过，如图 4.11 所示。这种结构最主要的特点是它可以作为一个通用逼近器，例如，表示已有数据中的非线性依存关系。非线性匹配能力取决于隐层里的神经元的数目。大多数应用神经网络都是基于多层感知器的。

神经网络结构的第二种类型是自组织映射，其基于大脑的相关神经特点，由芬兰教授 Teuvo Kohonen 提出。Kohonen 自组织映射网络的拓扑结构如图 4.13 所示。

这个神经网络包含两层节点，在一个二维网格状空间包含一个输入层和一个映射（输出）层。输入层的作用类似于分配器。输入层的节点数等于输入的特征或属性的个数。Kohonen 网络完全连接，即每个映射节点都连接到每个输入节点。映射节点用随机数初始化。每一个实际输入与映射网格的每个节点进行比较，具有最小

① 神经网络结构的详细介绍可参见 S. Haykin, *Neural Networks: A Comprehensive Foundation*, 2nd edition, Prentice Hall, 1999.

误差的映射节点定义为“胜出”节点。在这种情况下，最流行的测度是映射节点向量和输入向量之间的欧几里得距离。因此，输入映射到一具体的映射节点。映射节点向量的值进行调整以减少欧几里得距离，“胜出”节点周围的所有节点都按比例调整。这样，多维（在特征方面）输入节点映射到一个二维输出网格，称为特征图。最终的结果对输入数据进行空间组织，将数据组织成簇。

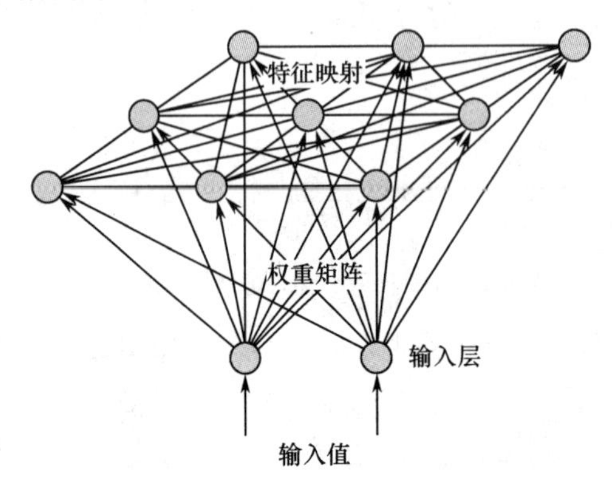

图 4.13　Kohonen 自组织映射网络结构

山鸢尾花、蓝旗鸢尾花和维吉尼亚鸢尾花三种鸢尾花的自组织映射，如图 4.14 所示。

图 4.14　三种鸢尾花（山鸢尾花、蓝旗鸢尾花和维吉尼亚鸢尾花）的自组织映射

特征映射的网格基于 100 个神经元，训练数据为三种鸢尾花的 50 个样本。映射中的三个截然不同的类在图 4.14 中可以清晰看到。

神经网络结构的第三种类型是并发神经网络，它可以通过学习时间序列表示动态系统。捕捉过程动态性的一个关键要求是，有短期和长期记忆力。长期记忆力通过静态神经网络的权重捕获，而短期记忆力通过神经网络的输入层使用延迟时间表示。

大多数神经网络的共同特点是出现了所谓的语义层，它提供了并发能力。时间 t 时，语义单元接收之前时间样本 t-1 处的神经网络状态信号。神经网络在某一时间的状态取决于其之前的状态，因为语义单元有能力记住过去的某些方面。因此，网络可以识别时间序列和捕获过程动态。并发神经网络的一个最流行的架构——Elman 网络如图 4.15 所示。

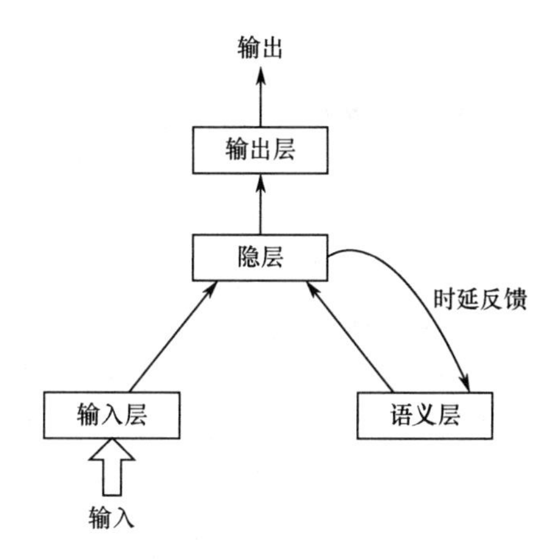

图 4.15　Elman 并发神经网络结构

在这种配置中，输入层分为两个部分：一部分接收常规的输入信号（可以在时间上延迟）；另一部分由语义单元构成，输入作为之前时间步的隐层的激活信号。Elman 并发神经网络的优点是反馈连接不可以修改，所以网络可用传统训练方法训练，例如反向传播。

4.2　支持向量机概要

开发和使用神经网络的一个隐含的假设是，有足够的数据可以满足“饥饿”的反向传播学习算法。然而，在许多实际情况下，我们并没有这种奢侈条件，因此引入了另一种机器学习方法，称为支持向量机。它基于深厚的统计学习理论基础，可以用小样本有效地处理统计估计。20 世纪 60 年代两名俄罗斯科学家 Vapnik 和 Chervonenkis 的理论工作在 90 年代成长成一套完整的理论框架①，并在 21 世纪初引发了众多现实世界中的应用。支持向量机是计算智能领域发展最快的方法之一，无论是在研究或是在现实世界中的应用方面。

建议从业者关注以下有关支持向量机的主要内容，如图 4.16 所示。

① V. Vapnik, *Statistical Learning Theory*, Wiley, 1998.

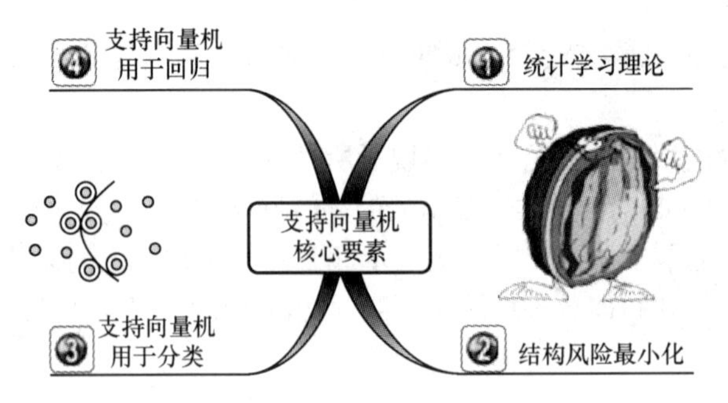

图 4.16　支持向量机的主要内容

需要提醒非技术性读者的是，解释支持向量机富有挑战性且需要一定的数学背景。

4.2.1　统计学习理论

统计学习理论的关键是定义和估算机器的容量以便从有限数据中有效学习。当从有限的数据中学习时，出色的记忆力并不是一个优点。一个机器有太大的学习容量，就像一个有海量记忆的植物学家，当他看到一棵树时，他会认为那不是一棵树，因为这棵树和他以前见过的任何树的树叶数不同；但一个学习容量太少的机器，就像是植物学家的懒弟弟，只要这个东西是绿色的，他就认定那是树。定义一个模型的正确学习容量类似于通过适当的教育开发有效的认知活动。就像将大脑比作人类“机器”的“精灵”一样[①]，建模性定义为计算机学习机器的“精灵”。

统计学习理论通过定义一个复杂度的定量测度强调学习机的容量问题，称为 Vapnik-Chervonenkis（VC）维度。这个测度的理论推导和解释需要高层次的数学知识[②]。从实践的观点来看，VC 维对于多数已知的解析函数都可以计算。对于一个线性参数的学习机，VC 维通过权重个数确定，例如“自由参数”的个数。对于一个非线性参数的学习机，VC 维的计算并不简单，需通过仿真进行计算。一个有限维的模型可以保证对超出训练范围的数据仍具有泛化能力。无限 VC 维是一个明确的指标，不可能设定函数进行学习。VC 维的性质可以进一步通过结构风险最小化（SRM）的原则进行阐释，这是统计学习理论的基础。

4.2.2　结构风险最小化

结构最小化原则定义了对给定的学习数据的近似质量和学习机器的泛化能力（能够对学习或训练数据范围之外的数据进行学习）之间的折中。结构最小化原理的思想如图 4.17 所示，y 轴表示误差或风险预测，x 轴表示模型的复杂度。

---

① A. Koestler, *The Ghost in the Machine*, Arkana, London, 1989.

② 感兴趣的读者可参阅 V. Vapnik 的著作：*The Nature of Statistical Learning Theory*, 2nd edition, Springer, 2000.

在这种特定情况下，模型的复杂度定义为 VC 维，等于从 h_l 到 h_n 的多项式阶。函数集的逼近能力可以表现为经验风险（误差），随着复杂度的上升而下降。如果学习机使用过高的复杂性（例如，10 阶多项式），学习能力可能很好，但泛化能力不够。学习机可能将数据过匹配在图 4.17 中 h^*的右侧。

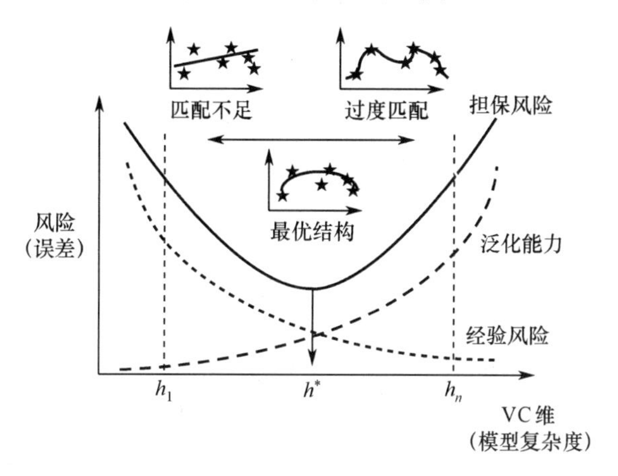

图 4.17　结构风险最小化原理

另一方面，当学习机器使用太少的复杂度（例如，一阶多项式）时，它可能泛化能力强，但学习能力不行。这对应着最佳匹配的左边区域。学习机的最优复杂度对应最低 VC 维和最低训练误差（例如，三阶多项式）的逼近函数的集合。

学习机有两种方法可以实施 SRM 归纳原则：

（1）保持泛化能力（取决于 VC 维）固定，最小化经验风险；

（2）保持经验风险固定，最小化泛化能力。

神经网络算法的实现采用的是第一种方法，因为隐层神经元的数量是预先定义的，所以结构复杂度是固定的。

支持向量机采用第二种方法，经验风险选择零或者预先设置一个水平，对结构复杂性进行优化。在这两种情况下，SRM 原理推动模型结构优化，使学习机的容量与训练数据复杂度匹配。

4.2.3　支持向量机用于分类

支持向量机的关键概念是支持向量。在分类中，支持向量位于边缘处（两个离超平面的两边最近的矢量之间的最大距离），它们代表的是最难以分类的输入数据。支持向量用于定义超平面或具有最大分割边缘的决策函数，为图 4.18 中带圈的点。图 4.18 中的三个支持向量是最关键的数据点，包含了定义超平面和可靠分离两个类的最重要的信息。剩下的数据点对于分类都是不相关的，尽管它们的数量很大。

这里有一个社会学的类比可以帮助理解支持向量的概念[①]。美国的政治现实是这样的，两个主要政治党派——民主党和共和党都有核心的支持者，这些人不会轻易改变他们的支持对象。在总统选举中，不管候选人的施政纲领如何，大约40%的选民支持民主党候选人，支持共和党候选人的比例也大体一样，则选举结果反而取决于20%犹豫不决的选民。而这些选民就相当于社会类比中的“支持向量”。

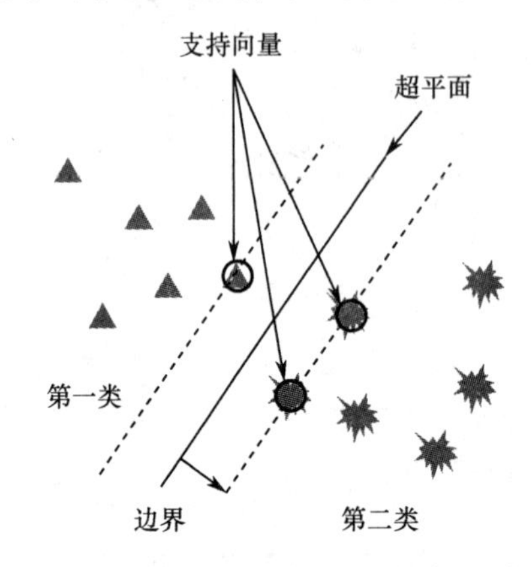

图4.18 分割两类数据的最优超平面

一般情况下，支持向量将输入数据映射到一个高维特征空间（图4.19）。

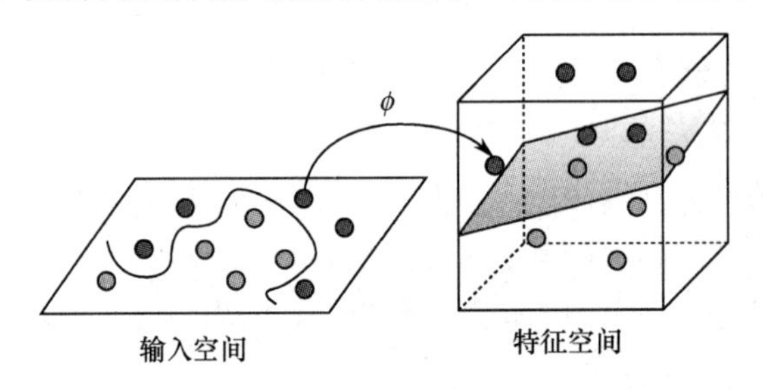

图4.19 将输入空间映射到高维特征空间

这一操作背后的逻辑是，在特征空间中存在一个先行解决方案，它可以解决输入空间中困难的非线性分类问题。映射可以非线性完成，变换函数需要预先定义。通常它是一个数学函数，称为核（图4.19中的ϕ），它必须满足支持向量机文献中的某些数学条件，并且必须根据特定问题进行选择。典型的核是径向基函数（图4.10）和多项式核。在特征空间中，支持向量机最终构造了一个线性的最优逼近函数。在分类问题中，此函数称为决策函数或超平面，最优的函数称为最优分类超平面。

映射到高维特征空间可以通过下面的例子说明。想象从空中观察羊群，在二维

① V. Cherkassky and F. Mulier, *Learning from Data: Concepts, Theory, and Methods*, 2nd edition, Wiley, 2007.

空间用曲线分类白羊群和黑羊群的结果如图 4.20 所示。

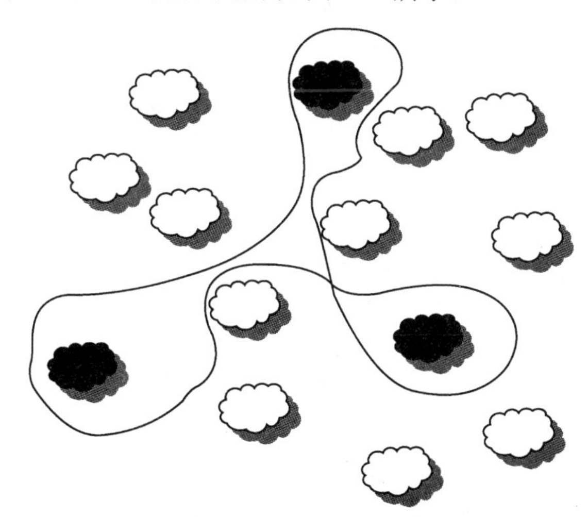

图 4.20 二维平面上的羊群和分类黑、白羊群的曲线

在二维上分类曲线非常复杂，大部分的分类方法都行不通。但是，如果将维度升高为三维，可能会得出一个简单的线性分类器，如图 4.21 所示。

图 4.21 羊群的三维线性分类

4.2.4 支持向量机用于回归

支持向量机的最初开发和应用主要是为解决分类问题。类似的方法已经被用于回归模型的开发。相比于分类问题中寻找具有最大边缘的超平面，具有不敏感区（称作 ε 不敏感区）的特定损耗函数对支持向量机进行的优化用于回归。目标是将数据

匹配到一个半径为 ε 的管内，如图 4.22 所示。

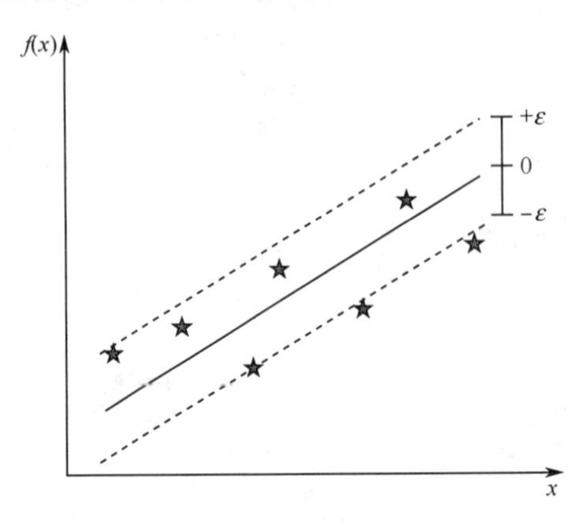

图 4.22　支持向量回归的 ε 不敏感区

假设，任何小于 ε 的近似误差都是由噪声引起的。这种方法被普遍认为对管内区域的误差不敏感。数据点（向量）在管外有近似误差，但接近管区是最难预测的。通常，优化算法选择它们作为支持向量。因此，在回归问题中，支持向量是那些位于不敏感区以外的向量，包括异常值，因为这些数据含有最重要的信息。

基于支持向量机的回归模型的令人印象深刻的特点是，相比于神经网络，它们的泛化能力更强，通过整合全局和局部核达到了最佳的性能。根据观察，全局核（多项式核）阶数越低，泛化能力越强；阶数越高，内插能力越强。另一方面，局部核（例如径向基函数）内插能力强，但泛化能力弱。

有几种混合核的方法。第一种是使用两个核的凸组合 K_{poly} 和 K_{rdf}，例如

$$K_{mix} = \rho K_{poly} + (1-\rho) K_{rbf}$$

这种情况需要确定最佳混合系数 ρ。不同的数据集的研究结果表明：为了在多数操作条件下获得好的内插和外插能力，在多项式核中只能加入一小部分 RBF 核（$1-\rho=0.01\sim0.05$）[①]。

4.3　机器学习的优势

应用机器学习的主要优势是，通过复杂的环境自动学习新模式和依存关系来创造价值，具体而言有不同的实现方法——神经网络和支持向量机。首先，本节先比较神经网络和支持向量机之间的异同，然后，着眼于每种方法的具体优点。

① 细节参见 G. Smits and E. Jordaan, Using mixtures of polynomial and RBF kernels for support vector regression, *Proceedings of WCCI 2002*, Honolulu, HI, IEEE Press, pp. 2785–2790, 2002.

4.3.1 神经网络和支持向量机的比较

虽然神经网络和支持向量机的起源不同并相互独立，但两种方法还是有一些相同的特征的。例如，两种方法都是从数据中学习，它们的模型都能对任何函数以一定的精度进行通用逼近。导出的模型结构也具有可比性。例如，支持向量的数量与多层感知器隐层的神经元数量作用相同。

但是，神经网络和支持向量机的不同点远多于相同点，主要不同点如图 4.23 所示。

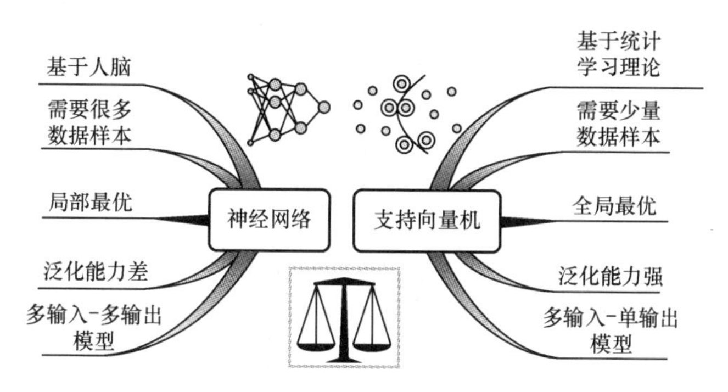

图 4.23　神经网络和支持向量机的主要区别

4.3.1.1　主要区别 1：方法基础

神经网络基于人脑模拟，而支持向量机基于统计学习理论，这使支持向量机的理论基础更坚实。

4.3.1.2　主要区别 2：建立模型的必要数据

神经网络需要一个很大的数据集去建立模型，而支持向量机只要少量数据就可以建立模型，甚至变量数多于观测数据量。这种能力在生物技术中的微阵列分类中非常关键。

4.3.1.3　主要区别 3：优化类型

神经网络以反向传播为基础，可能会陷入局部最小值，而支持向量机一直着眼于全局最优化。

4.3.1.4　主要区别 4：泛化能力

即使只超出训练范围一点点，神经网络的性能表现也会非常差。支持向量机由于有非常明确的复杂度控制，尤其是在恰当地选择了混合核的情况下，有更好的泛化能力。

4.3.1.5　主要区别 5：模型输出数目

神经网络模型包括多个输入和多个输出（MIMO），而支持向量机模型仅限于多个输入和单个输出（MISO）。

4.3.2 神经网络的优势

图 4.24 思维导图给出了神经网络的主要优势。

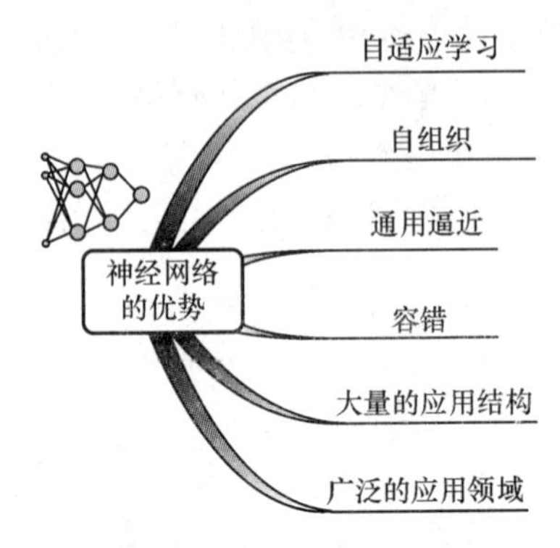

图 4.24 神经网络的主要优势

（1）自适应学习。神经网络有能力学习如何执行某些任务，以及通过改变网络参数来自适应调整自身。成功的自适应能力如下：选择一个合适的架构，选择一个有效的自适应算法，并通过训练、验证和测试数据集建立模型。

（2）自组织。在非监督学习中，神经网络可以对获得的数据生成代表。这些数据通过学习算法自动构成簇。因此，就可以发现新的未知模式。

（3）通用逼近。前文已经提到，神经网络可以任意的精度表示非线性行为。这个特性的优势是它可以对一个具体的数据集快速测试输入-输出依存关系。如果不能通过神经网络建立模型，那么通过其他的经验方法建立模型的希望也很渺茫。

（4）容错。神经网络中的信息分布于很多处理单元（神经元），网络的整体性能不会因为某个节点的信息丢失或部分连接的损坏而大幅降低。在这种情况下，神经网络将会根据新数据对连接权值进行调整从而修复自身。

（5）大量的应用结构。神经网络属于少数能够通过最基础的组件——神经元完成各种各样结构的高灵活性设计的方法之一。它可以与很多学习算法组合，例如反向传播、竞争学习、Hebbian 学习以及 Hopfield 学习等，几乎存在无数种潜在的解决方案[①]。从应用的观点来看，关键的架构包括多层感知器（传递非线性函数关系）、自组织映射（生成新模式）和并发网络（捕获系统动态）。

（6）广泛的应用领域。神经网络独特的学习能力与大量的已知架构相结合，创造了大量的应用机会。主要的应用领域包括构建非线性经验模型、分类、在数据中寻找新的簇以及预测。其具体应用包括所有大银行都需要的过程监测、复杂的制造

① 关于神经网络学习结构的综述参见 M. Negnevitsky, *Artificial Intelligence: A Guide to Intelligent Systems*, Addison-Wesley, 2002.

工厂控制到在线欺诈检测。

4.3.3 支持向量机的优势

支持向量机的主要优势见图 4.25。

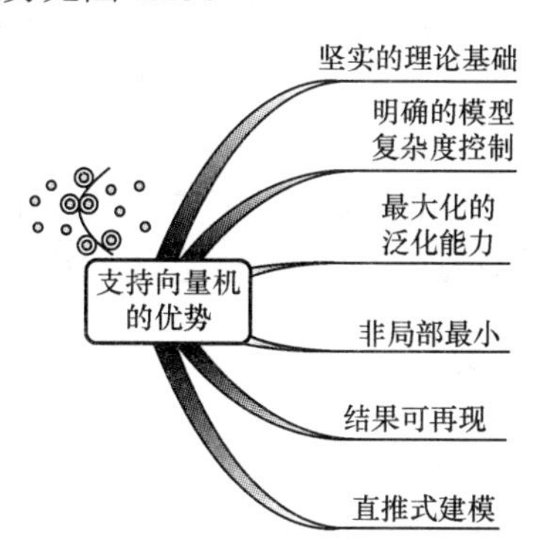

图 4.25 支持向量机的主要优势

（1）坚实的理论基础。支持向量机的一个非常重要的优势是它有坚实的统计学习理论基础，这使它更接近于现实应用。现在的问题都是高维的，当输入数据的维度增加时，项目数呈指数增加，这就是“维数诅咒”效应。因此，高维空间是很空的，只有应用统计学习理论（支持向量机的理论基础），才可以从稀疏数据中推导出可行的经验解决方案。

（2）明确的模型复杂度控制。支持向量机提供了一种独立于问题维数的复杂度控制方法。如图 4.18 所示，只用三个支持向量（正确的复杂度）就足以通过最大边缘将数据分为两类。应用类似的方法，建模人员通过挑选适当数量的支持向量就可以控制任何分类或回归问题的解决方案。显然，最好的解决方案基于最少数量的支持向量。

（3）最大化的泛化能力。神经网络的权重仅仅通过经验风险调整，例如对训练数据进行内插；而支持向量机则是保持经验风险固定并最大化泛化能力（图 4.17）。因此，产生模型的性能可能具有最好的泛化能力，不像神经网络那样在新的操作条件下性能会严重恶化。

（4）非局部最小。支持向量机基于全局最优方法，例如线性规划（LP）或二次规划（QP），而神经网络以反向传播为基础可能会停留在局部最小值。支持向量机可以避免局部最小，这是它的一大优点。

（5）结果可再现。支持向量机的模型开发不像大多数神经网络学习算法基于随机初始化，因此其保证了结果可再现。

（6）直推式建模。支持向量机是少数不通过建立模型就能可靠地预测输出的解决方案。解决方案仅由已有的数据点定义。这是目前一个大有潜力的研究领域。

4.4　机器学习的问题

机器学习存在的显著问题是相应的算法不仅数量大，且方法各异。对从业人员来说，在机器学习方法的迷宫中摸清方向和了解它们所依据的不同机制是一个真正的挑战。这使得为特定应用选择合适的方法变得非常重要。

选择算法的一个共同问题是，需要知道具体的机器学习算法的能力负荷。这一过程往往需要更多细致的微调和较长的模型开发过程。对于最流行的机器学习算法——神经网络和支持向量机的具体问题将在下面进行讨论。

4.4.1　神经网络的问题

除了在第 2 章所讨论的缺点即黑盒模型、泛化能力差和维护的噩梦外，神经网络还存在以下局限：

（1）在高维情况下（输入数>50 和数据量>10000），向最优解收敛可能非常缓慢，训练时间可能会很长。

（2）很难将已有知识引入模型中，尤其是定性的知识。

（3）模型的开发需要大量的训练、验证和测试数据。需要在尽可能大的范围内收集数据，以弥补神经网络的泛化能力差。

（4）结果对于初始连接权值的选择很敏感（图 4.12）。

（5）由于可能陷入局部最小值而无法保证最优解。因此，训练可能使神经网络正常工作于某些条件，而在另一些条件下其性能可能会恶化。

（6）模型的开发需要大量建模人员的干预，这会很费时。模型的开发和支持需要神经网络的专业知识。

4.4.2　支持向量机的问题

除了在第 2 章所讨论的缺点即黑盒模型、不易推销以及有限的实施平台外，支持向量机还存在以下问题：

（1）对从业人员的要求非常苛刻，他们必须了解高阶数学和方法的复杂特性；同时，还需要具有统计和优化的知识。

（2）支持向量机的模型开发成功与否与核密切相关。因为核是解决问题的关键，终端用户需要具备一些关于支持向量机的相关知识。

（3）支持向量机的应用记录相对较短。大规模工业应用和模型支持的经验也很有限。

4.5 如何应用机器学习系统

应用机器学习与实现模糊系统有显著不同。由于自动学习基于数据，因此数据质量和信息内容至关重要。无用输入-无用输出（GIGO）的影响非常突出。因此，一些实践中如果数据质量低，结果会令人非常失望。

4.5.1 何时需要机器学习

大多数机器学习应用集中于四个领域：函数逼近、分类、非监督聚类和预测，如图 4.26 所示。

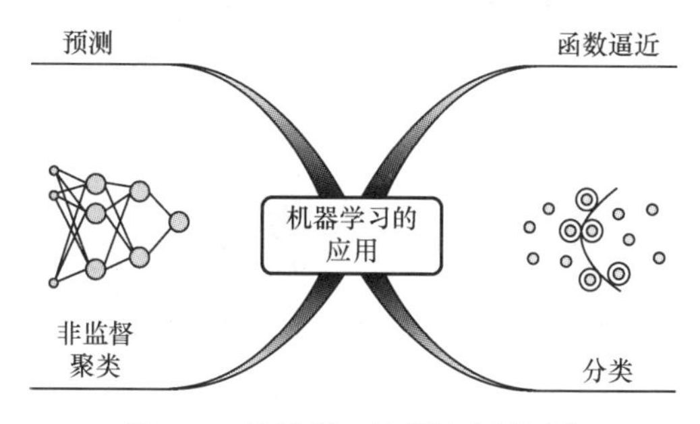

图 4.26 机器学习的关键应用领域

机器学习算法最广为应用的能力是建立经验模型。神经网络和支持向量机都是通用逼近，可以适应从任意复杂的非线性曲线到多维数据。派生的数据驱动模型比第一原理模型的成本明显要低，可用于预测、优化和控制。

另一个大的应用领域就是分类。可靠的分类在欺诈检测、医疗诊断和生物信息学中的应用非常重要。神经网络的非监督聚类能力对未知数据的自然聚类问题是非常有用的。自组织映射可以自动定义聚类，同时揭示它们之间的空间关系。

预测是基于神经网络通过某些特定结构学习时间序列的能力，例如并发神经网络。经济预测是大企业必需的经济活动，用到的工具很多都基于机器学习算法。

4.5.2 机器学习的应用

尽管机器学习算法多种多样，但仍可以定义一个通用的应用流程，如图 4.27 所示。

机器学习应用流程的第一步是定义恰当的匹配函数，这在不同的应用领域是不同的。在函数逼近中，匹配度可以是模型预测值与实际值之间的误差。在分类中，匹配度是具体类之间的分类误差。在预测中，匹配度是预测值与真实值之间的误差。所有的匹配度都基于历史数据。

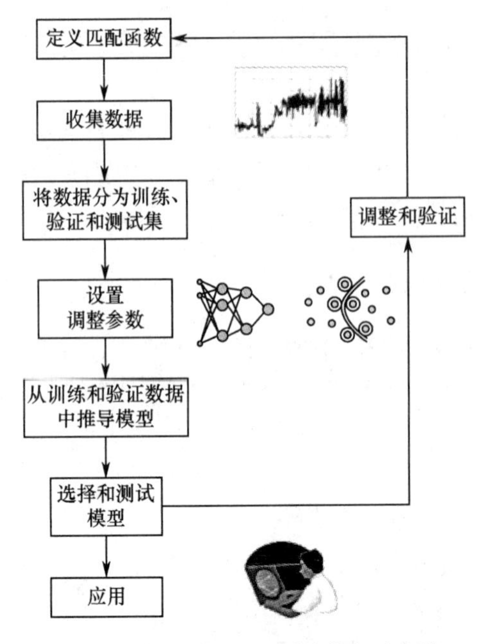

图 4.27　应用机器学习系统的主要步骤

由于机器学习算法基于数据，所以数据的收集和预处理对应用的成功至关重要。通常情况下，这一步占应用 80%的工作量。另外必须尽可能降低数据的维数。因此强烈建议采用变量选择，通过初步统计分析和物理考虑降低输入的个数。一般，人类的学习活动包括上课、做作业和最后参加考试。培训在课堂上进行，知识的吸收是在做作业的过程中完成的，考试是对学习效果的测验。建议机器学习应用同样遵循这种模式。因此，现有的数据应分为三部分。第一部分训练数据，通过训练数据学习相应参数（神经网络的连接权值）以建立模型，实现逼近能力。第二部分验证数据，训练的模型的性能通过“功课”来验证——模型对一组独立的数据集的预测性能到底如何。

以神经网络为例，这个过程包括改变隐层神经元的个数。最后，模型具有最佳性能，例如最小的验证误差，必须通过另一组数据（即测试数据）完成“考试”。第三部分测试数据，使用数据验证模型的性能，不过这部分所采用的数据与模型开发过程中的条件不一样。三个部分的数据划分取决于具体问题。理想的情况是 50%的数据用于训练，30%的数据用于验证和 20%的数据用于测试。大多数机器学习软件根据预先定义的百分比，自动随机划分数据。但是，对时间序列数据，三类数据的划分非常重要，必须采用完全不同的分类方式。通常情况下，验证和测试数据都选定在时间序列的末尾。

运行机器学习算法，需要选择相应的调整参数。例如，多层感知结构的神经网络需要选择下列参数：隐层个数、隐层中的神经元数目、激活函数的类型、停止准则（训练结束或停止的步数）、矩、学习速度和权值初始化类型。在大多数软件包中，参数调整普遍有缺省值，唯一的调整参数仅限于隐层中神经元的数目。

支持向量机需要多个调整参数，由管道 ε 的大小控制（图 4.22)，例如，核的类型（线性、多项式、RBF、“S”形等）、模型中用到的支持向量的百分比、复杂性参数（在后文中解释）、优化器类型（线性或二次型）及损失函数类型（线性或二次型）。

通过多次迭代选择合适的调整参数确定最终模型，采用验证和测试数据集分析性能。

一旦神经网络或支持向量机完成了训练，也就暗示着，它学会了输入-输出之间的映射关系。随后就可以固定权重，得到该模型的运行版本了。

4.5.3 神经网络应用的实例

下面以一个实例展示机器学习的应用流程，具体内容为通过开发经验模型完成通过低成本测量推断高成本测量，如温度、压力或流量计。开发的全部细节见第 11 章。这一部分将讲述神经网络模型的开发过程。

所开发的应用属于函数逼近类问题。在众多可能的匹配准则中，采用的是预测值与实际测量值之间的误差，最终用户选择 $1-R^2$（R^2是模型性能的关键统计指标。在预测和测量完美匹配的情况下，$R^2=1$；在没有任何联系的情况下，$R^2=0$）。

在这个例子中，模型开发的目标是通过四个过程变量预测化学反应器中的排放量。输入变量之一是速率，假设它与排放量非线性相关。数据收集在改变各种大的操作条件下完成，包括速率非常低的情况（与产品损耗有关），需要耗时几个星期。收集的数据都经过预处理，最终有 251 个数据用于训练，115 个数据用于验证和测试。验证和测试数据中的排放变量，大约超出训练数据范围的 20%以上，以便能对模型的泛化能力进行很好的测试。

神经网络包含四个输入、一个隐层和一个输出（预测排放量）。这种情况下，关键的调整参数是隐层神经元的数量（1～50 个）。具有最少、最优、最多的神经元数的神经网络模型的结果如图 4.28 和图 4.29 所示。

图 4.28 的三个实验结果表示随着训练数据增加，神经网络性能的演变。很明显，神经网络的逼近性能从 $R^2=0.89$（隐层有 1 个神经元）到近乎完美的 $R^2=0.97$（隐层有 50 个神经元）。

然而，图 4.29 所示的验证/测试数据的泛化性能确并不相同。训练和测试误差（$1-R^2$）随着模型容量（隐层神经元数）增加的演变过程如图 4.30 所示。

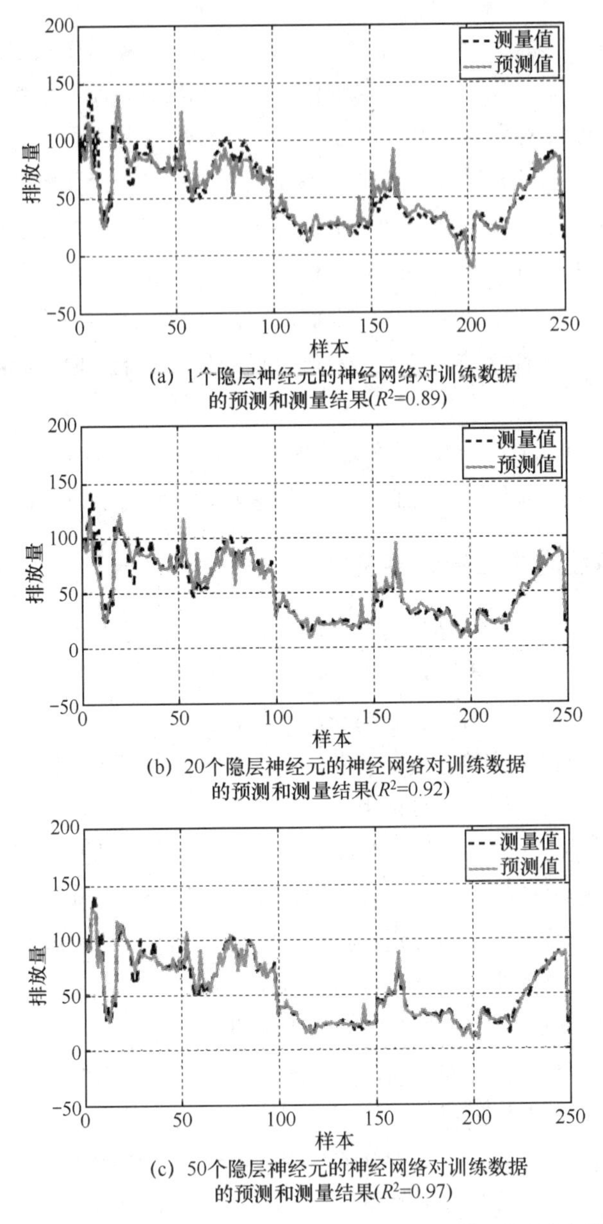

(a) 1个隐层神经元的神经网络对训练数据的预测和测量结果(R^2=0.89)

(b) 20个隐层神经元的神经网络对训练数据的预测和测量结果(R^2=0.92)

(c) 50个隐层神经元的神经网络对训练数据的预测和测量结果(R^2=0.97)

图 4.28 用于排放量估计的具有不同容量（隐层的神经元数）的神经网络的训练性能

正如预期，随着神经网络复杂度的提高，训练误差在不断减小；但在超过某些容量时，测试的失误会大幅增加。当隐层中有 20 个神经元时，神经网络具有最小的测试误差。与隐层具有 1 个或 50 个神经元的神经网络相比，从图 4.29 中可以看出，隐层有 20 个神经元的测试性能最好。它具有最高的 R^2，并且没有在低速率操作模式（前 20 个样本）预测负值。然而，由于神经网络的外推能力有限，因此它不能对高于 140 的高排放量作出准确的预测（箭头指向的样本是 50～63）。该神经网络的表现表明，从选定的四个过程变量估计重要的排放变量是有可能的。最优结构具有相对较高的复杂度（隐层有 20 个神经元），表明依存关系具有非线性性质。

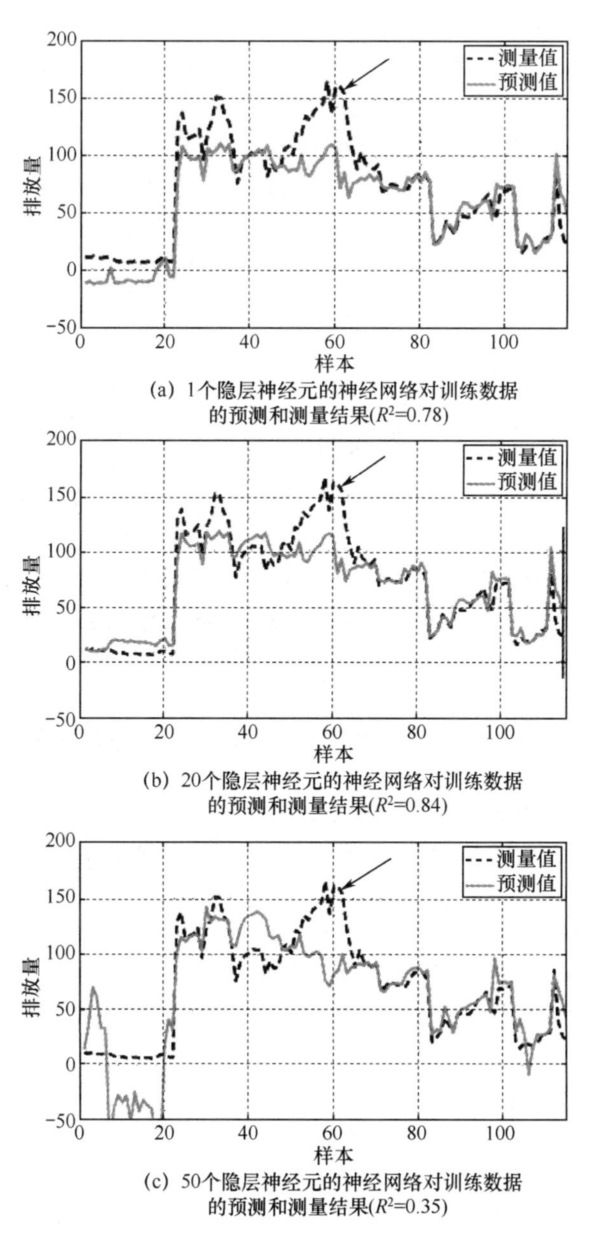

(a) 1个隐层神经元的神经网络对训练数据的预测和测量结果(R^2=0.78)

(b) 20个隐层神经元的神经网络对训练数据的预测和测量结果(R^2=0.84)

(c) 50个隐层神经元的神经网络对训练数据的预测和测量结果(R^2=0.35)

图 4.29　用于排放量估计的具有不同容量（隐层的神经元数）的神经网络的测试性能

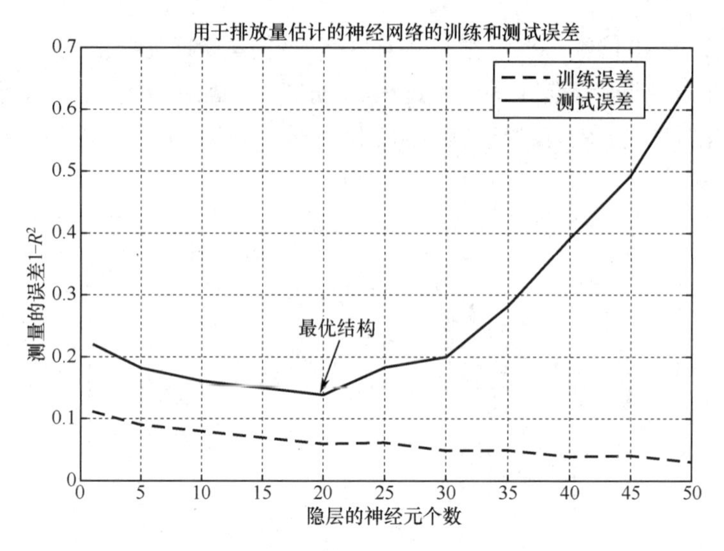

图 4.30　对排放量数据基于最小测试误差选择最优神经网络结构

4.5.4　支持向量机应用的实例

同样的数据集被用于开发支持向量机回归模型。由于目标是建立一个有良好泛化能力的模型，而混合核具有良好的泛化能力，因此选择了一个多项式和 RBF 核的混合核模型。其他的调整参数为复杂度参数 C=100,000。优化方法：二次规划；损耗函数；线性 ε-敏感区。系统在以下范围调整参数进行优化：多项式阶为 1～5，RBF 核带宽为 0.2～0.7，多项式和 RBF 核之间的比例为 0.8～0.95，支持向量的比例介于 10%～90%。

使用了 74 个支持向量（训练数据的 29.4%），采用三阶多项式和带宽为 0.5 的 RBF 核混合，混合比例为 0.9 的支持向量机模型对测试数据表现的性能最佳。该模型对训练和测试数据的性能表现如图 4.31 所示。

支持向量机的逼近能力类似于神经网络模型，见图 4.31（a），74 个支持向量以圆圈示出。支持向量机模型有效地提高了测试数据的预测能力，见图 4.31（b），相比于最优结构的神经网络模型（图 4.31（c））改进了泛化能力。相比于最优结构的神经网络模型，支持向量机的最优模型在预测高于 140 的重要高排放量（图 4.31 箭头所指处，样本 55~63 之间）时，取得了可以接受的预测精度。

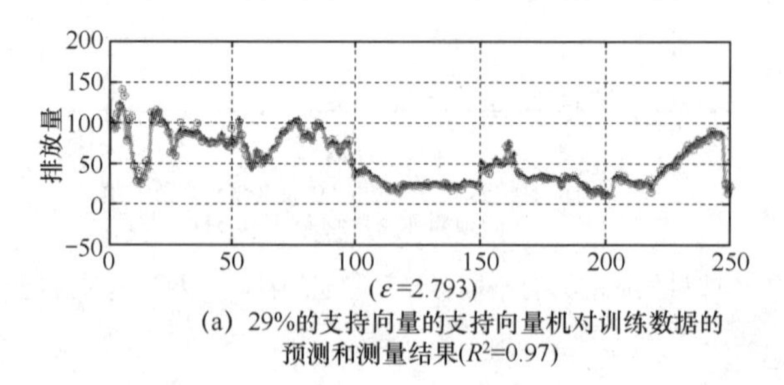

（a）29%的支持向量的支持向量机对训练数据的预测和测量结果(R^2=0.97)

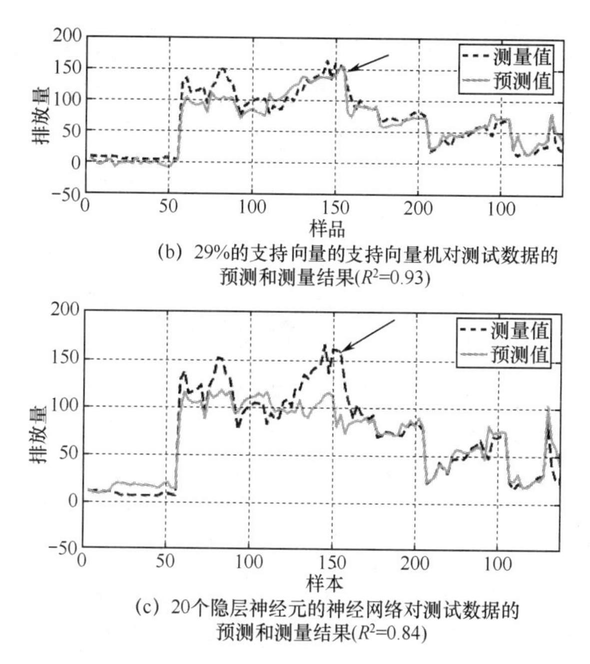

图 4.31　最优支持向量机模型和最优结构的神经网络对排放量数据的估计性能比较

4.6　机器学习的典型应用

在所有的计算机智能方法中，机器学习在现实世界中有最广泛的应用。绝大多数应用基于神经网络，几乎已经渗透到各行各业中。另一个是支持向量机模型，仍努力大规模进入工业应用。

4.6.1　神经网络的典型应用

在过去的 20 年中，神经网络已经应用于成千上万的工业系统中。其中一些有趣的应用包括使用电子鼻对蜂蜜进行分类、应用神经网络通过化学分析预测啤酒口味以及利用导航仪在比赛时进行实时决策。如图 4.32 所示为一些神经网络的应用领域。

（1）市场营销。神经网络被 P&G、EDS、Sears、Experian 等公司广泛地应用于市场营销。典型的应用包括在大型数据库中通过学习客户的关键属性发现目标客户，开发集成模型建议未来消费趋势，通过发现的模式进行实时价格调整以刺激消费者的购买行为。

例如，William-Sonoma 公司（家居用品零售商），将客户分类，并细分了每一类客户的潜在购买能力。这个分类可以帮助市场营销人员决定向哪些客户寄送新的产品目录。通过使用超过 3300 万家庭的动态数据库，William-Sonoma 的建模团队根据上一年的邮寄结果数据构建新的模型。通过使用包括神经网络在内的多种建模技术，团队确定了每个变量的相对重要性，并使分析师能将相似的客户再分成 3 万～5 万的小组。模型根据上一年的用户平均购买情况预测当年每组的盈利能力[①]。

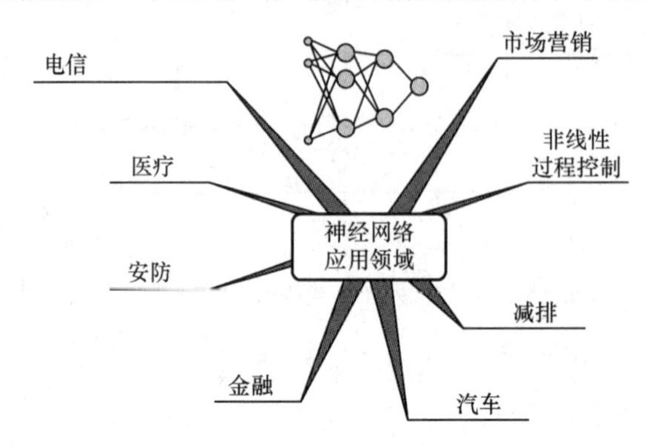

图 4.32　神经网络的主要应用领域

（2）非线性过程控制。凭借从已有的过程数据捕获非线性特性的独特能力，神经网络是非线性过程控制的核心。这类系统有两个主要的供货商：Aspen 科技和 Pavilion 科技。它们已经在 Fonterra 公司、伊士曼化工、斯特林化工、BP Marl 等公司实施了上百个非线性控制系统，并为他们节省了数亿美元。节流的来源包括通过成本效应消除瓶颈，确保所有的操作单元持续处于最优的范围；确定最优的操作条件、转变策略和新的等级；通过精确的需求预测最小化库存；优化计划和调度安排及智能加工。

（3）减排。环境限制是最优控制的最重要的约束。然而，大部分的硬件排放量传感器都非常昂贵（价值数十万美元）。而另一种基于神经网络的传感器，是一个更便宜的解决方案，并已经在陶氏化学公司、伊士曼化工、Elsta 项目、密歇根乙醇公司等应用。连续的氮氧化物、一氧化碳和二氧化碳排放量的估计可以降低成本，提高 2%~8%的产量，减少能源成本每吨 10%以上，降低过程变异量 50%~90%，可减少浪费和原材料的使用[②]。

（4）汽车。神经网络已经开始应用于汽车。例如阿斯顿马丁 DB9，福特汽车已经将神经网络用于检测汽车的 V12 发动机的点火失效。为了发现失效模式，开发团队在每一个可能的情况下驾驶汽车。然后，他们迫使汽车进入每一种可能的失效模式。测试过程中收集到的数据被送回到实验室并用于训练项目。通过检查模式，神经网络进行仿真训练，用以区分正常和失效模式。一旦神经网络检测到点火失效，就会立即关闭失效气缸，以避免损害如融化催化式排气净化器。神经网络是唯一符合成本效益的方式，使得福特 DB9 满足了严格的加州排放标准。

① http://www.sas.com/success/williamssonoma_em.html.
② http://www.pavtech.com.

（5）金融。神经网络已经成为几乎任何金融业活动的经验模型。用户包括几乎所有的大银行，如大通银行、第一银行、纽约银行、PNC 银行等，以及国有农场银行、美林证券和信诺等保险业巨头。互联网时代使积累大量消费者和贸易数据成为可能，这为神经网络预测金融世界的几乎所有事情，从利率到对个股，铺平了道路。

神经网络的最流行应用之一是欺诈监测。例如，总部位于伦敦的世界上最大的金融机构之一——汇丰银行，采用神经网络解决方案（Fair Isaac 的欺诈预测软件包）保护超过 45000 万活跃于世界各地的支付卡账户。经验模型通过持卡人的交易数据、交易历史数据和欺诈的历史数据计算出一个欺诈得分。混合后的模型明显提高了欺诈检出率。

（6）安防。“911”后对于安全要求的提高推动了生物识别技术的发展，它使用个人的生理特征或模式进行身份识别和确认。由于独特的模式识别能力，神经网络成为几乎所有生物识别技术设备的基础，如指纹识别、虹膜扫描、语音印记识别等。安保公司如 TechGuard 和 Johnson Control 都在积极推进神经网络在其产品中的应用。

（7）医疗。医院和卫生管理组织用神经网络监测治疗方案的有效性，包括医生的表现和药物的疗效。另一个应用领域是识别高风险健康计划的成员，并在适当的时候给予恰当的干预措施，以有利于情况改变。例如，Nashville-based Healthways，一家卫生保健提供商，在美国的 50 个州拥有 200 多万的客户，他们建立预测模型评估病人风险，并确定如何为客户提供服务。

（8）电信。大部分领先的电信公司都在相关的应用中使用神经网络。典型的例子包括通过自组织选择最佳的流量路由、协调无线网络调度问题、动态路由的有效带宽估计和流量趋势分析等。

4.6.2 支持向量机的典型应用

支持向量机的技术优势并没有在工业领域得到充分的发挥。大多应用在分类领域，如手写字符的分类、文本分类和面部识别等。最近，生物信息学成为支持向量机最有希望的应用领域之一，具体包括基于基因表达的组织分类、蛋白质功能和结构分类、蛋白亚细胞定位等。

在医疗诊断上使用支持向量机的少数先驱之一是 Health Discovery 公司。支持向量机是几种血液细胞和组织分析产品的基础，例如检测白血病、前列腺癌、结肠癌，以及乳房 X 射线成像分析和肿瘤细胞成像[①]。

在回归应用中，支持向量机已在陶氏化学公司的推理传感器中应用，将会在第 11 章中做具体的说明。

---

① http://www.healthdiscoverycorp.com/products.php.

4.7 机器学习的推销

机器学习推销的关键点是这类系统能够通过数据学习自动发现模式和依存关系。对每种技术来说，具体信息是不同的。神经网络和支持向量机的推销实例如下。

4.7.1 神经网络的市场推销

神经网络由于容易理解，并且在工业领域的表现令人印象深刻，因此对神经网络的市场推销所做的工作相对要少。建议市场营销幻灯片的格式如图 4.33 所示。应用神经网络的主要标语是“模拟人脑活动自动建模”，这个标语抓住了神经网络价值创造的本质。

图 4.33 的左侧部分描述了神经网络的本质——通过学习将数据转换成黑盒子模型。中间部分显示了神经网络的主要优点：从样本中自适应学习的能力，在没有知识的情况下自组织数据的能力，以任何精度对任何非线性关系进行匹配的能力等。右侧部分描述了神经网络的主要应用领域。仅选取了那些最受欢迎的应用领域，如市场营销、金融、减排和安防，并列出了相应领域的领导者，如宝洁、美国大通银行、陶氏化学公司和江森自控。

向管理者推荐神经网络的方法见图 4.34。

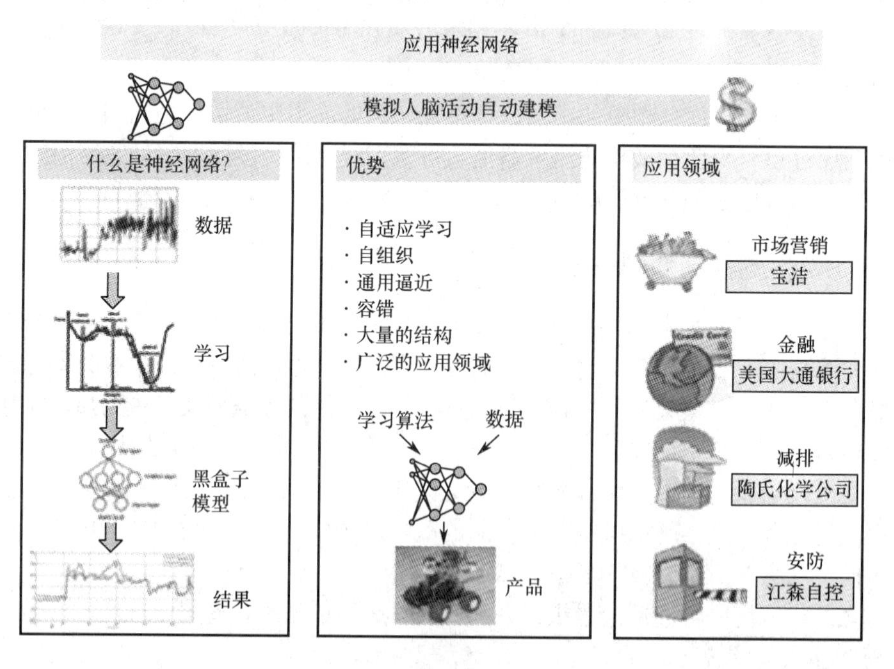

图 4.33 神经网络的市场推销幻灯片

神经网络电梯推介

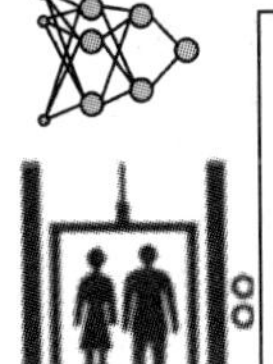

神经网络可以自动发现数据中的新模式以及依存关系。它模拟人的大脑结构和行为。神经网络可以从历史样本中学习，并且成功地构造模型用于预测、分类和预报。它可以通过数据自组织提取信息。通过分析数据和发掘未知模式及模型创造价值，可以有效地用于决策过程。当开发数学模型成本昂贵又已有历史数据时，神经网络方法会特别有效。神经网络的开发和实施成本相对较低，但维护成本相对较高。最近20年有很多公司，如伊斯曼化学、陶氏化学、宝洁公司、大通银行以及福特汽车等在市场营销、过程控制、减排、金融以及安防等领域有很多应用。神经网络是一个成熟的技术，有很多软件服务商可以提供高质量的产品、培训和支持。

图 4.34　神经网络的电梯推介

4.7.2　支持向量机的市场推销

支持向量机的市场推销是个真正的挑战。一方面，以通俗的语言（避免使用统计学习理论中的数学词汇）解释这个方法是非常困难的；另一方面，支持向量机的应用记录十分少，并且不太具有说服力。

支持向量机的推销幻灯片如图 4.35 所示。

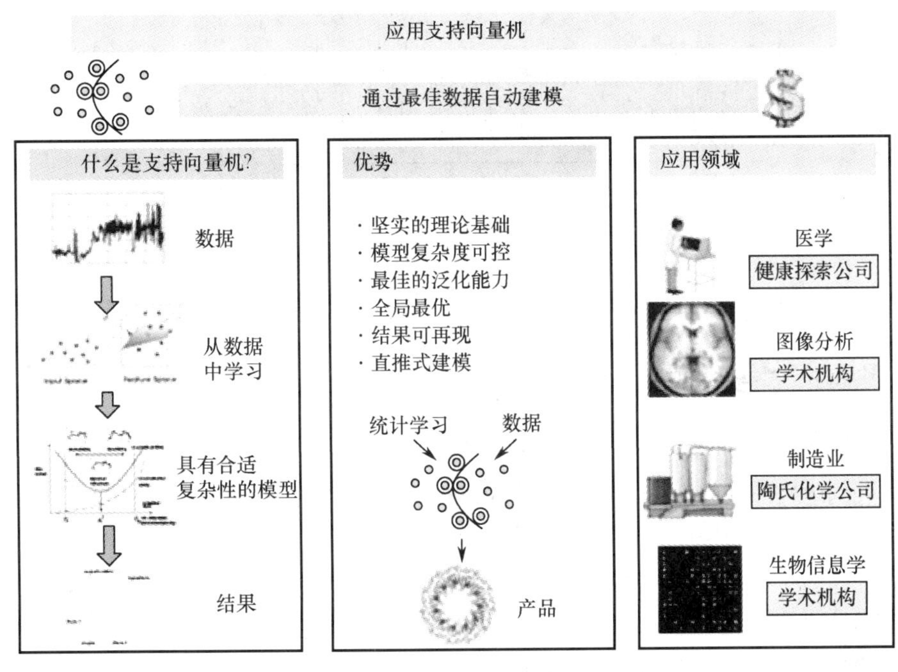

图 4.35　支持向量机的市场营销幻灯片

以“通过最佳数据自动建模”作为应用支持向量机的口号，目的是表达这种方法使用具有最高信息量的数据进行建模。左侧的部分表示了支持向量机的本质，即使用最具有信息量的数据建模，来保证以合适的复杂度进行建模，这些数据称为支持向量。中间部分重点关注支持向量机的优势，如统计学习理论的坚实基础、明确的模型复杂度控制、未知过程条件下的导出模型具有最佳的泛化能力。但是，右侧部分并不像神经网络那样令人印象深刻。只有两个应用领域（医学和制造业）有具体的工业应用，应用公司分别是健康探索公司和陶氏化学公司。很多应用仍停留在学术机构和实验室中。

支持向量机的电梯推介如图 4.36 所示，需要一些努力才能抓住管理人员的注意力。

支持向量机电梯推介

支持向量机可以从有限的数据中自动学习新模式和依存关系。它的名称太过学术化，对于数学的要求较高。但是，模型具有最优的复杂度，并且泛化能力强。这又相应地减少了维护成本。它的思路很简单，不需要用所有的数据来建模，仅仅需要那些最具信息量的数据就可以了，称为支持向量。支持向量机通过抽取“黄金”数据来发现未知模式和模型以用于有效的决策过程，创造价值。当对于某一问题开发数学模型成本很大而又有部分历史数据的情况下，应用支持向量机特别有效。健康探索公司将支持向量机用于生物信息学以及医学分析，陶氏化学公司将支持向量机用于过程监测。
支持向量机是新兴的技术，目前仍处于研究阶段，但在未来10年对于工业界具有的极大的应用潜力。

图 4.36　支持向量机的电梯推介

4.8　机器学习的可用资源

4.8.1　主要网站

神经网络：

http://www.dmoz.org/Computers/Artificial_Intelligence/Neural_Networks/

机器学习的入门网站（包括神经网络、统计学习理论和支持向量机）：

http://www.patternrecognition.co.za/tutorials.html

支持向量机：

http://www.support-vector-machines.org/

http://www.kernel-machines.org/

4.8.2 精选软件

最流行的神经网络软件：

MATLAB 的神经网络工具箱：

http://www.mathworks.com/products/neuralnet/

Mathematica 的神经网络工具箱：

http://www.wolfram.com/products/applications/neuralnetworks/

神经动力学的神经网络仿真软件包（模块化开发，提供 Excel 接口）：

http://www.nd.com/

Stuttgart Neural Networks Simulator （SNNS）由斯图加特大学开发（非商业应用，免费）

http://www.ra.cs.uni-tuebingen.de/SNNS/

支持向量机的软件很有限，具体如下：

最小二乘支持向量机 MATLAB 工具箱，鲁汶大学开发（非商业应用，免费）

http://www.esat.kuleuven.ac.be/sista/lssvmlab/

支持向量机 MATLAB 工具箱，Steve Gunn 开发（非商业应用，免费）

http://www.isis.ecs.soton.ac.uk/resources/svminfo/

4.9 小 结

主要知识点：

机器学习的关键问题是定义模型的正确学习容量。

人工神经网络基于人脑的结构和活动。

神经网络从历史数据中学习、自组织数据并自动建立经验模型以预测、分类和预报。

神经网络具有良好的内插能力，但在已知范围外外插能力差。

神经网络已成功地应用于市场营销、过程控制、减排、金融和安防等领域，像宝洁、大通银行、陶氏化学公司、福特等公司都应用神经网络。

支持向量机的理论基础是统计学习理论，这是在有限数据情况下的经典统计方法。

支持向量机捕捉给定数据集中最有信息性的数据——支持向量。

支持向量机在新的操作环境下具有最优的复杂度并改善了泛化能力，这减少了维护费用。

支持向量机还处在研究过程中，只在医疗分析和过程监控中有少量的商业应用。

总　　结

应用机器学习具有通过动态复杂环境学习以自动发现新模式和依存关系的能力，进而创造价值。

推荐阅读

机器学习方法综述性著作：

T. Mitchell, *Machine Learning*,McGraw-Hill, 1997.

毋庸置疑的神经网络“圣经”：

S. Haykin, *Neural Networks: A Comprehensive Foundation*, 2nd edition, Prentice Hall, 1999.

神经网络方法综述性著作：

M. Negnevitsky, *Artificial Intelligence: A Guide to Intelligent Systems*, Addison-Wesley, 2002.

毋庸置疑的统计学习理论“圣经”（需要读者有数学背景）：

V. Vapnik, *Statistical Learning Theory*, Wiley, 1998.

关于统计学习和支持向量机最好的著作：

V. Cherkassky and F. Mulier, *Learning from Data: Concepts, Theory, and Methods*, 2nd edition,Wiley, 2007.

第5章 进化计算：基因的优势

能生存的物种不是最强的，也不是最聪明的，而是最能适应环境变化的。

——达尔文

增强人类智能的另一个重要灵感来自于大自然的演化。生物进化通过几个非常简单的机制就可以设计和创造出令人惊叹的复杂生物体，这确实非常成功。根据达尔文的观点，自然进化背后的驱动力是种群的个体复制和传递给另一个新种群个体的能力，这种能力更适合它们的环境。进化的本质是适者生存，这意味着某种竞争，染色体的重组活动，而不是存活的生物体本身。进化计算使用类似自然进化的方法在计算机虚拟环境中搜索进化解决方案（方程、电路图和机械部件等）。进化计算的一个重要特点是，同时考虑大量的解决方案，而不是在一个搜索空间同一时间仅考虑一个方案。“子女一代”继承他们“父母一代”的关键特征，同时存在某些变异，然后这些解中更好的解可以继续获得拥有“子女一代”的权利，那些糟糕的解则会灭亡。这个简单的过程就是模拟进化。经过几代的演化，计算机就能获得比初始的先辈们更好的解。

进化计算的价值创造能力基于其独特的能力，即自动生成创新性。创新性的自动识别不是自动的，而是在模拟进化终止后或在进化的每一步通过用户分析最终结果来确认的。

进化计算是计算智能的方法之一，在工业界的普及率最快。进化的概念与不同的进化算法的技术能力相结合，同时伴随计算能力的提高，在工业优化、设计和模型开发等领域获得了广泛应用。我们发现了将“自私基因”转化为“有利可图基因”[①]的明显趋势，这是本章的主题。

① 这个短语的流行始于 R.Dawkins 的畅销书：*The Selfish Gene*,Oxford University Press,1976.

5.1 进化计算的核心要素

在过去的20年，进化计算的发展速度呈指数增长。要对进化计算的所有新想法持续跟踪，即使对于学术圈的人员来说也是一个挑战。因此，从理解进化计算的巨大潜力的角度来看，建议读者关注图5.1中的主题。

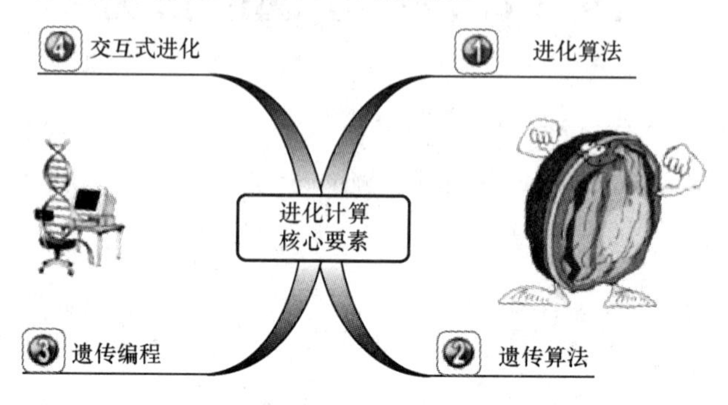

图 5.1 进化计算的关键主题

5.1.1 进化算法

进化计算是达尔文的危险思想的明确结果，可以将进化计算理解和表示为一个既抽象又普通的词汇即算法过程。它可以在其生物学基础上进一步提升[①]。事实上，通用进化算法借用了与自然进化相同的主要思想。物种的种群繁殖与继承，其主题是变异和自然选择。关键的进化算法的基本原理如图5.2所示。

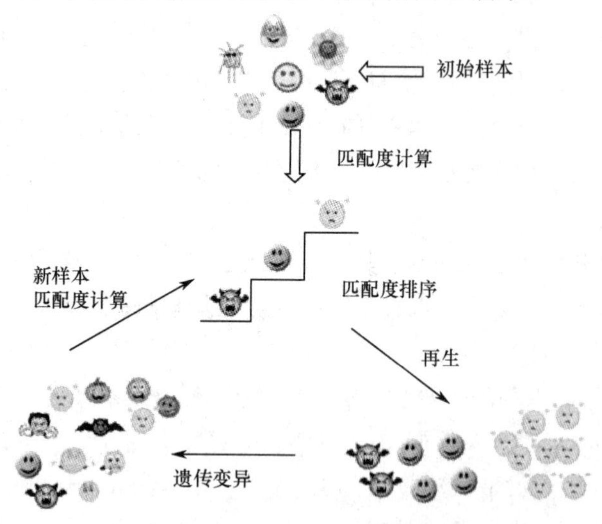

图 5.2 关键的进化算法的原理的可视化表示

① D. Dennett, *Darwin's Dangerous Idea: Evolution and the Meaning of Life*, Simon & Schuster, 1995.

模拟进化的第一步是随机或通过某种方法创建一个初始种群样本（解），反映对具体问题的先验知识。商业世界的具体解可能包括机械部件、模拟电路、生产计划、投资组合设计等。种群大小是进化算法的关键参数之一。种群过于庞大可能会明显降低模拟进化的速度，然而太小也可能导致产生非最优解。

初始化后，模拟进化的循环开始，直到达到某些预设的标准，如预测精度、成本或进化达到几代等，满足这些触发条件后则结束进化。模拟进化循环包括自然进化的三个著名步骤（图5.2）：①匹配估计（自然选择）；②再生；③遗传变异。匹配估计是确定一个匹配函数以引导人工进化朝向更好的解。在自然进化中，环境条件连续改变，不断地定义生物种群的匹配度，指导物种的进化。在模拟进化中，人们必须事先指定一个定量的匹配函数，如旅行成本、投资回报率、利润、导出模型和实际数据之间的误差等。如果匹配函数无效，则需要交互地选择胜出解。匹配度计算的结果是，进化算法尝试优化个体解的匹配度得分，使更匹配的解相对于欠匹配解有更多的子代。例如，图5.2中得分最高的种群比排名低的拥有更多的子代。匹配度最低的解会被无情地舍弃。

模拟进化循环的第二步是再生。假设，一方面新生的个体（解）继承了父母的特点；但同时另一方面也有足够的变异，以确保子女和他们的父母不同。模拟进化的成功取决于子女一代解继承了父母一代解的有用特性，同时还要存在变异以保证多样性，即在这两点之间达到很好的折中。通常情况下，还需要使用重组算子[①]（需要两对或以上的双亲）以及变异操作（需要一对双亲）。这些操作都发生在模拟进化过程中的第三步——遗传变异。突变和交叉存在多种不同的机制，将在后续的遗传算法和遗传编程中介绍。

这个简单的算法在许多实际应用中都非常有效。当今有五种主要的进化算法，如图5.3所示。历史上，有三种算法均已独立发展了40年以上，即20世纪60年代Lawrence Fogel 提出的进化编程（EP），20世纪60年代 Ingo Rechenberg 和 Hans-Paul Schwefel 提出的进化策略（ES），以及20世纪70年代 John Holland 提出的遗传算法（GA）。其他两种主要的进化算法均创建于20世纪90年代。90年代初 John Koza 提出了遗传编程（GP），1995年 Rainer Storn 和 Kenneth Price 提出了差分进化（DE）。

详细研究各种进化算法的操作细节和差异，超出了本书的范围[②]。本书将重点关注遗传算法和遗传编程，因为这两种方法创造了进化计算应用的大部分价值。

---

① 等位基因的重新组合生成的后代的外貌与父母均不同，他们由基因材料混合而生，例如变异。

② 所有方法的综述见 A.Eiben and J. Smith,*Introduction to Evolutionary computing*,Springer,2003.

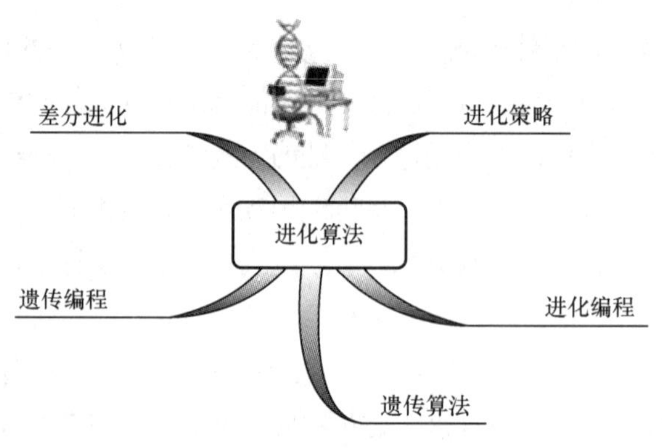

图 5.3　进化算法的主要类型

5.1.2　遗传算法

遗传算法（GA）的主要特点是它可以使用两个独立空间：搜索空间和解空间。搜索空间是一个针对具体问题的编码解空间，解空间是实际的解决方案的空间。编码解或基因型必须被映射到实际解或显型，遗传算法才可以对每个解的质量或匹配度进行评估。GA 映射如图5.4所示，显型为不同的椅子。基因型由1和0的序列组成，这些编码表示不同的显型。这种描述的详细程度，与需要解决的具体优化问题有关。例如，如果 GA 搜索的目标是找到消耗木材最少并且强度最好的椅子，那么基因型编码可能包括椅子的几何参数、每一部分的材料类型和材料强度。

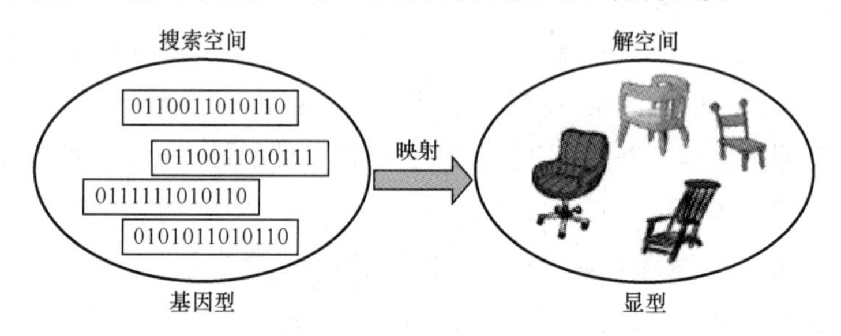

图 5.4　将搜索空间的基因型映射到解空间的显型

成功实现 GA 的一个前提是有效地定义基因型。幸运的是，这类编码在各种计算和工程问题中都非常普遍。尽管，最初的简单 GA 确实是二进制编码，例如由一串0和1组成，但同时也有很多其他类型的编码（例如，实数构成的矢量，或更复杂的结构如列表、树等）。这些算法与更复杂编码算法的效果一样好。

在遗传算法中，对一个具体问题寻找一个好的解相当于寻找一个特定的二进制串或染色体。所有可以采纳的染色体的组合可以看作一个匹配地形图。一个多最优解的匹配地形图见图5.5。探索这种多模地形图的传统优化技术无一例外都可能陷入局部最优值。在实际应用中，这种类型的搜索空间非常大，即使采用贪婪搜索也是非常耗时的一个挑战。基因算法通过使用多个潜在解（染色体）解决这个问题，即在搜索空间同时考虑多个位置。如在地形图中随机设置初始值，如图5.5（a）所示，每个染色体均表示成一个黑点。在模拟进化的每一步，遗传算法在搜索空间引导探索，寻找那些比当前位置更高的点。

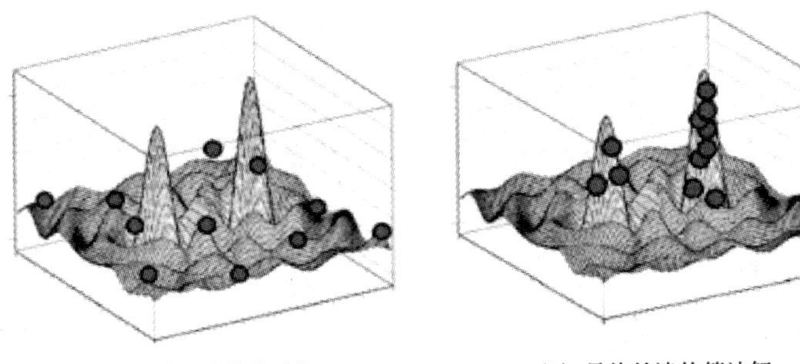

图 5.5　GA 算法开始和运行结束时的多模匹配地形图

遗传算法的这种非凡能力可以将大部分资源引入具有最优前景的区域，即采用类似染色体重组的方法获得更好的结果。在后续代中，第一步，所有的字符串都进行评估以确定它们的匹配度。第二步，具有较高排名的字符串之间进行交叉，即两个父代字符串进行交换来产生两个子代。两个 GA 染色体之间交叉算子的例子如图5.6所示，两个父代染色体的选定部分已在子代中交换。

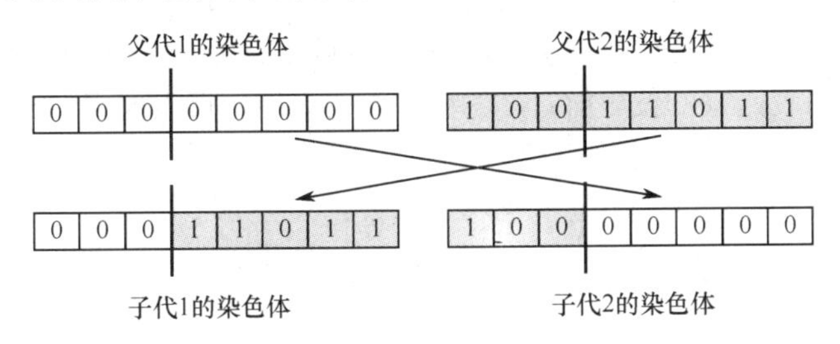

图 5.6　两个 GA 染色体之间的交叉算子

然后，这些子代替换种群中排名低的字符串，以保持种群大小不变。第三步，变异修改染色体的小部分。GA 算法中的变异算子见图5.7。在简单的 GA 算法中，变异并不是一个重要的算子，其主要是用来保持多样性的，保证不至于使种群归于平凡而不再进化。

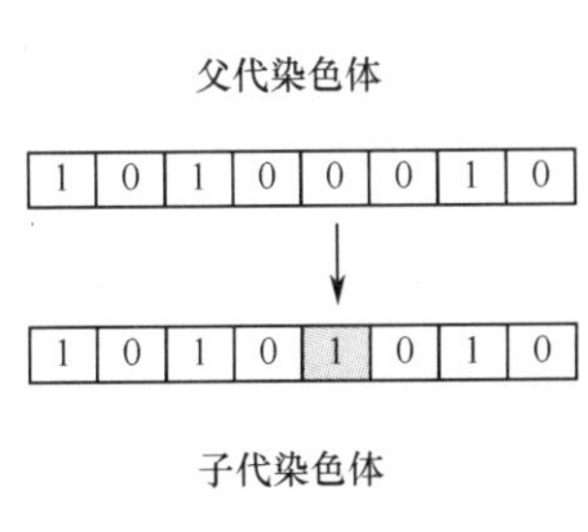

图 5.7　GA 染色体的变异算子

关键的遗传操作如交叉和变异算子的结果使整个种群的平均和最佳种群的匹配度在模拟进化中都逐渐升高。匹配度改变的典型曲线如图5.8所示。粗线表示经过200代50次独立模拟进化之后的平均匹配度。如图5.8所示，平均匹配度（如发现的最优解）在40~60代收敛。但是，也有一些运行到170代才收敛。

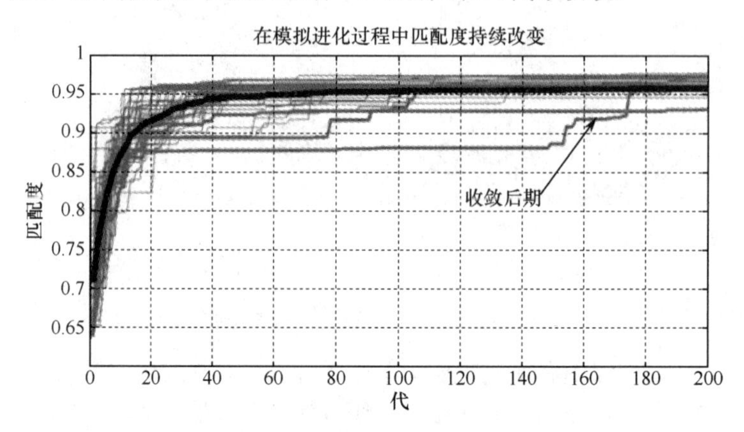

图 5.8　200 代的模拟进化的匹配度变化

在最后阶段，GA 将潜在解的种群收缩到最优解附近（图5.5（b））。但是，无法确保一定能找到最优解。好消息是根据模式定理[①]，通常条件下，当出现不同的选择时，交叉和免疫，任何可以提供超过平均匹配度的二进制串解都可以更好地生长，或者换句话说，好的位串解（称为模式）随着遗传搜索过程的进行会更频繁地出现。“好孩子”更容易抓住越来越多的关注，并且更容易影响模拟进化的进展。因此，找到最优解的机会随着时间的推移会越来越大。

5.1.3　遗传编程

遗传编程（GP）是一种生成软件结构的进化计算方法，如计算机程序、代数方程和电路图等。遗传编程与遗传算法之间有三点关键区别。第一点不同是解的表示方法。GA 使用位串来表示解决方案，GP 则使用树形结构表示形势演变。第二点不同是表示的长度。标准 GA 是基于固定长度的表示，而 GP 树的大小和长度都可以变化。标准 GP 和 GA 之间的第三点不同是它们采用不同的字母类型。标准 GA 使用二进制编码，以形成一个位串；而 GP 编码的大小和内容取决于具体的问题。GP 的一个例子是将数学表达式表示成分级树，类似于编程语言 Lisp 的分类方式。

两种进化计算方法之间的主要区别是，GP 的目标是进化计算程序（如执行自动编程），而不是一个固定长度的染色体的进化。这使得 GP 处于一个更高的概念水平，因为可能我们不再解决固定结构的问题，而是要解决一个动态的结构问题，例

① D. Goldberg,*Genetic Algorithms in Search,Optimization,and machine Learning*,Addison-Wesley,1989.

如计算机程序。GP 本质上遵循类似遗传算法的流程：有一个初始化的程序个体，通过匹配度函数对它进行评估和繁殖；然后，用交叉和变异算子来产生后代。

GA 和 GP 之间的另一个区别是交叉算子的遗传机制不同。当我们选择一个层次树结构时，交叉可以用来随机交换母树的分支。这个算子并不会影响子树的结构或语法。两个代数式的交叉操作见图5.9。

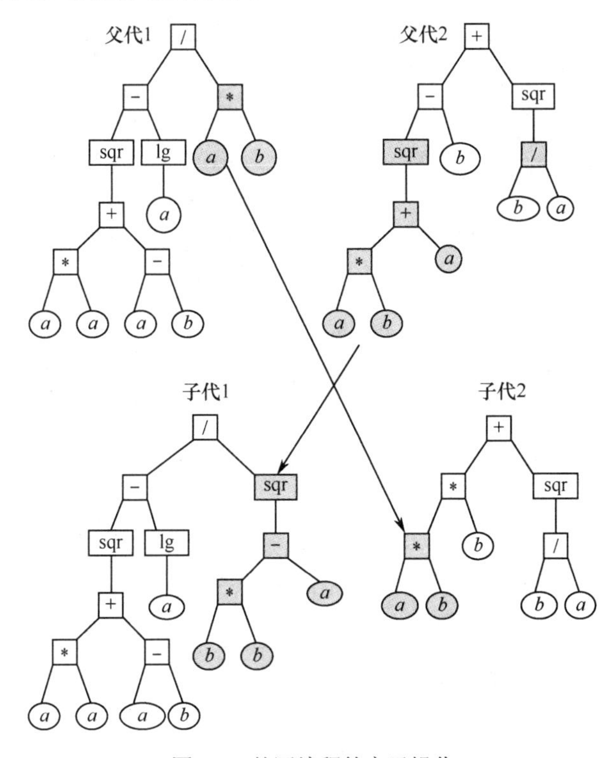

图 5.9　基因编程的交叉操作

第一个表达式（父代 1）有一个树状结构，见图 5.9，相当于下面的数学表达式：

$$\frac{\sqrt{a^2+(a-b)-\lg(a)}}{ab}$$

父代 2 的树形结构相当于另一个数学表达式，即

$$(\sqrt{b^2-a-b}+\sqrt{\frac{a}{b}})$$

在 GP 中，树形结构中的任何点都可以选作交叉点。在这个例子中，函数（*）选为父代 1 的交叉点。父代 2 的交叉点选为函数 sqr（开平方）。在两个父代中选择的交叉点见图 5.9 中的灰色区域。图 5.9 的下半部分是通过交叉算子生成的两个子代。通过将父代 2 中的一部分替换成父代 1 的一部分，而生成子代 2；将父代 1 的一部

分替换成父代 2 的一部分，而生成子代 1。

变异操作可以随机将任何一个函数、终端或子树改变成一个新的个体。两个父代表示式的变异操作的例子见图5.10。随机改变的函数（父代1）和终端（父代2）见图5.10。

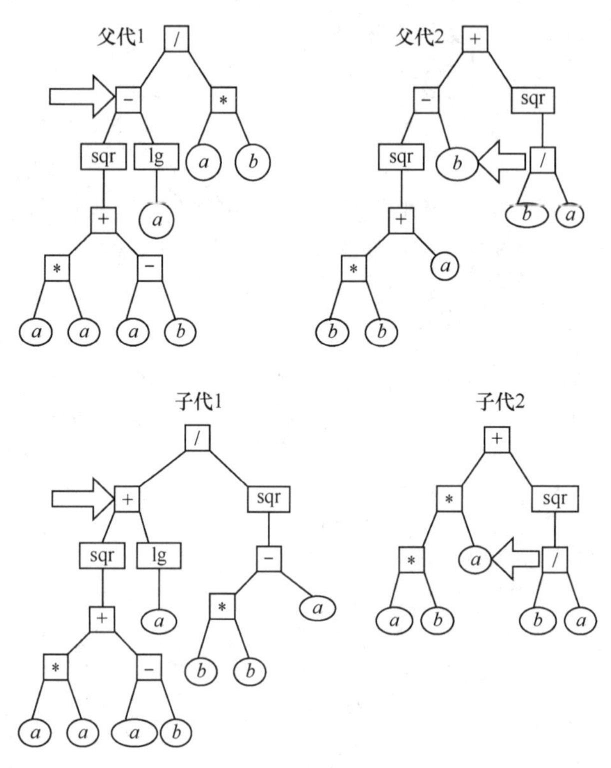

图 5.10　遗传编程的变异操作

由于结构是动态的，因此可能出现的问题之一是经过一定数量代的进化后，树的大小过度增长。很多时候，这些机构拥有很多冗余或垃圾代码（也称为内含子）。

GP 的基元是函数和终端。终端对每一个结构提供一个值，函数处理结构中的值。函数和终端统　称为节点。终端集包括 GP 算法中的所有输入和常数，终端位于树形结构每一个分支的末端。函数集包括构建 GP 算法用到的所有可用的函数、算子和声明。函数集取决于具体问题，也可能包括具体问题的特定关系如傅里叶变换（如时间序列的问题）或阿列纽斯定理（如化学动力学问题）。例如，基因函数集包含如下的基本的代数和超越函数：

$$F=\{+, -, \times, /, \ln, \exp, \mathrm{sqr}, \mathrm{power}, \cos, \sin\}。$$

基本的 GP 进化算法与 GA 算法非常相似，具有以下关键步骤：

第1步：GP 参数选择。

包括定义终端和函数集、匹配度函数，选择种群大小，最大化个体大小，交叉概率，选择方法，最大的进化代的数量。

第2步：通过随机函数创建初始种群。

第3步：种群进化。

这步包括评估个体结构的匹配度，选择胜者，执行基因操作（复制、交叉、免疫等），用胜者取代败者等。

第4步：选择“最好和最聪明”结构（函数）作为算法的输出。

GP 算法的计算量非常密集，特别是在大型搜索空间或是针对非常复杂解的情况下。计算负担主要来自种群中的每个个体的匹配度计算。

一般，种群的平均匹配度随着进化的发展而提高。通常情况下，最高匹配度的模型并不适合于实际应用，因为其非常复杂且难以解释，在操作条件轻微改变的情况下性能就可能大幅恶化。在实践中，应用解的简化对模型预测精度而言非常重要。但是，在 GP 中，手动选择模型需要在模型复杂度和准确度之间进行折中，需要检查大量的模型，这非常耗时。

最近，GP 的一个特别版本，称为 Pareto-front GP，使用多目标优化方法可以指导模拟进化以获得一个即简单又准确的模型①。Pareto-front GP 的实际应用的例子见图5.11。

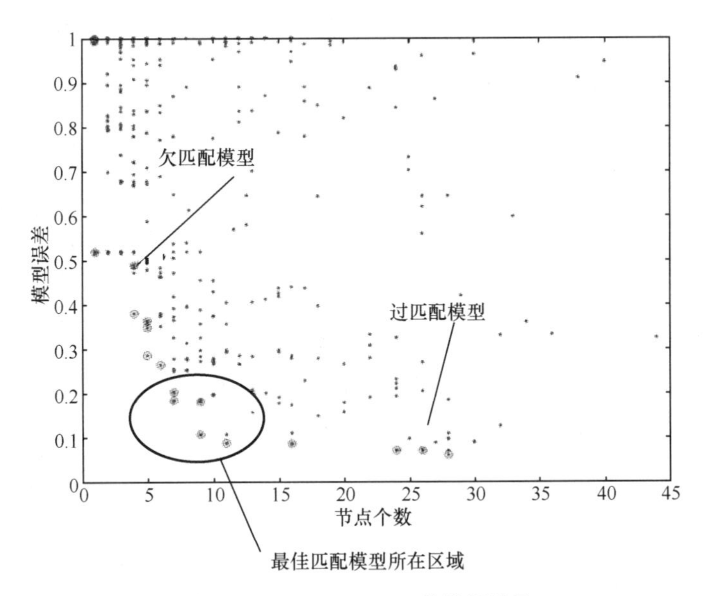

图 5.11　Pareto-front GP 的模拟结果

在 Pareto-front GP 中，模拟进化基于两个准则——预测误差（$1-R^2$）和复杂度（基于方程中节点的数量）。在图5.11中，每个点对应一定的特定模型，x 坐标对应

① G. Smits and M. Kotanchek,Pareto-front exploitation in symbolic repression,In *Genetic Programming Theory and practice*,U.-M. O'Reilly,T. Yu,R. Riolo and B. Worzel（Eds）, Springer,pp.283-300,2004.

模型复杂度，y 坐标对应模型误差。与其他模型相比，Pareto front 中的模型是至少符合一个准则，不同于其他方法必须同时满足两个准则。Pareto front 中的模型具有较低的复杂度，或者较低的模型误差。Pareto front 中的所有模型分为三个区域，见图5.11。第一个区域包括简单的欠匹配模型，它们位于图的左上部分；第二个区域是过匹配模型，它们位于图的右下部分；第三个区域是最应关注的最佳匹配模型，它们位于图的左下区域，同时具有最低的模型复杂度和最小的模型误差。

在 Pareto-front GP 中，有一个算法将目前为止所获得的精英模型打包。这个打包生成的档案文件对模拟进化非常重要，这也是 Pareto-front GP 的关键特点。第一步，随机生成初始代，档案中包含这一代在 Pareto-front 中生成的所有模型，在接下来的每一步进化中，档案中的模型会不断更新。档案中的所有模型都是精英，因为它们都有权利通过遗传或变异繁殖后代。

生成新的一代后，重新构建 Pareto-front，并将其加入旧的档案。最终的模型集确定一个包含新的一代的更新的档案。在 Pareto-front GP 中，所有的精英模型都存储在档案中，不会随着进化过程而消失。模拟进化结束时，可以通过在复杂度和精确度间进行折中，自动选择“最好和最聪明”的模型（图5.11中圆圈包围的点）。在图5.11中，很明显当模型节点大于15时，精度很难再有进一步改善，需关注的解大约有4~5个。最终，模型选择非常快速和有效，模型开发工作大大减少。

5.1.4 交互式进化计算

在某些复杂的设计中，视觉检查或创造进化艺术，“好的”解决方案无法通过计算机自动完成，人成为模拟进化的一个组成部分。用户和进化计算系统之间存在多种多样的交互。显然最流行的方法是用户以纯粹主观和审美趣味的方式选择个体进行再生。这种交互方式见图5.12。

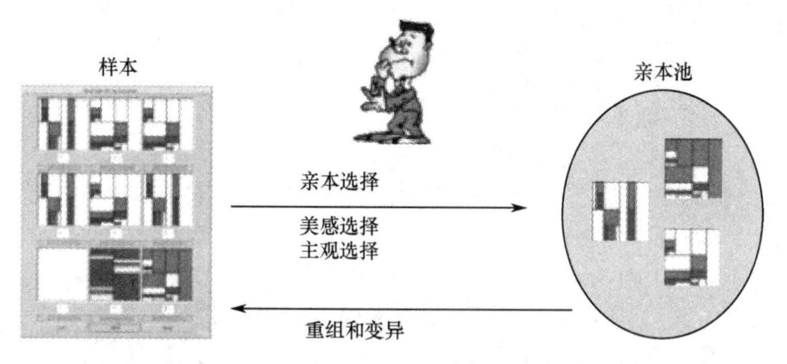

图 5.12 用户直接选择亲本进行交互式进化

这个例子来自流行的人工艺术网站[①]，称为 Mondrian 进化（译者注：蒙德里安，

① http://www.cs.vu.nl/ci/Mondriaan/.

荷兰画家，以抽象几何画为其基本特点），图 5.12 左侧的 9 个图片作为初始值随机产生。在每一步，用户选择 3 个作为繁殖的亲本，通过重组和变异生成下一代新个体。互动的过程持续进行，直到用户认为满足成功设计的标准。

交互进化有多个优点：可以处理没有明确目标的优化问题，当偏好改变时不需要重写匹配度函数，当进化卡死时自动改变进化方向，增加了解决方案的多样性。但也有明显的缺点：互动模式显著地减缓了模拟进化过程，最重要的是，用户可能容易感到厌倦和疲惫，她/他的选择能力可能随着进化过程而改变。

交互式进化已经被应用于进化设计、进化艺术、热轧带钢表面缺陷检测、图像检索、验配助听器和航天员食品的互动设计。

5.2 进化计算的优势

进化计算的主要优势见图5.13。

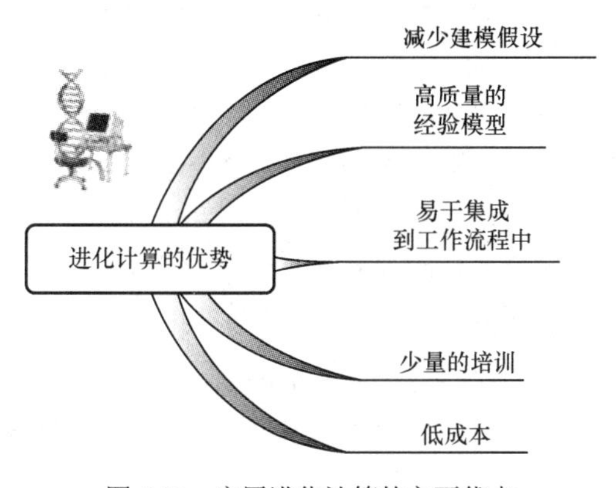

图 5.13 应用进化计算的主要优点

（1）减少了模型开发的假设条件。进化计算的模型开发相比其他已知的方法，假设条件更少。举例来说，相比于第一原理建模基于物理过程的假设，进化计算不需要假设条件。一些统计建模基于最小二乘法，需要一些前提假设，例如变量的独立性、多元正态分布和独立的误差正态分布（均值为0，方差为常数）。但是，GP 算法不需要这些假设。这种“假设解放”，具有由数据生成模型的技术优势，并且对于专家投入的工作量要求最少[①]。节省的成本主要是专家定义和验证模型假设条件的时间。化学过程的机制建模需要多个专家定义和验证上百个参数的假设空间，进化计算可以节省大量的时间。

（2）高质量的经验模型。用于经验模型开发的主要进化方法是符号回归（非线

① 但是，所有的数据准备过程，包括清洁数据、处理缺失数据和删除异常值都必须完全实施。

性代数方程），这些代数方程由GP算法生成。但是，传统GP算法的一个公认的问题是生成的表达式的复杂度难以控制。Pareto-front GP算法使得模拟进化朝复杂度和精确度平衡的方向演进。陶氏化学公司在工业应用方面的一个综述文章指出，通过Pareto-front GP算法选择的模型是简单的[①]。导出模型与传统的GP算法或神经网络模型相比，在过程改变时更加鲁棒。

（3）易于集成到现有的工作流程。为了提高效率并且降低实施成本，工业上的开发、实施和维护过程均通过工作流程和方法来标准化。从这个角度来看，通常情况下，进化计算尤其是符号回归，具有一定的竞争优势。这项技术可以很容易地集成到六西格玛，作为对已有统计方法的补充，重点突出符号回归能力。相比于机理建模和神经网络建模，这类解决方案不需要专业的软件环境就能实时实施。这个特点使得将进化计算技术融合到绝大多数已有的模型开发环境的工作变得相对简单。

（4）对终端用户的培训要求最少。GP算法可以生成明确的数学表达式，对于任何具有高等教育背景的用户来说都是很容易接受的。而第一原理建模往往需要具体的物理知识，神经网络建模则需要相应的神经网络的高阶知识。此外，符号回归的一个非常重要的优点是，过程工程师更喜欢数学表达式，而且往往还能获得相应的物理解释。工程师们通常毫不隐瞒对黑盒子模型的厌恶。

（5）开发、应用和维护的总成本低。在将技术推销给潜在用户方面，进化计算有明显的优势。其科学原理很容易解释给任何听众。我们还发现，过程工程师更乐意实施符号回归模型。大多数的替代方法很昂贵，特别是在实时过程监测和控制系统的应用中。正如上文讨论的，符号回归模型并不需要软件具有特别的实时版本，其可以在已有的过程监测和控制系统中直接实施，即部署成本是最小的。此外，简单的符号回归模型需要最少的维护。很少会出现模型需要重新设计的情况，即便模型的执行环境超出开发数据范围20%以上，其质量仍是可接受。

5.3 进化计算的问题

下面分析进化计算的局限性。首先，关注遗传算法的关键问题——确定染色体。遗憾的是，在遗传算法中，将具体问题编码为位串可能会改变问题的性质。换句话说，就是存在一种危险，即编码表示可能将问题转变成一个不同于原问题的问题。有时，基因型与显型之间的映射并不那么明显。

---

① A. Kordon,F. Castillo,G. Smits,and M. Kotanchek,Application issues of genetic programming in industry,In *Genetic programming Theory and Practice III*,T. Yu,R. Riolo and B. Worzel（eds）: Sprinper, Chap. 16, pp.241-258, 2005.

进化计算算法的另一个主要问题是存在过早收敛和局部最小。原则上，由于存在交叉操作，GA 和 GP 算法很少陷入局部最小值。但是，如果 GA 和 GP 算法在一个广泛的搜索空间探索，则搜索空间可能完全被一个相同或非常相似的解集所占的区域所主导。也就是说，模拟进化可能过早收敛，对“局部最佳和最聪明”样本进行克隆。在某些情况下，从局部最小逃逸是缓慢的，这时就需要采取额外的措施，如增加变异率。

如果变异率过高，也可能发生刚好相反的问题。即使找到好的解，也有可能被频繁的变异操作所破坏。这时就存在另一种危险，即由于种群不稳定，模拟进化可能永远不会收敛。寻找一个能在探索和利用之间平衡的变异率是一个“棘手的业务”，往往需要实验确认。

特别重要的是，所有的进化计算算法都存在一个主要缺点，即由于这种方法固有的高计算要求，导致模型生成速度缓慢。对于工业规模的应用，即便采用了高端工作站，计算时间也可能为数小时甚至数天。

5.4 如何应用进化计算

进化计算可以应用于两种不同的模式：自动模拟进化和交互进化。在第一种模式中，用户定义人工进化进程的目标，并运行虚拟竞争数次（建议至少运行20次，以消除随机初始化效应，实现统计上一致的结果）。最终解释从最匹配的胜者中选择。如果模拟进化算法采用 Pareto-front 类型，选择过程可以显著减少。

在第二种交互模式中，用户将持续参与模拟进化循环，对关键的亲本选择过程进行决策。

5.4.1 何时需要进化计算

进化计算的主要应用是生成创新性和识别。生成创新性的最主要的方式见图5.14。

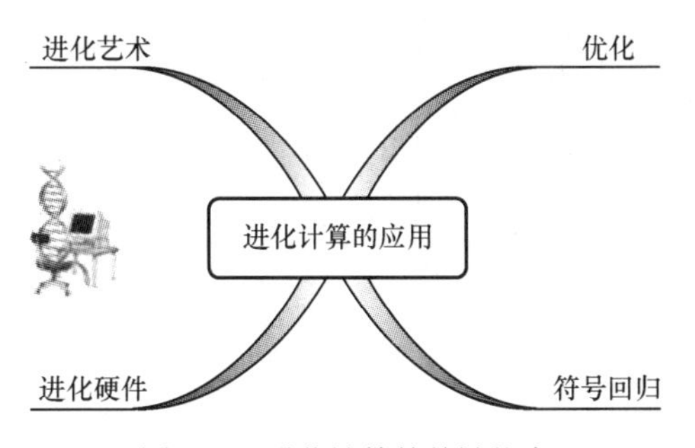

图 5.14 进化计算的关键能力

绝大多数进化算法，特别是GA算法，最独特的能力是优化复杂的曲面，这是大多数基于导数的优化算法都无能为力的。

另一种独特的功能是生成创新性，即通过符号回归导出经验模型。符号回归（如非线性函数识别）为寻找一个数学表达式，对一组给定的数据样本进行匹配。符号回归与传统的线性回归不同，它可以自动发现模型中的函数形式和数值系数。GP生成的符号回归是大量潜在数学表达式的进化结果。最后的结果是针对具体选定的目标函数的一系列最好的解析形式函数。这些数学表达式可以用作经验模型，表示已有的数据。另一个优势是这些解析函数可以作为第一原理建模的基础，详见第14章。

导出新颖的数学表达是GP算法生成创新的可能方式之一。原则上，任何能够以结构形式表示的问题都可以受益于这种能力。这个宽泛的应用领域称为进化硬件，存在很多进化硬件方面的应用，包括进化天线、电子电路以及光学系统等。

进化计算甚至可以在艺术审美世界通过交互进化生成创新。但是，在这种情况下，需要用户参与选择过程并且评价模拟进化的质量，结果将取决于他/她的审美价值。

5.4.2 应用进化计算系统

进化计算系统（如基因编程）的应用流程如图5.15所示。大部分的模块类似于机器学习方法，但是参数调整和模型生成（学习）的本质不同。

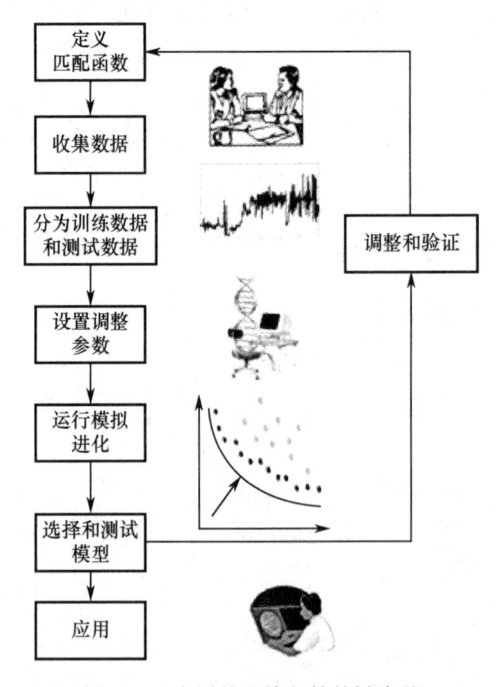

图5.15 应用基因编程的关键步骤

与任何其他的数据驱动方法一样，GP 算法也强烈依赖数据的质量和一致性。将 GP 应用于实际问题的先决条件是，其数据已成功地进行了预处理。特别重要的是，应消除异常值，删除微不足道的变量并重复记录以提高数据的信息含量。这就是为什么进化计算有必要与其他方法（如神经网络、支持向量机和主成分分析法）合作。应将数据划分为训练数据和测试数据，分别用于模拟进化的模型开发和验证。

运行 GP 算法的前期准备工作如下：

（1）终端集，通常是用于模型生成的输入量。

（2）函数集（基因操作中选定的函数）：通用集中包括标准的算术运算，即加、减、乘、除，以及数学函数——开方、对数、指数和幂。

（3）遗传算子的调整参数：

①随机交叉和指导性交叉的概率；

②终端的变异概率；

③函数的变异概率。

（4）模拟进化的控制参数：

①进化代数的设置；

②模拟进化的次数；

③种群的大小。

通常情况下，遗传算子的参数对所有的实际应用都是固定的。它们是从多次模拟中导出的，代表了两个关键遗传算子——交叉和变异之间的很好的平衡。为了强调 GP 算法的随机特性，一般建议多次重复执行模拟进化（通常建议执行20次）。其他两个参数，种群大小和进化代数则取决于具体问题。种群越大，多样性越强，越可能在搜索空间探索更多的区域，并可以改善收敛性。但是，这也会明显增加计算时间。根据 Koza 的建议，50~10，000之间的种群规模可以满足几乎任何复杂的问题[①]。在 Pareto-front GP 中，对典型的工业数据集进行最优设计的实验表明，种群的大小设为300比较合适[②]。进化代数取决于模拟进化的收敛速度。根据实验结果，一般设为30~100代，最终都可以收敛。

5.4.3 进化计算系统应用的例子

结合第4章讲述的排放预测的例子，本节将具体介绍一下应用 GP 的具体步骤。

---

① J. Koza, Genetic Programming: On the Programming of Computers by Natural Selection, MIT Press,1992.

② F. Castillo, A. Kordon and G.Smits, Robust Pareto front genetic programming parameter selection based on design of experiments and industrial data, In *Genetic Programming Theory and Practice IV*,R. Riolo,T. Soule and B. Worzel（Eds）, Springer, pp.149-166, 2007.

既然目标是开发一个廉价的推理传感器，那么 Pareto-front GP 就应该关注两个目标：最小的建模误差（$1-R^2$）和模型复杂度。复杂度基于最终使用的表达式的节点数。经过20次运行，种群300经过900代进化，获得的数学表达式结果如下。

模拟进化的第一个关键结果是各个输入（过程测量值如温度、压力和流量）相对于排放量的灵敏度，如图5.16所示。

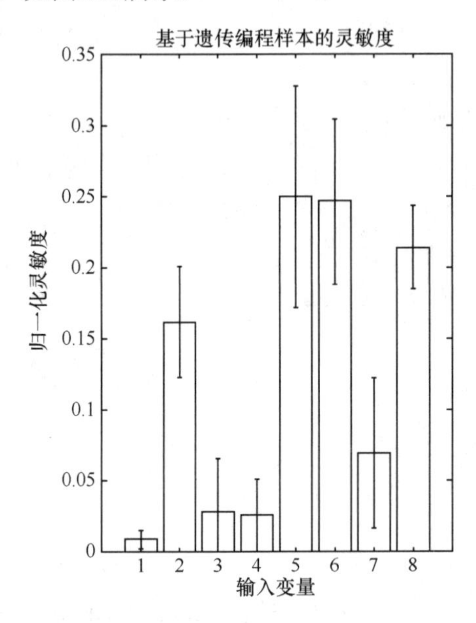

图 5.16　与排放量相关的 8 个输入的灵敏度

灵敏度反映了一个特定的输入在模拟进化过程中被选入函数的概率。如果输入和输出（排放量）弱相关，它将在激烈的生存进化斗争中逐渐被淘汰。灵敏度可以用来进行变量选择，通过只采用密切相关的输入来缩小搜索空间。例如，只采用图5.16中第2、5、6和第8个输入就可以开发一个良好的排放量预测模型。但仍需指出，线性统计显著性和 GP 灵敏度之间并不存在对应关系。在统计上不显著的输入不可能在 GP 中具有很好的灵敏度；反之亦然①。

模拟进化的结果如图5.17所示，每个模型均表示为精确度和复杂度平面上的一个点。

Pareto-front 中感兴趣的模型用圆圈表示。分析 Pareto-front 结果表明，符号回归模型的精度（$1-R^2$）大约为0.12。在（$1-R^2$）为0.13~0.15的范围内，并且复杂度

① G. Smits, A. Kordon, K. Vladislavleva, E. Jordaan and M. Kotanchek, Variable selection in industrial data sets using Pareto genetic programming, In *Genetic Programming Theory and Practice III*, T. Yu, R. Riolo and B. Worzel （Eds）, Springer, pp.79-92, 2006.

大约20的前提下，研究了5个潜在解，并最终选定了图中箭头所指的模型（89号模型）。

$$排放量 = 1.1 + 4.3\frac{x_2x_6x_8^2}{x_5^4}$$

模型包括四个最灵敏的过程输入量：x_2、x_5、x_6和 x_8。表达式非常简洁，易于解释，在任何软件环境中都很容易实现。

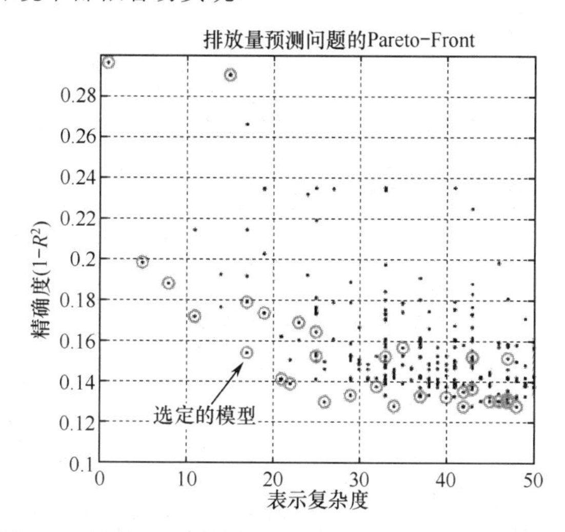

图 5.17　排放量预测例中 Pareto-front GP 算法生成的模型

选定的模型（89号模型）采用训练数据获得的性能如图5.18所示。

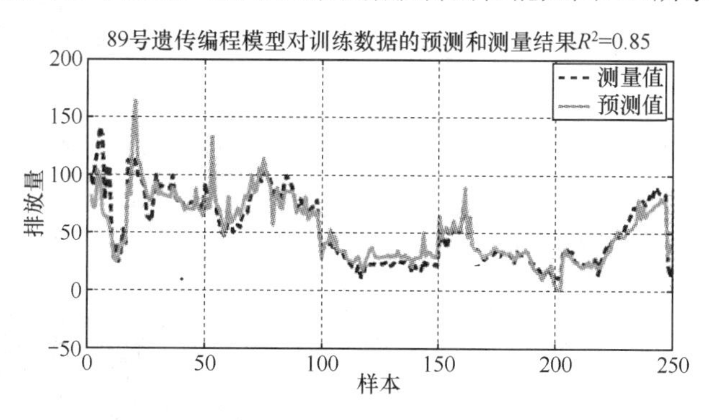

图 5.18　排放量问题的符号回归模型的训练性能

符号回归模型对于测试数据表现的性能见图 5.19（a），支持向量机的结果见图 5.19（b），神经网络的结果见图 5.19（c）。尽管没有支持向量机模型精确，但符号回归模型在训练数据范围外（箭头所指的样本 60 左右）的表现仍良好。另外，实现一个简单的数学函数比采用 74 个支持向量的支持向量机要简单。

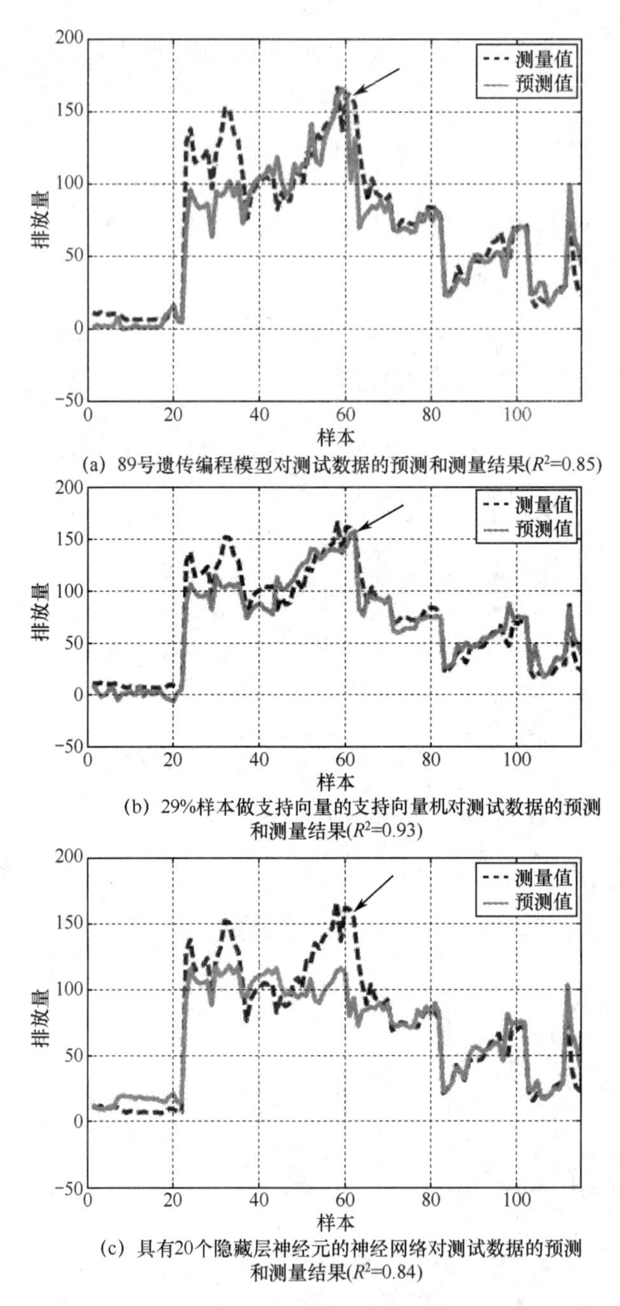

(a) 89号遗传编程模型对测试数据的预测和测量结果(R^2=0.85)

(b) 29%样本做支持向量的支持向量机对测试数据的预测和测量结果(R^2=0.93)

(c) 具有20个隐藏层神经元的神经网络对测试数据的预测和测量结果(R^2=0.84)

图 5.19　排放量问题的 GP 模型与支持向量机模型和最佳的神经网络模型的测试性能比较

5.5　进化计算的典型应用

进化计算在工程设计领域的商业潜力在20世纪90年代初迅速被通用电气、劳斯莱斯公司和 BAE 系统公司等发现。在短短几年内，如航空航天、电力和化工等行业已完成从对进化计算感兴趣到对其实际应用。进化计算以革命而非演进的方式进入到工业界！计算智能的主要应用领域如图5.20所示。

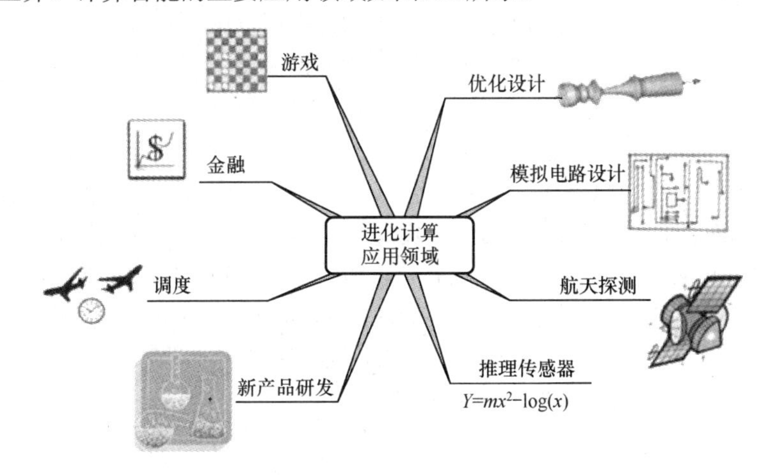

图 5.20　进化计算的主要应用领域

（1）优化设计。这是进化计算最初和最流行的应用领域。遗传算法的典型应用包括劳斯莱斯的燃气涡轮叶片冷却孔几何结构的初步设计①，其目标是减少燃料消耗。

另一个遗传算法的现实应用是陶氏化学公司的优化器 ColorPro。这个程序用来优化聚合物和着色剂的混合物，以匹配特定的颜色。这个优化器考虑特定光源、透光率、混合和成本等，同时优化多种目标。这个方案自 20 世纪 90 年代中期开始使用，创造了数百万美元的价值。

（2）模拟电路设计。John Koza 深入研究了这一应用领域②。GP 算法成功地使用被动元件（电容器、电线和电阻等）和主动元件（晶体管）综合模拟电路。函数集包含三种类型：①连接-修改函数；②组件-创建函数；③自动定义函数。在每一个时刻，这些组件和连线都可以改变。组件-修改函数可以翻转或复制组件。组件-创建函数可以插入新的组件。电路的仿真，采用美国加州大学伯克利分校的 SPICE 仿真软件包。

（3）美国航空航天局的进化天线设计。进化设计的 X 波段天线已经部署在美国航空航天局的太空技术5（ST5）飞船上③。ST5天线的进化目标必须满足火箭的一系列极富挑战的要求，例如同时满足圆形极化波和宽带宽。设计过程使用了两个进化

---

① I. Parmee, Evolutionary and Adaptive Computing in Engineering Design, Springer, 2001.

② J. Koza, et al., *Genetic Programming IV: Routine Human-Competitive Machine Intelligence*, Kluwer, 2003.

③ L. Jason, G. Hornby, and L. Derek, Evolutionary antenna design for a NASA spacecraft, In *Genetic Programming Theory and Practice II*, In U. -M. O'Reilly, T. Yu, R. Riolo and B. Worzel（Eds）, Springer, pp. 301–315, 2004.

算法：①GA 算法，所采用的结构不允许天线臂出现分支；② GP 树，算法允许在天线臂上出现分支。有趣的是，两种算法产生的性能最高的天线的性能非常相似。两种天线的性能可以与天线供应商人工设计的天线媲美。据估计，进化天线只需要3个人月就可以完成原型天线的设计和加工，而传统天线则需要5个人月。

（4）推理传感器。进化计算或符号回归在推理或软传感器领域有巨大的应用潜力。目前市场上基于神经网络的解决方案，都需要频繁地训练和专门的实时软件。

Jordaan 等提出了一种用于丙烯预测的推理传感器，集成了4种不同的模型①。模型最初基于一个很大的制造过程数据集开发，采用了23个潜在输入变量和6900个数据记录。通过变量选择，数据集的大小减少到7个输入，并通过20次独立的 GP 运行生成了最终的模型。在 Pareto-front GP 中，最终选定了12个模型，请过程工程师做进一步评估。所有12个模型都具有很高的性能（R^2为0.97～0.98）和低复杂度。通过对不同场景评估其泛化能力，考虑模型输入，同时考虑物理意义，最终选择了4个模型组合用于在线实现。两个模型的表示如下：

$$\text{GP\_Model} = A + B\left(\frac{\text{Tray64\_T}^4\,\text{Vapor}^3}{\text{Rflx\_flow}^2}\right)$$

$$\text{CP\_Model2} = C + D\left(\frac{\text{Feed}^3\sqrt{\text{Tray46\_T} - \text{Tray56\_T}}}{\text{Vapor}^2\,\text{Rflx\_flow}^4}\right)$$

式中，A、B、C 和 D 为拟合参数，方程中所有的模型输入均是连续的过程测量值。

该模型对于过程工程师来说非常简单，且易于理解。当输入传感器发生故障时，模型输入的不同提高了预测的鲁棒性。推理传感器自2004年5月以来已在陶氏化学公司开始运作。

（5）新产品研发。GP 生成的模型可以通过缩短基础建模的开发时间而减少新产品的开发成本。例如，符号回归原型模型可以通过潜在的物理/化学机制大大减少假设搜索空间。也就是说，可以通过消除不重要的变量而减少新产品的开发工作，可以加快对物理机制的测试，并且减少模型验证所需要的实验量。大规模的潜在的这种类型应用的阐释详见第14章，用于研究结构特征关系。生成的符号解与基础模型非常类似，但耗时从3个人月降低到了10个小时②。

（6）调度。这个领域有很多应用，令人印象最深刻的是美国液化气公司的液化工业气体的生产和调度优化。遗传算法和蚁群算法（将在第6章中介绍）相结合，来安排40个工厂的液化气的生产和调度。顶层优化器要求 GA 和蚁群优化器生成生产和配送方案。然后，它对两个优化器的方案进行组合评估，调整组合以获得最终的集成方案。

---

① E. Jordaan, A. Kordon, G. Smits and L. Chiang, Robust inferential sensors based on ensemble of predictors generated by genetic programming, *In Proceedings of PPSN 2004*, pp. 522–531,Springer, 2004.

② C. Harper and L. Davis, *Evolutionary Computation at American Air Liquide*, SIGEVO newsletter,1, 1, 2006.

（7）金融。进化计算特别是 GA 和符号回归广泛应用于各种金融活动。例如，美国道富环球投资有限公司使用 GA 算法生成股票选择模型，以获得最低的投资风险。历史经验表明，GP 模型生成的股票投资组合方式优于传统模型。GP 模型在各种市场中更加鲁棒，比传统模型的性能更加稳定①。

（8）游戏。著名的游戏 Blondie24是使用进化计算的最佳游戏范例②。它基于进化神经网络。游戏开始时有15对父母，神经网络权重随机初始化。在模拟进化中，每对父母生成一个后代，然后所有的30个选手与5个随机选择的选手竞争。最终将得分最高的15个选手选作父母，生成下一代。以此类推，直至指导生成100代。最近，一种新型的神经网络，称为对象神经网络，已在国际象棋的模拟进化中应用。

5.6 进化计算的推销

进化计算的一般概念很容易解释。因此建议对具体的进化计算技术定义不同的营销策略。使用 GP 用于经验建模的营销幻灯片如图5.21所示。

通过基因编程进行鲁棒的经验建模

将数据转化成可盈利的方程

$$\text{Totall Haze}-\sqrt{\frac{\text{BUR}^2}{(\text{Melt Tamp}-\frac{\text{Die Gap}}{\text{Diepressure}^2})}}$$

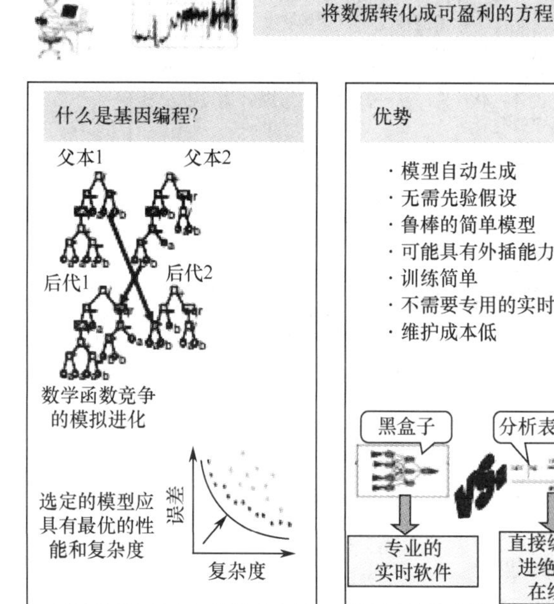

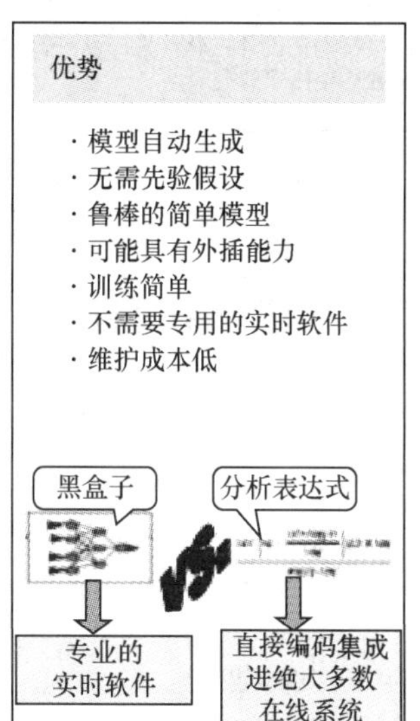

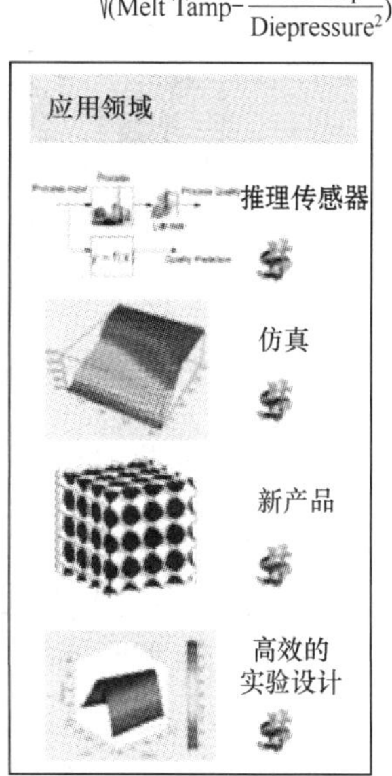

图 5.21　基因编程营销幻灯片

① Y. Becker, P. Fei, A. Lester, Stock selection: An innovative application of genetic programming methodology, In R. Riolo, T. Soule, B. Worzel （Eds）, *Genetic Programming Theory and Practice IV*, pp. 315–335, Springer, 2007.

② www.digenetics.com.

符号回归的营销标语“将数据转化成可盈利的方程”抓住了这种方法创造价值的本质。营销幻灯片的左侧部分叙述了基因编程的本质，符号回归方法是数学函数竞争的模拟进化。这个表述强调了所选的模型同时具有最优的精度和复杂度，这使得它们在工作条件改变时，仍然能具有稳健的性能。

营销幻灯片的中间部分叙述了 GP 生成的符号表达式的关键优势，例如可自动推导鲁棒简洁的模型、不需要先验假设而具有外插能力、训练过程简单、不需要专用的实时软件以及维护成本低等。与神经网络模型相比，神经网络为黑盒子模型，需要实时软件环境以及外插能力弱等。GP 的关键应用领域见幻灯片右侧部分。具体包括陶氏化学公司的符号回归应用，例如推理传感器、第一原理模型的仿真器、加速新产品开发以及高效的实验设计（DOE）。

进化计算的电梯推介见图5.22。

进化计算电梯推介

进化计算可以从已有的数据和知识中自动生成新的实体。通过在计算机中模拟自然选择可以对很多问题求解。但是，与自然进化中面向生物物种不同，其需要生成相应的人工实体，例如数学表达式、电路或天线方案等。在模拟进化中展开竞争以选择具有最高匹配度的人工实体来生成新的实体。通过将数据转换为新发现的经验模型、结构、方案、设计等来创造价值。当开发数学模型的投入非常大同时又有历史数据的情况下，使用进化计算将非常有效。开发和实现进化计算的成本相对要低。陶氏化学公司、通用集团、波音、液化气集团、道富环球投资管理公司、劳斯莱斯等很多公司在优化设计、软传感、新产品研发、金融、调度以及游戏等领域均使用了进化计算。

图 5.22　进化计算的电梯推介

5.7　进化计算的可用资源

5.7.1　主要网址

伊利诺斯州遗传算法实验室：

http://www.illigal.uiuc.edu/web/

John Kozas 的网页：

http://www.genetic-programming.org/

国际计算机学会（ACM）的进化计算特别工作组：

http://www.sigevo.org/

5.7.2　精选软件

遗传算法和 MATLAB 的直接搜索工具箱：

http://www.mathworks.com/products/gads/index.html

采用 RML 技术的 GP 专业软件包：

http://www.rmltech.com/

MATLAB 的使用 C++的单目标和多目标遗传算法工具箱，伊利诺斯大学开发（非商业使用，免费）：

http://www.illigal.uiuc.edu/web/source-code/2007/06/05/single-and-multiobjective-genetic-algorithm-toolbox-for-matlab-in-c/

基于 Java 的 TinyGP，埃塞克斯大学开发（非商业使用，免费）：

http://cswww.essex.ac.uk/staff/rpoli/TinyGP/

Bridger Tech 的 GP 工作室（非商业使用，免费）：

http://bridgertech.com/gp_studio.htm

Evolved Analytics 的 DataModeler（具有最先进特征的开发符号回归模型的数学工具包）：

http://www.evolved-analytics.com

5.8 小　　结

主要知识点：

进化计算在计算机的虚拟世界里模拟自然进化。

进化算法通过繁殖实现人造种群的继承发展，通过变异和选择完成多样性。

遗传算法通过一个种群密集的潜在解探索和利用复杂的搜索空间寻找最优解。

遗传编程可以生成满足预定目标的创新结构。

进化计算在最优设计、推理传感、调度和新产品开发等工业领域取得了成功。

总　　结

应用进化计算系统有能力通过模拟进化自动生成创新。

推荐阅读

W. Banzhaf, P. Nordin, R. Keller, F. Francone, *Genetic Programming*, Morgan Kaufmann, 1998.

L. Davis, *Handbook of Genetic Algorithm*, Van Nostrand Reinhold, New York, 1991.

A. Eiben and J. Smith, *Introduction to Evolutionary Computing*, Springer, 2003.

D. Fogel, *Evolutionary Computation: Toward a New Philosophy of Machine Intelligence*,3rd edition, 2005.

D. Goldberg, *Genetic Algorithm in Search, Optimization, and Machine Learning*, Addison-Wesley, 1989.

J. Koza, *Genetic Programming: On the Programming of Computers by Natural Selection*, MITPress, 1992.

M. Negnevitsky, *Artificial Intelligence: A Guide to Intelligent Systems*, Addison-Wesley,2002.

I. Parmee, *Evolutionary and Adaptive Computing in Engineering Design*, Springer, 2001.

R. Poli, W. Langdon, and N. McPhee, *A Field Guide to Genetic Programming*, free electronicdownload from http://www.lulu.com, 2008.

第6章 群体智能：群体的优势

愚笨的个体巧妙地结合为一个群体，将产生一个智慧的结果。

——Kevin Kelly

众所周知，单个蚂蚁并不非常聪明，甚至几乎没有视觉，但是一群蚂蚁如果以团队形式合作，却可以做出不平凡的事情，如高效地觅食、优化孵化分类以及构造令人印象深刻的蚁群公墓。许多生物物种如昆虫、鱼类、鸟类等，尽管它们的个体表现非常简单，但群体却会表现出类似智能协作的行为。提高智能的基础在于个体之间共享信息，以不同的社会交互机制形成群体。因此，问题的智能解取决于这些简单个体的自组织和相互通信。最令人惊奇的是，所有个体之间的紧密合作似乎不需要任何监督指导[①]！

群体智能是一种新兴的个体合作智能，每个个体都称为代理。每一个代理并不知道它们要解决的问题，但集体互动这一只“看不见的手”却能解决问题。群体智能的生物优势使物种能在自然进化中存活。最近，通过强大的测量方法，对生物种群通过协作可以节省能量这一现象进行了定量研究。例如，在一项关于大白鹈鹕的研究中发现，当鸟群以一定的队形飞行时可比单独飞行节省20%的能量[②]。

本章的目的在于说明使用人造群体的主要优势。群体智能创造价值的能力来源于探索个体社会交互行为的新现象。从这些新现象中可以确定唯一路线、日程安排、最佳轨迹等，可应用于诸如供应链、车辆调度、流程优化等领域。

同时，群体智能的“阴暗面”也成为当今科幻小说中的热门话题。著名的科幻小说家迈克尔·克莱顿的小说《掠夺者》吸引了数百万读者[③]，小说描写了一群微型机器（可以自我复制，如同纳米微粒的机器）毁灭人类的故事。流行的群体智能的

---

① 甚至于鼎鼎大名的蚁后更重要的功能是繁衍后代而非权力运行。

② H. Weimerskirch, et al., Energy saving in flight formation, *Nature*, 413, （2001/10/18）,pp. 697–698, 2001.

③ M Crichton, *Prey*, HarperCollins, 2002.

负面艺术形象——威胁人类，引起了人们的忧虑并使潜在的用户远离群体智能。本章的另一个目的就是告诉人们群体智能的本质，同时证明对这种新技术的担心是毫无根据的。

6.1 群体智能的核心要素

群体智能是一种基于分散式合作行为、自我组织系统的计算机智能技术。“群体智能”一词最早由 Beni 和 Wang 于 20 世纪 80 年代末在《蜂窝机器人系统》一文中提出，文中许多简单的机器人都是通过与最邻近的机器人交互来进行自我组织的[①]。该研究领域从 2000 年开始获得了极大的进展，特别是在出版了关于蚁群优化（ACO）[②]和粒子群优化（PSO）[③]的一些重要书籍后。

典型的群体智能系统由一群简单的局部互动的代理组成，这些代理同时与环境进行交互。这种交互往往导致全局性行为的出现，这种行为并不出现在单个代理的程序中。分析交互智能的机制，驱动了远超过简单交互的复杂行为的出现，这需要多个研究领域的相关知识，例如生物学、物理学、计算机科学和数学等。为了理解群体智能的巨大潜力，推荐读者关注如图 6.1 所示的重点内容。

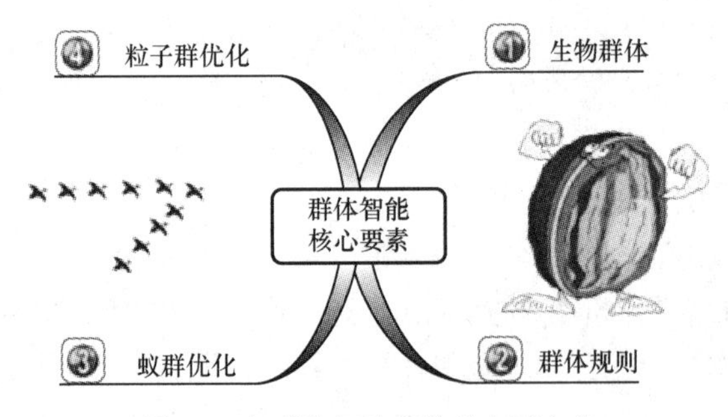

图 6.1 与群体智能相关的主要内容

6.1.1 生物群体

群体化是一种合作交互的类型，是很多生物种群中非常流行的行为。这些生物包括蚂蚁、蜜蜂、白蚁、黄蜂、鱼、羊以及鸟类，但并不限于此。最值得关注的是昆虫巨大的群集能力。已知有 2%的昆虫是群居的。一些群居的昆虫，如蜜蜂，可以直接创造价值（具体一点就是指蜂蜜），蜂蜜早在古代就为人们所用。

---

① G. Beni and J. Wang, Swarm Intelligence, *In Proceedings 7th Annual Meeting of the Robotic Society of Japan*, pp. 425–428, RSJ Press, Tokyo, 1989.
② E. Bonabeau, M. Dorigo, and G. Theraulaz, *Swarm Intelligence: From Natural Evolution to Artificial Systems*, Oxford University Press, 1999.
③ J. Kennedy and R. Eberhart, *Swarm Intelligence*, Morgan Kaufmann, 2001.

蜜蜂的高产量效率源于群体合作和高效的分工。因此，蜜蜂根据食物的质量和与蜂巢的距离觅食，至于蜂巢温度的调整，即便是最复杂的数字控制器也难以媲美。

与蜜蜂类似的其他昆虫，如黄蜂，也显示出了惊人的设计复杂巢穴的智能。其巢穴结构由水平圆柱、保护罩和中央入口组成，由采集泥浆以及水的工蜂小组和负责建造的工蜂小组合作兴建。

然而，建造领域的冠军却是白蚁。白蚁筑巢的过程包括两个阶段：①随机走动（非协作阶段）；②协作阶段。

图 6.2 中大教堂般、土墩式的巢穴是白蚁高效地自我组织的结果，以一种极快的速度建成。巢穴的内部设计相当壮观，有锥形外墙、通风管道，巢穴中央有育雏室，同时具有螺旋式的冷却孔以及支撑柱等。

图 6.2　白蚁群建造的“大教堂”式的巢穴[①]

最著名的社会昆虫是蚂蚁。本章将在 6.1.3 节关注更多关于蚂蚁的细节，在此仅描述一些读者都感兴趣的东西。首先，告诉读者一个鲜为人知的事实，所有蚂蚁的体重之和等于所有人的体重之和（蚂蚁的平均体重为 1～5 mg）。然而，蚂蚁在一亿年前就已出现，远远早于人类的祖先。

蚂蚁通过社会交互所获得的高效性同样令研究人员惊讶[②]。例如：在通往觅食地点的路上留下信息素[③]以形成最短觅食路径的能力；用自己的身体组成“桥”来拉动和支撑树叶；蚂蚁之间有着近乎完美的劳动分工。一些蚁群的巢组成的网有数

① http://www.scholarpedia.org/article/Swarm_intelligence.

② 关于这一主题的很有趣的一本书：D. Gordon, *Ants at Work: How an Insect Society is Organized*, W. Norton, NY, 1999.

③ 信息素是蚂蚁用来交流的一种化学物质。

百米的跨度。图 6.3 是热带蚂蚁 Eciton burchelli 觅食的最先进的军队般的布局形式。多达 20 万只的蚂蚁，在结构上由 15m 宽的蚁群组成前部，由 1m 长的更加密集的蚁群组成尾部，以及一条复杂的通向宿营地的笔直的路线。这种蚂蚁在如同行军打仗般的觅食过程中不需要领导。

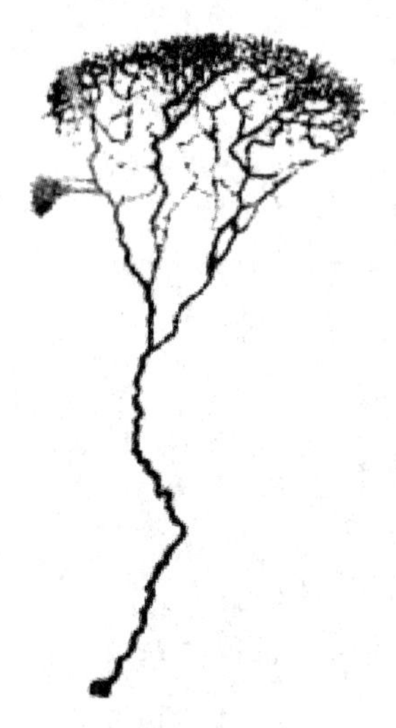

图 6.3　一队蚁群的觅食模式[1]

鱼类群游是另一种比较有名的群体智能形式（图 6.4）。鱼群由许多同种类友好相处的鱼组成，它们在水中的步调一致。在已知的超过 20 000 种鱼类中，在它们的某个生命周期内，80%的鱼都有聚集行为，这种行为相当普遍。

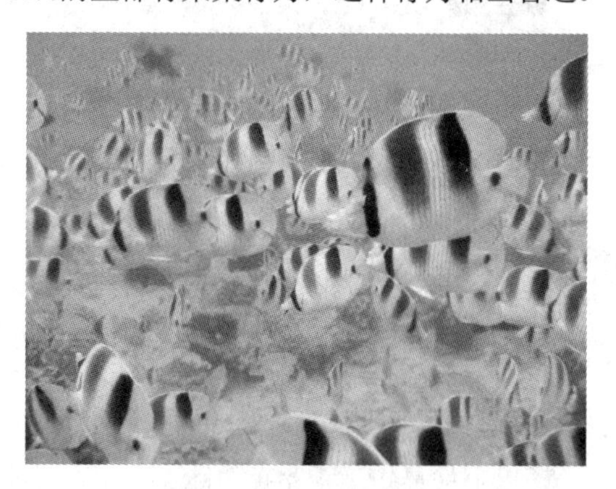

图 6.4　鱼群

为什么鱼会群集呢？一个重要原因是一些鱼可以分泌黏液以减少水对身体的阻力。除此之外，鱼群以一种精确、令人惊奇的方式游动，它们利用尾巴的摆动产

① http://www.projects.ex.ac.uk/bugclub/raiders.html.

生小的漩涡[1]。鱼会利用其他鱼游动产生的这种漩涡来减少水对自身的阻力。

鱼类群集的另一个原因是对抗捕食者，增加安全性。捕食者在捕食时面对间隔很近的鱼群会变得犹豫，会以为那是一条很大的鱼。

为什么动物会群集？生物学家给出了四个重要的原因：

（1）对抗捕食者，减少被捕获的可能性；

（2）提高觅食的成功率；

（3）更容易寻找配偶；

（4）减少体力消耗。

6.1.2 生物群体的规则

下面将定义不同形式的群体行为背后的基本原则。然后，开始设计人造群体。首先，需要定义群体的一些重要特征：

（1）分散式：没有数据源中心。

（2）没有明确的环境模型。

（3）认知环境的能力（判断力）。

（4）改变环境的能力。

其次，将关注生物群体自我组织的关键问题。自我组织的复杂性和巧妙性使得群体没有明确的领导却运作自如。自我组织的本质在于群体结构，不需要明显的外部压力或参与。

自我组织的一个明显结果就是产生了不同的结构，例如，基于劳动分工的社会组织、觅食路径以及设计非凡的巢穴。

接下来讨论生物群体独特的间接通信方法。间接通信的定义是两个个体之间的间接通信，即当两个个体中的一个改变环境后，另一个个体在稍后的时间对新环境的响应。两个个体之间并没有直接通信，信息通过局部环境或状态的改变进行流通。在某种意义上，环境的变化可以相当于外部存储体，或是某种可以由其他任一个体继续完成的工作。间接通信是通过间接交互完成协作的基础，在生物群中这种方式比直接通信更流行。

本节的最后一个主题是由圣菲研究所的 Mark Millionas 定义的群体智能的基本原则[2]：

（1）毗邻原则：个体之间应该可以交互以便形成社会链。

（2）质量原则：个体应该能够评估它们与环境和其他个体之间的交互。

---

① 漩涡流动类似于小漩涡。

② M. Millonas. Swarms, phase transitions, and collective intelligence. In C.G. Langton （Ed.）,*Artificial Life III*, pp. 417-445, Santa Fe Institute Studies in the Sciences of the Complexity,Vol. XVII, Addison-Wesley, 1994.

（3）多渠道反馈原则：生物种群不应该通过狭窄的通道发出行为。

（4）稳定性原则：生物种群不必每当环境改变时都改变自己的行为模型。

（5）适应性原则：生物种群在必要时能够改变自己的行为模型。

由以上观点可知，群体系统由与环境和其他个体交互的一系列个体组成。群体智能被看作群体系统的新特征，它是毗邻原则、质量原则、多渠道反馈原则、稳定性原则以及适应性原则作用的结果①。

对群体智能的研究和应用主要有两个方向：①基于昆虫的群体智能算法蚁群优化；②基于鸟群交互的粒子群优化。这两种方法将在 6.13 节和 6.14 节中讨论。

6.1.3 蚁群优化

单个的蚂蚁仅仅是拥有有限记忆力以及能执行简单活动的一种普通的昆虫。然而，蚁群可以产生复杂的集体行为，为问题提供智能解决方案，例如，移动很大的物体，架桥，寻找从蚁巢到食物源的最短路径，根据食物源的远近以及是否容易到达为食物源分配优先级以及处理尸体。此外，蚁群中的每只蚂蚁都有自己指定的任务，不过当需要协作时，它们也可以改变自己的任务。例如，如果蚁巢遭到部分损毁，更多的蚂蚁将参与到修复蚁巢的任务中。

存在一个基本问题：蚂蚁怎么知道该做什么任务？当蚂蚁相遇时，它们会相互触碰对方的触角。这就是众所周知的化学感知器官，蚂蚁可以感知到同一巢穴居住的所有成员所具有的特有气味。除了这种气味，还有针对于特定任务的气味，因此一只蚂蚁可以评估它所遇到的具有某种任务的蚂蚁的频率。另外，蚂蚁的模式也会影响执行特定任务的概率。

蚂蚁是怎么找到最短路径的呢？生物学方面的答案非常简单——基于在它们经过的路线上留下信息素这一间接通信机制来完成任务。具体情形如下：

（1）一只蚂蚁在随机地寻找食物，当它发现其他蚂蚁留下的信息素时，这只蚂蚁有很大可能按照这条路径前进寻找食物。

（2）当它发现食物源时，会返回巢穴并继续在这条路径上留下信息素。

（3）其他的蚂蚁有很大的可能继续沿着这条路径，并留下更多的信息素。

（4）这个过程类似正向反馈循环系统，因为一条路径上留下的信息素密度越大，蚂蚁沿着这条路径寻找食物的可能性就越大。

图 6.5 展示的是存在两条竞争性路径时的蚁群最短路径算法，其中一条路径明显要短。假设在初始阶段，相同数量的蚂蚁沿着两条路径寻找食物。然而，在短路

① L. de Castro, *Fundamentals of Natural Computing*, Chapman & Hall, 2006.

径上的蚂蚁完成任务的次数更多，因此会在路径上留下更多的信息素。短路径上的信息素浓度增加的概率比长路径上大，在寻找食物的后期阶段长路径上的蚂蚁将会选择短路径（如图 6.5 所示，激素浓度与路径的宽度成正比）。由于大多数蚂蚁不在长路径上寻找食物，因此随着激素的挥发，长路径将不在使用。在寻找食物的最后阶段，只有最短的路径得以保留。

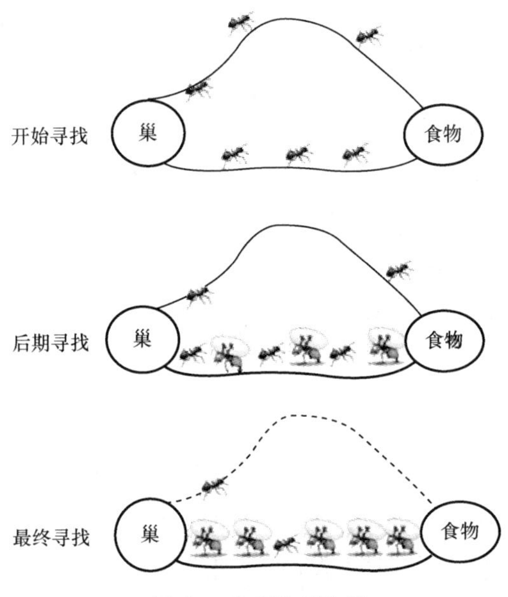

图 6.5　蚁群路径选择

令人惊讶的是，这个简单的算法是大量实际问题寻找最优解的基础，称为蚁群优化算法。每一个人造蚂蚁都是一个概率意义上的机制，放置人造信息素、指示信息素路径和记住已经访问过的地方，构成了一个问题的解。

在蚁群优化中，人造蚁群最终对具体问题构建解，使用人造信息素标记，这个路径随着算法的执行相应地进行改变。在构建解阶段，每一个蚂蚁都构建一个对具体问题的解，例如对供应链选择路径。

人造蚂蚁通过每一个解上放置的信息素的多少选择解。下一步，当所有的蚂蚁都找到了解后，每个蚂蚁都在相应的解上放置信息素以完成信息素更新。更强的信息素自然支持更高质量的解。多次迭代后，更好的解自然会被更多的人造蚂蚁所采用；相反，表现不佳的解会逐渐消失。信息素标记在更新过程中也会挥发，目的在于遗忘最近使用的解。

6.1.4　粒子群优化

与昆虫驱动的蚁群优化相比，另一种重要的群体智能灵感主要来源于鸟类的社会行为和鱼类的群集行为，最早由 Jim Kennedy 和 Russ Eberhart 在 20 世纪 90 年代中期提出[①]。

分析鸟群行为的一个关键问题：一大群鸟经常而且突然地改变方向、散开又再聚集在一起，它们是如何做到这样无缝、优美的集体飞行的呢？观点是，每只鸟都可能在运动中改变形状和方向，尽管单个的鸟改变了队形和移动的方向，但整只鸟群看起来仍然是一个一致、有机的整体。对于各种鸟类的集群行为的分析最终形成了主要的集群原则，如图 6.6 所示，总结如下。

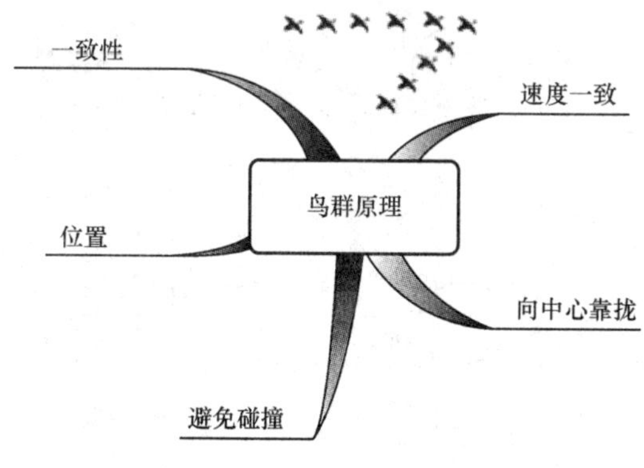

图 6.6　集群的关键原则

主要的原则如下[②]：

（1）速度一致：努力与旁边的鸟保持速度一致。

（2）向中心靠拢：努力与旁边的鸟保持近的距离。

（3）避免碰撞：避免与旁边的鸟发生碰撞。

（4）位置：每只鸟的运动只受最近的鸟的影响，这是鸟群组织的最重要的表现。

（5）一致性：鸟群中的每一只鸟的行为都要保持一致。鸟群在飞行过程中没有领头鸟，尽管在某些情形下会出现临时的领头鸟。

上述定义的集群原则是粒子群优化算法的核心。与鸟群类似，在粒子群优化中，每个解决方案都如一只“鸟”，在搜索空间中称为“粒子”。一个群中选定的多个解决方案（粒子）在 *D*-维搜索空间中飞行，试图发现更好的解决方案。对于用户而言，这种情形相当于模拟鸟群在二维平面飞行。每个粒子通过它在 *XY* 平面上的位置和速度（V_x 表示在 *X* 轴上的速度分量，V_y 表示在 *Y* 轴上的速度分量）表示。粒子群中的所有粒子都有一个匹配值，这个值通过匹配函数定义，目标就是优化这个匹配函数。每个粒子都有一个速度向量，用于引导粒子的飞行（粒子追随目前具有最优解

① 原文是 J. Kennedy and R. Eberhart, Particle swarm optimization, *Proc. of the IEEE Int. Conf. on Neural Networks*, Perth, Australia, pp. 1942–1948, 1995.

② S. Das, A. Abraham, and A. Konar, Swarm intelligence algorithms in bioinformatics, In *Computational Intelligence in Bioinformatics*, A. Kelemen, et al. （Eds）, Springer, 2007.

的粒子在问题空间飞行）。

每个粒子还会记住搜索空间已经找到的最佳位置（pbest），和与群体中的所有其他粒子进行交流获得全局最佳位置（gbest 或 lbest）。获得最佳位置的方法取决于群体的拓扑结构。存在多种不同的相邻拓扑结构用于决定群体中哪一个粒子可以影响个体。最常见的拓扑结构是 gbest 拓扑结构或完全连接拓扑结构，以及 lbest 拓扑结构或环形拓扑结构，如图 6.7 所示。

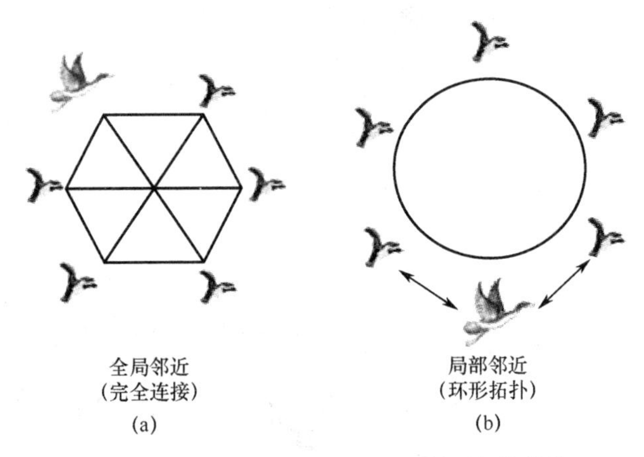

图 6.7 用图形表示 gbest 和 lbest 的群拓扑结构

如图 6.7（a）所示，在 gbest 群拓扑结构中，每个粒子的轨迹受整个群体中最佳个体（用一只大鸟表示）的影响。当所有粒子同时被搜索空间的最佳部分吸引，gbest 群体会迅速聚集。然而，如果全局最佳位置距离最佳粒子较远，那么群体可能不会探测到其他区域，因此，群体可能会陷于局部最佳。

如图 6.7（b）所示，在 lbest 群拓扑结构中，每个个体受相邻少量粒子（群体环的相邻粒子）的影响。通常情况下，lbest 包括两个邻近粒子：一个在环形网格的右边，一个在左边。这种类型的群体收敛缓慢，但收敛于全局最优位置的机会更大。

粒子群优化用一组随机粒子（解）初始化，然后通过每一代更新来寻找最佳值。在每一代，每个粒子更新以下两个最佳值（分别更新粒子本身和相邻粒子）：第一个是截至目前达到的早先最佳位置（这个位置达到了最佳匹配值），这个值称为 pbest；第二个是在每一次迭代过程中，相邻粒子具有最近匹配的向量 $\boldsymbol{P}$，称为 lbest 或 gbest。然后，当前粒子的向量 $\boldsymbol{P}$ 结合这两个值调整每个维的速度向量，这个速度值再用于计算粒子的新位置。粒子速度和位置更新的两个方程是粒子群优化（PSO）算法的基础。

第 i 个粒子的新速度（表示变化量）取决于以下三个因素：

（1）动量或当前运动——当前速度项推动粒子在原有方向上运动的趋势。

（2）认知因素或粒子记忆影响——返回到第 i 个粒子截至目前所获得的最佳位置的趋势。

（3）社会部分或群体的影响——不论是环形拓扑 lbest 或星形拓扑 gbest，个体都会受到相邻粒子发现的最佳位置的吸引。

图 6.8 是粒子群优化算法的可视化的解释。

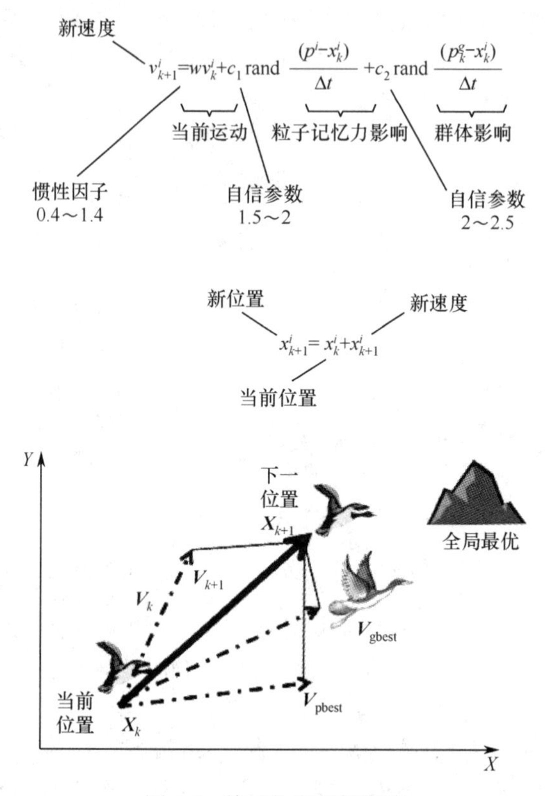

图 6.8　粒子位置更新图示

假设粒子（可看作一只鸟）在时间 k 具有一个当前位置 $\boldsymbol{X}_k$，它的当前速度用向量 $\boldsymbol{V}_k$ 表示。鸟在时间 k+1 的下一个位置由它的当前位置 $\boldsymbol{X}_k$ 和下一个速度 $\boldsymbol{V}_{k+1}$ 决定。根据新速度的 PSO 等式，下一个速度是当前速度 $\boldsymbol{V}_k$ 和指向群体最佳粒子（用一只大鸟表示）速度 $\boldsymbol{V}_{\text{gbest}}$ 的加速度成分以及指向具有速度 $\boldsymbol{V}_{\text{pbest}}$ 的粒子的加速度成分的混合量。这些速度调整的结果是，下一个位置 $\boldsymbol{X}_{(k+1)}$ 将更接近全局最佳。

粒子群优化算法中的另一个参数的解释如下。惯性或动量因子 w 控制粒子之前的速度对当前速度的影响，在鼓励更加密集地对已发现地区进行局部搜索（w 值小）和探索未知地区（w 值大）之间起平衡作用。

在 PSO 生成新速度的方程中有两个随机数用于确保算法随机性，保证既不是认知也不是社会交互占主导地位。通过设置权值系数 c_1 和 c_2（也称为自信系数）直接控制社会交互和认知成分的影响。这些系数设置得低则允许每个粒子大范围探索，设置得高则会使粒子在已经发现的高匹配值区域密集搜索。

PSO 算法的另一个重要特性是粒子速度在区间[$-V_{max}$, V_{max}]之间，它作为一种约束来控制粒子群的全局探索能力。因此，粒子群离开搜索空间的可能性会降低。这个范围仅仅限制粒子在一次迭代中移动的最远距离。

图 6.9 是 PSO 算法的流程图。

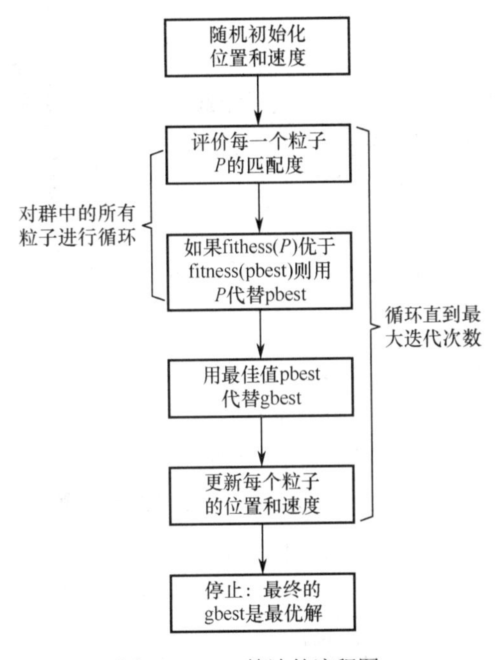

图 6.9 PSO 算法的流程图

6.2 群体智能的优势

以社会交互为基础的群体智能的价值创造能力巨大，特别是在复杂问题的优化领域。本节将讨论群体智能算法 ACO 和 PSO 的具体优势。首先，从群体智能和进化计算的相似和不同之处开始。

6.2.1 进化计算与群体智能的比较

群体智能具体到PSO算法和进化算法特别是GA算法有许多共同的特性。例如，两种（GA 和 PSO）算法都有一组随机生成的样本群。两种算法都使用匹配值评估样本，都会更新种群，并采用随机技术搜索最佳值。两种方法都不能保证一定可以寻找到全局最优值。

然而，PSO 算法没有采用遗传算子，例如交叉和变异。粒子群通过内部速度更新，其还有记忆能力，这是算法的一个重要特性。与遗传算法相比，PSO 的信息共享机制完全不同。在遗传算法中，通过染色体完成信息共享。因此，整个群体像一个整体一样趋近最优区域。在 PSO 算法中，只有群体领导（gbest 或 lbest）向其他个体通知信息。这是一种单向的信息共享机制。与 GA 相比，在大多数情况下，PSO 算法即使是采用局部信息共享机制（环形拓扑结构），所有粒子也可以快速收敛于最优解。

PSO 与进化算法的其他区别如下：

（1）PSO 中每个粒子都有一个位置（候选解决方案的内容）和速度，而在进化计算中通常仅具有候选方案的内容。

（2）在进化计算中，所有的个体为生存而竞争，大部分个体都会消亡；但群体智能中粒子的数目恒定。

（3）最关键的区别是生成创新的驱动力不同。在进化计算中，新解来源于匹配度的竞争；在群体智能中，创新来源于个体之间的互动。

6.2.2 群体智能优化的优势

ACO 和 PSO 的主要优点见图 6.10。

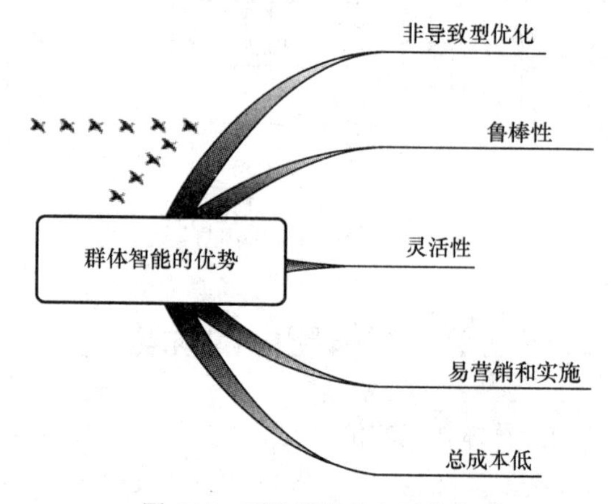

图 6.10 群体智能的主要优点

（1）非导数型优化。在群体智能中寻找最优解并不是基于导数，而是基于人造个体之间不同的社会交互机制。因此，搜索过程陷入局部最小值的可能性大大降低（但并不能完全消除！）。

（2）鲁棒性。基于群体的 ACO 和 PSO 算法更不容易受到个体失误的影响。甚至于群体中有多个个体性能不佳也不会影响到整体性能。协作行为可以补偿落伍者的表现，个体性能之间的差异不会影响最优解。

（3）灵活性。群体智能最大的优势就是它可以工作于动态环境中。群体可以持续跟踪快速变化的最优解。从原理上讲，算法的稳态模型和动态模型没有较大差异。

在传统方法中，对这种情形需要不同的算法和模型。

（4）易营销和实施。来源于生物启发的群体智能易于向广大的潜在用户解释，并且不需要太多的数学或统计知识背景。此外，ACO 和 PSO 算法可以在任何软件环境中实现。其调整参数少，易于理解和调整。在某些情况下，实现 PSO 对于最终用户是透明的，对于很大的项目也仅仅是设置优化选项。

（5）总成本低。总之，市场化和实施成本低，同时由于内在的对动态环境的自适应性，其维护成本也低，因此总成本低。

6.3 群体智能的问题

PSO 有两个重大的算法缺陷。第一个缺陷是在多最优值问题中，粒子群通常会提前收敛。PSO 算法的原型并不是一个局部优化器，但并不能保证所发现的解决方案是全局最佳方案。这个问题的根本在于，对于 gbest PSO 算法，粒子最终收敛于全局最佳和个体最佳位置连线上的一点。

PSO 算法的第二个缺陷是，这种算法的性能对参数的设置非常敏感。例如，增加惯性的权重，将会增加粒子的速度而导致更多的探索（全局搜索）和更少的利用（局部搜索）；反之亦然。调整适当的惯性值并不是一个简单的任务，它与问题相关。

除了这些具体的技术问题，ACO 和 PSO 算法还缺少坚实的数学分析基础，尤其缺少算法收敛条件和参数调整的通用方法学。另外，存在一些关于群体智能“阴暗面”的问题。在技术方面，存在一些严厉的质疑，例如分布式的自底向上方法的预测本质、新出现行为的效率、自组织系统的损耗。在社会方面，两个应用领域——军事/执法和医疗，对两种群体智能技术的抵制逐渐增强。在反恐战争中，第一种应用现在正在积极探索。因此，在监视和军事行动中设计和使用具有飞行交互能力的携带微型摄像机的微型机器人已不局限于科幻小说。很快，这将改变战争和智能的性质。然而，设计一种技术持续跟踪和监视智能群体仍然是非常困难的。

另一种应用是使用纳米智能粒子群来对抗疾病，尤其是癌症。最初的想法是设计纳米粒子群携带药物运动到癌细胞所在目标区域，这种想法来自小说《捕食者》。由于小说对粒子群在体内的破坏活动进行了非常生动的描述，导致人们拒绝这一技术的实际应用。

6.4 如何应用群体智能

由于算法简单，因此在任何软件环境中应用群体智能都不是一件困难的事。然而，应用 ACO 和 PSO 需要不同的参数调整和问题形式化，接下来将分别讨论这些问题。

6.4.1 何时需要群体智能

图 6.11 展示了群体智能可能创造价值的关键能力。毫无疑问，群体智能最有价值的特性是它在优化方面的潜力。然而，两种群体智能方法具有不同的优化市场。一方面 ACO 更适合于组合优化。组合优化的目标是发现离散变量（结构）的值，用于优化目标函数的值。请不要忘了 ACO 的基础是行进于人造图上的人造蚂蚁。图是一种典型的离散结构。

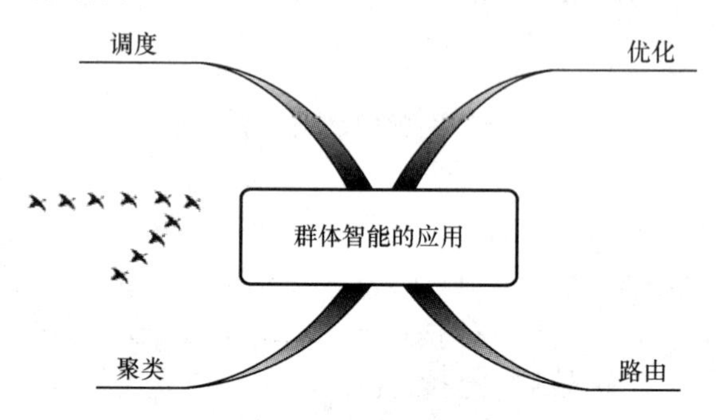

图 6.11　群体智能的关键能力

另一方面，PSO 算法更适合于函数优化，目标是对一个特定的实值变量函数寻找最优值。PSO 尤其适用于常规分析或精确方法所不能解决的优化问题。例如具有多个最优值的函数、难以建模的非平稳环境、有限测量值的分布式系统以及具有多个变量和不确定源的问题。PSO 的一个特别重要的特性是其适用于动态优化，与其他方法特别是 GA 相比具有竞争优势。

群体智能的许多真实世界的应用源于 ACO 算法优化最佳路径。大部分成功的应用基于不同的蚂蚁觅食模型，不同的应用使用不同的模型，例如电话网、数据传输网、车辆的路由优化。但是，如果复杂性达到一定水平，这些路径算法不论在数学上还是采用可视化的方法都很难分析。遗憾的是，并不能保证收敛于最优解，对快速变化可能无法适应，这时不能排除可能出现的算法的振荡行为。

ACO 和 PSO 算法都可以执行复杂的聚类。例如 PSO 聚类应用，它克服了流行的聚类算法如 K 均值（K-means）算法[①]的一些限制。例如，K-means 算法不具有“全局视野”：每个重心（聚类中心）移动至指定样本的中心，而不管其他的重心；另外，不同的初始重心（随机生成）可导致不同的聚类结果。因此，建议使用不同的初始条件运行 K-means 算法多次，并检验是否（几乎）每次运行都有相似的结果。

幸运的是，PSO 解决了这些限制，并且显著地改善了聚类效率。PSO 根据全局搜索过程移动重心，即每个粒子对聚类解的重心[②]均具有“全局视野”，匹配函数也

---

① K 均值算法是一个将数据分为 K 个类的算法，因此它的类内距离最小。

② 一个粒子定义为一组重心。

会考虑粒子的所有重心位置。PSO 的粒子群还具有多种不同的重心集。这类似于多次运行 K-means 算法，但并非多次独立运行，在 PSO 搜索过程中，粒子和其他粒子“交流”时，粒子共享具有高匹配值的区域的相关信息。

使用模拟蚁群调度和进行任务分配是群体智能的另一项具有竞争力的优势。例如，卡车工厂的油漆调度室和一家大型连锁零售中心的拣选机的最优排序①。

6.4.2 应用蚁群优化

蚁群优化的一般应用流程如图 6.12 所示。图中以最耗时的环节开始即问题表示。这一步包括指定蚂蚁将要使用的组件以逐步建立候选解，特别是注重加强有效解的建设。例如，在寻找最佳路径的例子中，候选解可以是相对于具体位置的距离。

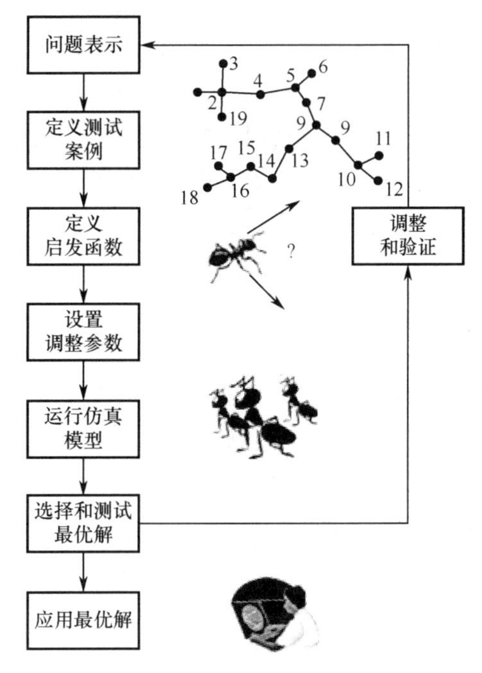

图 6.12 应用蚁群优化的关键步骤

就像收集数据对模糊系统、机器学习、进化计算系统的重要性一样，选择具有代表性的测试例对于蚁群优化的应用具有决定性的作用。一方面，选定的案例必须可以驱动优化算法的开发和调整。另一方面，测试例必须覆盖最多的可能条件以确认蚁群优化的性能。

接下来的一步是定义一个与问题相关的启发函数（η），它用来度量每个组件的质量以决定它是否可以加入到局部候选解。同时必须确定如何更新一个路径中的每

① E. Bonabeau and C. Meyer, Swarm intelligence: A whole new way to think about business, *Harvard Business Review*, May 2001.

个组件的信息素的数量（τ）。通常，信息素的增加与路径（解）的质量成正比。因此，基于启发函数 η 值和每个候选解的组件相关的信息素 τ 就可以定义概率转移函数。

这个规则用于决定选择哪一个解组件添加至当前部分解。通常，选择组件 i 的概率与 $\eta_i \times \tau_i$ 乘积成正比。图 6.13 用以说明这个规则。

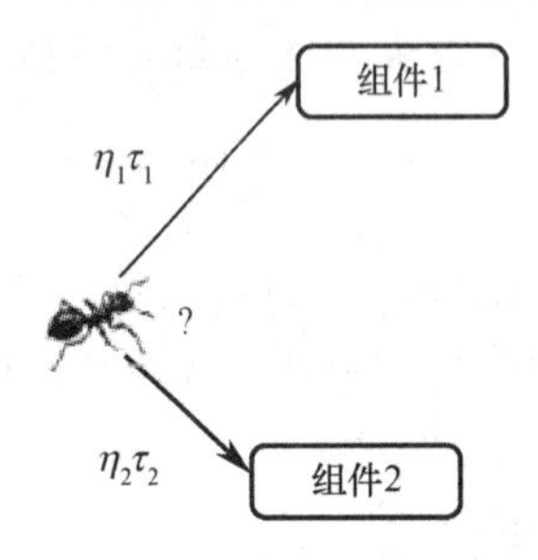

图 6.13　蚂蚁根据当前信息素的数量 τ 和具体问题的启发函数 η 的乘积选择下一个组件

ACO 应用流程中的下一步是调整参数。一些参数，例如蚂蚁数量、停止准则，都是基于精确度或预先定义的迭代次数或重复运行次数，这些都是常规设置。另一些调整参数，如信息素范围和蒸发率，则要根据具体算法而定。

通常选择的 ACO 算法需要在测试例上多次运行已经预先调整参数，直到达到可接受的性能。然后，开发的算法可以被用于类似的应用。

6.4.3　应用粒子群优化

PSO 的应用流程如图 6.14 所示。它以 PSO 粒子的定义开始。如同 GA 算法定义染色体是应用成功的关键，PSO 应用成功的关键是把问题解映射到粒子。例如，假设目标是优化一些过程变量，如在裂解熔炉里最大化乙烯产量，这取决于一些关键变量如蒸汽与石脑油的比率、出口炉温、出口炉压，PSO 粒子 $\boldsymbol{P}$ 被定义为一个具有成分（三个相关的变量）的向量和生产的乙烯的数量值。因此，估计每个成分的范围是相当重要的。

PSO 应用流程的第二步包括准备代表性的测试例，这有助于开发、调整、确认已获得的解决方案。理想情况下，最好使用所有预期操作条件范围下的数据和知识。

典型的 PSO 设置包括以下参数：

（1）邻域结构：全局版本收敛比较快，但对某些问题可能会陷于局部最优解。局部版本可能收敛相对慢，但陷入局部最优解的概率较低。可以使用全局版本获得一个快速结果，然后使用局部版本精细化搜索过程。

（2）群体中的粒子数：典型的范围为 20 ~50。事实上，对于大多数问题，10 个粒子已经可以获得好的结果了。对于一些较难或特殊的问题，也可以尝试 100 或 200 个粒子。

（3）粒子的维度：由待优化的问题决定。

（4）粒子范围：由待优化的问题决定；可以为不同维的粒子指定不同的范围。

（5）V_{max}：在一次迭代过程中控制粒子的最大变化。通常 V_{max} 的范围与 X_{max} 的上限相关。

（6）学习因素：c_1 和 c_2 通常等于 2。但是，在不同的文献中还可能使用不同的设置。但是，通常 c_1 和 c_2 相等，一般在[0，4]。

（7）惯性权重 w：通常在 0.4~1.4 之间。

（8）最大迭代次数：与问题相关，典型的范围为 200~2000。

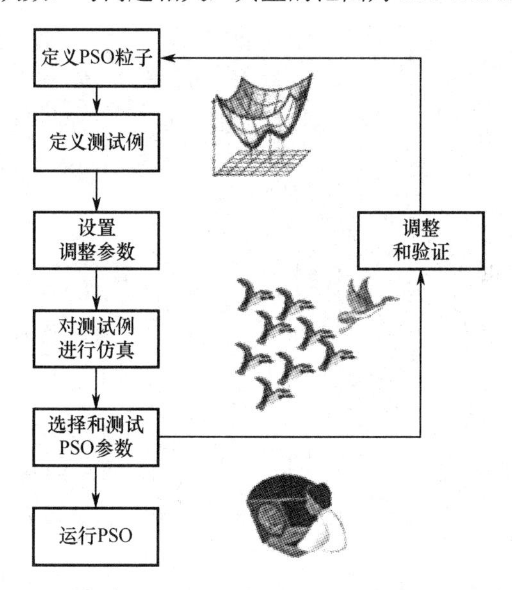

图 6.14　应用粒子群的关键步骤

由于粒子群的随机性质，建议算法对给定的参数至少运行 20 次。在对所有的参数进行调整和对所有的工作条件进行确认之后，选择最终解决方案。它可以充当类似问题的实时优化器。

6.4.4　粒子群优化器应用的例子

通过优化一个具有多个最优值的函数为例来说明 PSO 的应用流程，即

$$y=\sin(nx_1)+\cos(nx_1x_2)+n(x_1+x_2)$$

式中：n 为一个可以设置的参数。

粒子被定义为具有两个维度$[x_1,x_2]$的 y 的最大值。两个维度的范围均为-1~+1。PSO 的调整参数如下：群体大小 =50，$V_{max}=+1$，$c_1=3$，$c_2=1$，$w=0.73$，最大迭代次数 =250。

研究的目标是探索当存在大量最优值而导致搜索空间非常复杂时，PSO 的性能。特别值得注意的一点是，PSO 能否区分两个物理位置上接近同时与全局最优值

差异较小的最优值。为了确认结果的再现性，PSO 算法运行了 20 次。

PSO 可以可靠地识别具有 32 个最优解的全局最优解。图 6.15 是具有 16 个最优值的匹配地形图。最优值 1 在物理位置上与全局最优值接近，并且它们的匹配度差异很小。图 6.16 所示为一个全局解 gbest 的典型分布状态，它是 PSO 对一个具有 16 个最优值的优化问题生成的粒子群分布。分布可靠地表示了图 6.15 的匹配度地图，运行过程 100%地确认了全局最优解。

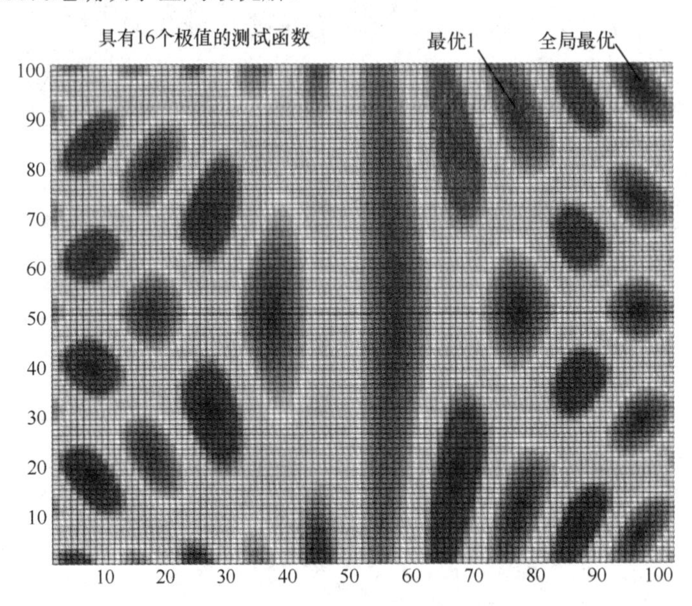

图 6.15 有 16 个最优值的函数的二维网格。最优值 1 和全局最优（箭头所指）差别很小

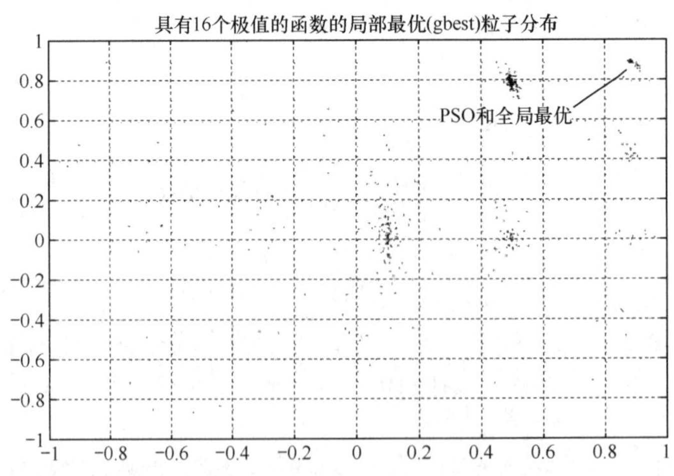

图 6.16 一个 gbest 群体用于具有 16 个最优值的函数迭代之后的分布

然而，具有 32 个最优值的函数的优化结果并不令人满意。具有 32 个最优值的匹配度地图的二维网格如图 6.17 所示。最优值 1 在物理位置上与全局最优值接近，并且它们的匹配度之间的差异微不足道。PSO 算法有 60%的可能无法正确识别全局最优值，而收敛于最优值 1（图 6.18）。只有当群体数量增大到 100 以及最大迭代次数增加到 500 时，PSO 识别全局最优值的成功率才提高到 90%（图 6.19）。

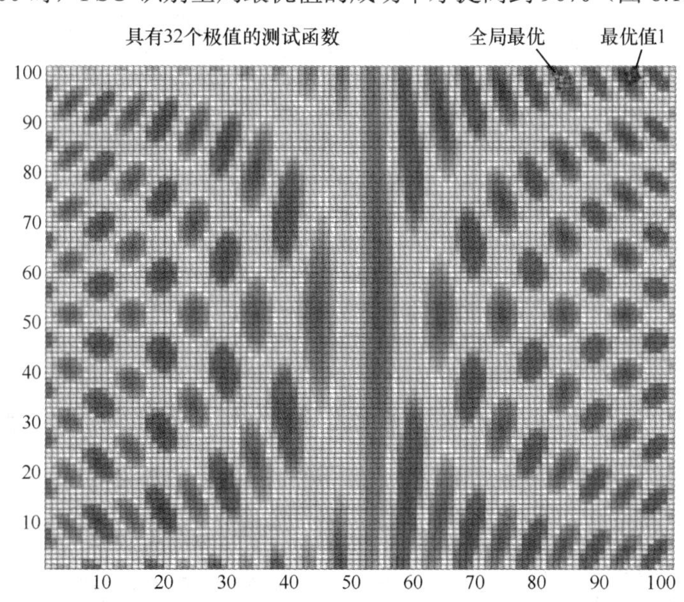

图 6.17　有 32 个最优值的函数的二维网格（最优值 1 和全局最优值（箭头所指）差别很小）

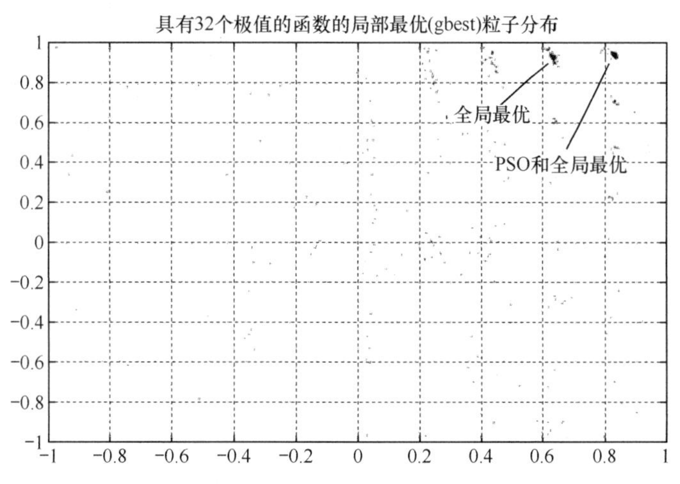

图 6.18　一个 gbest 群体用于具有 32 个最优值的函数迭代之后的分布，全局最优与 PSO 全局最优不同

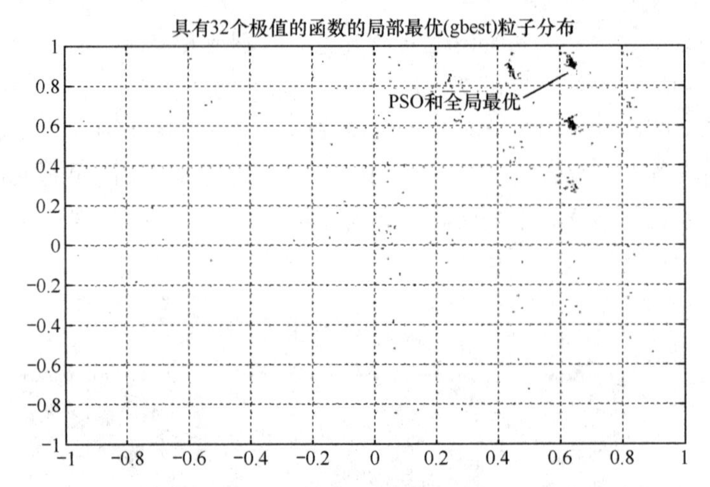

图 6.19　一个 gbest 群体用于具有 32 个最优值的函数迭代之后的分布，PSO 全局最优收敛于全局最优

6.5　群体智能的典型应用

群体智能的应用虽不像其他的计算机智能方法一样令人印象深刻。但是，它逐渐进入真实世界应用的速度，特别是 PSO 正处于持续增长阶段。群体智能的主要应用领域如图 6.20 所示。

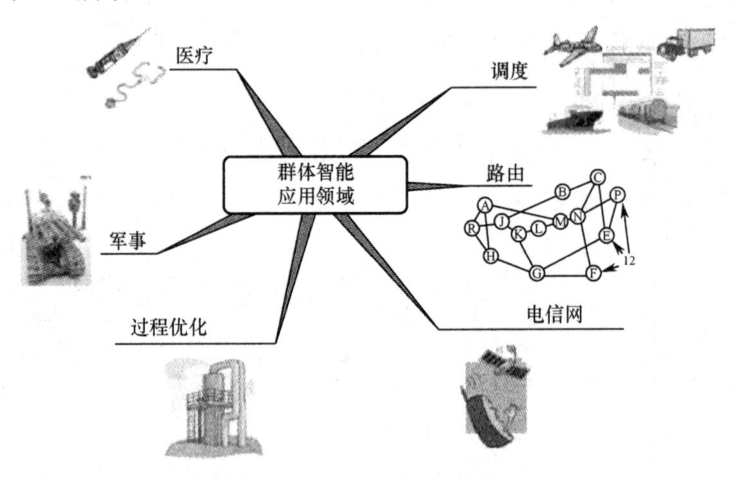

图 6.20　群体智能的主要应用领域

（1）调度。ACO 最主要的功能就是任务分配和工作规划，其已在数个行业成功应用。在第 5 章里，介绍了 ACO 和 GA 算法联合使用能发挥出色的性能，它实现了美国液化气公司给 8000 个客户配送液化天然气的最佳规划。该公司旗下 40 个工厂，每一个工厂仅成本节省和操作效率提升每年就可节省 600 万美元以上。

另一个群体智能应用是通用汽车公司的卡车涂漆规划，这使通用汽车公司每年至少节约了 300 万美元。有趣的是，阿尔坎铝铸造中心使用蚁群优化算法成功地解决了工业调度的问题，使得可以在不到 40s 的时间内产生 60 个最佳调度方案[①]。

（2）路由。最早成功运用 ACO 的案例之一是美国西南航空公司的货运业务的最佳航线设计。生成的方案看起来很奇怪，因为它建议将货物放置在错误方向飞行的飞机上。然而，对该算法的实施，降低了货物存储成本和工资成本。据估计，实施后每年增加的收入超过 1000 万美元[②]。

另一个富有成效的应用领域是最优车辆调度。瑞士的 AntOptima 公司实施了一些令人印象深刻的应用[③]。例如：用于热油分布管理和优化应用的 DyvOil；改善牛奶供应过程的 OptiMilk；对在瑞士和意大利的主要连锁超市的汽车路径规划的 AntRouted。

（3）电信网。优化通信网络的流量是路径优化的特例，由于流量巨大，因此创造价值的潜力巨大。由于通信负荷以及网络拓扑结构随时间变化，难以预测并且缺少集中调节，因此优化非常困难。所有的这些特点表明 ACO 是这类问题的一个合适的解决方案。一个称为 AntNet 的特殊路径算法已经在不同流量模态的网络下开发并测试。该算法在多数情况下比竞争方案要稳定[④]。ACO 已被领先的电信公司如法国电信公司、英国电信公司以及前 MCI WorldCom 公司使用。

（4）过程优化。近来，PSO 已被应用到一些过程优化问题中。陶氏化学公司使用 PSO 实现最佳颜色匹配、泡沫材料的最优声学参数估计、结晶动力学参数估计和选择提前一天预测电价的神经网络的最佳结构[⑤]。其他一些这个领域有趣的应用案例包括数控铣削优化、无功功率和电压控制、电池组充电状态估计和裂解炉优化等。

一个非常宽阔的 PSO 潜在应用领域是优化统计实验设计生成的数据。一家大型制药公司的成分混合优化的 PSO 应用表明，PSO 的最佳解决方案的匹配度是统计实验设计方法的两倍多[⑥]。

（5）军事。群体智能在军事领域最著名的应用是开发“一群”执行侦查或其他任务的低成本的无人驾驶飞行器。例如，无人监视机群可以监视一个车队。它们作为一个团队一起工作，确保完成对车队附近地区的完全监控。其他的应用包括室内监控。在最近的测试中，多达五架的无线电遥控直升机被用于协同跟踪小型车辆以及小型移动平台。

---

① M. Gravel, W. Price, and C. Cagne, Scheduling continuous casting of aluminum using a multiple objective ant colony optimization metaheuristic, *European Journal of Operating Research*, 143,pp. 218–229, 2002.
② E. Bonabeau and C. Meyer, Swarm Intelligence: A whole new way to think about business,*Harvard Business Review*, May 2001.
③ www.antoptima.com.
④ M. Dorigo, M. Birattari, and T. Stützle, Ant colony optimization: artificial ants as a computational intelligence technique, *IEEE Computational Intelligence Magazine*, 1, pp. 28–39, 2006.
⑤ A. Kalos, Automated neural network structure determination via discrete particle swarm optimization （for nonlinear time series models）, *Proc. 5th WSEAS International Conference on* Simulation,Modeling and Optimization, Corfu, Greece, 2005.
⑥ J. Kennedy and R. Eberhart, *Swarm Intelligence*, Morgan Kaufmann, 2001.

另一种应用是，一群无人驾驶飞行器追寻一个或多个在预先指定的区域移动的企图逃避检查的智能目标即“合作猎人”的概念。通过自我组织形成有效的飞行队列，同时优化组合感知，相比于非协作方式能够搜索更大的领域。在熟悉的地形条件下群体控制算法可以优化飞行模式，在不熟悉地区或较差地形下可以引入容错以提高覆盖率[①]。

（6）医疗。PSO 最早的医疗应用之一是将与帕金森综合症相关的病人颤抖分类。采用自组织映射和 PSO 结合的混合聚类方法用于基因聚类。近来，利用纳米粒子群对抗癌细胞的想法已经接近实现。得克萨斯大学安德森癌症中心和莱斯大学的研究小组的科学家表示，在初步的临床实验中，已使用非侵入式的无线电加热碳纳米管，然后杀死癌症细胞。该项技术可以完全杀死肝脏的癌细胞肿瘤，并且没有副作用[②]。

6.6 群体智能的推销

与进化计算一样，群体智能的基本概念非常清晰。然而，存在一个潜在的混淆，混淆来源于两种不同的方法，分别是 ACO 和 PSO。建议强调并说明这两种方法共同的基础——社会交互。一个群体智能营销的幻灯片如图 6.21 所示。

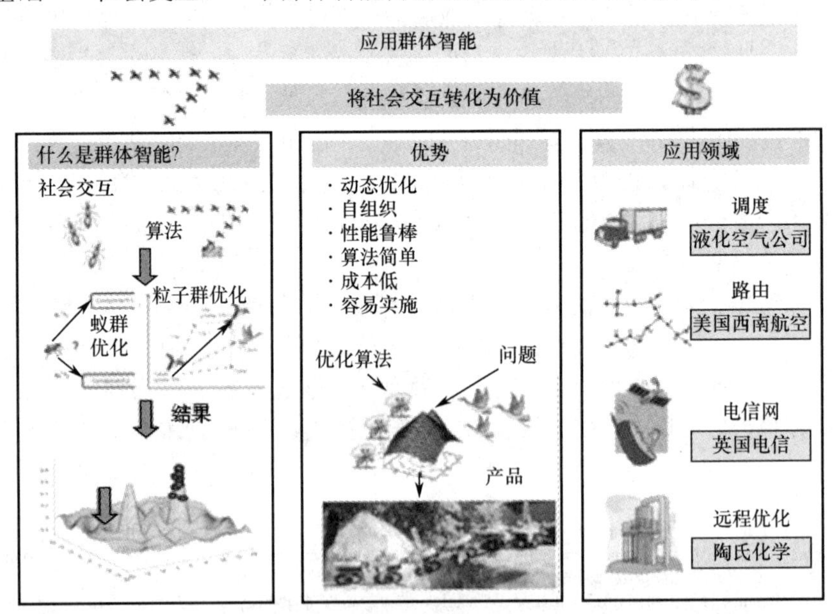

图 6.21　群体智能的营销幻灯片

① Smart Weapons for UAVs, Defense Update, January 2007.

② C. Gannon, et al., Carbon nanotobe-enhanled thermal destraction of cancer cells in a noninvasive radiofrequency field, *Cancer*, 110, PP.2654-2665，2007.

群体智能的营销口号“将社会交互转化为价值”抓住了该方法创造价值的本质。幻灯片的左侧部分为方法的一般观点和受到蚂蚁和鸟群启发的ACO和PSO算法。它关注群体智能的三个关键阶段：①分析生物学中的社会交互（用蚂蚁和鸟群表示）；②导出优化算法；③寻找最优解。

幻灯片的中间部分展示了群体智能的重要优点，如非导数型优化、自组织、鲁棒性、算法简单、低成本以及容易实现。可视化部分为一个具有最优值的匹配度地形图问题，两个优化算法，蚂蚁和鸟群都能瞄准最优值，产品是挤成一条线的微型机器人群。

群体智能的重要应用领域如图6.21的右侧部分所示。插图中包括最有价值的群体智能应用领域，如调度、路由、电信网络以及过程优化。图中也给出了在具体应用领域领先的公司。

向高级管理人员营销的电梯推介主要强调群体智能的巨大能力，如图6.22所示。

群体智能电梯推介

令人惊讶的是，我们可以通过学习蚂蚁、白蚁、鸟类和鱼类的社会行为改进调度、优化或分类工作。群体智能可以从这些生物物种的社会交互中捕获新出现的智慧并将其转化为功能强大的算法。例如，蚁群优化算法使用一群虚拟蚂蚁通过数字信息素的沉淀构造最优解。另一种强大的算法是粒子群优化，它模拟一群粒子的交互过程寻找最优解，特别适用于多极值函数，即具有崎岖不平地形图的函数。群体智能特别适用于工作条件动态改变的环境。群体智能算法简单，因此实现成本相对较低。群体智能已经被液化气公司、陶氏化学、美国西南航空、法国电信和英国电信成功地应用于调度、电信和数据网路由以及过程优化。

图6.22　群体智能的电梯推介

6.7　群体智能的可用资源

6.7.1　主要网站

关于PSO的主要网站：

http://www.swarmintelligence.org/

包含信息和免费源码的PSO的网站：

http://www.particleswarm.info/

关于ACO的主要网站：

http://www.aco-metaheuristic.org/

6.7.2 精选软件

PSO Matlab 工具箱（非商业使用，免费）：

http://www.mathworks.com/matlabcentral/fileexchange/loadFile.do?objectID=7506
几个 ACO 包的获取地址（非商业使用，免费）：

http://www.aco-metaheuristic.org/aco-code/public-software.html

6.8 小　　结

主要知识点：

群体智能基于协作，是一种基于简单人造个体的集体智慧。

群体智能的灵感来源于蚂蚁、蜜蜂、白蚁、蜂、鸟、鱼、羊，甚至人类的社会行为方式。

蚁群优化算法使用模拟蚁群对具体问题寻找最优解，寻找过程中使用了数字信息素和启发函数。

粒子群优化算法使用一群互相交流的粒子对具体问题寻找最优解。

群体智能系统已经成功应用于调度、电信和网络路由、过程优化，还包括各种军事和医疗应用。

总　　结

应用群体智能有能力将人造个体的社会交互行为转换为价值。

推荐阅读

以下书籍包含了不同群体智能技术的详细描述:

E.Bonabeau,M.Dorigo,andG.Treraulaz, *Swarm Intelligence:From Natural Evolution to Artificial System*, Oxford University Press,1999.

L.de Castro, *Fundamentals of Natural Computing, Chapman & Hall*, 2006.

M.Dorigo and T.Stutzle, *Ant Colony Optimization*, MIT press, 2004.

A.Engelbrech, *Fundamentals of Computational Swarm Intelligence*,Wiley, 2005.

J.Kennedy and T.Eberhart, *Swarm Intelligence*, Morgan Kaufmann, 2001.

第7章 智能代理：计算机智能代理

把我们的代理做得越来越简单，越来越容易……直到它们能够赚到钱。

——Oren Etzioni

全球经济面临的主要挑战之一是从许多相对孤立、小规模的管理过渡到大规模、物理上分布的系统。一些明显的例子包括互联网、基于无线电频率识别系统标签（RFID）的动态库存系统、无线传感器网络和将新产品推销到具有不同文化的各个国家。然而，传统的工程方法需要将一个问题分解成模块化、层次化、集中命令-控制框架，但这并不能很好地适应新环境。可能的解决办法是采用复杂系统分析，其中最先进的方法是智能代理。

实际系统中是否需要复杂系统取决于它们在确定性-一致性图中的位置，见图7.1。具有高度的确定性和一致性的有序系统占据图的右上角，代表现有的可以规划、监视和控制的技术系统。相反，确定性和一致性程度均低的为混沌系统，应尽量避免。有序和混沌之间的广阔区域属于复杂性区域。在这个区域，稳定性低难以保证结果重现或预测，但是稳定性尚能保证不生成无序状态或分散状态。

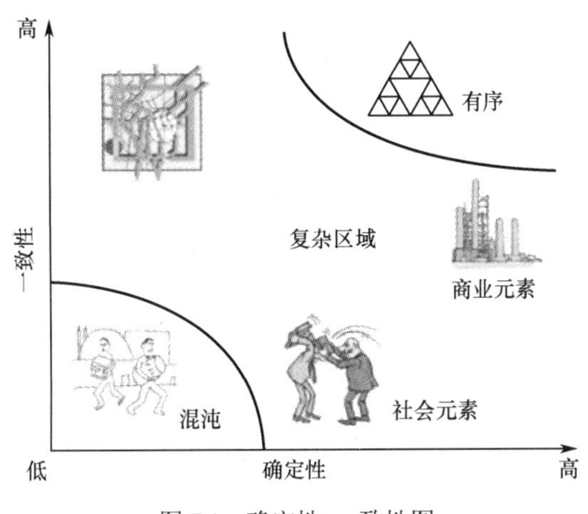

图7.1 确定性-一致性图

大部分的复杂系统如供应链、企业规划、调度和控制，具有较高程度的确定性和一致性，是有序技术系统的自然扩展。复杂系统的另一个极端，系统包括社会影响因素，如金融市场、不同的社会组织、恐怖网络等。它们行为的确定性和一致性要低得多，例如 2003 年发生在巴格达的抢劫事件和 1997 年阿尔巴尼亚的经济崩溃，社会系统都处于无政府状态的边缘。

智能代理通过具有预定结构的简单实体之间的相互作用表示复杂系统，这种实体称为代理。智能代理有以下特点：各组件之间的关系相对于组件本身更为重要，复杂的结果来源于简单的规则，小的行为改变对系统有大的影响以及有序的模式可能来源于无控制的模式。

本章的目的是明确智能代理用于复杂系统分析以创造价值的潜力。这些功能包括实时管理非常复杂的企业和探索对具体行动的社会反应。本书的观点是，随着基于人类行为的商业建模的发展，智能代理创造价值的潜力将发挥得更加充分。

7.1　智能代理的核心要素

智能代理[1]是一个自下而上的计算智能建模技术，它通过简单组件——代理之间的互动行为表示复杂系统的行为。这个领域非常宽广并且涉及其他领域，如经济学、社会学、面向对象编程等。对于许多研究人员来说，智能代理是经典的人工智能的新面孔[2]。不同的研究团体对智能代理概念的认识不同。

为了将智能代理应用于现实世界的问题，建议读者关注图 7.2 中的主题。

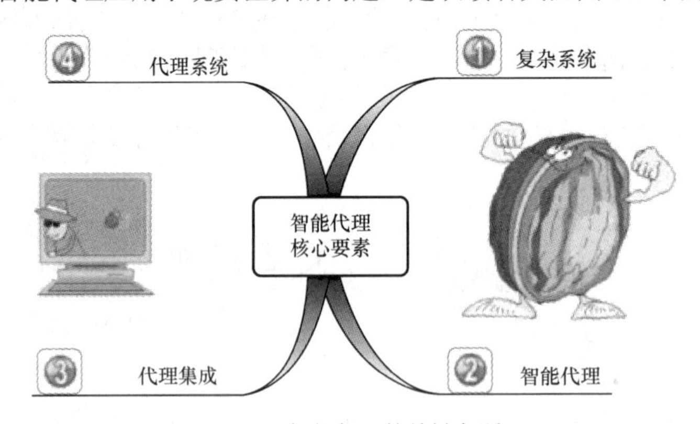

图 7.2　智能代理的关键主题

7.1.1　复杂系统

复杂系统是一个由大量组件、构件块或代理组成的系统，它可以在组件之间以

① 另一种流行的称呼是代理建模。
② S. Russell and P. Norvig, *Artificial Intelligence: A Modern Approach*, 2nd edition, Prentice Hall, 2002.

及组件与环境之间交换激励[1]。组件之间的相互作用，可能会出现在相距较近的组件之间，也可能发生在相距较远的组件之间；代理可以完全相同也可以不同；代理可以在空间移动也可以占据固定的位置；可以是一个状态也可以是多个状态。所有复杂系统的共同特点是，它们都在没有任何外部协调的情况下表现出有组织的状态。自适应和鲁棒性作为副产品，可以保证即使系统部分改变或损坏，系统仍然可以发挥作用。复杂系统的关键特征仍是其新兴的行为。

在自组织模式中，新兴行为包括产生新的、意想不到的结构、模式或过程。可以通过分析自组织中的高阶组件来理解这些新兴现象。新兴现象似乎有自己的规则、定理，行为也和低阶组件不同。复杂自适应系统的通用结构如图 7.3 所示，其宏观模态来自于代理的微观模态，自适应特征基于代理的反馈。

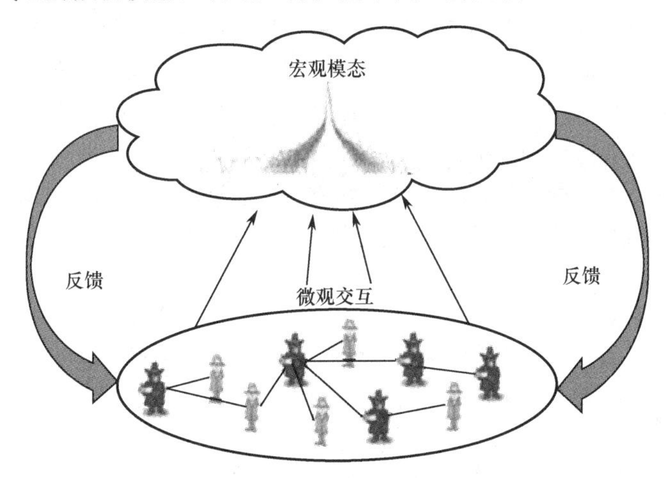

图 7.3　复杂系统的通用结构

新兴现象的典型例子是材料的自组装合成，通过建造一个可能的分子配置集合，所有的分子变迁到最小自由能量的状态，从而自发地形成一个预期的材料结构。这个新的研究领域已经应用于生物材料、催化和分离用多孔材料、电子和光子器件。

复杂系统的权威领导人之一 John Holland，提出了复杂自适应系统的三个关键属性和四个机制[2]。

复杂自适应系统的三个关键属性如下：

（1）非线性特性：组件或代理并不是通过简单的加性原则交换资源或信息的。例如，司机突然改变行车路线。

（2）多样性特性：一组代理可能每时每刻都在发生变化。例如，高速路上每时每刻都可能出现新汽车或新卡车。

（3）聚集特性：一组代理可以在更高层次上看作一个代理。例如，卡车组成的

---

① J. Ottino, Complex systems, *AIChE Journal*, 49, pp. 292-299,2003.
② J. Holland, *Hidden Order*, Addison-Wesley, 1995.

车队。

复杂自适应系统的四个关键机制如下：

（1）流动机制：资源或信息在代理之间交换。

（2）标签机制：一个可识别的标签可以让其他代理识别携带标签的代理的行为。例如，运动跑车并不是说该车辆一定会快速驾驶，而是仅仅提供某种标签。

（3）内部模型机制：世界内嵌在代理之中，同时可用代理正式、非正式或隐式地表示世界。这就像司机处于车流之中，他可以认识车流，也可能改变车流情况。

（4）构造模块机制：当代理参与多个类型的互动交流活动时，每一个交流活动是更大的活动的一个构造模块。例如，警车可以令其他车辆靠边停车，造成堵车，也可能像其他车辆一样发生事故。

许多方法可用于分析复杂系统。数学方法包括非线性动力学、混沌理论、细胞自动机、图论与网络理论、博弈论等。这一领域最主要的三种方法如下：①非线性动力学；②进化网络；③智能代理。第一种方法基于非线性动力学和混沌理论，广泛应用于确定性复杂系统的分析。在很多领域都有成功的应用，如在化学工程中应用于混合、反应器动力学、硫化床、脉冲燃烧室和鼓泡塔等。但是，这种方法局限于对问题的分析描述，并且不是总能发挥作用，特别是对包含人的行为的非技术复杂系统。

最近，基于网络拓扑结构、动力学和进化的第二种方法（进化网络）在研究和应用领域发展迅速[①]。互联网或复杂反应网络可以采用这种方法分析系统。然而，这种方法对于分析以人类为中心的系统和超出网络动力学范围的新兴现象方面能力不足。

第三种方法智能代理基于假设，即某些新兴现象可以通过计算机对象而非方程式建模。其中心思想是代理之间通过规定的规则进行交互。这种新型的建模方法已经开始和以方程为基础的复杂系统建模方法竞争，并在许多情况下有取而代之的趋势，如在生态、交通优化、供应网络和基于行为的经济学等方面。这是一种适用于技术系统和与人相关系统的普遍方法[②]。大部分的复杂系统应用都采用了智能代理技术。基于以上的显而易见的优势，下文将关注智能代理技术用于复杂系统分析的相关内容。

7.1.2 智能代理

智能代理的定义可能和这一领域的研究人员一样多。但是，有一个共识，自主性，即系统的交互行为不需要人或其他系统的干预，这是智能代理最重要的特征。除此之外，在不同的应用领域，智能代理具有不同的特征。一些关键特征概括如下：

① A. Barabasi, *Linked: The New Science of Networks*, Perseus Publishing, Cambridge, 2003.

② M. Luck, P. McBurney, O. Shehory, and S. Willmott, *Agent Technology Roadmap*, AgentLink III, 2005.

（1）自治。如果代理的行为仅取决于它的经验（代理具有学习和自适应的能力），那么代理就是自主的。假设代理都具有初始值，并能独立运行。因此，从其他代理的角度来看，代理的行为既不能完全预测，也不能完全可控。

（2）社会性。一个代理通过它与其他代理之间的关系刻画，而不仅仅取决于它本身的属性。代理之间的关系非常复杂，并且不能简化。代理之间的冲突并不容易解决，代理之间的合作也并不是理所当然的。

（3）同一性。代理可以是抽象的也可以是具体的，可以创建也可以终止。其边界是开放的、变化的。

（4）理性的自我利益。代理的目标是实现其目标。然而，自我利益蕴含在社会关系中。理性，也只限于代理自身的认识。假设正确的行动是可以使代理最成功的行为。

如图 7.4 所示，从高阶角度说明了代理与环境的相互作用。代理将环境的输入看作事件，并通过一组行动对环境进行反应，目标是修正环境。

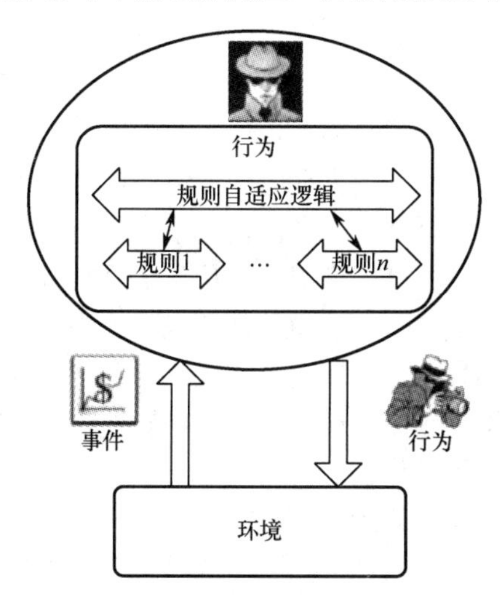

图 7.4　通用智能代理的结构

代理可以被定义为复杂自适应系统中的决策组件。它们的决策能力分为两个层次，如图 7.4 所示。

第一个决策层次包括规则库（规则 1，规则 2，…，规则 n），规定对具体事件的反应。通过规则构建一个出价代理的例子如下：

如果目前的利润小于之前的利润，

　　则提高价格；

其他情况，

　　不做任何改变。

第二个层次的规则或用于改变规则的规则，提供代理的自适应能力。可以使用不同的方法和策略，但需要加以小心，切忌引入太多的复杂性。智能代理中的一个关键问题是设计规则的复杂性。因此，本书强烈建议定义一个简单规则。简单的代理规则使得代理之间的行为容易解耦，多代理系统之间的交互机制更容易。这将促使模型开发更快、验证时间缩短、模型可用性提高。应该谨记本章开头 Oren Etzioni 所分享的从实际应用中获得的痛苦经历。根据其经验，只有头脑简单的代理其行为才是有效的，这样的应用代理系统才能盈利。

7.1.3 代理集成器

单个的代理仅具有具体的微观行为。宏观行为通过多代理系统表示。多代理系统是一个由多个代理组成的可以交互的系统。一般情况下，多代理系统中的代理可以考虑用户不同的目标和动机来采取行动[①]。为了成功地互动，它们需要能够合作、协调和相互协商，这与人类所采取的方式非常相似。

从应用的角度，根据代理的性质和它们之间的互动特性定义了两个类型的多代理系统。第一种类型，称为代理集成器，包括商业组件，例如技术系统和它们的相关组织。基于集成器的代理的重要特点是社会互动少，即不确定性的程度较低。这类多代理系统的目的是通过有效协调来管理商业过程。第二种类型称为代理系统，包括社会组件，例如组织中的不同类型的社会角色。这类系统就是经典的多代理系统，其新兴模式表现为社会交互的结果。代理系统将在 7.14 节中讨论。

代理集成器的一个关键的潜在应用领域是现代柔性和可配置制造。在所谓的全能（holonic）制造系统[②]中特别重要，这种系统高度去中心化。其集成了所有的制造活动，如设计、生产和销售。一般来说，智能代理可以表示任何形式的分散决策政策。特别重要的三个应用领域包括产品设计、在规划和调度层次的过程操作以及在较低层次实时控制中的过程操作[③]。

用于全能制造的代理集成器的典型结构如图 7.5 所示，相当于物理上的一个过程单位的集成控制，包括三个组件：一个蒸馏塔、一个热交换器和一个反应器。

代理等价于过程操作人员，负责具体的组件以及相应的设备，如传感器、泵、阀门和管道。多个代理根据各自的功能组成小的团体或类。其他代理通过协作和调节发挥协调员的作用。代理根据它们共享的特性划分为类。协作代理允许同一类中的代理之间直接通信，不同类之间的代理通过它们各自的协作代理交换信息。仲裁代理直接将请求分发到合适的提供者或通过低级别仲裁代理人转发，同时收集其他提供者的反馈信息，性能指标选择最佳的响应信息。

代理集成器的基础是智能代理的自治性、鲁棒性、反应性和主动性的组合。代理可以坚持并努力实现其目标，并适应不断变化的环境。当一个代理实现了它的目

① M. Wooldridge, *An Introduction to Multi-Agent Systems*, Wiley, 2002.
② 全能制造系统是制造系统中的一个自动、协作单元，主要用于转化、运输、储存和确认信息。
③ M. Paolucci and R. Sacile, *Agent-Based Manufacturing and Control Systems*, CRC Press, 2005.

标，那么这个代理就可以休息了，并不需要连续的检查和监督。可以把代理看作一个有责任感和自我激励能力的雇员。

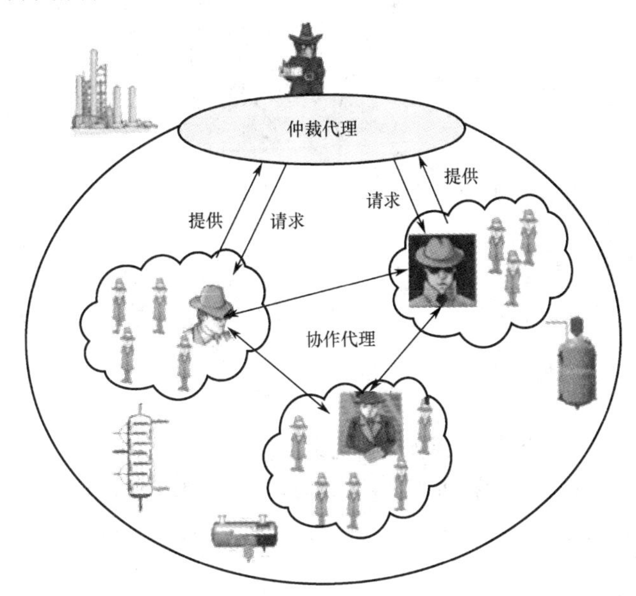

图 7.5 代理集成器的典型结构

7.1.4 代理系统

代理集成器和代理系统的关键区别是社会组件的决策角色。代理系统是探索基于社会的复杂系统建模的关键技术。从某种意义上说，智能代理尝试发挥“看不见的手”的作用来引导社会关系。

代理系统使用一组代理和框架来模拟代理的决策和相互作用。这些系统可以仅仅使用个体代理的行为描述来展示系统随时间的演变。首先，代理系统可以用来研究如何从微观层面的规则产生宏观层面的模态。在宏观模态，有两个创造价值的机会。第一个机会来自直接问题的解，即理解、分析和使用代理系统模拟产生的未知模式。第二个机会，回报潜力更高，来自于逆问题求解。在这种情况下，探索复杂系统的性能可通过重新设计代理的结构和微观行为得到改善。通常情况下，最终结果可能会引入探索的商业结构，改变其操作过程或组织结构。

代理系统是典型的多代理系统，即代理和它们之间的关系的集合。通常，代理集合可以反映要探索的现实世界具体问题的结构。例如，如果代理系统的目标是开发一个供应链模型，其可能会定义以下的代理类型：工厂、批发商、分销商、零售商。它们响应顾客的需求[1]。将真实世界的供应链映射到代理系统，见图 7.6。

---

① M. North and C. Macal, *Managing Business Complexity: Discovering Strategic Solutions with Agent-Based Modeling and Simulation*, Oxford University Press, 2007.

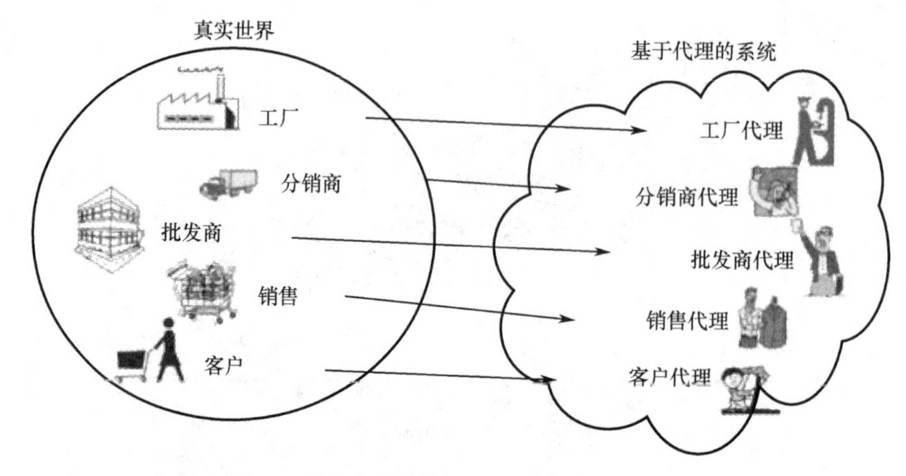

图 7.6　将真实世界供应链系统映射到代理系统

代理的类型由其属性和方法或规则定义。例如，工厂代理具有下列属性：代理的名称；库存水平；所需的库存水平；渠道的数量；需要的渠道数量；收货、发货、订货、需求的数量；各种决策参数；维持库存的费用。这些变量在相应时间点的值构成了代理的状态。在工厂代理的例子中，需要确定有多少订货的规则和预测需求的规则。

除了多个代理之外，多代理系统还包括代理交互。每个代理关系涉及两个代理。例如，工厂-分销商关系包括从工厂到分销商的发货信息，从分销商到工厂的订单信息。代理关系还包括它们的操作方法，这和现实中的代理人一样。例如，装货、获取订单、获取上游代理和获取下游代理以及代理之间交互的方法。

定义多代理系统的关键问题是确定代理之间如何交流和合作。对代理沟通而言，已经开发了多个交换信息的标准格式，即所谓的代理通信语言。最有名的代理通信语言是 KQML，它由两部分组成：①知识查询和控制语言（KQML）；②知识交换格式（KIF）。KQML 就是所谓的“外部型”语言，它定义了各种可接受的交际动词或行为原语。下面是行为原语的一些例子：

（1）询问真实性（“什么事情……是真的吗？”）；

（2）执行（“请执行下列行动……”）；

（3）答复（“答案是……”）。

知识交换格式 KIF 是一种表达信息内容的语言，并包括以下内容：

（1）一个领域内事物的属性（如“克罗格公司是零售商”）；

（2）一个领域内事物之间的关系，（如“宝洁是沃尔玛的供应商”）；

（3）一个领域的通用属性，（如“所有客户订单至少被一个零售商登记了”）。

两个代理 A 和 B 之间使用 KQML/ KIF 语言讨论零件 1 的尺寸是否大于零件 2，同时确认了零件 1 是 20，零件 2 是 18，具体如下：

A 到 B：（询问真实性（零件 1 的尺寸>零件 2 的尺寸？））

B 到 A：（答复"真"）

B 到 A：（通知（=（零件 1 的尺寸）20））

B 到 A：（通知（=（零件 2 的尺寸）18））

最近，智能物理代理基础（Foundation for Intelligent Physical Agents，FIPA）开发了一种由 20 个行为原语构成的代理交流语言，如接受建议、同意、取消、确认、通知、要求等[①]。

为了能够沟通，代理必须针对感兴趣的领域商定一套关于对象、概念和关系的术语，又称为本体。本体的目的是以一般的方式表示领域知识。它提供了交流领域知识所需的必要词汇。定义有效的本体是智能代理的重点研究领域之一。

代理系统设计的第二个关键问题是确定代理合作的方式。与人类之间的合作一样，这个问题非常重要。代理之间合作的基础就像著名的囚徒困境问题[②]，可定义如下：

两名男子被控以集体犯罪，并单独收监，无法会面或交流。他们被告知：

（1）如果一个人坦白，而另一人拒绝交代，那么坦白的人将判为无罪释放，另一人将判为监禁三年；

（2）如果两人都坦白，那么他们每人都将被判监禁两年。

（3）两个囚犯都知道，如果他们均忠于对方，拒不坦白，他们每人都将被判监禁一年。

具体如图 7.7 所示。

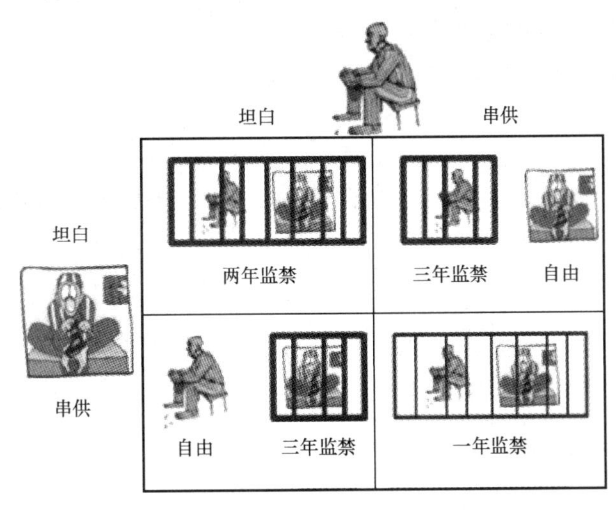

图 7.7　囚徒困境问题示例

① Http://www.fipa.org/.

② R. Axelrod, *The Evolution of Cooperation*, Basic Books, New York, NY, 1984.

困境中的推动力是向当局坦白的同时使对方处于不利。但是，如果两人都向当局坦白，他们将获得两年的监禁，这将超过串供，因为串供他们将获得一年监禁。同时如果两人都拒绝坦白，他们确实有可能获得一年监禁。然而，出于本能，每个人的理性行为都是坦白同时希望对方拒绝坦白，这样他将获得自由。然而，合作串供致胜的策略却由于他们的理念原因很难奏效。对于一个以自我利益为中心的文化而言，他们很难选择合作。囚徒困境的最终结果是，他们都获得了从他们所犯的错误中学习的机会，并将建立互相信任的关系。合作并不是社会系统的常态，这需要时间来逐步演进。这对于智能代理也一样，代理也会逐步尝试合作。

7.2 智能代理的优势

在讨论应用智能代理的好处之前，先讨论一下这个方法和与其类似的方法，如群体智能、面向对象编程和专家系统之间的差别。智能代理和群体智能之间有很多相似之处。特别重要的是，它们都是基于新兴模式创造价值的。但是，群体智能仅限于特定类型的代理（蚂蚁或鸟类，如粒子优化中定义的粒子），它们具有固定的交互，例如追踪用的信息素以及位置和速度更新。

代理和专家系统中的对象之间的关键区别将在 7.2.1 节和 7.2.2 节中介绍。

7.2.1 代理和对象之间的比较

（1）代理是自主的：代理与对象相比，有高度的自主性，它们自主决定是否对其他代理的请求采取行动。

（2）代理是“聪明的”：它们的行为非常灵活，可以是被动的、主动的以及社会性的。相比之下，标准的对象模型不具有这种能力。

（3）代理是活跃的：在面向对象的情况下，决策取决于对象调用的方法；在代理中，决策取决于其所接受的请求。

（4）当对象采取行动时，它们并无目的性；而代理采取行为，是因为它想这样做，并且这样做是有明确目的的。

7.2.2 代理和专家系统的比较

（1）专家系统通常表示某一领域的“专家知识”（例如，易燃材料）。它们并不与环境交互，但需要一个用户作为中间人的角色。

（2）专家系统通常不具有被动或主动的能力。

（3）经典人工智能忽略了代理的社会因素。专家系统通常不具备合作、协调和谈判等社会能力。

7.2.3 基于代理建模的优势

智能代理的主要优势如图 7.8 所示。

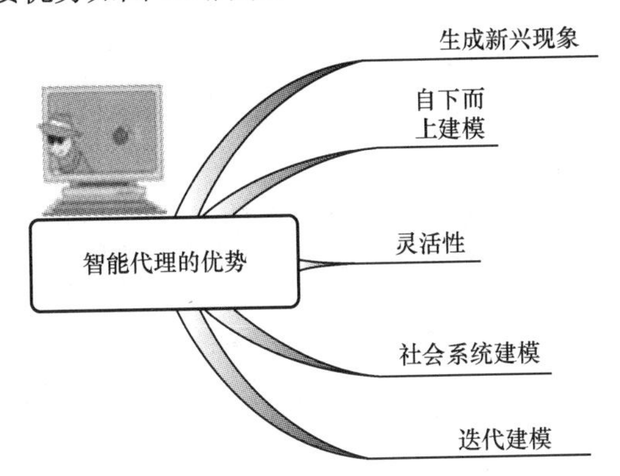

图 7.8 智能代理的关键优势

（1）生成新兴现象。大多数应用背后的驱动力是假设，新的宏观行为可以从一组代理的微观行为中产生。最重要的因素是新兴现象的特性独立于代理的特性。因此，对宏观模态的特征的理解是非常困难的，也难以预测。同时，也有可能代理交互中没有产生什么新的行为。

幸运的是，如果代理的微观行为存在下列特点①，那么新兴现象的潜力可预先评估：

①个体行为是非线性的，可以通过阈值刻画，例如采用了 if-then 规则或非线性耦合。

②个体行为具有记忆能力，并且路径相关，具有迟滞性和时间相关性，同时具有学习和自适应能力。

③代理交互具有异质性，可以生成网络效应。

④代理系统在某些条件下会放大波动；系统是线性稳定，但在较大波动下不稳定。

（2）自下而上建模。代理系统从个体或组织的决策层次开始，自下而上工作。定义代理的角色和微观行为相对容易。显然，这种自下而上的建模和现有的基于方程的方法不同。它并不总是合适的，然而，对某些准则而言，使用自下而上的模型是必要的。考虑自下而上建模的前提条件如下：

①个体的行为是复杂的。理论上，任何事物都可以表示成方程组，随着行为的复杂度增加，微分方程的复杂性成指数增加。因此在一些问题中，很难通过方程描述个体的复杂行为。

---

① 准则定义详见 E. Bonabeau, Agent-based modeling: methods and techniques for simulating human systems, *Proc. Natl. Acad. Sci.*, 99, 3, pp. 7280-7287, 2002.

②行为比过程更适于描述系统。

③有必要通过专家的判断来验证和校正模型。代理系统往往是描述真实世界问题的最恰当的方法，专家很容易理解模型并且也更容易认同。

（3）灵活性。代理系统通过改变代理的微观行为和交互可以很灵活地控制复杂度的水平。通过加入或删除代理，也很容易改变系统的维数。

（4）社会系统建模。代理具有模仿人类行为的能力，可以很自然的方式对社会系统进行建模和仿真。这可能是表示复杂多样的社会系统最有潜力的方法。它使得社会分析学家有可能对感兴趣的新的社会现象进行详细探索。人工自适应代理可能用于研究和验证新的社会理论[①]。

利用社会组件建模商业问题，使得代理系统可能发现更贴近实际的解决方案，特别是规划和决策问题。已有的分析和统计方法由于受限于技术组件，并不能反映潜在的社会响应。

（5）迭代商业建模。代理系统是迭代算法。模型开发始于代理的微观行为定义。下一次迭代包括计算机模拟和初步结果分析，促使代理行为的进一步校正。继续这一逐步修正过程，直到结果可以接受。这种建模方式非常接近商业实践，对模型开发人员和用户来说都非常方便。

7.3 智能代理的问题

在所有已讨论的计算智能方法中，代理系统是为真实世界准备最不充分的技术。原因之一是，该技术即便在概念层次上仍然十分混淆。一方面，代理的思想出自于直觉；另一方面，它鼓励开发人员相信自己已经了解了代理的相关概念，而事实上他们并没有。对这一技术的概念，甚至在不同的研究团体有不同的认识。此外，该方法需要广泛的知识面，如面向对象编程、经典人工智能和机器学习方法等。因此，对开发代理系统的要求相比其他计算智能方法要高很多。

这导致了智能代理的下一个关键问题——总成本高。模型开发成本高，源于定义和验证代理行为和交互的过程复杂、耗时巨大。定义代理的过程需要人的积极参与。在建模过程中，对于代理性能和必要的代理微观行为的改变，不可避免地会出现分歧。代理系统的迭代特性可能会显著地延长这一过程，并增加开发成本。由于缺少标准的、用户友好的软件，代理系统的实现和维护成本很高。另外一个负面因素是代理系统与已有的企业架构集成的能力不足。

智能代理的第三个关键问题是很难营销。原因之一是代理系统以新行为中的预期创新性来创造价值。潜在的用户对于模拟中出现的有价值的事物往往并不确定。

---

① J. Miller and S. Page, *Complex Adaptive Systems: An Introduction to Computational Models of Social Life*, Princeton University Press, 2007.

在某些情况下，代理模型的特点往往成为了接受这一技术的障碍。有些用户难以理解关键信息是模拟而非方程或统计回归，这一点与传统方法有较大差别。

7.4 如何应用智能代理

应用代理系统仍然是一个具有挑战性的任务，需要广泛领域内的特殊技能，如面向对象编程、代理设计、有效的可视化和领域内的专门知识。特别重要的是，实施的整个过程持续性地需要终端用户的参与。首先，本章将评估代理系统的需求。

7.4.1 何时需要智能代理

代理系统的关键能力是创造价值，见图 7.9。

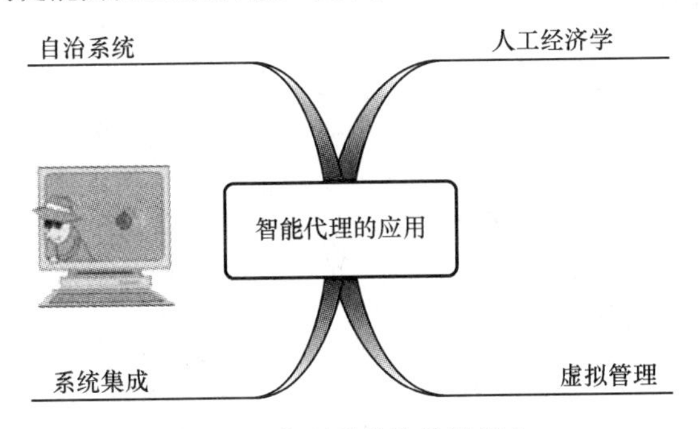

图 7.9 代理系统的关键能力

代理系统最重要和最独特的能力可能是仿真经济学，这一领域称为人工经济学或代理计算经济学[①]（ACE）。人工经济学包括三个主要的代理类型：①人工工作者和消费者；②人工企业；③人工市场。通常，具有特定喜好的人工代理是消费者，它们选择消费某些商品和休闲活动，这又受限于它们的收入和财富。人工工作者从公司赚取工资，它们可能在不同企业之间调动工作，同时持有公司的股份。人工企业制造产品并出售给消费者，并付给工人工资。通常情况下，银行可作为特定意义的企业。销售和企业利润取决于人工市场，其是人工经济的第三个组成部分。不同的人工市场可能出现不同的模式。例如：对消费和资本市场，新兴模式可能是产品的价格，对于企业股权市场，新兴模式可能是股价。

智能代理的另一个独特功能是虚拟组织形式。虚拟组织由许多个体、部门或组织组成，每个个体都有具体的功能和掌握的资源。这些虚拟组织的组织形式，有利于资源的配置和共享，以最大程度地利用市场商机。然而，现在的商业环境的本质是对变化迅速响应。因此，需要一个鲁棒的、敏捷的、灵活的系统来支持虚拟组织

① L. Tesfatsion and K. Judd （Eds）, *Handbook of Computational Economics II: Agent-Based Computational Economics*, Elsevier, 2006.

管理过程，这个任务可以通过代理系统完成。

代理集成器是代理模型的另一个独特功能。正如 7.1.3 节所讨论的，智能代理是全能制造的基础，全能代理包括控制代理和物理机器，可形成一个自主的技术单元，它们之间可以互相协作。几个低级别的单元可以通过合作形成一个高级别的单元，最终形成全能制造系统。例如，代理集成器可能使用许多工件代理、机器代理和运输代理来管理流水线的材料流。可以通过竞争招标将工件分配给机器，然后工件代理和运输代理之间进行合作协调以达到各自的目标，完成材料在不同机器之间的流动管理。

智能代理的系统集成能力的最终应用是自治系统的设计。这些系统是自包含系统，可以独立于其他组件或系统，通过采集、处理完成对环境信息的响应。自治系统的关键特征是自我配置、自我优化、自我修复和自我保护。复杂和难以预测的环境是自治系统的最关键的应用领域，如空间探索和海上钻井平台。

7.4.2 应用智能代理

应用智能代理与其他的计算智能技术明显不同。区别主要在于模型和软件工具的重要特点。通用的实现流程见图 7.10。它是一个包含了社会成分的更为复杂的代理系统。代理集成器的应用流程非常接近面向对象的设计，因此不再讨论。

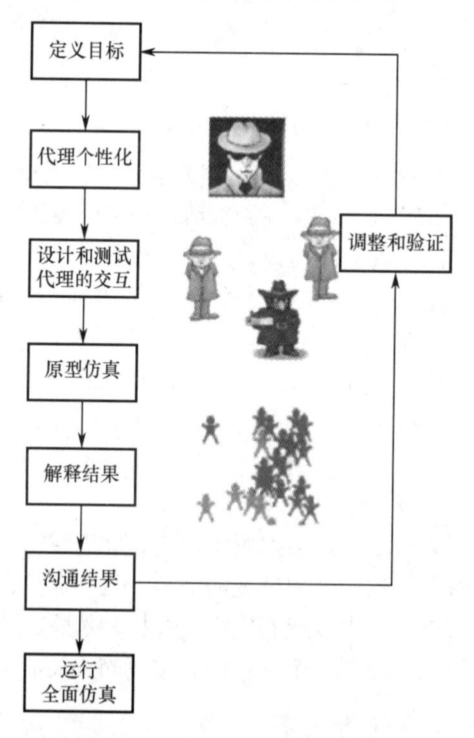

图 7.10　应用代理系统的关键步骤

代理系统应用的第一个步骤需要确定系统目标，这与其他计算智能应用算法截然不同。代理系统通过定义代理的微观行为和相互作用来仿真，以解决具体的问题。在仿真之前，并不能保证出现新的宏观行为，也无法预知这种行为能否创造价值。因此强烈建议明确界定现实目标，并避免过于具体化。

接下来的步骤包括代理个性化，这与面向对象编程中的对象形式化非常相似。推荐使用通用的面向对象的规范语言，如统一建模语言（UML）①。通常，代理设计包括确定代理人的属性和方法（规则）。最关键的因素是确定规则的复杂性。一般总是从尽可能简单的规则开始，以解耦代理设计。此外，简单的规则可以加速代理的执行速度，并缩短验证和修改代理行为的时间。

通常情况下，定义和验证代理的交互行为是应用智能代理最耗时的环节。定义代理之间的互动行为（合作、协调和谈判）是成功完成委派任务的最具挑战的部分。当代理之间难以达成共同的目标/利益时，要完成任务非常困难。通常情况下，代理系统需要多次迭代直到达到满意的行为。

由于代理建模的高度复杂性，因此强烈建议将建模分为两个阶段——原型仿真和全面仿真。原型仿真基于较少的代理，并且使用简单规则和交互，它可以不用考虑过多细节而更接近于核心问题。它们的结果也易于解释和说明。

代理系统仿真的解释是一个非常耗时的过程，要求所有的利益相关者的参与。本步骤的主要目的是捕捉和定义新兴宏观行为。通常，它包括以下行动项目：

（1）确定系统可以产生各种不同类型行为的条件。

（2）理解产生这些行为的因素。

（3）确定模拟结果是稳定的、不稳定的还是瞬态的。

（4）确定参数空间的哪些部分可以产生稳定的行为，哪些部分产生不稳定的行为。

（5）确定哪一个代理规则可以导致各种类型的系统行为。

另一个挑战是如何交流代理系统仿真的结果。可取的办法是组织一次会议，展示多次运行仿真所产生的多个新兴宏观模态。仿真的动态模态通常比静态模态要重要的多。这就是为什么在文件里交流代理系统的仿真结果并不是很有效的原因。

代理模型的验证是非常困难的，主要局限于代理之间的简单行为和相互作用。通常它会导致需要重新定义规则，而不需要改变代理结构。

应用全面仿真需要用户了解模型的实际能力。这包括如何解释和利用仿真的结果。

7.5 智能代理的典型应用

智能代理还在敲打工业界的大门。应用记录还很少，创造的价值相对于其他计

---

① 除了 UML，还有 Agent UML，称为代理 UML，可以直接用于代理系统设计，见 http://www.omg.org/cgi-bin/doc?ec/99-10-03.

算智能方法要低。但我们相信，代理技术在它的两个方向——代理集成器和代理系统上的创造价值的潜力在与日俱增。目前的主要应用领域如图 7.11 所示。

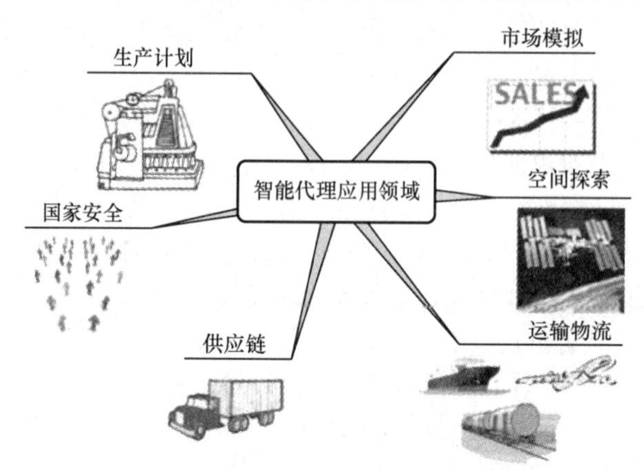

图 7.11　智能代理的关键应用领域

（1）市场模拟。代理系统已被应用在不同类型的市场模拟。福特汽车公司的团队使用智能代理研究氢气输送架构的潜力①。仿真研究的目标是寻找成功地自我维持氢气输送架构的关键因素。在模型中，代理模拟司机选择购买什么类型的车辆（如氢燃料汽车和汽油燃料汽车）以及选择提供不同燃料的加油站。

另一个例子是基于代理系统模拟电力市场。阿贡国家实验室开发的电力市场复杂自适应系统（Electricity Market Complex Adaptice Systems，EMCAS）模型应用于伊利诺伊州的电力市场稳定性和效率分析②。EMCAS 可以表示电力系统的行为以及生产者和消费者之间关系。代理包括提供电力的发电公司和批量购买电力的公司。

（2）空间探索。代理系统用于航天飞机模拟和国际空间站（ISS）的活动规划。为此，美国航空航天局的艾姆斯研究中心开发了一个称为 Brahms 的专门的多代理建模和仿真语言以及实时分布式系统③。它是模拟和运行分布式的工作活动的多代理系统，包括人、机器人和软件代理，它们位于一个或多个地点协调合作以完成任务。Brahms 模型还包括地理信息（任务区域、要探索的区域等）、对象（航天服、发电机、车辆和岩石等）以及任务区域内部和外部的活动（膳食、电子邮件、简报和规划、穿或脱宇航服、探索一个位置和编写一份报告等）。Brahms 模型和虚拟环境用于国际空间站上的决策支持，可以模拟哪些任务可以加载给机器人助手，如艾姆斯研究中心的个人卫星助手和约翰逊航天中心的 Robonaut。Brahms 模型基于国际空间站上一天的活动记录，包括太空行走。这个模型有助于减少等待时间、提高情

① C. Stephan and J. Sullivan, Growth of a hydrogen transportation infrastructure, *Proceedings of the Agent 2004 Conference*, Argonne National Laboratory, Argonne, IL, USA, 2004.
② M. North and C. Macal, *Managing Business Complexity: Discovering Strategic Solutions with Agent-Based Modeling and Simulation*, Oxford University Press, 2007.
③ http://www.cict.nasa.gov/infusion.

境意识，可以更有效地调度国际空间站的资源。

（3）运输物流。智能代理一个重要的应用领域就是处理复杂的动态运输系统。具体的例子是实时自适应物流网系统（Living Systems® Adaptive Transportation Networks，LS/ATN），它是 Whitestein 技术公司最初为敦豪开发的物流成本最优化系统，LS/ATN 考虑很多车辆、货物和驾驶员方面的制约因素[①]。尽管代理解仅占到整个系统的20%，代理技术仍然在优化中起到了核心作用。汽车司机将他们的位置和建议中的路线发送给系统，系统决定该车是否能够继续装货，或是与其他车辆交换货物，以降低成本。谈判通过代理自动完成，每个代理代表一辆车，使用类似拍卖的协议。可以提供最便宜交货成本的车辆胜出，以减少货物运输的总成本。目标是要找到一个局部最优，因此，只有行驶中距离较近的车辆参与谈判。

（4）供应链。智能代理一个重要的应用领域就是供应链调度。一个例子就是 Tankers 国际公司，它经营着世界上最大的石油集储业务。目标是对石油进行最大效益的部署。一个基于代理的优化器，海洋智能调度（Oceani-Scheduler），由 Magenta 技术公司开发，用于将货物配置到港口具体罐体的实时规划。系统可以根据突发的变化，例如意外的运输成本波动或罐体、港口和货物变化，而自适应地调整计划。代理优化技术不仅能改变响应性，同时能减少工人处理大量信息的工作量，减少错误导致的额外成本，并且能对调度过程中产生的经验进行保存。

（5）国家安全。代理系统模拟的另一个应用领域是分析恐怖网络的形成和动态演变。一个具体的例子是阿贡国家实验室开发的基于代理系统的 NetBreaker[②]。它同时考虑了恐怖网络的社会和资源两方面，提供了可能的网络动力学视角。当模拟发展时，可以提供给分析师一个可视化的网络形状，估计威胁，并以量化的方式说明哪一个新信息是最有价值的。NetBreaker 的目标是量化可能性，而不是决定哪一个可能性是正确的。其采用外推、探索和估计，而不是插值法。NetBreaker 并不设法消除过程中人类分析师的参与，仅仅是辅助分析师发现所有的可能性，并采取相应行动。

（6）生产计划。在很多行业，车间的操作条件可能发生突然变化，这将会使生产计划和调度失效一到两个小时，因此需要确定需要做的工作，同时采用其他机制分配零件和业务给相应的机器，这称车间控制。现代调度系统试图在面临实时中断时，维持调度的有效性，这个过程称为“反应式调度”，往往与车间控制机制紧密耦合以促进调度实时执行。

代理系统可以用来处理此类问题。例如，捷克生产无线电广播和电视的特斯拉电视公司使用 ProPlantT 系统进行生产规划。它包括四类代理：生产规划、生产管理、生产和元代理。元代理负责监测代理的性能。克莱斯勒也探索了代理系统用于

---

① M. Luck, P. McBurney, O. Shehory, and S. Willmott, *Agent Technology Roadmap*, AgentLink III, 2005.

② http://www.anl.gov/National_Security/docs/factsheet_Netbreaker.pdf.

车间控制和调度的能力[1]。

7.6 智能代理的推销

智能代理的概念很容易解释和沟通。然而，可交付与价值创造机制令人困惑，因此相比于其他计算智能方法需要更多的营销工作。必须坦率地向用户说明，无法确保一定会出现新的模态，新模态会对系统获得更多的洞悉，并最终改善系统。代理集成器的价值创造能力比较明显，因此将重点放在推销包含社会组成部分的代理系统上。智能代理营销的幻灯片如图 7.12 所示。

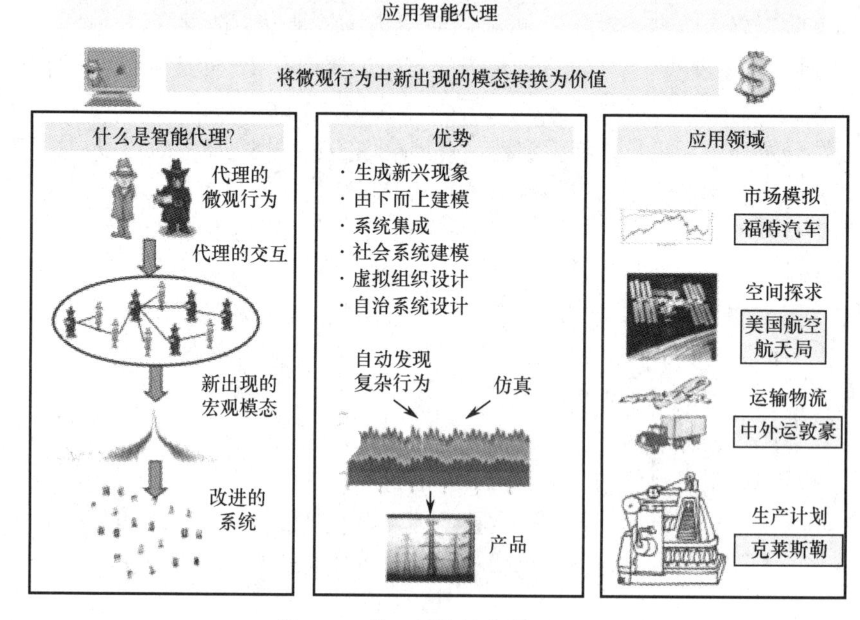

图 7.12　代理系统的营销幻灯片

智能代理的主要营销口号，“将微观行为中新出现的模态转换为价值”表明了智能代理的价值创造基础。不过，对于一个非技术用户而言，这容易导致混淆，需要幻灯片的其他部分进一步解释。幻灯片的左侧部分试图完成这个工作。代理建模系统的关键阶段：①定义表示代理微观行为的规则和行为；②通过代理的交互定义多代理系统；③从模拟中确定新兴的宏观模态；④使用发现的新兴宏观模态改进系统。

营销幻灯片的中间部分表明了智能系统的关键优势，如新兴现象的产生、自下而上的建模、系统集成、社会系统建模、虚拟组织设计和自治系统设计。可视化部

① V. Parunak, A practitioners' review of industrial agent applications, *Autonomous Agents and Multi-Agent Systems*, 3, pp. 389-407, 2000.

分代表了一个关键的价值来源——自动发现复杂行为（如电价竞价模式）。代理系统可以应用于电网产品。

智能代理的主要应用领域如图 7.12 的右侧部分所示。幻灯片包括代理系统最有价值的应用领域，如市场模拟、空间探索、运输物流及生产计划。同时，还给出了相应应用领域内领先的公司。

智能代理的电梯推介如图 7.13 所示。

智能代理电梯推介

近期，估计关键商业决策的社会响应的需求呈增长趋势。智能代理是目前要用于社会行为建模的少数技术之一。基于代理的系统是一种自下而上的建模方法，它的关键社会元素由人工代理定义。代理的微观行为通过它们遵循的行为和规则表现，这些行为和规则用以达到单个代理的目标。智能代理之间可以多种方式交互和协商。通过计算机仿真代理之产的微观行为交互可以发现未知的社会响应。例如，在电力市场仿真中，在生产、输送、分发以及需求企业之间会出现不同的出价策略。另一个智能代理的很重要的应用领域是在一些复杂的去中心技术系统例如交通物流中，解决不同行为之间的有效协调问题。代理系统已经被福特汽车、中外运敦豪、国际邮轮公司以及美国航空航天局等成功地用于智能市场仿真、空间探索、供应链、计划等领域。

图 7.13　智能代理的电梯推介

7.7　智能代理主要资源

7.7.1　主要网站

智能代理的门户网站：

http://www.multiagent.com/

开放的代理建模联盟：

http://www.openabm.org/site/

圣菲研究所：

http://www.santafe.edu/

阿贡国家实验室的复杂自适应系统：

http://www.dis.anl.gov/exp/cas/

基于代理的计算经济学的重要网站：

http://www.econ.iastate.edu/tesfatsi/acecode.htm

7.7.2 精选软件

阿贡国家实验室开发的基于 Java 的 REPAST 工具（开源代码）：

http://repast.sourceforge.net/

圣菲研究所开发的基于 C 语言的 SWARM 工具（开源代码）：

http://www.swarm.org/index.php?title=Swarm_main_page

英国电信公司开发的基于 Java 的 Zeus 工具（开源代码）：

http://labs.bt.com/projects/agents/zeus/

俄罗斯专业供应商 XJ 技术开发的用于离散事件、系统动力学研究的集成环境 Anylogic：

http://www.xjtek.com/anylogic/

7.8 小　结

主要知识点：

智能代理是一个自下而上的建模技术，它可以通过简单组件——代理的交互行为表示复杂系统的行为。

智能代理从环境中接收输入，然后通过一系列的行为作为反应输出，以自己的方式改变环境。

代理集成器可以有效地协调复杂、分散技术系统的各种活动。

代理系统从社会代理的微观层面交互规则中生成宏观模态。

智能代理已成功地应用于市场模拟、太空探索、运输物流、供应链、国家安全和生产规划领域。

总　结

应用智能代理将微观行为和交互转变成新兴宏观模态，进而创造价值。

推荐阅读

以下推荐的图书涵盖了智能代理的关键问题：

J. Miller and S. Page, *Complex Adaptive Systems: An Introduction to Computational Models of Social Life*, Princeton University Press, 2007.

M. North and C. Macal, *Managing Business ComplexityComplexity: Discovering Strategic Solutions with Agent-Based Modeling and Simulation*, Oxford University Press, 2007.

M. Paolucci and R. Sacile, *Agent-Based ManufacturingManufacturing and Control Systems*, CRC Press, Boca Raton, FL, 2005.

S. Russell and P. Norvig, *Artificial Intelligence: A Modern Approach, 2nd edition, Prentice Hall*, 2002.

L. Tesfatsion and K. Judd （Eds）, *Handbook of Computational Economics II: Agent-Based Computational Economics, Elsevier*, 2006.

G. Weiss, （Editor）, *Multi-Agent Systems: A Modern Approach to Distributed Artificial Intelligence*, MIT Press, 2000.

M. Wooldridge, *An Introduction to Multi-Agent Systems*, Wiley, 2002.

第 2 部分

计算智能创造价值

第8章 为什么我们需要智能解决方案

今天人类面对的最大困难就是知识增长的速度远远超过智慧增长的速度。

——Frank Whitmore

本书第 2 部分的目的是论述计算智能创造价值的巨大潜力，共包括三章。第 8 章列出了计算智能的前十个关键的市场期望。第 9 章讨论了计算智能相对于机理模型、统计方案、经典优化、启发式方法等工业生产中常用的方法所具有的竞争优势。第 10 章总结了计算智能在创造价值方面的主要应用。

众所周知，人类智能是发展经济、提高生产力并最终提高生活水平的动力。从这一点来看，以任何方式提高人类智能都能更有效地创造价值。尤其是，互联网数据雪崩、能源价格巨大浮动下的动态的全球市场运营以及潜在的政治不稳定性，这些对人类智能都是新的挑战。因此，人类智能必须具有处理大量信息的能力，能够实时的对高复杂性问题做出正确决定。数据分析、模式识别和学习将成为关键因素，而计算智能恰好能在这一过程中发挥重要作用。

本章的目的是论述智能解决方案创造价值的主要因素，以此确定计算智能的潜在市场。图 8.1 显示了前十个最重要的因素，在以后的章节里将会对此进行分别讨论。

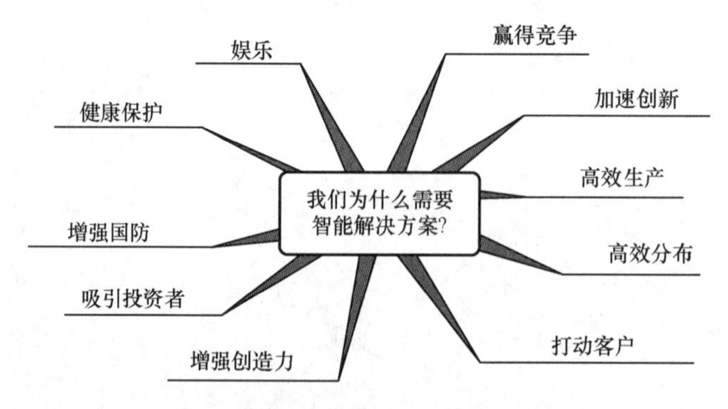

图 8.1 计算智能创造价值的关键因素

8.1 赢得竞争

采用计算智能创造价值的第一个决定性的因素是，能否有效地使用这项技术增加竞争优势。在这里，本书仅阐述在当前的经济环境下，哪些关键因素能让一项技术在全球竞争中取得成功。而第 9 章将会全面地分析计算智能的竞争优势。图 8.2 列出了这些关键因素。在对每一个因素的阐述中，都说明了计算智能的潜在作用。

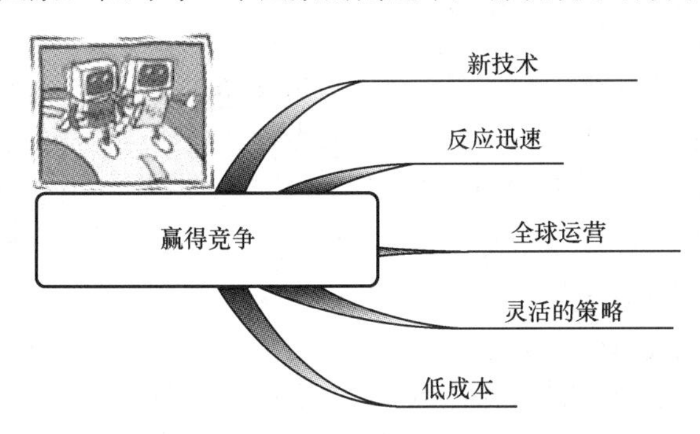

图 8.2　全球经济时代成功的竞争者具备的关键特征

8.1.1 新技术的有效使用

毋庸置疑，对很多企业尤其是对高新技术企业而言，引进或开发一项新技术来提高企业竞争力是十分关键的。新兴技术从研究到可靠且低成本地转化为商业应用，这一过程尤其重要。在商业领域推广一项新技术包括解决技术问题（例如一个合理的科学方案）在实际应用中结果可再现并具有推广应用的潜力。考虑到文化变迁与技术普遍应用，努力引进新的基础设施和工作流程同样也很重要。

利用计算智能降低新技术的引进成本和实施成本的方法有以下几点。首先，早期采用模式识别和数据分析（广泛地覆盖了数据挖掘应用领域）的方法检测和判定该技术是否可以降低成本。其次，在技术引进期间，采用鲁棒的经验模型技术，如符号回归、神经网络、支持向量机和模糊系统，最小化模型，从而降低成本。与第一原理建模方法（问题是确定的）相比，这些技术相对普遍，并且仅仅依赖数据的有效性和准确性。最后，计算智能通过从实验室到全面生产制造的逐步扩展来降低成本。基于遗传编程的符号回归和支持向量机这两种计算智能方法具有独特的特性，即使在模型开发范围以外也具有很好的性能。

8.1.2 对环境变化的迅速反应

对变化的商业环境能够做出迅速反应是当代竞争力的另一重要特征。对环境变化迅速反应包括能够预测未来发展趋势、有效地应对预期变化以及快速学习新的操作流程。计算智能具有独一无二的特性，它能以最低的开发成本获得这样的能力。

具体商业环境的未来趋势的短期和长期预测，如预测需求、能源价格和竞争环境，可以用神经网络和智能代理来实现。通过自我调整和追踪最优条件件自适应地连续工作，可以用神经网络、支持向量机和群体智能方法来实现。值得一提的是，平均而言这些成本明显比人工调节和制定新操作规程的成本要低得多。快速学习新的操作流程是神经网络和支持向量机的最佳应用领域。

8.1.3 经济全球化的有效运营

抓住全球化带来的机遇对于当代的竞争格局是非常重要的。原则上，全球运营由于涉及当地具体的文化，额外地增加了复杂性。这需要更高的人类智能水平。因此，人类智能需要具备分析当地新环境的能力，如结合当地习俗考察新产品的潜力，针对地域喜好调整全球市场运营战略，配合当地国家法制体系调整全球化工作流程。另外，全球外包制造业使成本逐渐增加，供应链也越来越复杂。

幸运的是，在高效的全球化运营中计算智能可以满足一部分上述需求。最近，人们越来越多采用计算智能方法研究计算经济[①]。其中一个关键的方向是基于社会行为的仿真研究新的市场，包括用智能代理来研究地方文化。然而，这些仍停留在研究阶段还未在工业上进行应用。

同时，依靠群体智能和进化计算的改进优化方案可以解决全球化运营中出现的不断增加的供应链复杂性和成本问题。在前面的章节讨论过一系列能有效创造价值的成功工业应用。在普遍而又重要的全球运营中，应用计算智能的好处已经在本书的第 1 章关于福特汽车公司的案例中讨论过了。

8.1.4 灵活的策略

根据新的经济现状，改变和重新制定经济策略是当代竞争力的又一个重要因素，计算智能在其中扮演着重要的角色，具体描述如下。

根据固有的数据和趋势分析来制定经济策略是一个重要的能力。经济环境越复杂，越需要复杂的高维数据分析方法。一个高维系统包含上千个变量和成百万的记录。神经网络、支持向量机与模糊系统的结合使我们能够分析模糊信息和数值信息，并处理“维度灾难”问题[②]。另一个需求是混合不同来源的数据，这些数据来自会计、策划、制造和供应链。在确定经济策略时，采用这种精密数据分析与使用经典的统计学方法相比有着明显的竞争优势。

对于一个成功且灵活的经济策略，另外一个重要的能力就是通过分析专利、市场及需求来预测未来趋势。能够承担这一重任的是神经网络、支持向量机以及智能代理这些关键的计算智能技术。这些技术同样可以通过分析客户的反馈信息、掌握

---

① L. Tesfatsion and K. Judd （Eds）, *Handbook of Computational Economics II: Agent-Based Computational Economics*, Elsevier, 2006.

② 模型预测性能随着输入变量数的增加而退化。

商业环境的新格局、学习数据的相互关系来不断地调整经济策略。

8.1.5 低运营成本

在所有经济运营中，尤其是在生产制造业，计算智能都证明了它所具有的潜力，即成本竞争力。例如，进化计算、支持向量机和神经网络，已经创造出了推理传感器。模糊系统、神经网络和群体智能在改进非线性控制、优化生产成本上非常有用。进化计算、群体智能和智能代理技术已经成功地降低了复杂供应链的运营成本。

8.2 加速创新

根据目前的分析，只有10%的上市公司可以维持比之前几年更好的增长趋势，创造高于平均水平的效益回报股东[①]。因此，这些企业可以获得华尔街和投资者的支持。实现可持续发展的关键策略是比竞争对手更快的创新。快速创新的三个推动力：①个性化；②迅速进入市场；③突破性创新。个性化是指推出一种产品，具有很高的性价比可以获得客户认可。快速进入市场是为了暂时垄断以赚取高额利润，并且迅速地对产品更新换代。自从技术突破重新定义竞争格局后，以前的一些竞争优势就已经过时，突破性创新成为了最实质的推动力量。典型的例子就是个人计算机或MP3音乐播放器，如iPod。

图8.3描述了快速创新的三个推动力的相关必备要素。

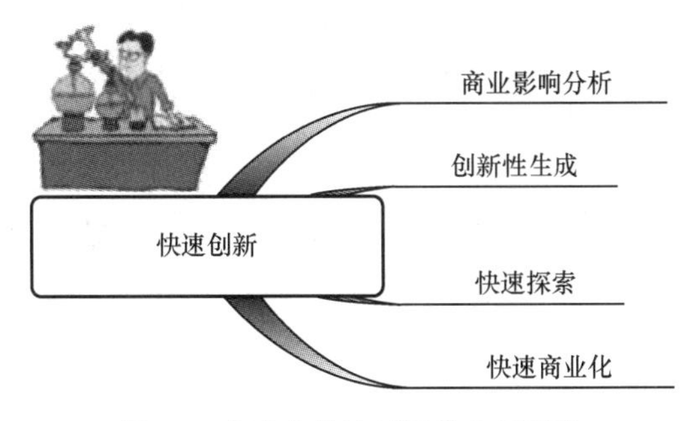

图8.3 实践中快速创新的必备要素

8.2.1 创新的商业影响分析

对每一个创新想法，预先估计其潜在的经济影响至关重要。据估计，在不远的未来，增加建模与分析能力将会成为竞争的关键。

计算智能技术为分析经济影响提供了独特的功能，并且可能成为这一领域的领先技术。它包括改进的搜索技术，基于机器学习对专利和有效文献的新颖性进行搜

① M. George, J. Works, and K. Watson-Hemphill, *Fast Innovation*, McGraw-Hill, 2005.

索。计算智能也允许在市场调查、未来需求、技术差距鉴定的基础上通过分析复杂的数据，评估创新的潜在经济影响。这项任务成功的关键是发展金融和市场渗透模型。虽然这种新模型还处于起步阶段，但是它以进化计算、神经网络、语言计算以及智能代理技术为基础日益完善。这些将会在本书的第 15 章做简要讨论。

8.2.2 创新的自动生成

计算智能的关键优势之一是其具备在一个特定的问题领域得到未知的解决方案的能力。创新性可通过进化计算自动生成。例如，基于已知的电路定理，采用遗传编程的方法，通过一些器件（电容、电阻、放大器等）的组合产生了特定频率响应的新电子系统，这种方法被证实是正确的，并产生了多项专利[①]。在研究新型光学系统的领域，研究者们也获得了类似成果。

8.2.3 新思路的快速探索

建模能力对于探索创新的技术特征至关重要。对于新发明，人们所具有的基本知识和相关的专业知识还处在一个很低的水平。建立第一原理模型的选择过程是非常耗时和昂贵的。关键是，只有很少的来自文献或实验的数据是可用的。通常情况下，这些数据难以满足经典统计的假设，用有限的观察报告来完善统计模型。但是，有两种计算智能方法，支持向量机与遗传编程的符号回归，可以用少量的数据来建立模型。虽然并不完美，但这些代理经验模型可以帮助确定关键因素、数学关系，并选择适当的物理机制。用这种方式，探索创新的研究时间可以大大减少。本书将在第 14 章讨论一个新产品开发的案例，它使用符号回归模型，节省了 3 个月的开发时间。

8.2.4 在实践中快速商业化

计算智能通过较少的扩展工作、为过程控制和优化提供更广泛的技术支持，加速了创新的商业化。扩展工作的关键不仅是建立试验工厂设施，而且要承担风险直至全面运作。如果能避免试验阶段，则将显著地节省成本与时间。在这一关键决定中，有两点是非常重要的，即扩大规模以后通过实验能够验证其可靠性能并且具有可靠的建模能力。正如前面所讨论过的，支持向量机与符号回归模型表现出了良好的性能。进化计算也可以通过生成对开发因素的非线性转换来设计试验统计方案，拓宽能力。这使我们避免了一些统计的局限性，并且不用做额外的试验，就可以建立一个线性模型。进化计算与经典统计学相结合的独特特征将在第 11 章进行讨论。

计算智能加速商业化的另一个贡献是其能够随着过程控制和技术优化的不断扩展，来处理复杂的非线性系统，详细阐述见 8.3 节。

---

① J. Koza et al., *Genetic Programming IV: Routine Human-Competitive Machine Intelligence*, Kluwer, 2003.

8.3 高效生产

有效地提高人类智能在制造业尤其是在改进质量与减少产品损失方面有着直接的积极作用。在制造业应用计算智能的好处之一就是几乎直接将创造的价值变成了金钱。

图 8.4 显示了计算智能在制造业创造价值的关键领域。

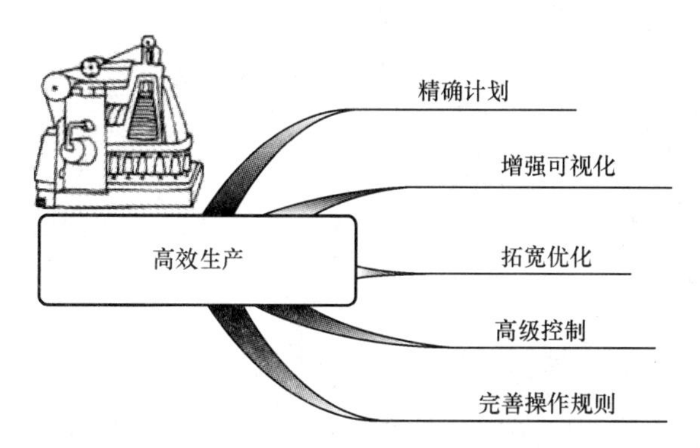

图 8.4 智能制造创造价值的关键领域

8.3.1 精确的生产计划

经典人工智能在生产计划领域创造了很多价值（例如第 1 章讨论的福特汽车公司为装配线规划的直接人力资源管理系统）。与计划相关的计算智能技术是智能代理技术，其独有的特征能够整合计划和学习。它也可以整合不同的数据来源，把详细的生产计划与具体财务目标紧密地结合在一起。另一种在生产计划中非常有用的计算智能技术就是群体智能，蚁群优化是群体智能技术的代表之一。

8.3.2 增强过程的可视化

过程的跟踪是指对来自过程的数据流赋予足够的信息，来估计当前的过程状态并为接下来的行动做出正确决策，其中包括过程控制。经典观测大多是基于硬件传感器和第一原理模型。但是，现代的观测还包括基于模型的经验估计，估计关键的进度参数和分析过程趋势。在这样的情况下，过程决策将更完整，能够更加全面的预测过程的趋势。

许多计算智能的方法都有助于加强过程的观测。基于神经网络、符号回归的传感器有成千上万的应用。具体的技术细节将在第 11 章和 14 章进行讨论。神经网络和支持向量机是趋势分析、相关故障检测以及处理健康监测系统的基础技术。这些系统通过早期的潜在故障检测创造了很多价值，它们还可以从改进产品质量和减少过程停工中创造价值。

8.3.3 拓宽生产和过程优化

优化是为数不多的直接把成果转化为价值的研究方法之一。毫无疑问，很多优化技术已经在工业上尝试与应用。大部分经典优化方法是从数学中衍生出来的，如线性规划、直接搜索与基于梯度的方法。问题的复杂性越高，经典优化方法的局限性就越大。尤其是对于复杂高维的噪声数据，经典优化方法都很难找到全局最优解。幸运的是，计算智能提供了几种方法，可以解决经典优化方法的局限性。

进化计算方法中的遗传算法以及进化算法已经成功地运用到波音、宝马、劳斯莱斯等公司的新产品设计中了。设计最优方案是一个有趣的领域，陶氏化学公司最近一直在用遗传算法和粒子群优化为配色进行寻优。

在过程优化中遗传算法、进化策略、蚁群优化、粒子群优化都可以找到一个动态且稳定的最优解。

8.3.4 高级的过程控制

众所周知，工业中 90%的控制回路使用经典的比例、积分、微分（Proportional-Integral-Derivative，PID）控制算法。复杂设备的控制一致性是非常重要的，需要高水平的专业技术。非优化控制可能导致数百万美元的损失，而计算智能可以通过多种方法来弥补这些损失。例如，遗传算法是自动调整控制参数一致性的最优方案之一。

其余 10%的控制回路使用非线性寻优控制方法。神经网络、进化计算和群体智能这三种计算智能技术在实现非线性控制上都有很大的潜力，其中神经网络是先进控制系统的核心。据主要的 Pavilion 技术和 Aspen 技术销售商报道，这些技术广泛地应用在石化、化工等行业中。

8.3.5 完善操作规则

操作规则把每一个制造环节的参与者联系在一起，包括管理者、工程师和操作员，并形成了一个完整的工作流程。它被认为是一个生产过程的整体知识基础，但也存在一定的问题，如它是静态的，整个流程中的唯一动态连接就是操作员和工程师在控制室的沟通。

利用计算智能技术可以制定一个自适应的操作规则，可以实时地充分地响应过程环境的变化。它基于有用的过程操作知识能够实现多元监测，及与智能报警诊断相结合完成早期故障检测，以及给出最佳性能指标等。

本书将在第 14 章展示一种利用神经网络、模糊系统、知识库系统和进化计算等方法来完善操作规则的系统。

8.4 高效分布

一个公司的供应链包括分散在各地的设施，从这些地方可以获取、转化、存储或者出售原材料、中间产品或终端产品，并且连接各地的运输环节，便于产品流通①。一个供应链网络，包括供应商、制造工厂、配送中心和市场。同时外包工厂设立在低劳动力成本地区，降低了整体的生产费用，但显著地增加了分销经营成本。因此，在全局供应链中，成本控制的重要性显得越来越重要。

图 8.5 说明了计算智能可在哪些领域提高效率和降低供应链运营中的成本。

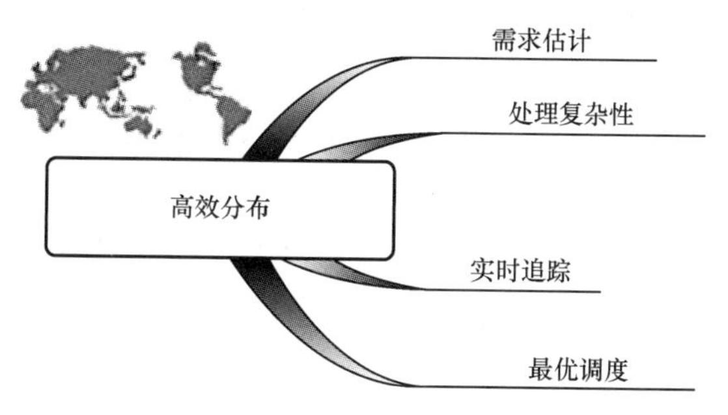

图 8.5　有效供应链的关键组成部分

8.4.1　需求估计

需求估计是公司为产品销售预测未来需求的一种定量分析方法，这些预测对建模和产品销售的优化至关重要，对于控制最低产品价格、产品采购地点和供应链总成本也十分必要。需求估计的标准方法是使用统计时间序列分析，这仅限于线性方法。

计算智能能够处理非线性时间序列的预测模型的建模工作。并发神经网络是非线性时序依赖的关键技术，已成功地应用于语音识别、过程控制和机器人等领域。

8.4.2　处理全球市场的复杂性

如果说预测地方或国家的市场需求是非常困难的，那么评估全球市场的需求则更具有挑战性。现有的大部分分析与统计技术都难以应对日益复杂的全球化问题。数据分析和知识表达方式可以将本地和全球市场的趋势与营销专业知识有效地结合起来，这非常重要。一些计算智能方法已经可以为全球运营供应链优化设计系统。例如可通过支持向量机、神经网络学习和进化计算自动地分析复杂高维的本地及全球趋势；市场营销专业知识和定性评估可以通过模糊系统获取，并集成到数值分析中；整个全球供应链系统可以通过智能代理技术实现。

---

① J. Shapiro, *Modeling the Supply Chain*, Duxbury, Pacific Grove, CA, 2001.

8.4.3 实时追踪

最近，一种新兴技术，即射频识别（Radio-Frequency Identification，RFID）在供应链变革方面已显示出巨大的潜力。RFID 是一种自动识别方法，使用 RFID 标签或转发器能对数据进行存储和远程检索。一个 RFID 标签是一个目标，它通过无线电波附加或纳入产品、动物或者人类中以达到识别的目的。许多大型零售公司，如沃尔玛、Target、Tesco 和 Metro AG 正在基于 RFID 重组其供应链。2005 年 1 月，沃尔玛要求其前 100 家供应商在所有货物上使用 RFID 标签。这种技术的主要好处之一是能够尽可能地在整个流通过程中进行实时跟踪。因此，运输成本和库存可以动态地减至最低。

但是，最大的障碍是如何在短时间内对高维的数据进行实时的数据分析与优化。经典统计和优化方法在解决这类问题时有明显的局限性。幸运的是，计算智能的一些特性能够应对高维数据的快速分析和优化。例如，神经网络增加在线学习的功能，以及连续的支持向量机能够实时地提供动态非线性模型，蚁群优化和粒子群算法也能够在高维动态环境下运行得很迅速。

8.4.4 最优调度

一般来说，工业调度优化有两个关键部分——优化配置和生产计划。优化配置调度包括运输方面和库存方面，运输方面如车辆装载和路线安排、通道选择和运输队的选择；库存方面包括安全的库存需求、补货数量、补货时间。优化生产调度需要这样的过程：在一台机器上进行订单排序，对主要订单和次要订单转换的时间以及工作中的库存进行管理。现有的优化模式大多以分析线性规划与混合整数规划技术为基础，但是在处理高维数据、寻优过程中出现噪声和存在多个最优解的情况下有一定的局限性。许多计算智能方法，特别是进化计算和群体智能技术能为复杂的实际问题提供可靠的解决方案。其中一个令人印象深刻的例子是第 5 章和第 6 章中讨论过的应用蚁群优化和遗传算法优化调度液化气。

8.5 打动客户

如何与本地及全球客户交易，已成为全球经济化的重要课题。关于客户关系管理、客户忠诚度分析以及客户行为模式检测的方法和软件产品，在过去几年中有所增加。计算智能在这个过程中扮演了一个重要的角色。图 8.6 显示了如何打动客户与赢得他们支持的关键因素，下面本章将讨论不同计算智能技术所做出的贡献。

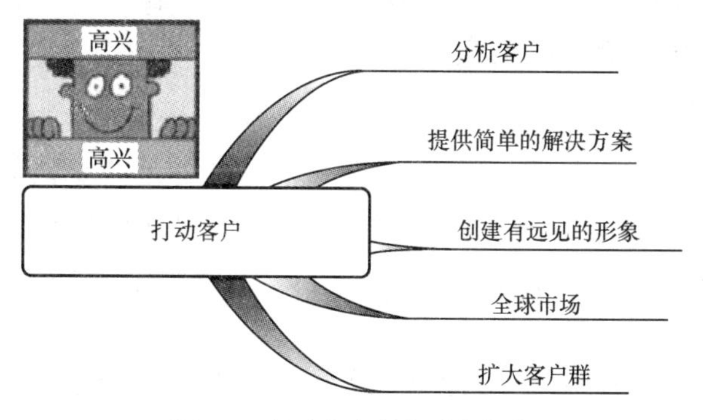

图 8.6 打动客户所必需的条件

8.5.1 分析客户

互联网这一现代化仓库的庞大数据收集能力，以及处理大型数据库的先进软件功能，直接采用更加复杂的数据分析方法改变了客户关系管理。用计算智能分析客户有两个截然不同的方法。第一种方法，也是主要的方法，是被动地分析有关客户的所有可能的信息，包括寻找经典统计关系和客户分类。许多与客户有关的决定（例如，评估客户更换供应商的可能性）必须非常快，甚至要采用统计工具来完成。在其他情况下，有数以千计潜在的可建模型（例如，为数以千计的产品确定最好的目标客户）。在这个复杂的问题中，许多计算智能方法具有独特的分析能力，神经网络里的自组织映射对自动分类新客户特别重要。

分析客户的第二种方法仍处于初级研究阶段，是通过智能代理技术的仿真对客户的动态行为进行分析。

8.5.2 提供简单的解决方案

简单是产品能长期地吸引客户并保持其忠诚度的主要因素之一。一个典型的例子是现在的 iPodmania，用极其简单、简练的方式执行复杂的任务。众所周知，即使是最聪明的消费者也喜欢用简单的方法操作产品，丝毫不伤脑筋。简单的解决方法的另一个优势就是它们能更好地在全球化市场中定位。通常操作简单的产品可以被任何文化、任何教育水平的客户所接受。

矛盾的是，智能方法如何将逐渐复杂的技术转化为简单的解决方案。计算智能技术之一的多目标进化计算具有独特的功能可以解决这一矛盾，其可以根据解决方案的性能和功能自动产生一系列难易程度不同的解决方案。例如模拟进化的推动力，有两个标准即性能和简易。因此，达到要求的性能，最简单的方案就是最佳方案。本书将它称为新兴的简单特性，在本书的第 3 部分介绍了它的实际应用。

8.5.3 创建有远见的形象

有些客户喜欢用具有高新技术的产品。一个典型的例子是小型清扫机器人Roomba的成功，它的销售量超过200万[①]。瞬间，这个小设备将地毯清理从一个低技术、普通的活动转变成将机器人引入家庭的行为。许多客户购买Roomba，并不是因为它强大的功能（其实，人们能清理得更好），而是Roomba能让他们看起来更新潮并得到邻居和同事的羡慕。

计算智能是新兴技术之一，这些技术具有广阔的市场应用前景。例如，另一个在广阔的市场上取得成功的产品是由松下生产的非常受欢迎的神经-模糊电饭煲。它基于神经网络和模糊逻辑这两种计算智能技术。根据客户的反映，这种电饭煲蒸出的米饭味道更好。事实证明，该产品有很好的市场销售前景，甚至可以增加食欲[②]。

另一个有趣的计算智能应用是高层管理者渴望为未来的发展研发新兴技术。计算智能有足够的应用信誉，看起来像真正的交易，它巨大的技术吸引力被认为是一个面向21世纪的尖端技术。通过采用计算智能，高层管理者可以根据自己的判断用最低的风险去引进新的技术。其他受高度关注的新兴技术，如纳米技术或量子计算则远远不能提供切实可行的解决方案。

8.5.4 扩大客户群

对客户分析和建模的最终目的是要扩大现有客户群。一种增加客户量的可行方式是在分析客户市场消费的基础上预测其未来的消费习惯。计算智能是这类行为分析的核心技术。典型的例子是亚马逊可以根据客户的购物车和预购货物清单，给出购买建议。另一种可行的扩大客户群的方式是扩大地域。这个做法的关键问题是融合全球市场与地域文化。基于智能代理的仿真技术可能有助于确定当地的营销策略。

8.6 增强创造力

创造性工作是创新产生和工艺改进的关键，而这些又是价值的主要来源。原则上，创造性是强烈的个人行为，很难被先进的技术或组织直接影响。当代竞争力的挑战之一是寻找“知识土壤”让员工的创造力开花结果。计算智能技术可以通过减少例行操作、引入新技术、增强人类智能、提高认知效率（图8.7）来增强创造力。

---

① http://www.irobot.com/.

② http:/rice-cookers.wowshopper.com/pics-inventory/nszcc-e.gif.

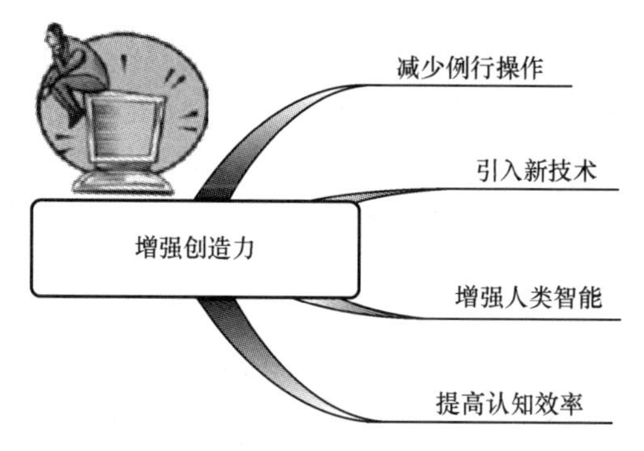

图 8.7　通过增强创造力来提高生产的关键要素

8.6.1　减少脑力劳动者的例行操作

计算智能技术是基于许多日常行动之上的，为当今脑力劳动者节约了时间。它包括但不局限于下列活动：分析格局、屏蔽垃圾邮件、检查拼写和语法错误、自动翻译、语音识别、故障检测和复杂的报警处理。例如数字化乳腺 X 线技术对乳房 X 射线照片自动扫描，利用神经网络、支持向量机自动识别潜在的乳腺癌。这种方式为放射科医生节约了很多的诊断时间。特别重要的是，生产中决策者在紧张状态下所做出的决定可能会导致致命的失误，而计算智能可以在很短的响应时间里自动处理复杂报警事件。通常流程操作者每分钟要处理数百个甚至数千个报警信息，因此要从众多原因中迅速地找出事故的根本原因极其困难。而自动智能报警处理方式可以找出根本原因，帮助操作人员及时地找到一个可靠的解决方式，并减少产品损失和潜在的停产风险。

8.6.2　激发想象

在一些研究领域，如设计和艺术创作，激发想象力非常关键。在科学界，爱因斯坦认为，想象力比知识更重要。计算智能方法中，进化计算方法可能有助于激发想像力。在上述所有提到的应用领域中都用到了其创新、自动模拟进化和交互进化能力。使用进化计算的一个令人印象深刻的成果是进化艺术。读者可以在网络上寻找到相关有趣的例子[①]。

8.6.3　添加智能传感器

创造力往往取决于超出了生物感官的因素，人们通常用“第六感”来描述这一现象。“第六感”的洞察力与众不同，在多数情况下其不需要具备任何数据或知识就能预测事情。计算智能的最大好处之一是它可以根据数据增加新的复杂的功能，称为智能传感器。这种高水平传感器包括模式识别、趋势分析以及处理高维数据。模

① http://www.karlsims.com.

式识别可以根据已知的数据自动定义未知的模式，其对任何智能行为都会有所帮助。对人类来说在不同的时间尺度下预测发展趋势是非常困难的，但是使用神经网络等方法可以很好地完成预测任务。因此，重大事件的潜在发展趋势，如市场方向或关键过程变量漂移，能够在早期发展阶段被自动检测到。

8.6.4 提高认知效率

增强创造力的最终结果是提高认知效率。本节将通过计算智能技术的三种不同方法来提高脑力劳动的效率。第一种方法是通过减少时间提高数据分析的效率。许多计算智能方法可以在发展的早期阶段获得数据趋势，认识复杂模型，在行为中获得经验模型，并处理不精确的信息。

第二种方法是利用计算智能开发新的思路，以提高效率。正如本章前面讨论过的，计算智能在每个探索阶段——从经济影响分析建模及有效扩大规模到新思路的商业化，都能提高生产率。

第三种方式是提高决策质量。计算智能解决方案基于客观数据分析，相比以启发式为基础的专家系统，是智能认知最好的选择。

8.7 吸引投资者

互联网泡沫并没有阻止企业利用高科技来吸引投资者。计算智能是罕见的高科技之一，它被看作是其他技术的催化剂。这种独特的能力大大增加了吸引投资者的机会，如图 8.8 所示。

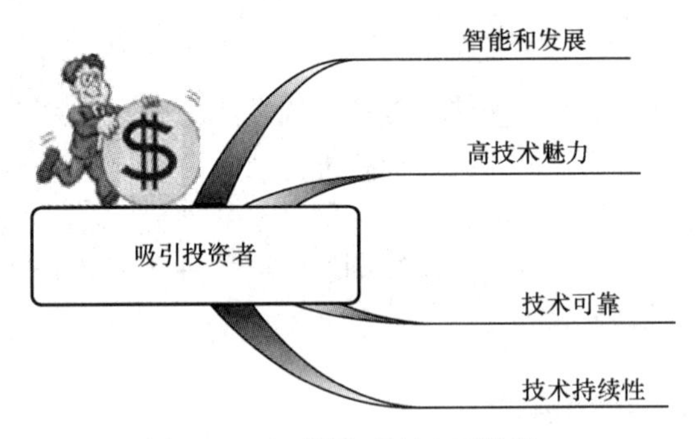

图 8.8 吸引投资者的必要特性

8.7.1 智能和发展

众所周知，经济增长的潜力是吸引投资者的关键。通常这种潜力与脑力劳动效率联系在一起。由于计算智能的关键作用是提高人类智能，所以它对经济增长的潜在影响很大。此外，计算智能可以促进经济各个方面的发展。正如在本章前面所讨论的，加速创新是发展的关键因素，使用计算智能技术能明显加快速度。通过地域扩张提高经济增长的另一个方式是成功的全球化市场。通过分析经济市场和优化供应链，计算智能能够显著地降低全球营运成本。并且，计算智能技术在生产制造的不同阶段也有一定的技术竞争优势，它可以提高生产力。最后，计算智能还是用申请专利的方式保护知识资本的最快发展领域。如图 8.9 所示为 1996 年至 2006 年期间，与计算智能相关的专利增长迅速。

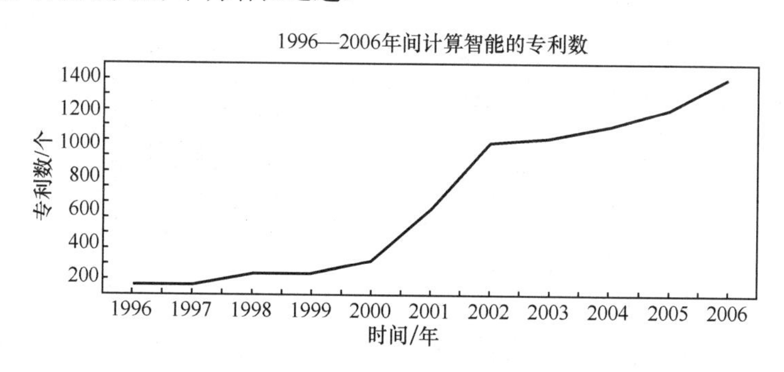

图 8.9　1996—2006 年之间发表的与计算智能相关的专利数[①]

8.7.2　高科技魅力

计算智能的高科技魅力是其另一个被人们喜爱的优点。有几家公司（华尔街的最爱）已经意识到计算智能的重要性。例如，谷歌和微软集团的机器学习团队，亚马逊和陶氏化学的数据挖掘团队，通用电气的计算智能团队。计算智能在这些成熟企业中的成功应用使得未来其获得相关企业的投资更容易。另一个吸引投资者的是，计算智能相对于其他新兴技术并不需要庞大的资本投资。

8.7.3　技术的可靠性

计算智能和其他高科技产品的区别是它已经证明了在许多应用领域其具有创造价值的潜力。相对于量子计算或纳米技术，计算智能的发展已超出了纯粹的研究阶段，并创造了大规模应用，例如互联网搜索引擎、文字拼写检查器和电饭煲。有些被媒体高度宣传的事件，如卡斯帕罗夫与 IBM 公司之间的棋战，也增加了技术的可信度。

8.7.4　技术发展的持续性

计算智能被投资者喜爱的另一个重要原因是它的可持续发展潜力。其中计算智能技术之一，即进化计算就可以直接提升计算能力。据估计，在不久的将来，快速

① 结论是基于在网站 http://www.micropatent.com 上搜索关键词“计算智能”而得来的。

增长的处理器容量将达到人类大脑的潜力，那时，在人类的任何活动领域，进化计算的创新能力将是无可限量的。

计算智能做为一个迅速发展的研究领域，出现了几种新的方法，如语义计算、人工免疫系统、智能进化系统和协同进化系统。此外，计算智能领域内部研发与工业应用新需求的增加相结合也是未来发展的趋势。这些发展趋势将在本书的第 15 章进行讨论。

8.8 增强国防

众所周知，几乎所有发达国家的人工智能和计算智能研究都得到了国防科研机构的支持。这些技术都首先在军事上得以应用，例如情报收集和利用，指挥和控制军事行动及网络安全。图 8.10 显示了一些受计算智能影响的国防系统的重要组成部分。

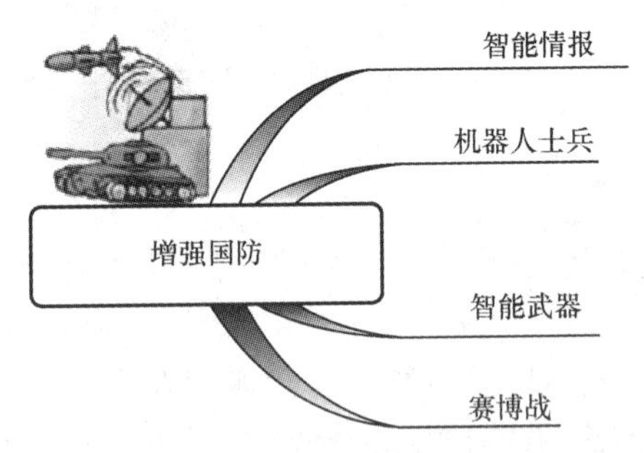

图 8.10 21 世纪国防重要组成部分

8.8.1 智能情报

情报与识别异常相关，它通常是一种隐性模式——事件、过程、事物和概念之间明确的和隐含的联系。此外，这些模式是非常薄弱的，长时间后可被破解。为了寻找、收集、整理和分析这些联系，情报部门使用了多种多样的传感器。这些传感器通过情报人员、通信的截获和分析、摄影侦察来搜集相关情报。情报分析员采用各种工具和技术分析收集来的情报，这些技术大多数基于计算智能。

有关情报应用模式的例子如下①：

（1）购买化学品、建筑材料、五金用品，这些行为本身很平常，但放在一起，可通过一个共同交易机制相联系（如信用卡）。

（2）试图获得一种罕见或不寻常的共性技能（如世界贸易中心的攻击者试图获得认证）。

① E. Cox, Computational intelligence and threat assessment, *PC AI, 15*, October, pp.1620, 2001.

（3）盗窃特定类别的车辆，如 UPS 或联邦快递卡车。这些车辆在社会中非常普遍，因此可以在大城市中有效地隐藏起来。

8.8.2 机器人士兵

五角大楼预测，不超过 10 年，机器人将成为美军部队的主要战斗力，在战争中杀敌。机器人是军方努力构建 21 世纪的作战部队的一个重要组成部分，美国历史上最大的军事合同，一个称为未来战斗系统的项目，耗资 1270 亿美元[①]。五角大楼官员和军方代表表示，未来战争的最终目的是没有人员伤亡。即便不行，也可以让机器人尽可能多地完成肮脏、艰难、阴暗或危险的任务，从而在战场上保护士兵的生命。

同时实施机器人士兵也是基于财政方面的考量。五角大楼在未来需要支付高达 6530 亿美元的士兵退休福利金，这让政府负担不起。而机器人，不像老战士，其不会退休。根据五角大楼的研究，一个士兵从入伍到安葬的费用大约是 400 万美元，而且还在不断增长。而机器人士兵的成本仅为其十分之一或更少。

当然，道德也是另一个问题。十年前，Isaac Asimov 给机器人假定了三个规则：不要伤害人类；服从人类，除非其违反了规则 1；保护自己，除非这种保护违反了规则 1 和 2。显然，机器人士兵违反 Asimov 的规则。

8.8.3 智能武器

智能武器的一个关键应用就是采用计算智能技术自动识别目标。著名的案例是 2005 年有超过 1200 架美国 Predator 无人驾驶飞机被应用。今天的无人机有小到乌鸦大小的，也有大到塞斯纳飞机大小的，它可以搜索陆地上的炸弹、寻找反叛分子和监视部队后方。这种飞机很便宜，而且比一般战斗机在空中的停留时间长，它们还可以更好地观察战场上的所有信息，同时避免了飞行员的伤亡。2006 年，一架无人机在离地面 35,000 英尺[②]，速度为 442 英里每小时的测试中，用一枚小型智能炸弹击中了地面目标，从而书写了军事历史。

计算智能是新一代智能武器——大批无人驾驶、无人值守和不受飞行限制的海陆空遥控飞机的关键技术。这些武器将具备在敌对作战区域独立处理事件的能力，如监视、攻击、捕获以及拘留。

另一种可能的应用是基于群体智能的智能微型机器人。它们可用于搜索矿山、侦察建筑和消灭山洞里的敌人。

8.8.4 赛搏战

计算机模拟军事活动对分析攻击战略和制定计划至关重要。可应用的大部分模

---

① T. Wiener, Pentagon has sights on robot soldiers, *New York Times*, 02/16/2005.

② 1 英尺(ft)=0.3048 米（m）。

拟环境包含计算智能方法。军事行动研究团体研究的EINSTein网络战争包在全球广泛应用[1]。它采用自主智能模拟个体行为和性格的方式首创了中小规模的作战模拟，而且无须任何硬件。与自上而下的方式形成鲜明的对比，EINSTein提供了一种自下而上的生成方案模拟实战，其依然基于大多数传统的军事模型，阐述了陆上作战的很多方面的认识，例如自组织新兴现象。赛搏战游戏也很流行，其中有一款名为NERO的游戏，它通过智能代理制定不同的战术来击败敌人。另一种复杂的战略战争游戏，如赛搏战XXI，它根据不同的机器学习技术，模拟战略决策带来的影响。

8.9 健康保护

在医疗保健领域，面对医学知识呈几何级数的增长，唯一的选择是改善决策制定的流程。计算智能在这个日益增长的行业占据着很好的位置，为受过良好教育的客户提供新技术。许多个人健康保健需求，从早期的症状诊断到全面的健康监测系统，可以受益于计算智能。如图8.11所示为通过计算智能保护健康创造潜在价值的关键领域。

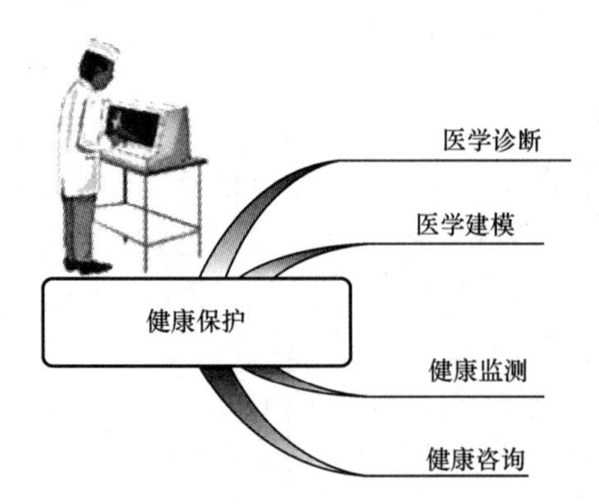

图8.11 成功的健康保健的必要技术特征

8.9.1 医学诊断

众所周知，医生把诊断疾病看作自己工作中最重要的部分，因此很难接受将其委托给一台计算机。然而，20世纪70年代末到80年代初，人工智能的初步应用直接挑战了医生的能力，用一个软件替代了他们的专业知识。然而，这种试图通过专家系统改善医疗诊断的应用反而被认为是对医生职业的挑衅和对他们工作的一个威胁。

然而，现今，医生在诊断过程中能够接受采用计算机，并在工作中欣然地使用

① A. Ilachinski, *Artificial War: Multiagent-Based Simulation of Combat*, World Scientific Publishing, Singapore,2004.

专家系统。其主要原因是计算机系统的准确性高，它通常可以采用多个计算智能技术。

另外，遵循不取代但是可以增强人类智能的原则，应用计算智能可以大大提高医生医疗诊断的质量和速度。向医师特别推荐将模糊系统与机器学习技术中的模式识别结合使用，模糊系统可以定量和数字化处理健康信息的文字描述。典型的应用是基于神经网络和支持向量机的乳腺癌和肺癌早期检测诊断系统。市场上有几种计算机辅助检测（CAD）系统，如 R2 图像检查，它使用 X 线检查乳腺。据称，目前高达 23.4%的妇女乳房癌症 X 线早期检测由 R2 完成[①]。还有其他一些联邦药物管理局（FDA）批准使用的肺癌三维计算机断层扫描和胸部 X 线检查的 CAD 系统和一个检测结肠癌的 CAD 系统。

CAD 系统存在的一个主要问题是会产生假阳性检测。放射科医生需要认真研究每一个 CAD 检测，这会非常耗时，也可能导致不正确的活检良性病变。目前正在通过减少假阳性检测和提高系统的灵敏度，提高 CAD 系统的性能。

先进的语音识别系统使语音识别可以应用在放射设备中，将放射科医生的口头描述转变成计算机文档。这让放射科医生的报告更快地自动归档到医院的信息系统中，从而更快地给出诊断结果和病人的治疗方案。

8.9.2 个人医学建模

计算智能另一个巨大的潜在市场是个人医学建模的发展。由于人体的复杂性和个体独特性，依据基本原理统一建立模型是不切实际的。为每一个人建立个人医学模型是发展方向，该模型将是经验和半经验模型的结合，它代表不同个体健康因素的相关性。例如，2 型糖尿病患者有一个依赖个人经验建立的模型，它根据不同的食物和体育锻炼预测了血糖的水平。1 型糖尿病患者可以在此模型基础上建立一个最佳的胰岛素控制系统。神经网络、支持向量机、基于遗传编程的符号回归可能是这种医疗模式的关键组成部分。例如，利用神经网络模型诊断冠状动脉狭窄的情况，此方案包括 19 个因素，如年龄、基础血压、肌酐含量、透析等。在每次实验数据测量和分析之后，该模型可以预测冠状动脉造影手术是否是必要的。

8.9.3 健康监测

一个典型的健康监测的应用是监测手术过程中病人的麻醉深度。目前，麻醉医师根据启发式规则来调节麻醉剂量，这种规则建立在个人经验和以往典型特征的基础之上，如自然呼吸、肌肉运动、血压或心率的变化。但是，这种调节麻醉剂量的方法取决于主观经验，不能在手术麻醉时作为普遍依据。因此，在手术期间因剂量不足可能会导致严重的并发症，这将成为病人起诉医生的导火索。

---

① http://www.pamf.org/radiology/imagechecker.html.

麻醉深度监测系统基于神经网络和模糊逻辑的组合[①]。这种模型输入大脑的脑电图（EEG），从 0（完全清醒）到 1（完全抑制脑电图）量化麻醉深度。对 15 只狗进行实验，结果表明该神经-模糊监测系统具有很大的优势，准确度高达 90%，完全可以针对不同的病人和麻醉技术，预测麻醉剂量不足时出现的临床症状，并且不需要校准。

8.9.4 私人健康顾问

健康保护所期待的趋势之一是收集所有的可用信息和个人健康模型，自己掌握健康状态。在现有数据和模型的基础上，人们的个人计算机医生也应该具备一些决策功能。必要时，它将传达和调整医生提供的建议。智能代理技术可以逐渐使其成为现实。

8.10 娱 乐

2004 年，美国娱乐软件业出现了巨大的扩张与巨额销售，金额高达 254 亿美元[②]。如图 8.12 所示，该行业发展的关键领域与计算智能息息相关。

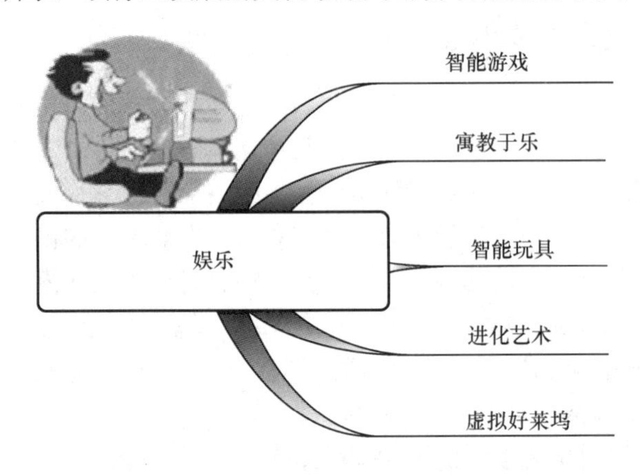

图 8.12 智能娱乐的主要方向

8.10.1 智能游戏

计算智能技术可用于开发不同类型的游戏，如跳棋、象棋、桥牌、扑克、西洋双陆棋、纸牌等。第一个应用是由 David B. Fogel 领导的研究小组开发的 Blondie24[③]，

① J. Huang et al., Monitoring depth of anesthesia, *Computational Intelligence Processing in Medical Diagnosis*, M. Schmitt et al. （Eds）, Physica-Verlag, 2002.

② R. Miikkulainen et al., Computational Intelligence in games, *Computational Intelligence: Principles and Practice*, G. Yen and D. Fogel （Eds）, IEEE Press, 2006.

③ D. Fogel, *Blondie24: Playing at the Edge of AI*, Morgan Kaufmann, 2002.

在本书的第 5 章做了简要介绍。

Blondie24 的一个惊人功能是，跳棋游戏不是依赖于人类知识进行的，而是依赖于进化过程自身，不断生成下一代，玩家甚至不知道如何结束个人比赛。

8.10.2 寓教于乐

教育游戏与现行的枯燥的教育模式从根本上有很大差异。与“传授-考试”的传统教学方法截然不同，教育游戏通过处罚、奖励、学习来启蒙学生探索发现。但是，使用游戏教学受到限制，除非教育机构愿意考虑改变教学体制和内容，并且重新思考教师和其他教育方面的专业人员在教育中应该起到的作用[①]。

有些商业计算机游戏已经引入到高中教学中。例如，文明 III（一个世界文明发展变化的计算机游戏）在世界各地的教室里用于教授历史、地理、科学等科目。其他商业视频游戏，也已经在高校中使用，例如模拟城市（一个城市规划的游戏）、过山车大亨（一个用于教授物理学概念如速度和引力的游戏）。

下面是三个关于不同主题的游戏：纽约市消防局协调开发的应对恐怖袭击的策略《应对大规模伤亡事件》、免疫学科学方面的《免疫攻击》和关于古美索不达米亚数学的《发现巴比伦》。

这些教学游戏的目的是吸引三类目标群体：响应大规模伤亡事件针对成年工作者，免疫攻击针对青少年，发现巴比伦针对小学生。

8.10.3 智能玩具

计算智能的另一个应用是开发智能玩具。其中一个有趣的例子是，一个古老的猜谜游戏——20 个问题（20Q）[②]。这个游戏大多数是在长途旅行、学校旅行以及度假过程中和家人一起玩的。游戏的玩法是尽可能地准确回答 20 个问题。20 个问题的答案可以是“是”“不”“有时”或者“不知道”中的任何一个。

20Q 是如何猜测你正在想什么呢？游戏中用到了神经网络技术。20Q.net 的 在线版本大约有 1000 万个神经元，便携版本大约有 250，000 个神经元。游戏使用神经网络选择下一个问题并决定问什么。

8.10.4 进化艺术

在本章开始，曾经讨论过在绘画中采用进化计算技术。创建数字音乐是另一个潜在的计算智能的应用。神经网络和进化计算可实现虚拟的管弦乐队、机器人鼓手和人造作曲家等。

另一个有趣的事情是创造互动话剧，例如 Fasade 工程，它利用两个演员模拟一

① *Harnessing the Power of Video Games for Learning*, Summit on Education Games 2006, Federation of American Scientists, 2006.

② http://www.radicagames.com/20q.php.

个戏剧性的情景并创造出实时的三维动画。演员可以按个人喜欢的方式生成不同的场景，并指导动作。

Fasade是一个计算智能型艺术/研究实验①。在Fasade中，你是一个玩家，用你自己的名字和性别，扮演Grace和Trip的好友。一个晚上你和他们在公寓聚会，并起了冲突，你陷入了他们的婚姻冲突。没有人是安全的，双方被迫作出决定，并且一旦决定就不能再更改。在结束时，你将改变Grace和 Trip的生活。每一次重演话剧都可以出现不同的结局，这让人觉得刺激。

8.10.5 虚拟好莱坞

随着绘画和智能代理技术的不断提高，计算智能有可能完全在虚拟世界里制作电影。Trial和 Trail就是一个虚拟剧的例子②。这是一个全新的戏剧娱乐，不需要主角，观众将成为主角。在这个互动的戏剧中，观众在屏幕上几乎可以扮演世界上的任何角色。

在不断增长的“行为库”和口头沟通的“词汇库”中，用户的行为决定了如何应对视频游戏中的虚拟人物，而不是使用一个操纵杆来对虚拟角色进行操作。

因此，当人类用户参与戏剧时，他/她的行为将被计算并记录在互联网，从心理学角度解释该行为，并且用于推进虚拟人物做出的表演。

从某种意义上说，戏剧中的计算智能体必须对周围用户的自发行动做出迅速反应。

8.11 小　　结

主要知识点：

计算智能可以快速创新，提高企业的竞争能力，为客户留下深刻的印象，吸引投资者。

计算智能能够通过提高创造性，提高流程效率，优化供应链来提高生产率。

计算智能对现代国防事业有显著的贡献。

对个人而言，计算智能有能力保护我们的健康，并使我们的业余时间更加快乐。

总　　结

应用计算智能有可能在人类的任何活动领域创造价值。

---

① J. Rauch, sex, lies, and video games, *The Atlantic Monthly*, November 2006, pp.76-87.

② J. Anstey, et al., Psycho-drama in virtual reality, *Proceedings of the 4th conference on Computation Semiotics*, 2004.

推荐阅读

该书总结了有效的创新策略:

M. George, J. Works, and K. Watson-Hemphill, *Fast Innovation*, McGraw-Hill, 2005.

该书论述了在医疗诊断中应用计算智能的现状:

M. Schmitt et al （Eds）, *Computational Intelligence Processing in Medical Diagnosis*, Physica-Verlag, 2002.

在国防领域应用计算智能的两本很好的参考书:

E. Cox, *Computational intelligence and threat assessment*, *PC AI, 15*, October, pp. 16–20, 2001.

A. Ilachinski, *Artificial War: Multiagent-Based Simulation of Combat*, World Scientific Publishing, Singapore, 2004.

第9章 计算智能的竞争优势

如果没有竞争优势，就不要参与竞争。

——Jack Welch

竞争优势是管理者最常用甚至滥用的十大名词之一，它甚至在企业之间流行的游戏“Bullshit Bingo”中独占鳌头[①]。幸运的是，不考虑炒作因素，竞争优势已有一个非常清晰的商业意义，它几乎是所有经济分析和战略决策制定的前提。这个名词并不完全用于评价某一研究方法相对于其他方法的经济影响。通常，其重点放在方法之间的技术优势与局限的对比研究中。然而，在激烈的市场竞争中，如果一种技术要在经济改革中具有优势，毫无疑问仍然需要付出巨大、未知、探索性的努力。

实践中，一项新兴技术应用的首要问题就是明确其竞争优势。本章的目的是论述计算智能所具有的竞争优势。

9.1 研究方法的竞争优势

韦氏词典将“优势”一词定义为位置或条件的优越性，或能够从其他行为的结果中受益。“竞争”则定义为与争论有关的某种行为。竞争优势就是拥有创造价值创造的策略，同时这个策略不能被现有或潜在的竞争对手所使用。基于这种经济特性描述，定义一个研究方法的竞争优势是指其技术优越性不可被其他技术所替代，并且在市场竞争中能轻易取胜。该定义包括三个部分：第一部分是优于其他方法的技术优势（如更好的预测准确度）；第二部分是最低的总成本，并评估该技术以及其方法潜在的执行效果；第三部分是在第二部分的前提下，分析该技术的成果带来的经济效益，以及对提高经济竞争力带来的影响。

评估一项新兴技术的竞争优势一般包括三个步骤，如图 9.1 所示。

①感兴趣的读者可从网站 http://www.bullshitbingo.net/cards/bullshit/中下载该游戏。

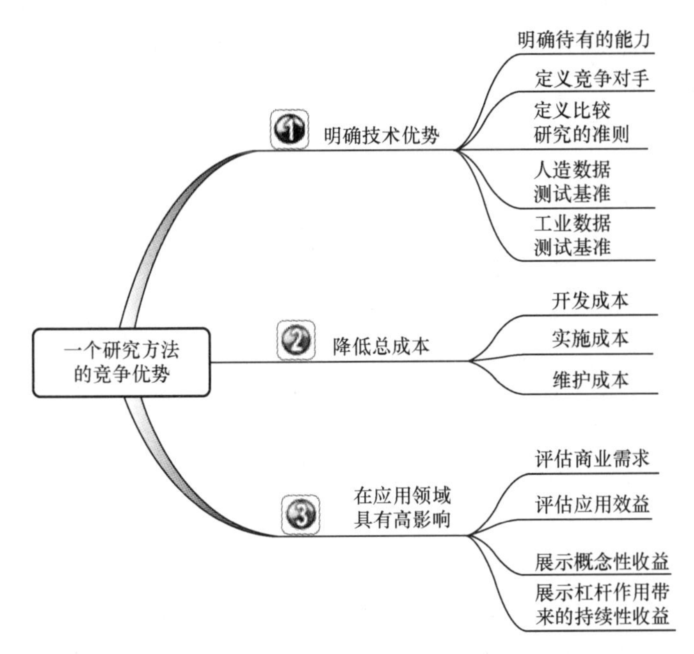

图 9.1　评估某一研究方法竞争优势的关键步骤

9.1.1　第 1 步: 明确技术优势

竞争优势分析的第一步的目的是根据主要的竞争方式，定义和明确某一研究方法的具体技术优势。实现这一目标的步骤如下：

（1）明确特有的能力：重点是明确被评估的方法的闪光点。以下是计算智能技术的一些例子：模糊系统能够处理不精确的信息，高水平地描述现象；神经网络能够学习数据中的隐藏模式和关系；进化计算可以生成具有创新性的系统。

（2）定义竞争对手：选择与被评估方法贴切的最相关的已知方法。与计算智能直接竞争的关键科学方法的分析将在 9.2 节介绍。

（3）定义比较研究的准则：基于统计特性或专家知识，对被评估的性质列出评估标准。如果结果的差异有统计学意义，则强烈建议采用数据有关的对比研究。如果没有，则结论缺乏可信度。

（4）人造数据测试基准：以大众认可的测试基准为基础，为每个研究机构制定统一标准。它们是通用的，并且可以从网上下载[①]。在本书的第一部分给出了广泛应用的计算智能方法的网站。此外，还有关于几乎所有计算智能技术的对比研究，这些研究结论也可以用于分析[②]。

---

① http://ieee-cis.org/technical/standards/benchmarks/.

② L. Jain and N. Martin （Eds）, *Fusion of Neural Networks, Fuzzy Sets, and Genetic Algorithms: Industrial Applications*, CRC Press, 1999.

（5）工业数据测试基准：最后的技术测试针对具体的技术，采用最接近实际应用情况的数据进行测试。测试基准包括所有现实应用中可能出现的问题，如输入数据的丢失和错误，知识不一致和需求不明确。

9.1.2 第 2 步：降低总成本

这一步的目的是评估应用的成本。各个方面的成本都必须考虑进去，如资金成本（配置计算机、实验室设备、非常昂贵的软件包等产生的费用）、软件许可证以及最重要的劳动成本。可自主定义该评估的详细程度，它不一定要计算的十分精细，费用预计往往在一个数量级上就可以了。主要考虑三方面即开发、实施和维护，它们基本构成了总成本：

（1）开发成本：通常包括必要的硬件成本（特别是需要比个人计算机功能更强大的计算设备）、开发软件许可证，最重要的是，要积极引进人才，通过内部或外部的合作改进、维护和应用技术。

（2）实施成本：评估实施成本需考虑以下内容，包括运行的硬件成本，运行过程中的许可证费用（有时比软件开发费用更高），集成解决方案到已有的工作流程中的费用（或创建一个新的工作流程的费用），用户培训和应用模型所需的人工费用。

（3）维护成本：评估一项应用项目至少需要五年的时间。有些类型的应用项目，如排放量监测系统，要通过季度或年度的监管测试，且需要大量的硬件费用来定期收集数据和验证模型。很多时候，制定复杂的解决方案，需要博士水平的高技能劳动力，这大大增加了维护费用。

9.1.3 第 3 步：在应用领域具有高影响

应用领域高影响的竞争优势评估最困难，因为既没有现成的方法，也没有公开的测试案例和足够的数据。但这一步又非常重要，因为把技术优势转化为经济价值的潜在效益是必须评估的。下面是一系列有关行动的建议：

（1）评估商业需求：首先，明确具体业务中存在的问题并排出优先级。了解解决方案的关键障碍：缺乏支持、没有足够的数据、资源有限和不够迫切等。其次，根据模型和统计数据，评估存在的经验模型，评估潜在用户承担的风险以及应用新技术的意愿。

（2）评估应用效益：主要是根据业务需求罗列出方法的技术优越性。例如，如果要优化现有的供应链系统的流程，就需要评估遗传算法、进化策略、蚁群优化、粒子群算法等多个独特的计算智能方法的优点。在潜在价值已经被估计出的情况下，这种做法的最终结果将是技术效益。

（3）展示概念性收益：实践是检验真理的唯一标准，因此有必要验证选中应用技术的商业优势。最好是对存在的问题根据现有的工业标准解决方案列举出可采用的不同技术和其商业优势。这种做法比计算智能预期的开发成本还要高。可以在以后类似的应用中，继续采用该技术来补偿开发成本的增加部分，以克服这个问题。

（4）展示杠杆作用带来的持续性收益：将一个具有技术优越性的已研究的方案成功地应用到商业竞争中，需要假设其持续增加的应用机会。没有实施策略的支持，而仅仅展示一个应用案例带来的效益是不够的，因此在类似领域，需考虑概念性方案如何具备杠杆作用。此外，还需要考虑该技术可能的新的应用领域。在工业中引入一项新兴技术是非常昂贵的，只有具有显著技术优越性和能够在广泛的应用中带来持续性收益的技术才能在竞争中胜出。幸运的是，计算智能就是这样一种新兴技术。

9.2 计算智能的主要竞争对手

明确计算智能竞争优势的最重要的步骤之一是在竞争中掌握几个关键的竞争对手，本节将提出一些能与计算智能进行高水平较量的常见竞争对手。对比中的一个重要问题是，各个计算智能技术都有很多特点。例如，模糊系统的优点与群体智能的优点明显不同。在高水平的分析中，将把竞争对手的功能与计算智能的广泛特征相比较，如对于实际应用，可能会和模糊系统、神经网络、支持向量机、进化计算、群体智能以及智能代理技术做比较。在细节实现上，各个具体的计算智能方法可能采用相同的对比方法。

从解决实际问题的众多技术方法中列出了以下几种方法（如图 9.2 所示，以田径选手在田径场上赛跑的方式描述了这些方法）：第一原理建模、统计法、启发式方法、经典优化方法。

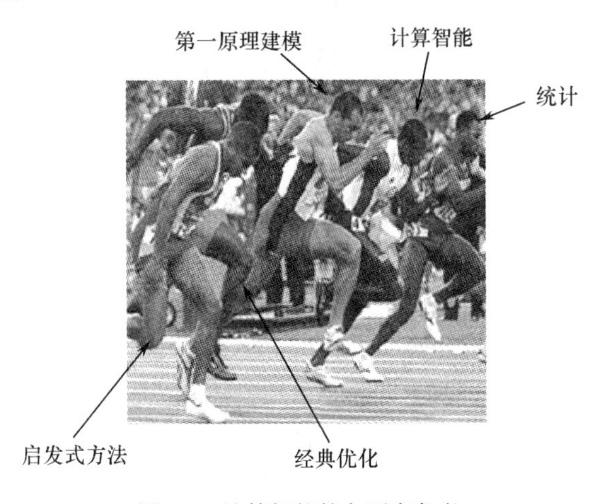

图 9.2 计算智能的主要竞争者

在选择竞争对手时，不仅要考虑到每一种方法的巨大应用价值，而且要考虑不同的研究人员和从业人员对于该方法忠诚的支持。每个方法的背后，都有管理团队、研究组织、厂商、顾问以及不同类型的用户。在推广或应用计算智能方面，与这些团队打交道的可能性非常大。

从表面看来，这样一个对比看起来很平淡，而且论据也显得微不足道。但出乎意料的是，引进新兴技术的实践经验表明，一些普通用户，如工程师、经济师或经理都不清楚这些众所周知的方法的实际影响。我们经常会发现一些具体方法被夸大优势和忽视不可避免的局限性。根据这一经验，建议开始比较分析时，用一个清楚的答案给出每个竞争者相对于计算智能所具备的优点和缺点，从而给出明确的答案。原则上，优点和缺点将会很多。然而，为了得到高水平分析并给出简单的结论，本书将讨论每种方法的三大积极/消极特点。这种分析的最终目标还包括明确计算智能可以提高竞争力的领域。

9.2.1 竞争者1：第一原理建模

第一原理模型代表了建模的经典概念，是各个行业大量成功应用的支柱。由研究员、工程师和经理构成的整体坚定认为，这是唯一可靠的建模方式。然而，日益复杂的制造工艺和变化多端的市场需要更适合的解决方案，这已超出了该建模方法所具备的基于自然法则建模[①]的能力。如图9.3所示为第一原理建模的优点和缺点。

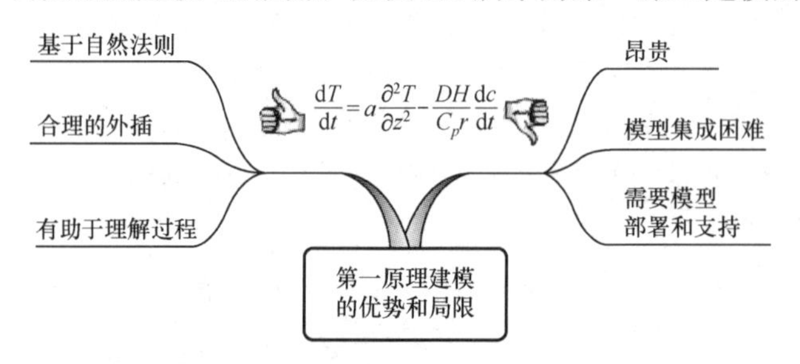

图9.3 第一原理建模的优点和缺点

第一原理建模的主要优点：

（1）基于自然法则：在这点上无可争议，第一原理建模要求我们在一个坚实的理论框架上寻找解决方案。它能保证模型的高可靠性和更好地被潜在用户接受，同时降低了风险。在很多案例中，如化学反应器、换热器、蒸馏塔，分析模型都是必须的。其只需要进行模型的参数拟合，因此被广大工艺工程师作为常规工具。

（2）合理的外插：从实践的角度来看，也许第一原理建模最关键的优势是基于动态数据能够做出正确的预测。在大多数实际应用中，第一原理建模方法能处理新的状况，即使这些状况在模型开发过程中并没有被考虑到或者测试过。解决方案对

①自然科学如物理、化学的基本规律。

未知的操作条件的鲁棒性是模型良好信誉和能够长期使用的关键。而第一原理模型是能满足这样的条件的几种少有的方法之一，它的理论基础使其具备这种外插能力。

（3）有助于理解过程：第一原理模型的一个重要的辅助作用是能够增加知识，加深过程理解。通常，这能发现新的未知的属性。第一原理模型的透彻的模拟能帮助理解过程，而过程的理解也在一定程度上减少了扩大应用规模存在的风险，扩大应用规模是行业中代价最高和最具危险性的行为之一。

讨论完第一原理建模的优点，下面讨论它的三个缺点：

（1）昂贵：第一原理建模总成本往往比其他建模方法至少高出一个数量级。几个原因导致高开发成本，如：①计算需求的不断增加需要功能更强大的硬件；②第一原理建模的软件许可费用昂贵；③模型验证需要昂贵的数据收集费用。但是最大的费用是高技能的劳动力成本。即便使用最强大的、界面友好的仿真软件，第一原理建模所需的时间也要比其他的方法长。随着参数数量的增加（几百个甚至上千个），许多物理原理和详尽的模型验证，需要长时间的假设研究。趋势是通过提高商业软件的开发能力，降低第一原理建模的成本。

（2）模型集成困难：在许多应用中，合理地建模需要几种不同的第一原理建模技术。例如，在化工行业中最常见的例子是将物料平衡与计算流体动力学和热力学模型相结合。通常开发个体模型需要接口和数据结构完全不同的独立软件，比软件的不兼容性更严重的问题是原理和建模方法假设上的差异。因此，对一个给定的应用，集成所有第一原理模型的方法非常困难。它大大减缓了模型的发展。

（3）需要模型部署和支持：在部署第一原理模型方面存在的问题是，即使使用最先进的计算机系统，其执行速度还是相对缓慢的。这样会带来许多问题，特别是如果需要频繁地对模型进行控制和优化。第一原理建模还需要高素质人才的支持，因为掌握模型假设需要核心科学的专业知识（如物理）以及相应的软件包。尤其棘手的是周期性模型验证，它需要专业人才收集非常深入的数据以验证模型的假设空间。一个普遍的问题是如果模型操作在假定的空间外，在理论上无效，则预测出来的信息的正确性将得不到保证。

分析竞争的目的之一是明确计算智能技术的机遇，既能解决竞争者存在的一些问题，又能具备它们的优势。根据第一原理建模的优、缺点，计算智能可以把握以下关键机遇：

（1）降低开发成本，缩小假设搜索的空间：缩短第一原理建模的开发时间的一个可行方法是减少寻找适当的物理/化学原理的假设空间搜索过程。利用进化计算和群体智能的方法可以大大加快这一过程。本书将在第 14 章给出一个遗传编程和基本模型相结合的实例，它大大缩短了新产品的开发时间。

（2）通过仿真器集成不同的第一原理模型：仿真器是一种经验模型，包含第一原理模型的主要功能。仿真器的数据是通过不同的基本模型生成的。将从所需的模型中得来的数据，采用神经网络或遗传编程的方法推导出最终的集成经验模型。第一原理建模技术中极其困难的集成问题可以很容易地通过数据驱动模型实现。

（3）减少实施和维护成本：经验模型既快速又易于使用。它们的执行时间不是分钟或者小时，而是毫秒级的，而且不需要专用硬件和高科技技术的支持。追踪经验模型的性能，也比根据具体需求建立多种第一原理模型的所需花费少得多。

9.2.2 竞争者 2：统计建模

统计建模可能是在实践中最普遍的建模方法。大多数工程师、生物学家和经济学家都有一些统计知识的背景。最近，甚至管理人员也开始使用统计方法进行决策，尤其是六西格玛已成为中高层管理人员的口头禅之一。

然而，如此受欢迎的方法在很多时候是被大规模滥用的。它让人们形成一种定式思维：所有与数据相关的问题，必须由统计方法解决，其他方法则是不可靠的。与统计建模的对比分析工作必须做得非常仔细，并且保持公正。如图 9.4 所示为统计建模的三个主要的优缺点。

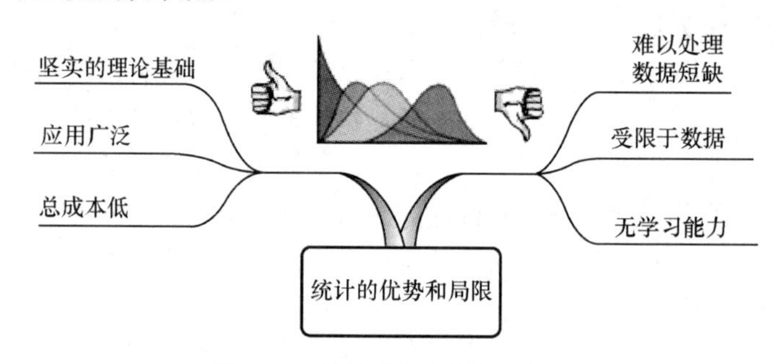

图 9.4　统计建模的优点和缺点

首先，本书将侧重于分析众所周知的统计优点：

（1）坚实的理论基础：如果机理模型是建立在自然规律上的，那么统计模型则是基于数字规律的。统计概念和原理被从业者欣然接受，与基础统计模型的可信性基本对应。统计模型明显的优势是它的关键理论基础是众所周知的，而且比第一原理模型更被从业者广泛地接受。在现实世界统计模型的另一个具有重大影响力的应用领域是定义性能评价指标。模型质量的统计指标是所有过程质量体系和六西格玛工作过程的基础。基于实验设计的统计理论，是规划与评价科学与实践经验的主要方法。

（2）应用广泛：在所有讨论的竞争方法中，统计方法具有最广泛的用户群。产生这种现象的几个原因是可利用的大学课程、大量的培训机会和几本不错的介绍书籍等。这里只列举了少数原因。另一个因素是对应用软件有多种选择，从 Excel 加载项到专业包，如 JMP（SAS 研究所）、MINITAB（Minitab 公司）或者 SYSTAT（Systat 软件公司）。在工业中使用六西格玛方法，并融合统计理论，创造了数以万计的黑带和绿带，他们在项目中积极地使用统计方法。不夸张地说，统计是处理数据的通用语言。

（3）总成本低：在依靠数据的解决方案中，统计建模所需要的费用是最低的。其中，构成总成本的三个部分（开发、实施和维护成本）的花费都是最少的。开发成本低的原因如下：①没有特殊的硬件需求；②专业软件包许可证花费是最少的；③培训费用也很少；④所需的开发时间很短。实施成本低是因为终端模型几乎可以在任何软件环境中实施。维护成本低是因为技术支持团队无须专门培训。

然而，任何方法包括统计方法，都有自身的局限性。统计模型最关键的三个缺点如下：

（1）难以处理数据短缺：当变量的数量比数据记录多时，统计将变得很困难。大部分针对模型参数计算的统计算法都要求记录的数量至少与变量的数量相等（线性模型），对于多项式模型需要记录的数量更大。对于一些工业应用，特别是芯片加工，这一要求则更难满足。

（2）受限于数据：统计在数据处理方面也存在局限。统计不同于提供基于自然规则的概念模型，也不同于启发式方法和模糊逻辑具备知识表达与处理模糊信息的能力。正如我们所知道的，智能不仅仅是基于数据的，即我们需要完备的方法来掌握现实应用的全部复杂性。

（3）无学习能力：统计模型是静态的，只能基于模型开发期间的现成数据。在过程条件变化的情况下，模型不能通过学习适应新环境。如果新环境远离了最初模型开发的数据假设空间，那么统计模型将难以奏效。

幸运的是，通过不同的计算智能方法可以解决统计方法的大部分问题。甚至，存在多种方式可以集成统计和计算智能方法。下面是一些例子：

（1）将统计方法集成到计算智能中：若干计算智能方法可从统计方法的系统使用中受益。在进化计算方法中有效地结合统计特别的重要，因为这种方法是建立在大量种群数上的。本书将在第 11 章介绍关于这种方法的优势。

（2）计算智能技术拓展经验模型：很多计算智能技术，如遗传编程、神经网络、符号回归和支持向量机回归，可以实现高品质的经验模型。它们可以通过统计方法弥补模型的不足。另一种方法是利用计算智能技术导出输入变量的线性变换，然后利用可靠的统计方法处理非线性问题。

（3）通过统计软件和其工作过程推广计算智能技术：由于统计模型极具人气，大规模推广计算智能的最佳策略是集成多数统计软件。几个供应商（如 SAS 研究所）已经推出了附带神经网络功能的统计产品。另一种办法是在统计方法（如六西格玛）的工作过程中融入计算智能技术。采用由计算智能生成的高品质的经验解决方案，扩大现有的统计模型功能，以提高改善工业质量项目的效率。本书将在第 12 章给出一个集成计算智能与六西格玛的实例。

9.2.3 竞争者 3：启发式建模

启发式建模代表了人类的知识，前提是假设这种知识并不是通过数据或机器学习技术衍生出来的。在大多数情况下，启发式建模是作为一种规则在计算机上实施的。事实上，它基于经典的人工智能，并出现在计算机引进专家知识的早期阶段。如图 9.5 所示为启发式建模的优缺点。

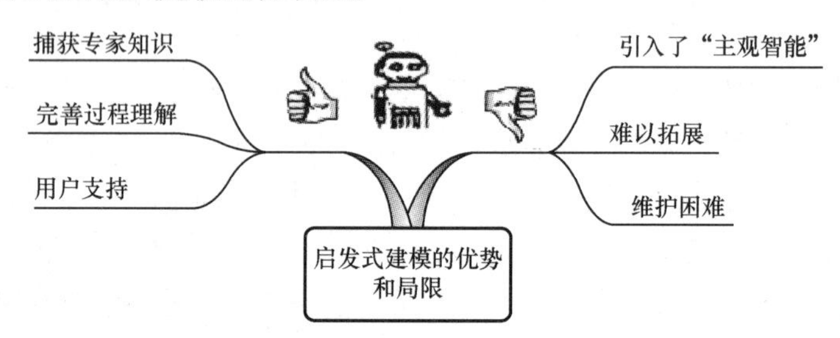

图 9.5 启发式方法的优点和缺点

启发式建模的三大优势：

（1）捕获专家知识：实际问题的已有知识并不限于第一原理或基于数据的模型。有许多“拇指规则”，基于独特经验基础上的猜测，由专家建议在系统发生故障时采取行动。启发式方法允许将具体的经验以定义好的规则的形式转换到计算机系统里。很多时候，终端解决方案依赖启发式方法，而且它还能降低成本。这种方案能够节约成本是因为其只需要少量的数值模型，并且由专家确定最佳条件，并提出可靠的操作范围。

（2）完善过程理解：从最好的领域专家那里获取和完善知识，肯定会增强对于过程的认知。通常在许多情况下，还会触发对过程改进的额外的想法，通过对潜在机制的正确猜测来缩小假设搜索空间，这有助于建立第一原理模型。

（3）用户支持：在终端解决方案中引进专家知识对于系统在未来使用时得到用户支持（用户的心理效应）是非常重要的。通过专家（这些专家通常也是终端用户）认可，自动地给解决方案增加了信任度。当专家认为该系统包括了他们的规则时，他们将把系统视为自己的“孩子”。此后，他们会亲自关注应用的成功，并照顾“孩子”的成长。

启发式建模面临的关键问题：

（1）引入了“主观智能”：与专家知识一样，该方法基于专家的个人看法、资历和信仰。偏见以及个人喜好，甚至对其他专家的评价都会影响规则。由于启发式建模的相关规则是专家的主观思想，所以把这种知识表达形式称为“主观智能”。主观智能的关键特征是其定义的知识仅仅是根据人们的思维估计的。它不是“客观”的，不受数据支撑，如自然法则或经验模型。如果一个领域的专业知识是有限的，那么使用“主观智能”可能是很危险的。结合有限的一些专家，他们不充足的知识可能将一个问题的预期解决变成一场“主观智能”的灾难。

（2）难以拓展：通常，定义的拇指规则能获得问题的局部经验。把一个启发式方法用于另一个类似的问题是非常困难的。“主观智能”的拓展能力是很有限的。将启发法拓展应用到具有大量变量的问题时，难度会非常大。

（3）维护困难：启发式建模除其规则的局部特性外，还是静态的。在系统动态变化的情况下，许多相关规则必须重新编码，这将带来很大的问题。如果系统具有很高的维数和复杂性（相互依存的规则），它的维护和支持会非常困难，而且费用可能会变得很昂贵。

计算智能有很多的机会可以改进启发式建模，主要是用“客观信息”取代“主观信息”，将在下文中具体介绍。其实，这是把经典人工智能的解决方法转移成新的计算智能方法的过程，书中很多章节都进行了讨论。

9.2.4 竞争者 4：经典优化法

优化生产过程、优化供应链或新产品开发都牵扯行业的最终利益。经典优化法用到许多线性和非线性的技术。线性的技术是基于最小二乘解方法，保证能找到全局最优解。经典非线性优化技术是基于直接搜索方法（单纯形和模式搜索）或梯度搜索方法（最速下降、共轭梯度和序列二次规划等），它可以找到局部最优解。通常经典优化法在工业应用中是对多目标优化，它包括了许多制约因素。

经典优化法被不同类型的用户采用各种软件包广泛地使用，如通过使用 Excel 中专门的优化器解决复杂的项目建模。经典优化法的三大主要优缺点如图 9.6 所示。

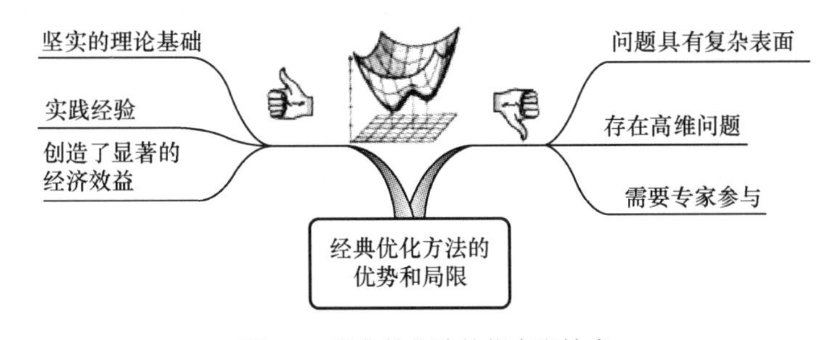

图 9.6 经典优化法的优点和缺点

经典优化法的主要优点如下：

（1）坚实的理论基础：大部分经典优化方法都使用数学推导，证明其收敛到一个全局或局部最优。用户信任其理论基础，并接受使用数学方法推导出的最佳解决方案，即使没有深入了解具体的优化方法。

（2）实践经验：经典优化器被用于几乎任何类型的行业中，如制造业、供应链和新产品开发。不同的优化技术的先决条件之间的差异不是特别明显，并且用户的培训成本相对较低。优化一个过程的经验可以很容易地应用到其他不同的过程中。

（3）创造了显著的经济效益：经典优化法的关键优势是，它已经创造了数百亿美元的利润。利润作为一个成功优化的结果，其主要来源如下：①运行设备所浪费的能源和原材料最小；②分发产品所需的运输费用最少；③高品质新产品的设计消耗最低。支持经典优化法的另一个因素是，在大多数情况下不需要资金的投入就能获得利润。

在消极方面，经典优化法的三大问题如下：

（1）问题具有复杂表面：大多数现实世界的优化问题都存在数据噪声和复杂的搜索平面。在这种情况下，经典优化器会停留在局部最优解上，寻找一个全局最优解是困难且费时的。

（2）存在高维问题：一些复杂的工业问题需要数以百计甚至千计的参数优化。经典优化器处理这类任务的能力有限，而且需要专门的计算机集群和大量的时间才能给出解决方案。这些因素都增加了成本，并且由于执行速度很慢，降低了优化效率。

（3）需要专家参与：运行复杂的工业优化器需要一些专业知识来确定初始条件和限制因素。第一次运行时对建议的最优解的物理意义的验证是非常有必要的。很多时候，需要加入约束条件，避免出现数学上可行但实践中不可行的解是非常有必要的。事实上，几乎任何实际的优化器在进行优化使用之前，都需要一两个月的设置时间。

计算智能的方法，如进化计算和群体智能，提供了许多机会来处理经典优化存在的问题。最重要的是，这些方法增加了即使在非常嘈杂和高维曲面的环境下也能够寻找全局最优解的概率。

9.3 计算智能如何战胜竞争者

以上主要竞争者的分析表明，计算智能技术有着独特的能力来改进以上所讨论的任何一种方法。问题是，与这些竞争者不同的是，计算智能对工业界来说几乎是陌生的。因此，尽可能宽泛地定义这一新兴技术的竞争优势是很重要的。所选择的优势必须抓住计算智能的本质，帮助潜在用户把这种技术和竞争者区分开。

为了帮助潜在的用户，本书确定了计算智能的以下主要优势，如图 9.7 所示。

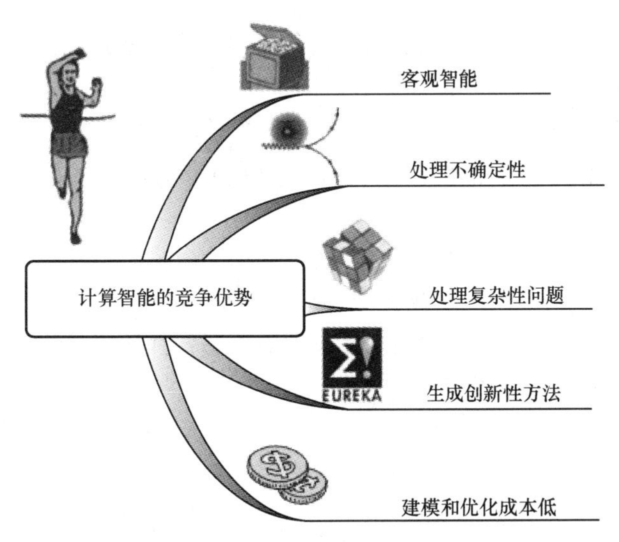

图 9.7　计算智能的主要竞争优势

9.3.1　创造“客观智能”

能够让计算智能领先于其他竞争者的最主要特征是“聪明”的解决方案的客观性。“客观智能”与第一原理模型和统计模型很相似，都是“客观”的，这是因为它们都基于自然规律和数字规律。然而，计算智能技术的“客观智能”的特点是能够通过机器学习、模拟进化或者新兴现象自动抽取解决方案。与主观智能的区别已经在 9.2 节中讨论过了。

客观智能的优势对计算智能的应用潜力有着显著的影响。最重要的特性如图 9.8 所示。

（1）一致性决策：与经典的专家系统不同，“客观智能”建议的决策是来自数据支持的。因此，定义的规则更贴近现实，而且主观偏见和个人喜好的影响会显著降低。客观智能的另一个优势是它的决策不是一成不变的，而是能适应环境变化的。

（2）非间断智能运行：基于计算智能的“聪明”设备在相当长的一段时间内可以稳定不间断的运行。众所周知，人类的智慧无法忍受24/7这样的大脑活跃模式。即使是轮流替换的集体智慧，特别是在制造业，也有着显著的波动，主要是因为操作员的专业知识的差异以及在特定时刻对过程的关注点不同。相反，客观智能通过从数据和知识流中学习能不断地刷新自己。这是计算智能和竞争者之间主要的不同之一。竞争者的解决方案也可以不间断地运行，但是它们无法在没有人力参与、维护、更新的情况下持续运行，也无法提高自身的智慧。

（3）处理高维和隐藏模式：计算智能可以从有成千上万条记录的多维空间中寻找出解决方案。这超越了人类的智慧。另一个客观智能的优势是它能够从现有数据中捕捉未知的复杂模式。对人类智慧来说，检测有许多变量和多种不同时间尺度的模式是极其困难的。

（4）通过学习持续性自我改进：多种学习方法，如神经网络、统计学习理论、深度学习等是客观智能几乎永恒的引擎。竞争对手的方法，甚至是人类智慧，也缺少这种特性。

（5）无个人倾向：可以把“客观智能”看作一个诚实、忠实的雇员，不知疲倦地履行他/她的职责，同时不断地提高、改善他/她的能力。没有政治手段、附加的借口或者不断地反复等这些人类行为中的典型特性。所以，一点也不奇怪为什么这种技术对管理者来说具有吸引力。

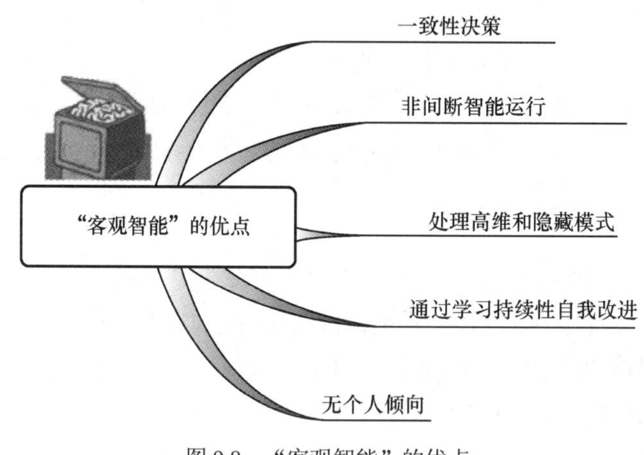

图 9.8 “客观智能”的优点

9.3.2 处理不确定性

现实世界中唯一确定的事就是事物的不确定性。不确定性包括技术和自然因素，如测量误差、随机性的现象（经典的例子是天气）或者未知的行为等。然而，最大的问题是来自人类最初的不确定性因素。能列举的例子有很多，包括诸如模糊表达、应用支持中不断反复、不可预知的组织机构改革等。虽然模糊逻辑和智能代理有能力在一定程度上模拟第二种不确定性，但对于已有的任何方法来说，处理这种不确定性都很难。

计算智能的关键优势是处理技术上的不确定性。这种竞争优势带来的经济利益巨大。降低技术不确定性能带来更严格的流程质量控制、加快新产品的设计和减少事故的发生。所有的这些优势都可以明确地将技术优势转化为价值。

统计的一个优势就是，不确定性构成其奠基石之一。对模型预测的不确定性的统计估计具有特殊的实践意义，这可以用置信区间表示。计算智能处理不确定性的方法与此不同，如图9.9所示。

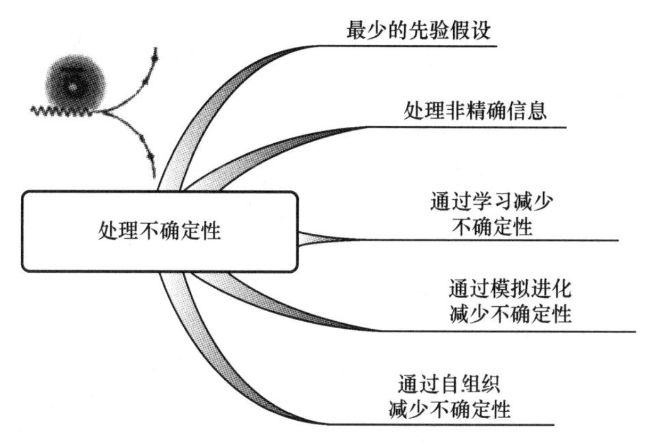

图 9.9　计算智能处理不确定性

（1）最少的先验假设：基础建模只严格定义一个先验假设，在自然法则的范围内处理不确定性；统计法通过计算可用数据的置信区间来处理不确定性；启发式建模明确地构建规则的有效性范围。这些条件显著地缩小了解决方案的可能的假设空间，使之对操作条件变化非常敏感。因此，它们的表现缺少鲁棒性，并导致逐渐丧失信誉和在假设空间之外应用无法奏效。相反，计算智能有一个非常开放的假设空间，可以基于几乎任何数据或者知识片段进行操作，使得计算智能能够以最少的先验信息进行工作。

（2）处理非精确信息：计算智能，尤其是模糊系统，可以获取模糊的表达并且高精度地处理。这种能力是一个明显的技术优势。

（3）通过学习减少不确定性：处理未知操作条件的一种可能方法就是不断地学习。利用多种学习方法，计算智能可以处理和逐渐地降低不确定性。这是一种自适应行为，而且能够降低成本。

（4）通过模拟进化减少不确定性：另一种处理未知操作条件的方法是进化计算。利用这种技术建模，无需任何先验假设。进化计算使得不确定性逐渐减少。

（5）通过自组织减少不确定性：在自组织系统中，如智能代理技术，其内部互相作用自发地产生新模式。再如模拟进化，这种方法没有先验假设。通过新兴的解决方案，减少不确定性。

9.3.3　处理复杂性问题

现代技术和全球化加剧了实际应用的复杂性，这种复杂性甚至在几年前根本就无法想象。例如以下的改变：①互动组件的数量已经被提高了几个数量级；②解决方案需要具有连续跟踪能力且能够对变化做出迅速响应；③相互作用越来越依赖于组件之间以时间为主的关系。在处理实际应用不断增加的复杂性时，另一个不得不考虑的因素是终端用户的界面必须简洁。问题不断增长的复杂性和解决方案必须对用户透明。

在处理复杂性中，竞争对手面临巨大的问题。第一原理模型相对维数低；统计学在处理成千的变量和上万的记录时会遇到困难；启发式方法在表示大量规则时受限；经典的优化法面对许多变量的复杂搜索空间，存在计算和收敛问题。

如图9.10所示，计算智能处理复杂性优于其他竞争者。

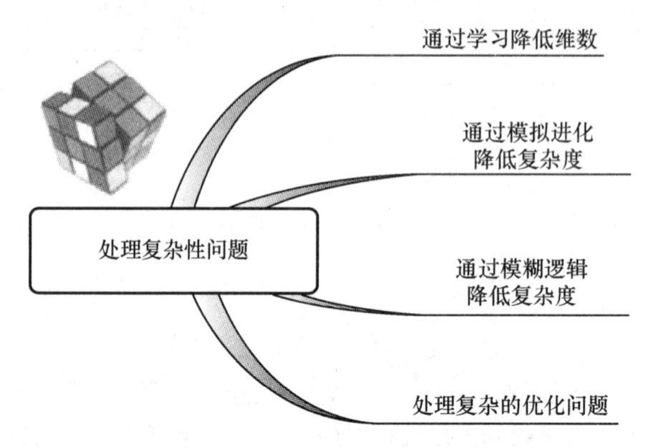

图 9.10　计算智能处理复杂性问题

（1）通过学习降低维数：计算智能能够通过学习数据间的关系，对数据进行分类。这种浓缩信息的形式显著降低了表示系统的实体的数量。

（2）通过模拟进化降低复杂度：进化计算提供低复杂性的单纯解决方案（尤其是当适应度函数中包含一个复杂性测度时）。模拟进化的一个副作用是使不重要的变量逐渐从最终解决方案中移除，促使变量自动地选择和维数相应降低。

（3）通过模糊逻辑降低复杂度：实际问题中最复杂的任务就是表示人类知识的复杂性。模糊逻辑、粒度计算与语义计算这些新的相关技术，给我们提供了浓缩语义知识的工具。知识转化成数学表达形式，能够适应变化的环境。在以语义为基础的实体与以数值为基础的实体间建立普遍的对应关系是降低复杂性的另一种方法。

（4）处理复杂的优化问题：进化计算和群体智能相比经典方法，能在嘈杂和复杂的搜索空间中收敛和找到最佳解决方案。

9.3.4　生成创新性方法

计算智能最有价值的竞争优势是它自动创造新的解决方案的独特能力。在经典的方法中，开发者均须经过广泛的假设研究，尝试不同因素的很多种组合。由于假设的数目和因素接近无穷大，专家还需要“借助”像运气、灵感、“火花”甚至一个浴缸或从树上掉落的苹果等这种非科学的力量。因此，对创新性事物的发现是一个不可预知的过程。

计算智能可以增加探索创新性事物成功的机会，减少过多的努力。由于生成知识产权是经济竞争优势的一个重要组成部分，所以计算智能的独特优势可以带来巨大的经济效益。用计算智能生成创新的三个主要的方法如图9.11所示。

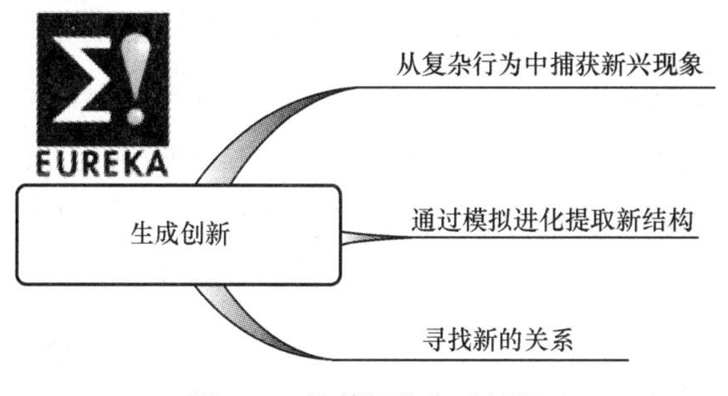

图 9.11　计算智能生成创新

（1）从复杂行为中捕获新兴现象：自组织复杂适应系统通过其新兴现象特性模拟创新的探索过程。这种特性是一个系统中各部分之间相互交互的结果。由于这些复杂的相互作用，出现了新的未知模式。这些新模式的特点不是继承或直接从各部分派生的。新现象的出现是不可预知的，它们需要由具有很高想象力水平的专家来获知、解释和定义。

（2）通过模拟进化提取新结构：进化计算的一个特殊方法，遗传编程，可以在一定数目的基础模块上产生任何类型的新结构。此特征已在第5章中详细讨论过。

（3）寻找新的关系：计算智能的最广泛用途是捕获变量间的未知关系。特别重要的是所派生出的复杂的依赖关系，这种关系难以用经典的统计学重现。计算智能寻找这些关系的开发时间显然要比第一原理模型或者统计模型要短。以模拟进化为例，这些依赖关系是自动衍生的，且大大减少了专家的工作，专家只是基于性能和可解释性来选择最佳解决方案。

9.3.5　建模和优化成本低

最后，成本才是实际应用的关键！所有讨论过的有关计算智能的技术竞争优势都是因为建模和优化所需的成本比其他竞争方法低。计算智能具备这一重要优势的关键途径如图9.12所示。

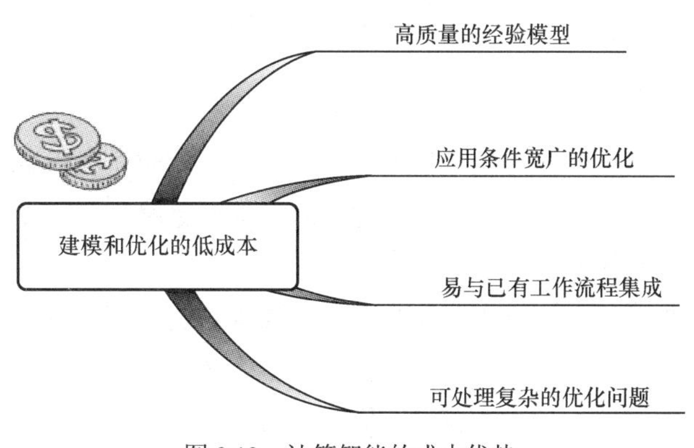

图 9.12　计算智能的成本优势

（1）高质量的经验模型：来自计算智能的模型，特别是基于遗传编程的符号回归，具有最优的正确性和复杂度。一方面，它们充分表示了过程变量之间的依存关系，并且传递了正确的预测；另一方面，当竞争方法在面临工作条件的微小变化可能崩溃时，它们的鲁棒性更好。原则上，经验模型具有最小的开发成本。另外，高品质的符号回归模型鲁棒性更好，显著降低了开发和维护成本。

（2）应用条件宽广的优化：正如先前所讨论的，进化计算和群体智能拓展了在复杂表面和高维条件下经典优化算法的能力。因此，计算智能在新的、先前没有的优化领域当中以最小的成本获得了更多的机遇。特别是在群体智能的动态优化选择中，其过程可以被不断地跟踪、实时地进行优化，可取得最经济的优化解。

（3）易与已有工作流程集成：计算智能低成本的另一个显而易见的因素是，它可以被引入到工业生产的既定工作流程中。其中最适合的是六西格玛，它是实践中最流行的工作流程。所需做的事情包括将计算智能技术的全部方法融入到最流行的六西格玛软件包当中。

（4）可处理复杂的优化问题：之前讨论过的计算智能的优势都归功于计算智能可以有助于结合建模和优化工作，这可以减少总成本。一些竞争者的某些部分可能也有较低的成本。例如，统计方法的开发和使用成本要低得多。不过，考虑所有的花费，尤其是在建模和优化当中所增长的维护成本，计算智能就是最大的赢家。越是复杂的问题，应用新兴技术的优势就越大。所有已知技术的竞争能力对处理不精确性、不确定性、复杂性和创新性都非常有限。由于它们的功能在新的工作条件下不完善，因此将维护成本推到了顶端，降低了利润。

同时，技术的引进费用是最大的问题。因此，计算智能需要更多的营销工作以进入未知的工业领域。本书的目的之一是提出一些解决方案来降低这一费用。

9.4 小　　结

主要知识点：

定义竞争优势是在实际应用中引入一种新的技术（如计算智能）的必要前提。

分析核心竞争者的利弊，如第一原理建模、统计建模、启发式方法和经典优化法，为比较分析奠定了基础。

计算智能在处理不确定性和复杂性上具有独特的能力，并能在客观智能的前提下产生创新性的解决方案，这战胜了其他的竞争技术。

计算智能以其开发、使用和维护的低成本在经济上战胜了其他竞争者。

总　　结

随着全球市场不断复杂化，计算智能技术的竞争力将会越来越强。

推荐阅读

这本书是介绍经济竞争优势的经典作品：

M. Porter, *Competitive Advantage: Creating and Sustaining Superior Performance*, Free Press, 1998.

这本书包含神经网络、模糊系统和进化计算三种方法的技术比较分析：

L. Jain and N. Martin （Editors）, *Fusion of Neural Networks, Fuzzy Sets, and Genetic Algorithms:Industrial Applications*, CRC Press, 1999.

这是统计建模方面作者最喜欢的著作之一：

D. Montgomery, E. Peck, and G. Vining, *Introduction to Linear Regression Analysis*, 4th edition, Wiley, 2006.

这本书是介绍经典人工智能和计算智能方法的畅销作品：

M. Negnevitsky, *Artificial Intelligence: A Guide to Intelligent Systems*, Addison-Wesley, 2002.

这本书是优化方法方面作者最喜欢的著作：

Z. Michalewicz and D. Fogel, *How to Solve It: Modern Heuristics*, 2nd edition, Springer, 2004.

这本书介绍了自组织的新兴概念：

J. Holland, *Emergence: From Chaos to Order*, Oxford University Press, 1998.

这本书是介绍复杂性理论的最佳著作之一：

R. Lewin, *Complexity: Life at the Edge of Chaos*, 2nd edition, Phoenix, 1999.

第10章 应用计算智能存在的问题

没有比引进新的规则更难的事情了。因为改革要面对很多的反对者，这些人已经习惯了原有的规则，而有可能适应新规则的支持者又一副事不关己的样子。

——Niccolò Machiavelli

即使有很强的竞争优势，应用任何新兴技术也并不容易，甚至要承担一定的风险。就计算智能来说，这个过程更是难上加难，原因在于各种方法的性质不同，市场应用的缺乏，针对相应技术的专用工具和应用方法较少。导致计算智能延缓进入应用的另一个重要因素是对该技术的错误理解，对于许多潜在用户来说它看上去要么过于昂贵要么是新兴科学。因此对它的期待像钟摆一样，期望它能解决所有问题或是等待它的技术惨败。

本章的重点是讨论计算智能应用存在的重要问题，如图 10.1 所示。对存在问题的理解和解决方案对计算智能应用能否成功至关重要。

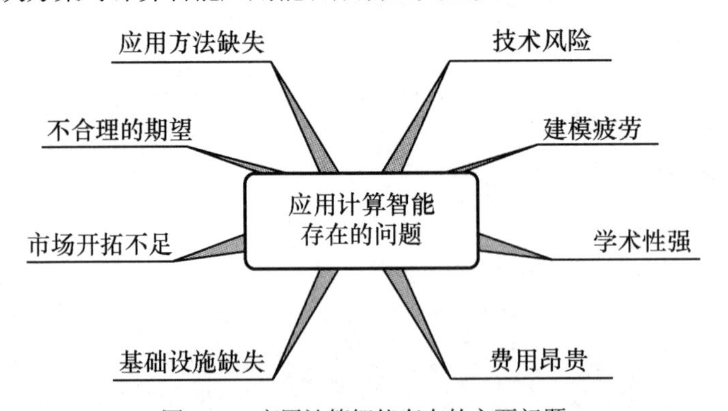

图 10.1　应用计算智能存在的主要问题

本书的第三部分给出了解决这些问题的建议方案。

10.1 技术风险

技术应用中存在的第一个问题是通用的因素导致技术引进失败。在众多技术失败的潜在因素中，本书将着重分析以下四个：①在推动技术引进时用户存在的危机感和采用新技术不适感之间的平衡；②当前与技术相关的文化；③引进技术增加的复杂度；④技术炒作。这些因素如图 10.2 所示。

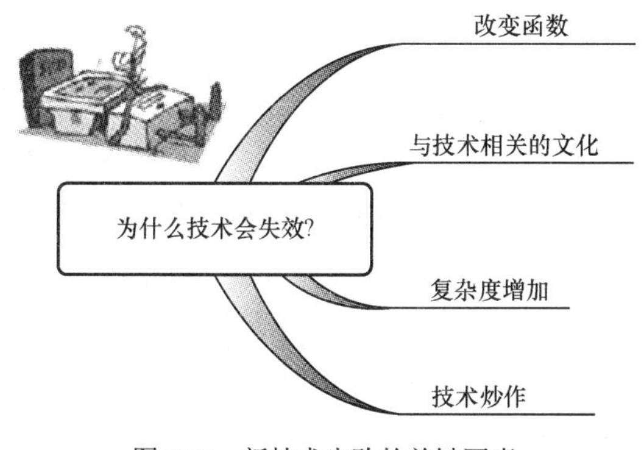

图 10.2 新技术失败的关键因素

10.1.1 改变函数

在关于引进新技术的最近的著作中，皮普·科伯恩提出改变函数是打开改革之门的关键钥匙。根据改变函数[①]，当现状带来的痛苦远远超过尝试新事物带来的不适时，人们就愿意改变和接受新技术。

改变函数=（用户危机感 VS 新技术带来的不适感）

对于改变函数有如下的论点：当用户遇到新技术产品时，他们的反应是从淡漠到有危机感；在其目前的状态下，人们更愿意抑制不断增强的危机感。

新技术带来的不适感来源于使用新产品，特别是改变习惯是很痛苦的。改变函数着眼于新兴技术存在的问题的两个方面：一方面，它定义了一项新技术可能提供高水准的服务；另一方面，它评估了采用该服务带来的总体不适感。

在计算智能中应用改变函数需要注意的是该技术必须最大化地减少用户采纳新技术的不适感，可以提供一个友好的用户环境，采用简单的解决办法，并且轻而易举地融入到现有的工作流程中。另外，计算智能独有的功能能够解决用户的关键问题。通常情况下，计算智能具有明显的竞争优势，例如，在高复杂性或不确定的动态环境中创建急需的新的解决方案。

---

① P. Coburn, *The Change Function*, Penguin Group, 2006.

10.1.2　与技术相关的文化

克莱顿·克里斯坦森（技术创新中的权威者）曾表示过，将资金的 3/4 投资到新产品开发中去，并不会带来商业上的成功[①]。据观察，用户讨厌绝大部分的新技术是由于新技术会带来强烈的不适感。造成这种不乐观的结果的可能原因是当下以技术为中心的氛围。过于看重技术的重要作用，而忽略了客户的真正需求，著名的莱维特定律描述了这一现象：

> 莱维特定律：
>
> 人们买 0.25 英寸的钻头，并不是因为他们需要钻头本身。
>
> 人们不是想要 0.25 英寸的钻头，而是想要 0.25 英寸大小的洞。
>
> ——Ted Levitt（泰德莱维特）

这种以技术为中心的文化的典型结果就是管理者不惜成本地推动技术的改进，这是推进新兴技术常规的做法，其可能成为应用计算智能的一个潜在风险。纯粹为技术而引进技术可能会丧失公信力，如人工智能的应用（见第 1 章）。原则上，计算智能的开发需要更多的试验工作，即接受该技术带来的不适感。在技术引进之前，判断用户的需求极其重要。新技术必须是易懂的，在应用该技术后用户的生活应该变得更轻松而不是更辛苦。以下为用户不接受一项技术的案例：20 世纪 90 年代末微软公司提出了办公软件顾问的应用，微软公司最初的期望是提供一个基于计算智能的应用，并使其成为战胜对手的杀手锏，但是用户普遍反应不佳，最终该应用很快消失了。该软件极其无聊，并且没有应用意义，因此几乎所有的用户都将该软件卸载了。

10.1.3　复杂度增加

新的解决方法的复杂程度日益增加是造成不适感的主要根源。当人们需要改变习惯以适应一项应用时，就会非常痛苦。同样，修改既定的工作流程也是潜在的风险。添加新设备和推进学习新的软件时用户往往会表现出不接受的态度。

在很多情况下日益增加的复杂度与应用计算智能系统所带来的好处是平衡的。一个典型的案例是基于神经网络的非线性控制系统。使用这类控制系统为处理复杂的非线性过程带来了好处，在某种程度上减轻了由复杂的参数调节带来的痛苦。但必须说明的是，调节基于神经网络的控制器，需要 10~12 个参数，而目前使用的 PID 控制器仅需要 3 个参数。

10.1.4　技术炒作

另一个导致技术失败的因素是过度吹嘘技术的功能，这反而削弱了其可信度。

---

① C. Christensen and M. Raynor, *The Innovator's Solution*, Harvard Business School Press, 2003.

然而，技术炒作在新技术的引进中是不可避免的问题，需要重视并用切实的期望来消除影响。下面将讨论技术炒作的主要来源：

（1）供应商的技术炒作。一方面夸大技术直接创造价值的能力；另一面隐藏技术应用存在的问题，特别是隐形的维护费用会不断增加的问题。就像一位主要供应商对基于神经网络的系统的早期宣传口号："我们会把你的数据变成黄金"。

（2）管理层的技术炒作。这就像企业倡议的自顶向下的推动规则。原则上，这个稍微现实一点，因为它是基于一些实践经验的。但是，可能会夸大潜在应用领域。

（3）研发系统的技术炒作。它可能来自于某领域的顶级学术机构，人们完全相信他们的方法是解决世界上几乎所有问题的最终解决机器。另一种炒作来源于工业研发，它过于吹嘘，号称弥补了某项技术在专业市场化方面的缺陷。

（4）媒体的技术炒作。从过去到现在，不同的计算智能方法在前期均受到过媒体的关注。有时，媒体的炒作缺少客观性。使用计算智能为猫创造出智能砂盒的荒谬故事就是其中一个典型的例子。

10.2　建模疲劳

为新产品设计和工艺改进建模的方式拥有悠久的工业历史。许多利润大的行业为其关键业务大量投资，开发和使用了不同的模型。在某种程度上，几乎所有有必要的过程优化和监测控制都完成了建模，建模工作已经达到了饱和的状态。因此，引进和应用新的建模方法的机会有限。

成功应用计算智能所面临的挑战如图 10.3 所示。

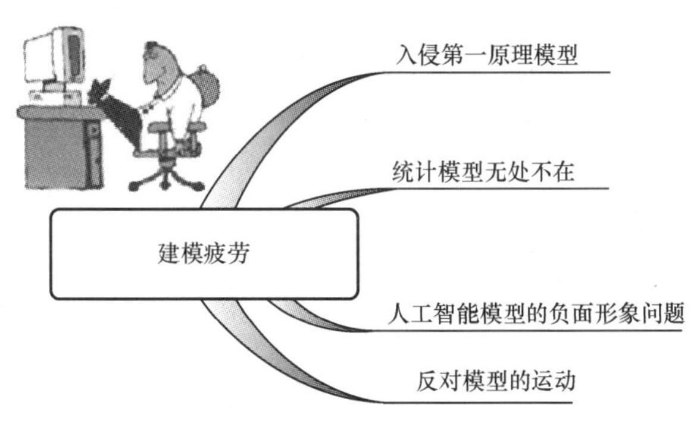

图 10.3　建模疲劳的主要表现

10.2.1　"入侵"第一原理模型

模型饱和最明显的特点是基于自然规律的模型已大规模应用。工业对第一原理建模的要求的简短列表如下：

（1）掌握工艺的物理和化学原理；

（2）设计基于模型的优化和控制系统；

（3）期待生产的长期利润；

（4）易于管理的流程复杂性和维数；

（5）建模投资有较高的预期回报。

决定用第一原理建模方法展开一个昂贵项目的前提是未来产品的收益能平衡其昂贵的费用。支持第一原理建模方法的另一个因素是现在供应商提供的软件环境能够提高效率，如 Aspen 技术、Fluent 和 Comsol 公司。此外，第一原理建模在特定的领域中有最好的专家，实施的模型的可信度较高。

消极方面，第一原理建模是使用其他建模方法的障碍。原因之一是管理者已经在第一原理建模的开发和使用上花了很高的成本，因此不愿意再投资。然而，主要原因是模型的开发者一致拒绝采取其他解决方案。自然法则与实际经验之间孰是孰非的争论很难评断，忽视数据驱动的解决方案的极端做法也让人无法接受。

10.2.2 统计模型无处不在

在工业中模型的最大来源不是基于自然法则而是基于数字规律。幸好有六西格玛，其更重视数据的实用性，使得在工业中应用统计模型的数量可能比应用第一原理模型的数量高出几个数量级。虽然统计模型的优点是明确的，并且在前面章节中已讨论过，但是对其大规模应用出现的一些问题也应给予关注。

关键的问题是已树立的统计模型的形象，人们把它作为解决所有与数据相关的问题的通用方案。造成这种认知的一部分原因是许多统计学专家反对一些完全根据经验的方案，如神经网络和符号回归。结果，完全根据经验的方案的机遇几乎完全被统计模型占有。这对计算智能来说是一个巨大挑战，因为推广这一技术需要更多的市场营销努力，尤其是面对六西格玛黑带和专业的统计学专家。对现有的统计模型的性能评估是一个不错的出发点。有很大的可能性，统计模型中某些部分需要较大改进，其中潜在的替代方案之一是使用符号回归模型。

10.2.3 人工智能模型的负面形象问题

这种基于启发式应用的模型，强调了专家作用忽略了第一原理模型和经验模型。然而，在行业中这些模型的平均信誉并不高，在第 1 章已讨论过了产生这种负面形象的原因。

10.2.4 反模型运动

大量建模导致建模疲劳，始料未及的结果是反模型（ABM）运动的出现。它包括模型使用者对模型低劣性能的失望，管理者对推动模型竞争运动的疲倦和厌烦。

他们强烈反对引进新模型，喜欢直接根据经验判断的人为做法。造成这种态度的原因之一是模型的过度使用引起混乱。至少有一些模型的预测并不准确可靠，导致用户在使用过程中逐渐失去耐心和信心。另一个原因是模型越来越多，越来越复杂，其维护费用也日益增加。建模强度已经超过了用户饱和阈值，这种情况越来越明显。

10.3 学术性强

在行业中计算智能应用的另一个问题是它看起来很学术化。一部分原因是缺少热门的参考文献来帮助用户了解各种计算智能方法。计算智能的蓬勃发展使人们甚至包括研究人员都难以掌握它的最新动态，对操作者来说就更难了。这些关键因素如图 10.4 所示，将在本节中讨论。

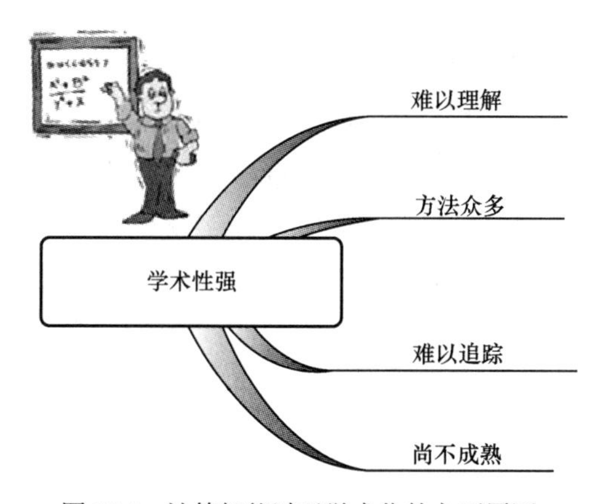

图 10.4 计算智能过于学术化的主要原因

10.3.1 难以理解

学术化的原因之一是除了几个封闭的研究机构之外，大部分人对该技术缺乏了解。导致这一现象的原因如下：首先，大学的本科和研究生课程涉及计算智能的极少。实际上这项技术对于相关学科的大部分学生来说是未知的，这大大减少了计算智能应用的机会。对潜在用户来说，在不使用专业术语和沉闷数学知识的情况下，用通俗的语言描述计算智能的多种方法是极其困难的[①]。必须认识到，一些方法，特别是支持向量机，用简单的语言来描述是比较难的。正如多次讨论的，本书的主要目的就是为了填补这一明显缺失。

目前，几乎不存在流行的、界面友好的软件能帮助人们理解和学习计算智能技术。

---

① 为数不多的简洁明了的计算智能入门书籍：V. Dhar and R. Stein, *Seven Methods for Transforming Corporate Data into Business Intelligence*, Prentice Hall, 1997.

10.3.2 方法众多

计算智能学术化的另一个原因是其囊括的方法的多样性。这些方法基于不同的科学原理、数学基础，并面向不同用户。即使对一个有良好的技术和数学背景的人来说，想要轻松地接受这些技术也是极富挑战性的。不同的研究机构开发的研究方法并不相同，这使局面更加混乱。通常每个机构都美化自己的技术，称其为终极解决方案，并不遗余力地诋毁其他机构的技术。用在竞争的精力多于协作努力。另外，几乎没有融合这些方法的热门参考文献和实践指导手册，而这些对技术在现实中的应用至关重要。

10.3.3 难以追踪

现有的计算智能方法的快速成长和大量新方法的出现也导致了技术的学术化。这使得追踪计算智能的发展非常费时，比一项普通技术更复杂。例如，掌握整个领域需要持续追踪至少五个科学期刊，如*IEEE Transaction on Neural Networks*，*IEEE Transaction on Fuzzy Systems*，*IEEE Transaction on Evolutionary Computation*， *IEEE Transaction on Systems, Man and Cybernetics*和 *IEEE Intelligent Systems Journal* 以及参加由几个不同的研究机构组织举办的顶级会议。

更加困难的是，需要一直学习可用的软件，尤其是成功的实际应用。这些潜在信息的来源非常有限。幸运的是，一些会议或研讨会中，会专门讨论计算智能应用中出现的实际问题。

10.3.4 尚不成熟

计算智能的快速发展带来的负面后果是从业者很难完整地理解技术。原则上，很难说服潜在的用户去应用仍处于高风险发展阶段的技术。此外，管理者并不愿意对还在研发阶段的技术给予支持。

基于计算智能的工业成功案例很少，可提供的专业软件也比较缺乏，这都是因为技术尚不成熟。

10.4 高成本的原因

计算智能在行业中留下的普遍的学术印象是应用该方案会产生很高的成本，预计密集研究的技术的开发成本将会高于平均水平。同样，在新的基础设施和必要的培训上的投资也将增加使用成本。对于用户而言，似乎维护成本也很高，因为维护中需要技术支持团队的专业技能。这些应用问题见图 10.5。

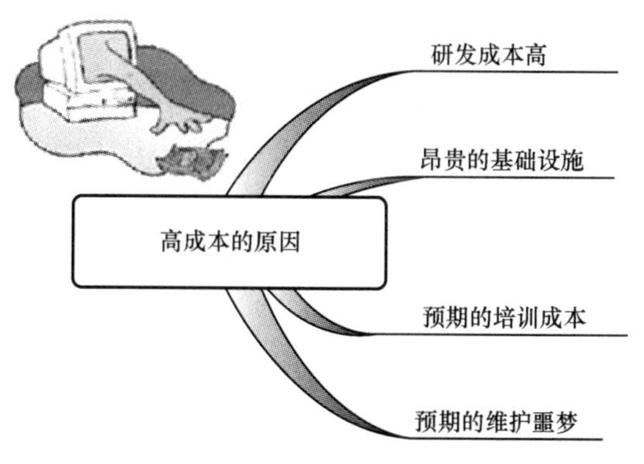

图 10.5 应用计算智能产生高成本的主要原因

10.4.1 研发成本高

不幸的是，计算智能的拓展应用不仅有高开发成本，而且预计在未来有可能增加研发费用。该技术仍然被管理者认为是一个研究密集型和方法多样型的技术，因为它处于快速发展中。预计开发成本高，源于这种技术必须依赖学术界和软件开发商的外部投资。在某些情况下，为解决某一特定的应用问题，需要更多的内部研发工作，导致开发成本将会更高。计算智能的高开发成本的另一个原因是应用的潜在机遇分析并不容易，并且需要更多成本高昂的探索性分析。

10.4.2 昂贵的基础设施

估算出的高使用成本源于计算智能基础设施的必要投资。在某些情况下，如大量使用进化计算，则建议投资功能更强大的计算机硬件。然而，现有的专业软件成本都很高。很多时候，还需要为内部软件开发和技术支持分配资源，这也大大增加了成本。

10.4.3 预期的培训成本

计算智能应用的高成本，其中很大一部分是关于培训的。首先，它是为掌握关键的技术，对开发人员进行的非标准的培训。第二，对用户的培训可能比较困难，因为他们大多数不具备开发人员的技术和数学知识。第三，几乎没有能用简单的语言解释计算智能方法的培训工具。

10.4.4 预期的维护噩梦

大多数用户关心的主要问题是维护比较困难，最终这会导致计算智能解决方案的性能逐步下降。来自计算智能的著名工业应用的经验和应用人工智能中的维护经验证明了这一观点。目前尚不清楚，没有博士技能水平的行业用户能否应对计算智能技术的应用。另外一个值得关注的是，大多数计算智能供应商的不确定的长远未来以及该技术对全球支持的局限性。

10.5 基础设施缺失

支撑应用计算智能必要的基础设施，是这一新兴技术的潜在用户的主要关注点。然而，很少有人讨论这个问题，而这又是终端用户是否给技术推广亮绿灯最为关注的问题。

本节的目的是讨论有关计算智能基础设施的主要问题，如图 10.6 所示。

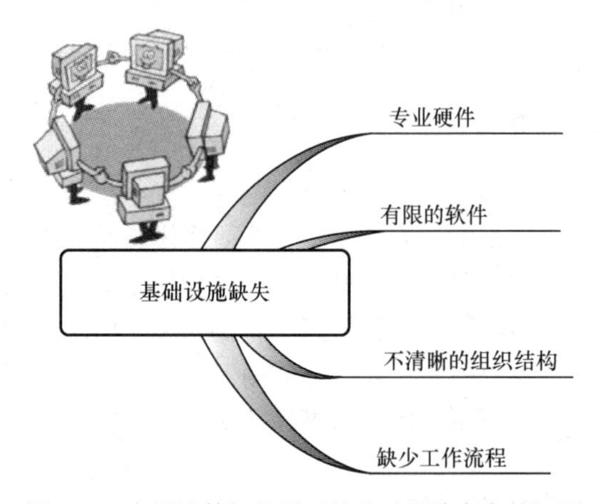

图 10.6 应用计算智能需要的基础设施存在的问题

10.5.1 专业硬件

用户应用计算智能时会提及的第一个基础设施方面的问题是是否需要比高端的个人计算机功能更强大的硬件。幸运的是，除了进化计算技术，其他技术对计算能力没有特殊的要求。是否需要采用进化计算取决于具体问题。在高维数据或复杂的仿真工具包的使用例子中（例如，采用遗传编程算法对电子电路进行设计），计算机集群或网格计算是必须的。大多数进化计算算法本身是并行的，并且受益于分布式计算。

10.5.2 有限的软件

应用计算智能需要的基础设施存在的第二个具有挑战性的问题是缺少可用的软件。不幸的是，集成了本书所讨论的所有主要方法的软件平台尚不存在。有些商业包已经集成了不同的方法，如智能业务引擎（NuTech 机构）、SAS Enterprise Miner（SAS 公司）和 Gensym G2（Gensym 公司）。然而，软件的价格相对较高，只有大企业客户负担得起。

更现实的做法是建立一个有商业产品的软件基础设施。一些供应商根据具体的方法，主要是神经网络，提供专业的界面友好的软件。NeuroSolutions 开发软件和 Neuroshell 软件是离线解决方案的经典例子。ValueFirst™ 和 Aspen IQModel 是在先进的工艺控制和环境兼容中在线应用神经网络的主导产品。

将商业软件嵌入到受欢迎的产品中，如 Excel，是一个不错的方案。这种方案的优点是最大程度地减少了开发和支持的培训，如神经网络预测（Neuralware）和神经工具（Palisade）。

之前讨论的计算智能方法的最现实的软件是通用平台软件，如 MATLAB（Mathworks 公司的软件）和 Mathematica（Wolfram Research 公司的软件），这些软件自带的商用工具箱。除此之外，还有来自学者开发的许多的免费包。然而，它们的界面不够人性化，因此离实际应用还比较遥远。

10.5.3 不清晰的组织结构

用户应用计算智能时需要涉及的第三个基础设施方面的问题是可能需要机构改革。这并不简单，尤其是对大公司而言。在应用技术可能产生高回报率的情况下，可以建立一个由开发人员组成的特殊小组。应用计算智能小组的目标是在公司内部拥有技术。对引进技术而言，这种机构设置最为合理，同时需要明确以下几点：国内市场、机会分析、潜在的技术改进、应用开发、实施和维护。

另一种方案是在研发部门下成立一个建模类型的小组，目标是分析哪种计算智能技术的应用可以投入最少的开发工作。第三种方案是将个体计算智能专家分布在不同团队中，并通过专业的网络推广该技术。

10.5.4 缺少工作流程

用户应用计算智能时需要涉及的第四个基础设施方面的问题是根据引进的具体技术，可能需要改变现有的工作流程或定义新的工作流程。原则上，解决方案的开发、实施和支持并不明显不同于其他的技术，一般不需要制定新的工作流程。然而，计算智能的内部推广可能需要调整工作流程。理想的情况是把计算智能应用融入到现有的标准工作流程中，像六西格玛方法，这将在第 12 章中讨论。

10.6 市场开拓不足

从实际应用的观点来看，应用计算智能的最关键问题是这项新技术缺乏专业的市场开拓。因此，目前存在的反常现象是，需要通过由研发爱好者努力建立的“后门”向用户和市场推广技术。本节将简要讨论打开工业领域专业市场的“前门”所需要的工作。需要解决的关键问题如图 10.7 所示，更全面的讨论将在第 13 章进行。

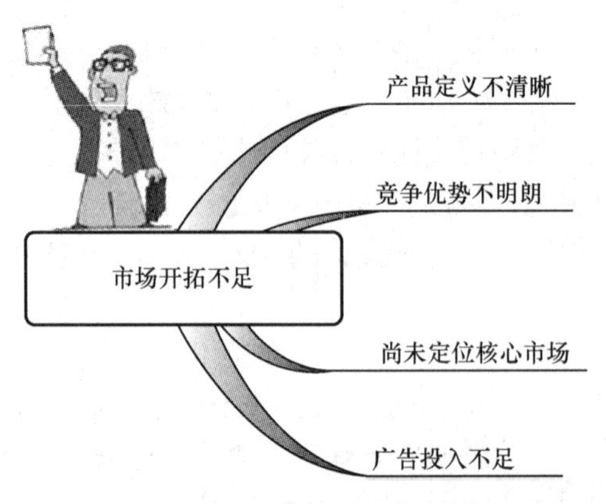

图 10.7　工业中计算智能的专业推广有待解决的几个关键问题

10.6.1　产品定义不清晰

开拓应用计算智能的专业市场的第一个挑战是终端产品的定义。定义时存在几个易混淆方面，如广泛的多样化方法和广阔的应用领域等。定义的效果截然不同。以下列举了几种来自计算智能应用的典型产品：

（1）预测模型；

（2）问题分类器；

（3）复杂的优化器；

（4）系统模拟器；

（5）搜索引擎。

它们可以是这项新技术预期产品的广泛定义的基础。从市场开拓来看，可以把复杂的预测模型、问题分类器、优化方案、系统模拟器和搜索引擎作为应用计算智能增强人类智慧、提高生产能力来宣传。

10.6.2　竞争优势不明朗

前面的章节已讨论过。

10.6.3　尚未定位核心市场

第 2 章给出了计算智能最具前景的广阔市场。但是，明确机遇、确定具体市场并进行开拓还需要更多的工作。

10.6.4　广告投入不足

市场营销工作的一部分就是用一种非技术的大众方式向潜在用户宣传该技术。广告的目的是为了展示技术和获得关注。关键是展示技术的竞争优势带来的独特成果。在相应章节介绍每个计算智能方法时，已经给出了具体市场营销的幻灯片和例子。此外，将在第 13 章给出应用非技术的方式向大众宣传计算智能应用的例子。

10.7 不合理的期望

应用计算智能最棘手的问题可能是帮助终端用户明确对计算智能技术的合理的期望。往往是知识欠缺、技术炒作和来自一些应用研究团体的消极反应，使得用户对计算智能的实际能力产生不正确的期望。错误的期望走向两个极端，要么夸大计算智能的能力，要么低估了这种能力，这几乎等同于破坏技术在行业内的推广。

关于应用计算智能的错误预期的主要几个方面如图 10.8 所示。

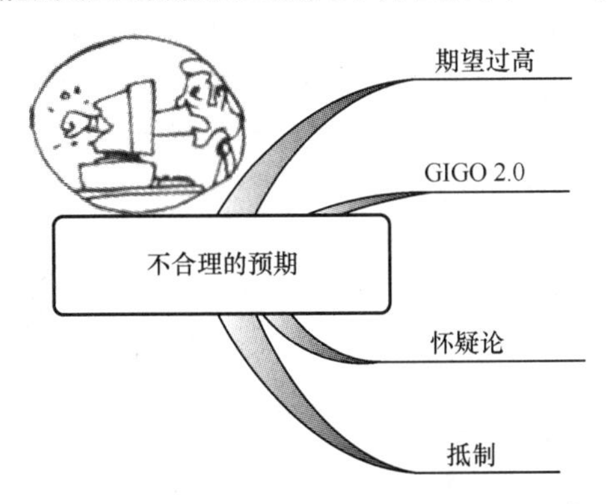

图 10.8 对应用计算智能的错误期望的主要类别

10.7.1 期望过高

对技术魔幻般的期望源于应用计算智能的独特功能，如能够处理问题的不确定性、复杂性并产生创新。一些方法如模糊逻辑、机器学习、进化计算和群体智能，其广泛的多样性令人印象深刻，它们的特点就像哈利 • 波特的魔法，大多数用户并不了解这些方法背后的原理。用户对计算智能期望非常高的另一个原因是厂商、媒体以及一些高层管理人员的技术炒作。

因此，用户把采用计算智能看作是解决非常复杂、困难问题的最后希望。通常情况下，他们是在尝试其他方法屡次失败后才开始寻求计算智能技术的。然而，在某些情况下，问题是模糊不清的，并且没有数据和专业知识的支持。为了避免陷入这一局面，本书强烈建议在应用计算智能的早期阶段用户要明确自己的需求，多交流方法的局限性，并抱有切合实际的期望。

10.7.2 GIGO 2.0

计算智能魔幻形象最糟糕的应用是 GIGO 2.0。相对于传统的 GIGO 1.0（无用输入/无用输出），GIGO 2.0 则是人们对一个方案的乐观期望：无用输入/有用输出。

事实上，认为低质量的数据可以通过复杂的数据分析得到弥补，是错误观念。不幸的是，计算智能有多样化的功能来分析数据，是名列前茅的技术之一，使GIGO2.0有了过高的期望。据观察，数据越混乱，就越希望未知技术来收拾残局。通常这些行为都获得了高管的授权，但他们并未意识到现实的严重混乱程度。

强烈建议，从GIGO2.0带来的消极影响中，努力保护潜在的计算智能应用。最好的制胜战略是预先确定用户的要求和期望,清楚地与用户沟通说明方法的局限性。拒绝一个不可能实现的应用，要比损害不少未来可行的计算智能应用更明智。

10.7.3 怀疑论

与魔幻般的乐观期望带来的快感相反，在采用智能计算技术时，对它的能力怀疑和缺乏信任，是错误期望的另一个极端，其也是负面的。通常怀疑是终端用户在业务方面对使用该技术的初步反应。造成这种现象的原因包括对技术能力的无知，失败的教训（由技术炒作导致的过去的应用失败），对管理者大规模的研发计划的推进持有谨慎的态度。

如果风险没有被消除，人们持有怀疑态度是正常的行为。引进新兴技术，如计算智能,需要所有参与这个艰难任务的利益相关者具有承担风险的意识与心理准备。建议对开发人员和该技术的用户制定奖励机制，以削弱怀疑、取得成功。

10.7.4 抵制

最难以化解的对计算智能的错误期望是由于科学或政治偏见，而强烈抵制这项技术。在大多数情况下，一部分抵制来自工业研究机构，其要么不接受计算智能的理论依据，要么对计算智能应用潜力感到威胁。

通常，抵制计算智能的是倡导第一原理建模的人。他们几乎挑战所有的经验模型，并严厉地批评黑盒模型。他们采取的策略是强调第一原理模型众所周知的优点，并无视计算智能的优势，遗憾的是广大的听众对计算智能不熟悉。通常第一原理建模人员非常积极地说服管理者质疑计算智能这种技术的性能和其需要耗费的总体成本。在大多数情况下，他们拒绝与计算智能开发者合作的机会，并拒绝集成的解决方案。

其他参与抵制计算智能运动的人群包括专业的统计专家和六西格玛机构的一小部分人。大多数统计专家认为一些计算智能方法中的统计是无效的，特别是神经网络模型。对计算智能最主要的非议是，认为由计算智能派生的非线性经验解决方案缺乏可靠的统计置信准则。这种非议获得了大量六西格玛团体的支持，因为传统的统计方法是这些团体应用的主要方法。

抵制计算智能运动的第三部分人群源于ABM运动，其成员积极反对任何试图引进计算智能技术的行为。这一部分人群还包括预期采用计算智能技术会产生强烈不适感的用户。

10.8 应用方法缺失

计算智能的另一个应用问题是用户对如何在实践中实施该技术模糊不清。与其他竞争技术，如第一原理建模、统计学、启发式建模和经典优化方法等相反，计算智能的应用没有一个确定的方案。潜在用户难以选择合适的解决方案来解决他们的问题。用户不知道如何利用及集成不同的方法。用户也不清楚具体的应用程序，并且关于计算智能在实际应用中存在的问题的参考文献也比较少。

计算智能应用方法缺失的关键问题如图 10.9 所示。

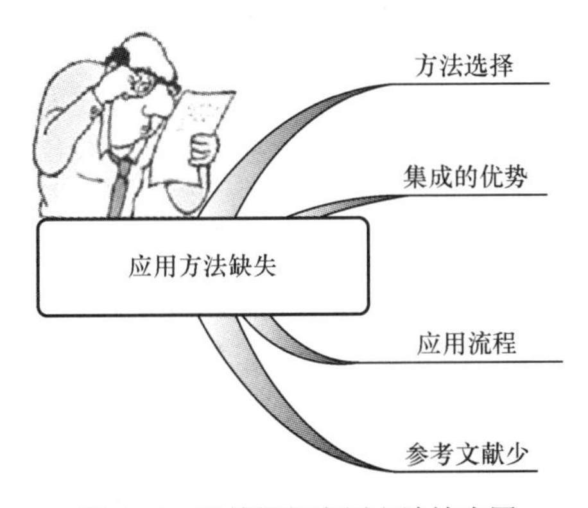

图 10.9　计算智能应用方法缺失图

10.8.1 方法选择

用户的茫然始于如何掌握不同计算智能方法的技术优势，并把它们应用到具体的实际问题中去。遗憾的是，很难找到能给出有关这一方面简单实用的文献。然而，本书向读者提供了有益的建议，书中多处都给出了问题的答案。所有方法及其应用领域都在第 2 章中讨论过，具体问题的分析也在第 3 章到第 7 章中讨论过。第 12 章将给出如何选择计算智能方法的详细表格。

10.8.2 集成的优势

遗憾的是，大多数用户没有意识到集成不同的计算智能方法能带来巨大的优势。第 11 章中将会讨论不同的集成方案，集成是基于统计学、神经网络、支持向量机、遗传编程和群体优化的一种方法，并将列举工业例子说明。

10.8.3 应用流程

计算智能用户还需要明确运用计算智能技术的具体步骤。这个问题涉及第 12

章的两种方案：第一种方案是在应用组织中把计算智能应用方法作为一个独立的工作流程；第二种方案是直接针对六西格玛用户的，包括关于如何将计算智能集成到已建立的工作流程中的实际建议。

10.8.4 参考文献少

计算智能用户面临的另一个问题是缺少应用计算智能不同方法的实践信息。有些厂商在其手册中提供了具体的开发和维护方法，主要是关于神经网络和遗传算法的。但是，此信息非常有限，通常需要专门的培训。此外，不同方法的参数设置没有依据来源，但从实践角度来看这些参数设置又非常重要。

幸运的是，本书的部分章节解决了这一问题。相应的章节里给出了有关方法的应用和参数设置需要的信息以及有价值的参考文献。

10.9 小　　结

主要知识点：

计算智能成功应用的必要条件是该技术带来的优势要超过带来的不适感。

计算智能的学术化给潜在用户成本很高印象，并且疏远了潜在用户。

计算智能基础设施缺失及其有限的专业软件、不清晰的组织机构和不明确的工作流程，降低了该技术的应用机会。

宣传计算智能的竞争优势和应用能力是打开行业之门的关键一步。

关于计算智能的错误期望要么摧毁了技术的信誉，要么阻碍了技术的推广。

总　　结

计算智能应用方面的关键问题大多与没有充分地认识该技术的实际能力有关。

推荐阅读

推荐三本提供实用的创新战略的书籍：

C.Christensen and M.Raynor,*The Innovator's Solution*,Harvard Business School Press,2003.

P.Coburn,*The Change Function*,Penguin Group, 2006.

M.George,J.Works,and K.Watson-Hemphill, *Fast Innovation*, McGraw-Hill,2005

第3部分 计算智能的应用策略

第11章 集成和征服

把知识融合成一个整体，是实践科学发展的途径；而理论科学的发展则是通过把大块知识分解成部分实现的。

——St.Thomas Aquinas

本书的第三部分旨在提出一种方法，使计算智能领域中有价值的思想高效地为实际问题提供可行的解决方案。为了强调整合各种能解决实际问题的方法的重要性，从本章开始将提出应用策略。在第 12 章中，将讨论在商业中如何引进、应用以及利用各种计算智能的方法。在第 13 章中，将提出计算智能应用策略中的关键问题——如何分别向技术受众和非技术受众推广技术。在第三部分的最后一章，即第 14 章将讨论在工业应用中成功和失败的案例。

由于价值创造能力是实际应用中的主要动力，因此计算智能的应用策略要考虑一些因素，如在多种操作条件下同时最小化模型的成本和最大化模型的性能。这项策略将明显加强构建稳定经验模型方面的工作，这种模型在经济上往往是最优的。但是，经验解的稳定性（如在轻微的过程变化下可靠运行的能力）仅用一种方法是很难实现的。在很多时候，一个实际的复杂问题的实现需要几个模型的联合工作。为了满足这个需求，有必要制定一种统一的方案。这种方案能有效地整合不同的建模方法，探索多种建模方法之间的相互协同，以最小的努力和花费，实现高质量的模型，这就是集成方案。这种建模方案不仅能显著地提高模型的性能，而且弥补了相应的单个建模方法的缺陷。

本章的目标是：集成建模方法和征服现实世界。从作者的经验来说，它是打开计算智能的行业大门的成功策略。

11.1 实际应用的复杂状况

如同一个抽象的球形牛不同于真正的动物，一个纯学术的建模方法离工业应用很远，通常情况下，实际情况的校正不能仅仅通过大量的计算机模拟完成。最主要的问题是，实际应用的复杂状况，需要技术、基础设施以及相关人员等因素进行联合求解。由于缺乏系统方法以及其他两个组成部分信息的缺失，现实的情况是大部分应用还主要是解决技术问题。但是，如果忽视了基础设施和相关人员的因素，即使技术问题得到解决，也可能导致执行的失败。

为了避免这种常见的错误，图 11.1 给出了计算智能在现实应用中的主要问题（包括技术、基础设施和相关人员因素）。

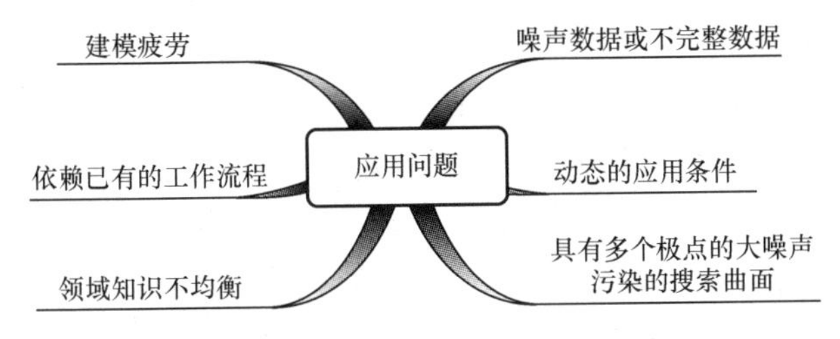

图 11.1 计算智能在现实应用中的主要问题

（1）噪声数据或不完整数据。数据质量和可用性是实际技术应用的首要问题。通常有两种极端的情况需要处理：在第一种情况中（特别是制造业中），可用的数据是高维的（上千个变量以及数百万条记录）；在第二种情况中（特别是在新产品开发中），可用数据只限于少数几条记录，并且产生一个新数据记录的成本很高。在这两种情况下，数据可能包含空缺、错误的输入值、测量单位转换混乱以及不同程度的噪声。处理所有的数据混乱并准备有效数据是任何数据驱动方法成功的前提（包括大多数计算智能方法）。

（2）动态的应用条件。现实世界处于动态的环境中。同时，动态变化的速度与幅度也在改变，从几微秒到几十年，从微小的变化量到数量级的偏差。因此仅使用一种建模技术来表示如此宽泛的动态范围是极其困难的，即便是一个稳态模型也必须与当前有关业务沟通需求。模型的使用在很大程度上取决于产品或服务的需求。对模型的需求会随着经济环境而变化，并且在某种情况下，模型建立时所依赖的稳态条件会失效，模型会变得不可信。为了挽回这种局面，我们要么调整参数，要么重新设计。在这两种情况下，维护的费用都会显著增长。

（3）具有多个极点的大噪声污染的搜索曲面。实际问题的潜在解依赖于多种因素，这些因素以复杂的方式相互关联并且常常表现为杂乱的数据。任何单独的优化技术都面临着一个严峻的挑战，即高维度以及拥有多极点与噪声污染的复杂搜索空间。此外，实际问题的解本身就是多目标的。这种多目标性问题还需要终端用户的参与，在多个解之间权衡复杂度和性能进行取舍。

（4）领域知识不均衡。领域知识不仅对专家系统以及第一原理模型至关重要，而且对于实际应用也意义重大。在模型开发和使用的所有阶段（从项目规范到解的选择和使用），学科专家的存在有着决定性的作用。流行的谚语“该模型跟参与其建立的专家一样好”一点也不夸张。但糟糕的是，领域知识有着高动态性（专家经常更换组织）并且在组织中分布不均衡。在推动实际应用方面，学科专家的甄选非常关键，也是最终成功的关键。同时，还需要考虑到一些顶级专家不会轻易分享他们的知识的问题。

（5）依赖已有的工作流程。企业的工作环境基于已有的基础设施、工作流程以及行为模式（或文化）。任何成功的实际应用必须适应这种环境，而不是试图背道而行（例如，使现有的工作流程适应应用技术的需求）。许多人依赖他们的工作环境并且害怕工作环境有重大变化（特别是工作流程十分完善的情况下）。使实际问题的解决方案适应已有的工作基础设施是关键（也是最容易被忽略）的成功因素。

（6）建模疲劳。正如第 10 章已经讨论过的，许多企业都有选择不同的建模方法的经历，其中一些建模方法打着高水平的幌子而无太大的实际用途。因此，建模（作为实际问题的解）失去了它的可信度。在这种情况下，推进新的“洋”技术是非常困难的。如果人们心中形成了类似的态度，那么最好寻找其他机会而不是去转变人们的思维定式。面对信任危机的最好办法是证明此建模方法在其他应用上是长期可行的。

总之，当我们解决实际问题时，应该认识到这些系统通常是病态的，难以建模的，并且在很大的解空间上是多极点的。我们可能使用的是杂乱的噪声数据，所处的工作环境是不断变化的，并且所需的领域知识是难以获取的。此外，我们需要了解应用，努力把建模方法与企业现有的基础设施相结合，努力去获得用户支持。

11.2 成功应用所需要的条件

获取应用系统的现实校正的最好方法是定义并满足应用系统的具体功能。促使实际应用成功的最重要的要求如图 11.2 所示。

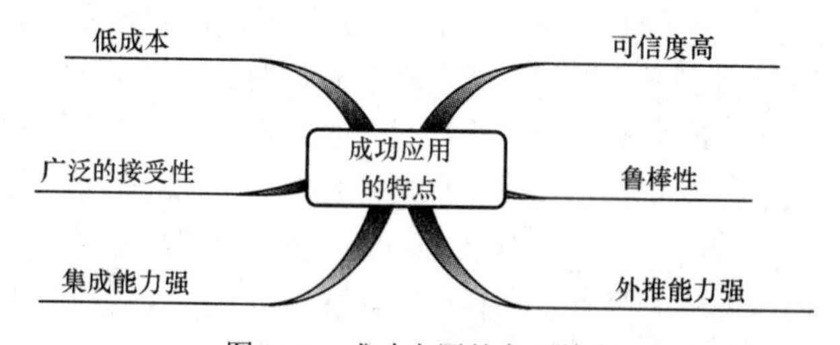

图 11.2 成功应用的主要特点

（1）可信度高。可信度高是最为优先的要求，它要求得到的解在各种工作条件下都是可靠的。通常，模型的可信度基于其原理、性能和透明度。第一原理模型符合自然规律，其可信度是毋庸置疑的。广大用户（尤其是参与了数据采集和模型开发的用户）认为有置信区间的统计模型更为可信。通常，认为基于经验或专家知识的模型的解缺乏扎实的理论基础，而且这些解需要有几乎完美的表现才能争取可信度。增加对用户的透明度可能会增加经验模型的可信度。一种极端情况是复杂的黑盒子（例如神经网络和支持向量机），它们是最不受信任的模型之一。另一种极端情况是简单的符号回归方程，尤其是那些能够用物理知识解释的。实践证明，用户对这种类型的经验解有着高度的信任。

影响可信度的关键因素是模型的性能。可信度的丧失始于对一些模型预测的质疑，在一系列的预测失误后逐渐质疑模型的有效性。失去可信度最终导致建模方法逐渐被用户抛弃。糟糕的是，当模型失去可信度以后，它几乎不会再被采用。甚至在某个特定应用中，可信度偶然的丧失可能会给整个技术带来坏的印象，并且在未来很长的一段时间内为技术的实施增加阻碍。

（2）鲁棒性。模型性能的可信度取决于应用模型的两种主要特征：①处理小的过程变化的能力；②当应用到未知领域时仍能保证稳定运行的能力。在产业中，不同的经营制度、设备升级或产品需求波动所导致的工艺改变非常普遍。通过训练数据并反映到所开发的经验或基础模型中，从而获取所有的工艺条件的想法是不切实际的。增加稳定性的可行方法之一是使模型在精度和复杂度之间取得最佳平衡。陶氏化学公司的几种工业应用的调查表明，低复杂度的 Pareto-front GP[①]可产生高质量的符号回归模型。相对于传统的 GP 以及神经网络模型，这种方法产生的符号回归模型在应对过程变化时稳定性有所提升。

（3）外推能力强。鲁棒模型有自身的限制（通常小于模型开发原有范围的±10%），当越过这个界限时，模型的外推性能将决定应用的生死。据估计，潜在的解决方案至少可以在训练范围的±20%内以渐进的方式控制性能的下降。受限于训练数据范围（通常指神经网络），从正常状态转换到不稳定的预测状态可以在几分钟内摧毁应用的可信度。根据经验，可以选择一个低非线性度的统计模型或符号回归模型来解决这个问题。另一种可以使模型避免外推灾难的方法是使用内置性能指示的自我评估功能，或者使用组合预测并将它们的统计数据作为模型性能的置信指标。

（4）集成能力强。因为企业已经投资了现有工作流程的基础设施，所以任何新技术的集成工作对已有设施的支持将成为一个至关重要的问题。应用必须以最小的变动集成到现有的基础设施中。最好的情况是在软件布署和维护过程中与用户建立良好的对话机制。在模型开发的过程中，可以使用不同的工具和软件环境，但最终运行的解决方案必须集成到用户已知的环境中。很多时候，它可能是无处不在的 Excel。

（5）广泛的接受性。成功应用的一个十分重要的前提是获得所有利益相关者的

① A. Kordon, F. Castillo, G. Smits, and M. Kotanchek, Application issues of genetic programming in industry, *Genetic Programming Theory and Practice III*, T. Yu, R. Riolo, and B. Worzel （eds）,Springer, pp. 241–258, 2006.

支持。模型能被接受由几个因素促成：第一个因素是建模原理的可信度，这已讨论过；第二个关键因素是用最少的调整参数和专业知识使得开发进程用户友好。进化计算模型以最小的假设进行开发，它不同于第一原理模型有许多源于物理或基于统计的假设。另外一个有利于模型被接受的因素是已经得到相似问题的解。在现实世界中，实际应用效果胜于任何纯粹的技术观点。

要使实际项目被接受，有两个因素至关重要，即用户买入和强力的内部支持。没有用户的支持，建议的解决方案可能不会被采用，这就意味着用户必须参与项目的每一步工作。同样，如果没有一个权威的倡导者，那么大部分项目将得不到资助，更妄谈成功了。

（6）低成本。实际应用开发、实施和预期维护费用的总和相对于其他可行解必须具有竞争力。在引进新技术的情况下，潜在的高开发成本必须低于预期收益，或充分利用预期解来平衡未来的成本。

11.3 实际应用中集成至关重要

严峻的工业环境以及实际应用中严格的标准对所有的建模方法提出了高要求。对于新兴技术（如计算智能）满足这个要求则更为困难。在第 2 章中，比较分析了不同方法的优劣，并且确定了每种方法的局限性。由相关章节可知，单个办法直接应用的潜力是十分有限的，通过使用单个方法而获得成功的工业应用的概率比较低。

同时，计算智能各方法之间协同工作的潜力是十分巨大的。几乎任何一种方法的缺点都可以由另一种方法来弥补。典型的例子是神经网络模型或模糊系统模型可以利用遗传算法来优化结构。集成计算智能方法的潜力使得我们能用较低的价格和不太复杂的模型开发过程应对大多数应用。

11.3.1 集成的优势

首先，本书将重点讨论各种计算智能方法之间协同工作的主要优势，如图 11.3 所示。

（1）改进模型开发过程。在模型开发过程中，不同方法结合的优势如下：

① 浓缩数据。现有数据所含的信息量可以通过非线性变量选择（通过神经网络实现）以及选择重要记录（通过支持向量机实现）而增加。信息更丰富的浓缩数据将提供给 GP 生成模型。

② 优化参数。典型的例子是使用 GA 或 PSO 对神经网络、模糊系统或基于代理的模型进行参数或结构上的优化。

③ 快速选择模型。基于数据压缩和最优参数，能在较少的迭代次数后产生高质量的模型。

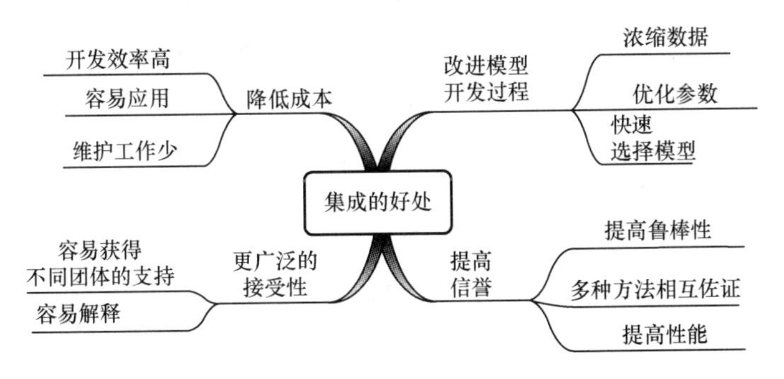

图 11.3　集成不同的建模方法的主要优点

（2）提高信誉。多种计算智能方法间协同工作的显著优势将增强应用成功的概率，提高应用系统的信誉。它基于以下几点：

① 提高鲁棒性。综合模型开发的最终结果是产生在精度与复杂度之间具有最优权衡的模型。这些相对简单的解能更好地在轻微变化的过程中可靠运行。

② 多种方法相互佐证。具有完全不同的科学依据的方法产生了性能类似的解，这个事实提升了所提出的解决方法的可信度。在开发成本没有大幅增加的情况下，这项技术有能力在不同的算法形式下对预期结果给出相互佐证，这将使新用户对这项技术印象深刻。

③ 提高性能。集成方法最终将产生一个在预测精度、鲁棒性以及外插能力之间具有最佳权衡的应用。

（3）更广泛的接受性。在模型开发中，集成多种方法可以提高应用得到的支持力度，特别是与第一原理或统计方法协同工作时。可接受性广泛的原因如下：

① 容易获得不同团体的支持。集成不仅优化了不同方法的技术能力，而且在不同方法的研究机构之间建立了桥梁。将计算智能引入研发实力强劲的大型组织，最关键的是说服该组织中的第一原理建模人员和统计人员。最简单易行的方法就是将计算智能方法与这两种方法集成。

② 更易于解释。集成的结果是，新方法如符号回归或模糊规则，更容易解释。

（4）降低成本。总成本明显减少，原因如下：

① 开发效率高。最佳开发流程将大大缩短开发时间，并提高所开发模型的质量。

② 容易应用。最终的模型（如符号回归或数据统计）是运行时间最短的软件，并可以很容易地集成到现有的基础设施中。

③ 维护工作少。鲁棒性与外推能力的增强将大大降低维护成本。

11.3.2　集成的费用

集成在现有方法的基础上增加了另一个层面的复杂性。事实上，大多数计算智能方法的理论基础仍在发展中，集成系统的分析基础仅适用于一些特定情况，如模糊神经或遗传模糊系统。不过，集成在实际应用中的优势已经得到证明，并在发展成坚实的理论基础之前已经开始进行探索了。

对于本书中所讨论的方法，集成需要更复杂的软件和更广泛的知识。相较于收益，集成计算智能方法的费用较低。

11.4 集成的机遇

通过实践可知，探索系统各组成部分之间协同能力的方式几乎是无穷的，这对建立一个集成系统无疑是一个好消息。但坏消息是，通过理论来获取所有的协同方式是不现实的。因此，大部分设计和使用的集成系统均缺乏一个坚实的理论基础。然而，几大跨国公司（如 GE[①]、Ford[②]和陶氏化学公司[③]）的经验告诉我们，集成系统在制造业、产品设计以及金融业务等不同领域的应用非常广泛。

本书将集中讨论集成的三个层次：第一个层次包括各计算智能方法本身的协同作用；第二个层次是将第一原理模型与计算智能方法相结合；第三个层次是建立计算智能与数据统计之间的桥梁。

11.4.1 混合智能系统

混合智能系统至少结合了两种计算智能技术（如神经网络和模糊系统）。研究混合智能系统的关键是研究整合方法。引用扎德教授关于社会学集成系统的类比："将英国政治、德国机械、法国料理、瑞士银行和意大利的爱情混合，这个系统是一个良好的混合系统；但将英国料理、德国政治、法国机械、意大利银行和瑞士的爱情混合，这对系统而言则是灾难性的"。这句话完美地阐释了潜在的集成方向。同样的，一个混合智能系统的成败取决于集成系统中组件的性能。如第 2 章所讨论的，每种计算智能技术都有其优劣性。很明显，协同作用的潜能体现在方法之间的优劣互补。图 11.4 通过集成神经网络系统和模糊系统说明了集成的关键[④]。

（1）独立。各个技术不以任何方式进行交互，但可以同时使用。衍生的模型可以相互比较，甚至可以一起使用。正如已经讨论过的，基于不同科学基础的方法所生成的独立模型能显著提高应用的信誉。

（2）变换。变换是将一种技术转化成另一种与终端用户进行交互的技术。举例来说，可以将类（由非监督神经网络获得）转变为规则和隶属函数，这样就能实现

① P. Bonissone, Y. Chen, K. Goebel, and P. Khedkar, Hybrid soft computing systems: industrial and commercial applications, *Proceedings of the IEEE*, 87, no. 9, pp. 1641–1667, 1999.
② O. Gusikhin, N. Rychtyckyj, and D. Filev, Intelligent systems in the automotive industry: Applications and trends, *Knowl. Inf. Syst.*, 12, 2, pp. 147–168, 2007.
③ A. Kordon, Hybrid intelligent systems for industrial data analysis, *International Journal of Intelligent Systems*, 19, pp. 367–383, 2004.
④ L. Medsker, *Hybrid Intelligent Systems*, Kluwer, 1995.

模糊系统。

（3）松耦合。不同的技术通过数据文件间接通信。例如，当神经网络用于变量选择时，它将产生一个数据文件以减少变量的个数。接着，支持向量机将使用此文件提取支持向量，抽取信息量大的数据记录。压缩后的数据文件可以被不同的技术用于生产高质量的数据驱动模型。

（4）紧耦合。在一个通用的软件环境中，不同的技术直接进行沟通。例如，模糊规则的参数通过神经网络进行实时更新。

（5）完整集成。不同的技术可以作为一个统一的系统相互嵌入。例如，模糊规则可以替代神经网络的神经元。

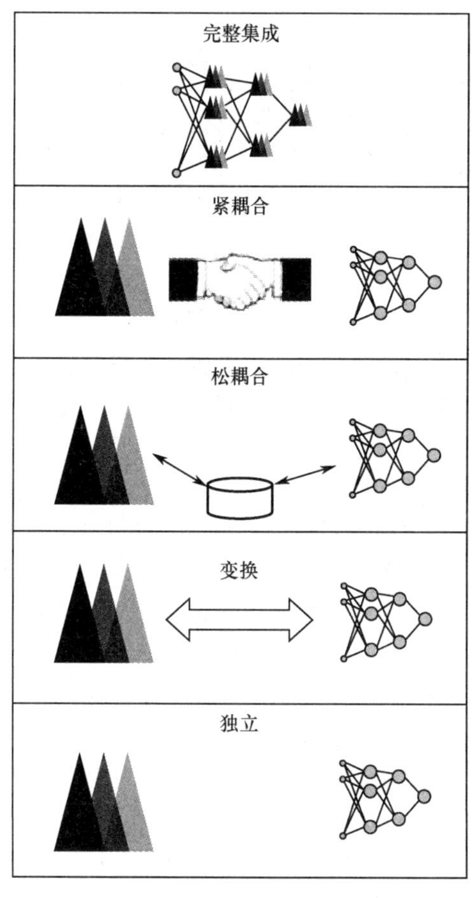

图 11.4　集成计算智能系统的方法

所讨论的集成类型与计算智能方法的不同组合已经得到研究与应用。最常使用的组合如下：

（1）神经模糊系统。其通过神经网络训练开发 if－then 模糊规则，并确定隶属函数。两种计算智能方法之间的协同作用使神经网络具有解释的能力，同时使模糊系统具备在变化的环境中学习和适应的能力。具有多输入-多输出的神经模糊系统的通用结构如图 11.5 所示。

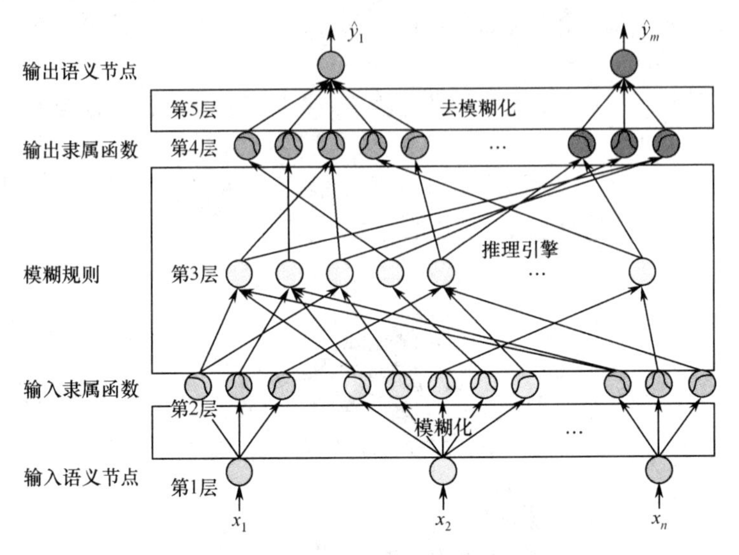

图 11.5　神经模糊系统的通用结构

第 1 层和输出层第 5 层以及三个代表隶属函数和模糊规则的隐层构成了神经模糊系统的通用结构。第 2 层（获取输入隶属函数的神经元）作为模糊规则的前提，其过程也称为模糊化。模糊规则由第 3 层的相应神经元实现，这层也称为模糊规则层。第 4 层（代表模糊集的神经元）作为第 3 层模糊规则的输出使用，也称为输出隶属函数层。它从模糊规则神经元处得到输入，并利用模糊算子对它们进行组合。第 3 层和第 4 层是神经模糊系统的推理机。位于神经网络顶层的第 5 层将第 4 层不同规则的输出进行整合，并使用一些去模糊化的方法，如神经模糊系统的最终结果是语义变量。

模糊神经系统著名的应用——电饭煲在第 8 章中已简要讨论过。

（2）遗传模糊系统。遗传模糊系统基本上是一个用遗传算法增强学习过程的模糊系统。在一定的规则下通过遗传算法调整，旨在找到隶属函数的最优参数。用一条染色体对隶属函数进行编码，隶属函数与变量所代表的语义项相关。遗传学习过程包含了应用的不同层面：从最简单的参数优化（适应或调整过程）到复杂度最高的学习模糊系统的规则集（学习过程）。

GE 等公司已经将遗传模糊系统成功应用于控制、制造以及运输等环节。

（3）神经网络进化。进化计算与神经网络的结合可能会使拓扑结构和参数达到最优。图 11.6 给出了一个利用遗传算法进行神经网络进化的例子。

集成遗传算法和神经网络的原理很简单。待优化的神经网络（由其结构与权重所表现）被编码成一个基因染色体。然后，基因种群使用遗传算子不断进化，直到神经网络性能达到某种最佳匹配度。

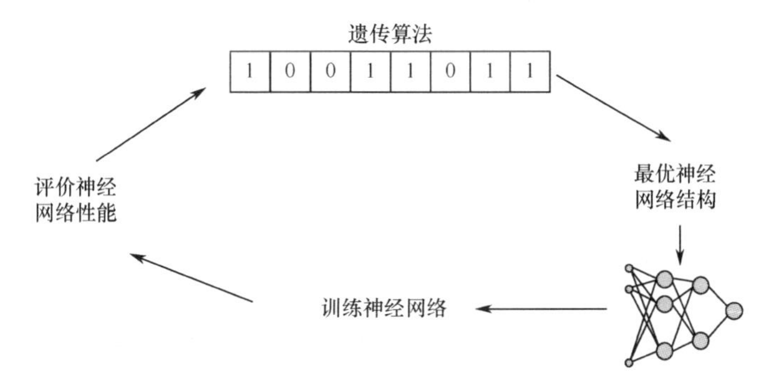

图 11.6　神经网络进化的例子

神经网络进化的应用领域是计算博弈。它已经应用于跳棋、国际象棋以及 Nero 等复杂游戏[①]。

11.4.2　第一原理模型集成

工业模型开发（特别是在化学工业和生物技术中）的一个关键问题是降低第一原理建模的总成本。可通过不同的方式将计算智能方法集成到第一原理模型建立的过程中从而自我完善。虽然第一原理模型集成的需求更大，但是相对于混合智能系统，这一领域的学术探索力度远远不足。本书将集中讨论四种整合计算智能方法与机理模型的潜在方式：①联合集成；②并行操作；③通过原始经验模型加快第一原理模型的开发；④以经验模型代替基础模型用于在线优化。

由计算智能生成的经验模型和基础模型的第一个集成方案如图 11.7 所示。此方案将一个简化参数的第一原理模型与一些未知参数的经验估计器相结合。典型的例子就是补料分批生物反应器的质量平衡混合模型，其中，人工神经网络用来估计特定的动力学速率（如生物量的增长和基质的消耗）。

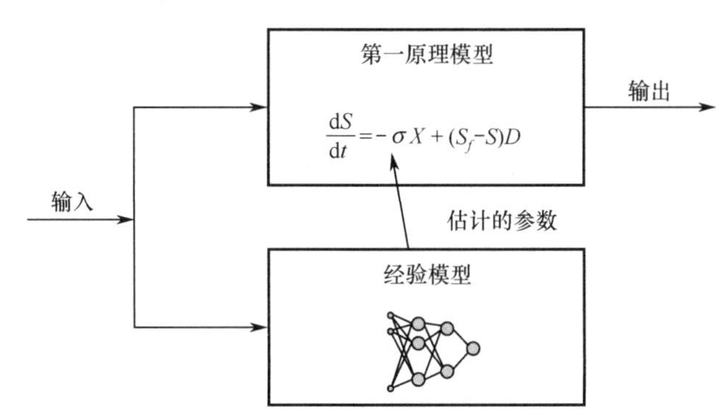

图 11.7　计算智能方法和第一原理模型集成的例子

① http://www.nerogame.org.

第二个集成方案如图 11.8 所示。简单的基础模型和经验模型（在本例中为神经网络）并行操作，以确定模型的输出。第一原理模型能够反映过程机理，但对于细节表现不佳。该模型的不足由并行的经验模型来补偿。神经网络通过真实反应和基础模型估计之间的留数进行训练。因此，模型的不一致性最小，联合预测的精度更高。

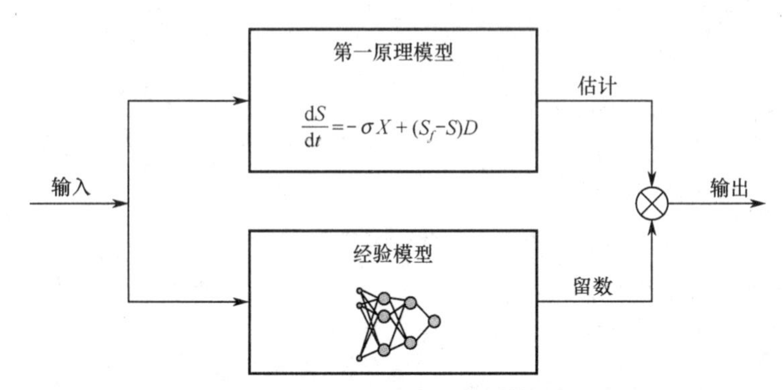

图 11.8　计算智能方法和第一原理模型并行操作的例子

集成基础模型和计算智能模型的第三种方案如图 11.9 所示。它并不是基于直接或间接的互动模式，而是在第一原理建模过程中使用经验方法。

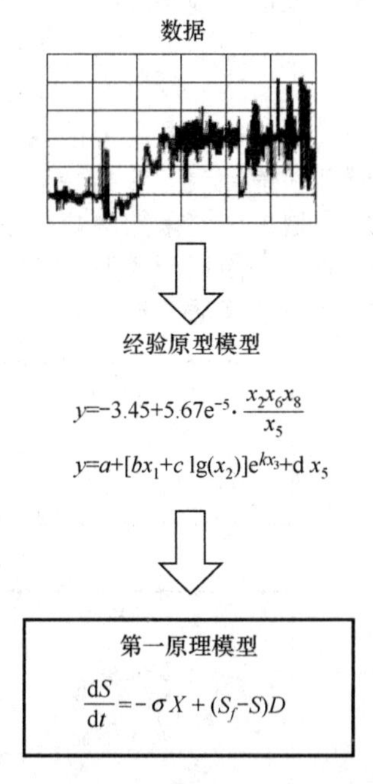

图 11.9　在第一原理模型的开发中使用经验原型的通用结构

这样做是为了减少在基础模型开发过程中最昂贵也是最难以预测的阶段（假设

搜索阶段）的费用。这个阶段通常基于有限的数据量和大量的潜在因素以及物理机制进行。通过现有数据找到有效假设与机制的过程是耗时且昂贵的。但是，如果首先用这些数据生成符号回归模型，那么这个过程将大大缩短。在这种情况下，假设搜索起始位置的设定基于一系列的原始经验模型（这有助于第一原理建模）。这种集成形式对研究结构-特性关系非常有益，具体见第 14 章。

第四种集成基础模型与计算智能模型的方案如图 11.10 所示。它联系起实验设计（DOE）所产生的数据和范例之间的关系。

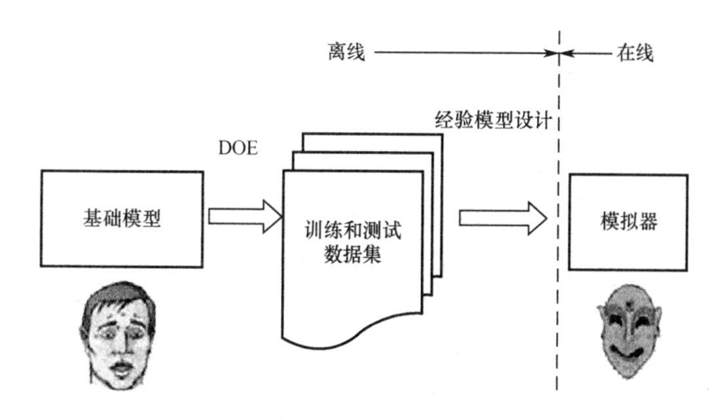

图 11.10 表示第一原理模型的经验模式或仿真器的在线优化

第一原理模型（图 11.10 中的人脸）生成的高质量的离线数据，是推导经验模型的基础。这个经验模型将在线模拟高逼真模型的性能（图 11.10 中的面具）。这种集成形式为使用复杂的第一原理模型进行在线优化和控制打开了一扇门。很多时候，基础模型的执行速度太慢，降低了过程优化的频率与效率。

由于我们能完全控制生成数据的范围，并且其外推的可能性也是最小的，因此经验仿真器是神经网络罕见的能够可靠使用的情形之一。在第 14 章中将给出在化工行业中成功应用仿真器的实例。

11.4.3 统计模型集成

令人惊讶的是，集成方法探索力度最弱的区域是计算智能和统计学之间的协作，尽管很多统计人员可以由此获益。特别令人感兴趣的是基于群体的进化计算与统计建模之间的协同作用。作为最适用的进化计算方法之一，本节将集中讨论遗传编程算法与统计学之间的集成机会[①]。集成的主要优势如图 11.11 所示。

在工业模型开发中，从 GP 和统计模型的协同作用中获得的主要优势是扩大了

① F. Castillo, A. Kordon, J. Sweeney, and W. Zirk, Using genetic programming in industrial statistical model building, *Genetic Programming Theory and Practice II.*, U.-M. O'Reilly, T. Yu, R. Riolo, and B. Worzel （Eds）, Springer, pp. 31–48, 2004.

两种方法的建模能力。一方面，当开发线性模型耗费巨大或在物理上不可实现时，可以应用 GP；另一方面，有完善测度的统计建模为 GP 模型提供了所有必需的统计性能测度。其中一些测度是至关重要的，例如，模型参数以及性能的置信区间，这在工业应用中至关重要。

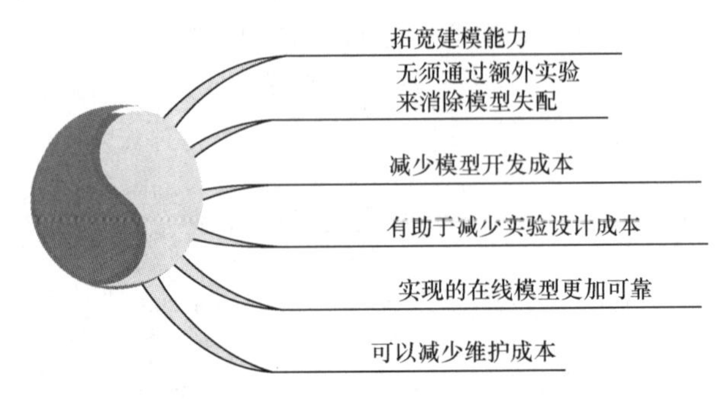

图 11.11　计算智能和统计学集成的优势

下面介绍 GP 与统计协同建模在经济上的优势。最明显的优势是消除了用于研究模型失配检验（LOF）①问题所需的额外实验。经济优势的另一个方面是它采用实验设计减少了实验分组，降低了成本。由于实际工业问题的维数可以很高（很多时候输入维数是 30~50），因此筛选过程往往非常耗时且昂贵。输入筛选可以使用 GP 算法来解决。GP 与统计模型协同建模的另一个潜在优势是让所得到的模型相对于单独使用 GP 方法得到的非线性模型，可靠性可能更高并且需要较少的维护（由于置信区间和不稳定性减少）。

下一节将主要讨论基于设计和非设计数据开发的 GP 和统计整合模型。

11.5　鲁棒经验模型的集成方法学

正如本章已经讨论过的，鲁棒经验模型能很好地应用在当代工业建模中。鲁棒经验模型基于两种不同类型的数据：①无任何附加干预过程所采集的数据或非设计数据；②经过周密设计的实验所采集的设计数据。通常情况下，根据明确的计划，经验模型用到的数据是非设计的数据（这些数据在整个过程中不需要任何系统性地改变）。在设计数据的情况下，这个过程需要预先分析，并且数据的采集是通过一系列的统计设计实验来完成的。所收集的数据的不同将导致所得到的模型的性质具有显著差异。非设计数据对任意数据驱动的方法开放，并且所产生的结果没有因果关系，而设计数据需要符合特定的统计表达（这也许能推导出感兴趣的因素与响应之间的因果关系）。幸运的是，两种建模方法都能受益于与计算智能的集成。在下文中

① 一种统计测度，描述模型与数据不匹配的程度。

将结合应用分别介绍这两种方法。

11.5.1 非设计数据的集成方法[①]

虽然比设计数据费用低，但是使用非设计数据面临许多挑战，其中包括数据共线性、无法得到因果结论以及变量范围窄的限制。在这种情况下应用经典统计学要么会产生低质量的解，要么会限制模型的工作范围。探索几个计算智能技术的协同作用可以帮助我们解决一些非设计数据问题，并产生高质量的鲁棒经验模型。

本节将提出并描述集成方法的协同作用，其主要模块如图 11.12 所示。

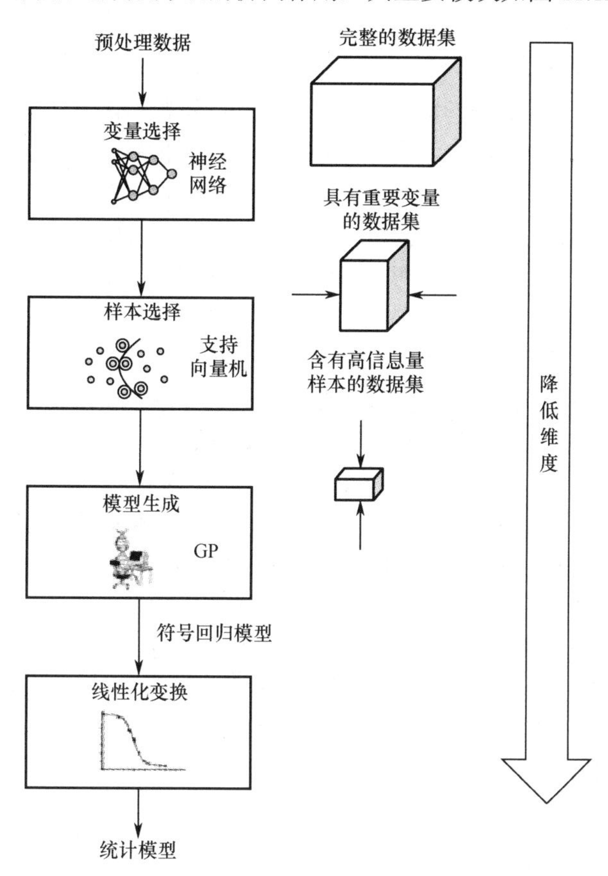

图 11.12　基于非设计数据的鲁棒经验模型开发的集成方法

集成方法的建模过程的主要目的是减少数据维数，自动生成模型，同时选择复杂性与准确性能够达到最佳平衡的模型，并把所选模型转化为统计上良好的线性模

① 方法论的初始版本发表在：A. Kordon, G. Smits, E. Jordaan and E. Rightor, Robust soft sensors based on integration of genetic programming, analytical neural networks, and support vector machines, *Proceedings of WCCI 2002*, Honolulu, pp. 896–901, 2002.

型。假设集成方法的输入是一个完整的非设计数据集，通过变量选择技术（包括 GP 或分析型神经网络）能减少输入数据的维数（将在 11.5.1.1 节描述）。一旦完成了变量选择，记录将被定义与选择以完善模型中最实质性的内容。通过支持向量机技术可以进一步压缩数据的个数。生成的数据集将提供给模型生成器，由 Pareto-front 遗传程序执行。Pareto-front 遗传程序产生候选非线性符号回归模型。所产生的符号回归模型在精度和复杂性之间有最佳的平衡。在可能的情况下，符号回归模型还可以转换为统计上的线性模型，然后进一步开发。转换后的模型可以显示所有已知的统计测度，这样模型在统计学上就是可靠的（因而能被广泛接受），并可以在大多数现有的软件环境中实现。

11.5.1.1　变量选择

假设在输入块处有完整的数据集，它包括描述问题的代表性数据并清除了明显的异常数据。同样，也建议把数据集分为训练、验证和测试等完成不同任务的数据块。所有数据集的维数变化范围很大，从十几个变量和数百条记录到上千个变量和数以百万计的记录。显然，在经验建模中直接使用如此大型的数据集将十分低效，特别是当 GP 用于自动模型生成时。压缩完整的数据集的第一步是只选择最具影响力的变量。在这种情况下，最常见的办法是使用主成分分析（PCA）降维以及通过局部二乘法（PLS）[①]投影成隐式结构以建立线性模型。然而，这种方法存在两个关键问题：①很难对模型进行解释；②仅限于线性系统。在提出的集成方法中，另外两个技术（GP 和分析型神经网络）可用于非线性变量的选择。

第一种方法可以使数据集的维度适中（不超过 50 个变量）[②]。这种方法使用 GP 选择变量：在模拟进化的过程中，GP 趋向于选择与解有高匹配度的变量而逐渐放弃与解匹配度不高的变量。图 11.13 给出了一个例子。

图 11.13 给出了一种测度，为参与进化的所有输入变量的非线性灵敏度分析。特定输入到输出的高非线性灵敏度的原因是，输入变量在方程中很重要，并且具有相对较高的匹配度。因此，输入变量的匹配度与其在方程中的匹配度相关[③]。图 11.13 中的例子给出了 9 个输入经过 300 代模拟进化后的最终灵敏度（归一化到 0 和 1 之间），通过 GP 自动生成模型。最终灵敏度包括每个输入 x 的方差与平均灵敏度。可以清楚地看到，在模拟进化期间，只有三个输入（x_2、x_5 和 x_9）一直在这个生成函数中被选择为变量。根据输入变量的灵敏度统计设定阀值，变量就可以被选择出来。该方法的主要优点是，将 GP 内置于模型生成过程中，这是模拟进化的另一类应用。然而这种方法在高维数据集的情况下并不推荐使用，因为还没有研究出在如此大的

① L. Eriksson, E. Johansson, N. Wold, and S. Wold, *Multi and Megavariate Data Analysis: Principles and Applications*, Umeå, Sweden, Umetrics Academy, 2003.

② 数量是由实践经验得来的。

③ 方法详见：G. Smits, A. Kordon, E. Jordaan, C. Vladislavleva, and M. Kotanchek, Variable selection in industrial data sets using Pareto genetic programming, *Genetic Programming Theory and Practice III*, T. Yu, R. Riolo, and B. Worzel （Eds）, Springer, pp. 79–92, 2006.

搜索空间里选择有效变量的方法。

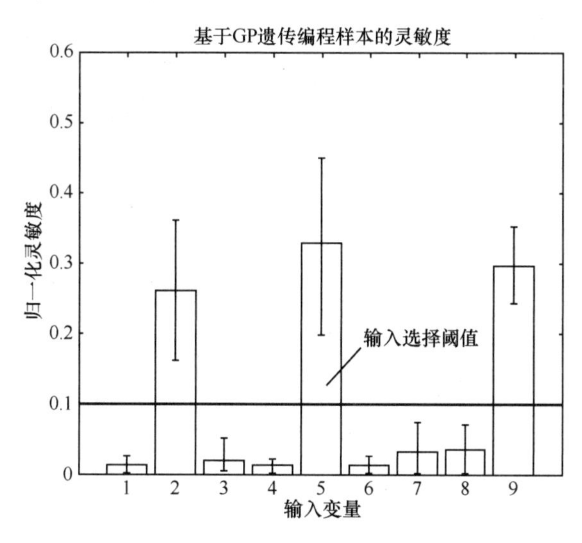

图 11.13　基于 GP 的变量选择

在集成方法中非线性变量选择的第二种方法是基于堆栈分析型神经网络的灵敏度分析。神经网络由个体的采集、前馈以及单层神经网络（输入到隐层的权重按照固定的分布已被初始化，因此所有的隐藏节点被激活）构成。隐层到输出层的权重可以用最小二乘法直接计算。这种方法的优点是速度快，并且每个神经网络都具有明确的定义和一个全局最优点。

变量的选择从输入结构中最复杂的开始。在灵敏度分析期间，逐渐减少输入个数以降低初始结构的复杂度。每个结构的灵敏度用每个结构对应的堆栈神经网络权值的均值表示。这个过程将自动消除最不重要的输入并产生一个能够表示输入灵敏度和输入消除之间关系的矩阵。11.6 节给出了一个通过分析型神经网络进行非线性灵敏度分析的例子。

11.5.1.2　数据记录的选择

支持向量机的目的是进一步降低数据集的大小，只留下那些代表模型重要信息的数据。把支持向量机作为一种建模方法的主要好处是用户可以控制模型的复杂度（即支持向量的数目）。复杂度可以直接控制，也可以间接控制。间接控制的方法是通过控制可接受的噪声等级来控制支持向量的数量。直接控制是通过控制支持向量或非支持向量的比率来控制支持向量的数量。在这两种情况下，表示合适复杂度的压缩数据集将被用于高效的符号回归。

可替代符号回归方程的另一个选择是提供完全基于 SVM 的模型。正如第 4 章已经讨论过的，兼具全局和局部核特点的 SVM 模型已经具有很好的外推特性。同样情况下，一个由 GP 产生的符号回归模型在训练数据以外不具备合适的性能，而基于 SVM 的模型可以给出可行的鲁棒解。

11.5.1.3　模型生成

集成方法的下一步是使用多目标 GP 方法对压缩数据集进行符号回归，在灵敏度最高的输入变量之间探索解析关系。通过前面的步骤，搜索空间大大减少，GP 方法的有效性大大改善。

通过 Pareto-front GP 程序产生符号回归模型的实例如图 11.14 所示，其中，感兴趣的非支配解采用空心点表示。

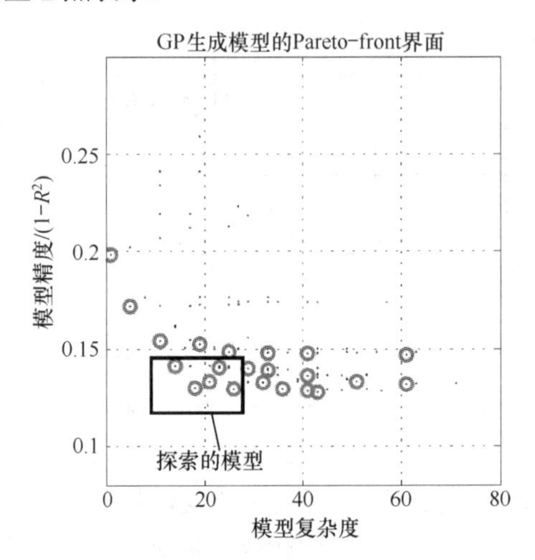

图 11.14　在 Pareto-front 探索感兴趣的符号回归模型

感兴趣的探索模型在精度（采用 1-R^2 度量）和复杂度（通过符号回归的节点总数表示）之间取得了最佳平衡。通常模型选择的探索区域的收缩引起 Pareto-front 解集的减小，此时将获得最大的精度增益和最小的表达复杂度（见图 11.14 中相应区域）。个体模型的性能被探索的同时，要考虑各个模型的函数表达式的物理解释。最终的模型根据用户的喜好选择。在某些情况下，选择不同输入的若干模型进行集成，可以改善某些输入故障情况下的系统鲁棒性。

在许多情况下，集成技术在这一步提供符号回归模型作为最终解。然而，即使在用户接受的情况下，得到的解在统计意义上也是“不正确的”，因为缺乏相应的统计测度。

11.5.1.4　模型线性化

该集成方法的最后一步的目的是对选定的符号回归模型建立统计测度。其概念非常简单，而且效果明显，即将非线性的符号回归模型转换为线性形式，然后统计模型，这些变换后的变量是线性的[①]。在这种情况下，可以同时享受线性和非线性

① Flor Castillo最初提出的实验设计的理念的详细描述：F. Castillo, K. Marshall, J. Green, and A. Kordon, Symbolic regression in design of experiments: A case study with linearizing transformations, *Proceedings of GECCO 2002*, New York, pp. 1043–1048, 2002.

模型的优势。一方面，非线性特征可以通过线性变量表示，这一过程可以由 GP 自动完成；另一方面，最终的线性解决方案表现为参数线性，统计上正确，具有所有相关的统计测度，例如，置信区间和方差膨胀因子（VIF）[①]。分析结果表明，这类通过 GP 变换得到的线性模型可以减小多重共线性，而且不会引入参数估计偏差[②]。不得不考虑多个多重共线的存在会严重影响回归系数的估计精度，从而对数据收集非常敏感，生成的模型精度较差。然而，最重要的影响是线性模型提供了亟需的统计可信度，并且用符号回归建模和 GP 方法集成敲开了统计团体的大门。

但是，选择线性变换并不是自动进行且无关紧要的一步。它需要对导出模型进行统计解释方面的经验，例如，必需能看到线性模型的误差结构。如果误差结构造成方差不稳定，并且呈现一定的模式，那么需要选择其他变换形式的模型。另一个导出线性模型的验收测试方法是计算方差膨胀因子，验证变换之后的变量之间的共线性。正如统计人员喜欢说的，线性模型必须具有“统计方法的样子”。

11.5.2 设计数据的集成方法[③]

由 GP 生成的非线性变换的思想同样可以用于针对设计数据开发的统计模型中。基于 DOE 建立统计模型的基础假设是，输入和输出有一个基本关系，该关系在有限的实验条件下可以用一个多项式或线性回归模型局部逼近。当实验可重复时，模型描述数据的能力可通过一个常规的失配检验测试评估。模型的 LOF 大，表示回归函数与输入变量的关系是非线性的，例如，多项式最初考虑的阶数可能是不足够的。一个更能匹配数据的高阶多项式可以用额外的实验数据来改进最初设计。然而，很多情况时，一个二阶的多项式已经足够了，并且 LOF 依然存在。另外，如果要采用更高阶的多项式并不符合实际，因为实验会非常昂贵或者极端的实验条件从技术上并不可行。如果采用合适的输入变换，只要基本假设-误差不相关或者误差是零均值常数方差的正态分布，那么问题也能被解决。

当前已经给出了一些有用的变换[④]。但是，哪些变换可以对响应进行线性化且不造成误差结构很难确定，只能根据经验来估计，这个过程更类似于猜谜游戏。这个过程非常耗时，且解决 LOF 问题时效率低下。

幸运的是，GP 生成符号回归的方法可以快速开发和测试这些变换。GP 产生模型具有多样性，因此其具有不同的解析表达式，提供了丰富的可能的输入变换，这

---

① 方差膨胀因子是一种有关输入变量共线性的统计测度。

② F. Castillo and C. Villa, Symbolic regression in multicollinearity problems, *Proceedings of GECCO 2005*, Washington, D.C., pp. 2207–2208, 2005.

③ 感谢Springer-Verlag出版社授权使用，本节材料最早发表于F. Castillo, A. Kordon, J. Sweeney, and W. Zirk, Using genetic programming in industrial statistical model building, *Genetic Programming Theory and Practice II*, U.-M. O'Reilly, T. Yu, R. Riolo, and B. Worzel （Eds）, Springer, pp. 31–48, 2004.

④ G. Box and N. Draper, *Empirical Model Building and Response Surfaces*, Wiley, 1987.

有助于解决 LOF 问题。

因此，一旦 LOF 通过统计测试，输入的变换就是解决实际问题的最佳方法，那么 GP 生成的符号回归模型就可以应用了。对设计数据而言，集成统计和 GP 方法的关键步骤如图 11.15 所示，其中，选择方程的办法依据相关系数，当相关系数大于阈值水平时，方程被选择。

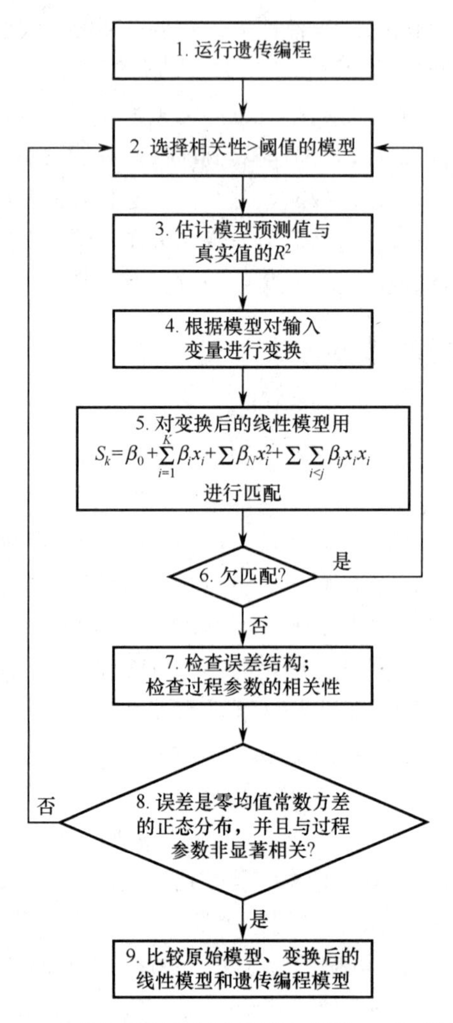

图 11.15　在设计数据的统计模型上应用 GP 的关键步骤

根据 R^2 分析方程，根据这些方程的函数形式变换初始变量。然后用变换后的变量建立一个与数据匹配的线性回归模型（TLM）。建立的模型是否合适由 LOF 和 R^2 来进行初步分析。如果模型的误差结构表现为 LOF 并不明显，那么这个模型就可以考虑，然后对模型参数进行校正并评估。这个过程必须确保 GP 生成的模型不仅可以解决 LOF 问题，还要保证模型的误差结构合适以及模型参数非显著相关，这将有利于采用最小二乘法进行估计。

11.6 实施集成

本节将通过一个建立在非设计数据上的推理传感器进行排放量估计来阐述集成方法。好奇的读者会找到估计化学合成物里面的粒子尺寸分布的例子，这个例子表现的是集成方法应用于设计数据①。

用于排放量估计的软传感器是最流行的应用领域，同时也是硬件分析仪的可行替代方案。通常开发经验模型需要采集密集的数据，然而在线操作期间，不能测量输出，因此推理传感器性能的自我评估就显得尤其重要。由于在数据采集时捕捉所有可能的过程变量是不现实的，因此有必要提高推理传感器的鲁棒性。这种推理传感器都基于集成方法学应用于非设计数据的思路，在得克萨斯州的弗里波特，陶氏化学公司研发并实现了推理传感器。主要模块的实施结果如图 11.12 所示。

图 11.16 为一组有代表性的数据集，来自 8 个潜在的过程输入变量和排放量的测量值，包括 251 个训练点和 115 个测试点。测试数据超过训练数据范围的 20%，这对于模型的外推能力是一个严峻的挑战。

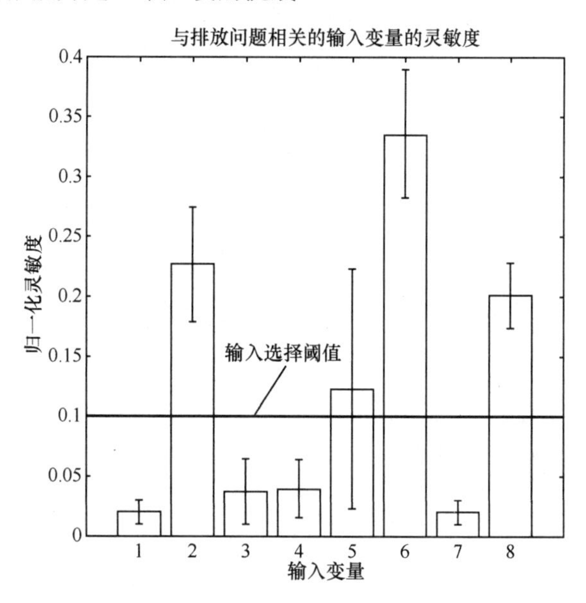

图 11.16　由 GP 模型生成的排放量估计传感器的输入变量的非线性灵敏度

本节将分别探讨 GP 和分析型神经网络这两种非线性变量选择方法。GP 的灵敏

① F. Castillo, A. Kordon, J. Sweeney, and W. Zirk, Using genetic programming in industrial statistical model building, *Genetic Programming Theory and Practice II*, U.-M. O'Reilly, T. Yu, R. Riolo, and B. Worzel （Eds）, Springer, pp. 31–48, 2004.

度分析结果如图 11.16 所示，表明只有 x_2、x_5、x_6和 x_8这四个输入与排放量密切相关。尤其应该关注产出率（输入 x_2），它为主要输入。

分析型神经网络的变量选择也证实了这一结果。对应排放量的相关输入灵敏度的输入消除序列如图 11.17 所示，其中，深色代表敏感度偏低。首先，形成一个具有 8 个输入、隐层有 10 个神经元的 30 个堆栈分析型神经网络结构。第一个建模序列结束时，消除具有最低灵敏度的输入变量（输入 x_3）。第二阶段开始时有 7 个输入，并在阶段结束时消除最低灵敏度输入（输入 x_7），推荐的神经网络结构包括四个输入（x_2，x_5，x_6，x_8），这与 GP 灵敏度分析给出的结构相同，如图 11.18 所示。根据测试数据的性能，选择在性能下降之前的最简约结构作为潜在模型。

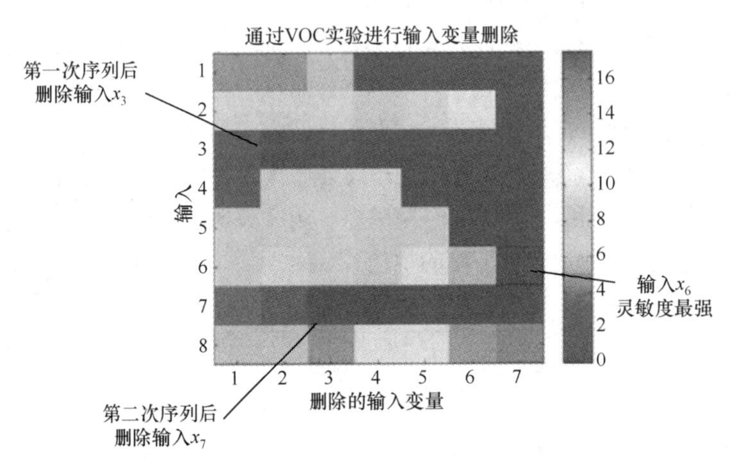

图 11.17　通过分析型神经网络进行输入消除序列

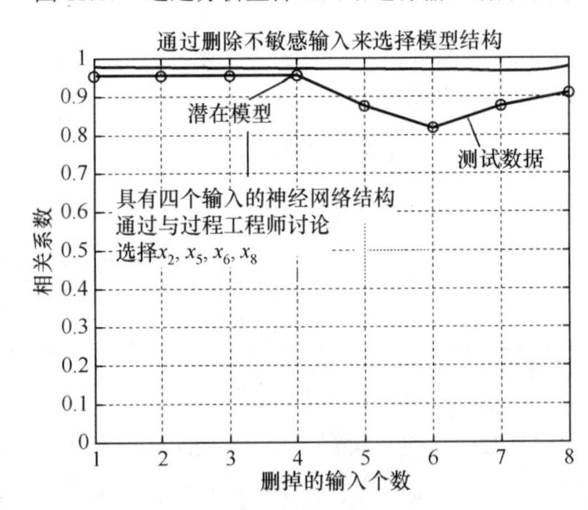

图 11.18　基于分析型神经网络的测试数据性能选择变量

基于 GP 和分析型神经网络的非线性灵敏度分析会使变量数减半，即从开始时的 8 个输入减少为结束时的 4 个输入。

如图 11.19 所示，该方法的下一步骤是利用支持向量机减少记录，这样获得的模型只有 34 个数据（支持向量），并且具有显著的外推能力。图中数据显示了与主要输入（产出率）相关的排放量的测量值和估计值。该模型包括一个二阶多项式的全局核和一个比例系数为 0.95、宽度为 0.5 的 RBF 局部核。可以清楚地看到，该模型可靠预测了超过 40,000 的高产率对应的排放量。

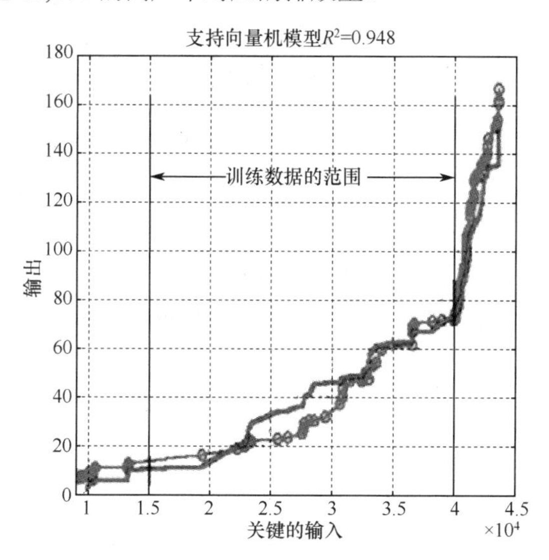

图 11.19　有 4 个输入和 34 个支持向量的排放量估计 SVM 模型的性能

通过选择变量和减少数据记录，最终符号回归模型的具有代表性的数据集急剧下降到原有训练数据集的 8.4%。

初步的 GP 模型生成功能包括加、减、乘、除、平方、相反数、平方根、自然对数、指数和幂。函数生成参数如下：30 代进行 30 层叠，样本大小为 300，函数选定概率为 0.6，存档 75%；独立运行 20 次①。

结果如图 11.20 所示，其中每个点都代表一个符号回归模型的准确度或误差（通过 1-R^2 的测度）和模型复杂度（由相应的数学表达式的节点数测度）。与在 Pareto-front 解集内以空心点表示的一样，存在几种在准确度和复杂度之间取得平衡的潜在模型。如箭头所示，最终选择的模型具有最低的复杂度（14 个节点）以及最大的准确度（$R^2 \leqslant 0.85$），若具有更好的精度，模型就要复杂得多。该模型的函数形式如式（11.1）所示，其中 y 是排放量，x_2、x_5、x_6 和 x_8 是选定的过程输入，即

① 参数选择参考如下文献：F. Castillo, A. Kordon, and G. Smits, Robust Pareto front genetic programming parameter selection based on design of experiments and industrial data, In: R. Riolo and B. Worzel（Eds）: *Genetic Programming Theory and Practice IV*, Springer, pp. 149–166, 2007.

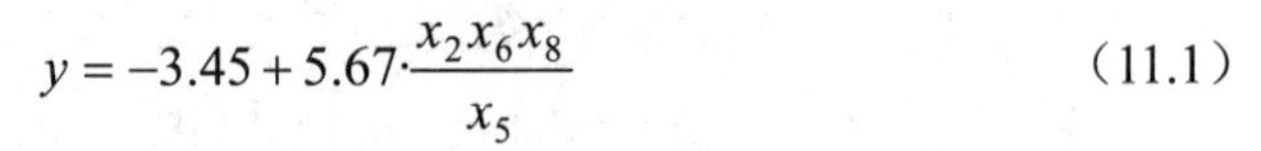

$$y = -3.45 + 5.67 \cdot \frac{x_2 x_6 x_8}{x_5} \tag{11.1}$$

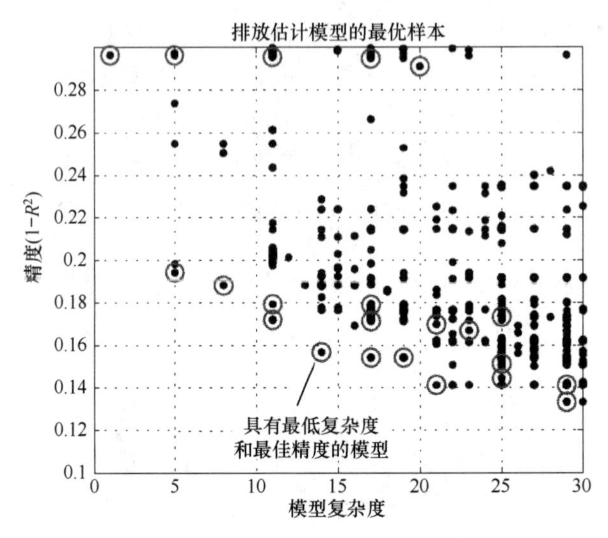

图 11.20　在 Pareto-front 界面选择排放估计模型

这一解的性能得到充分探讨。一个响应面和等高线图的例子如图 11.21 和图 11.22 所示。

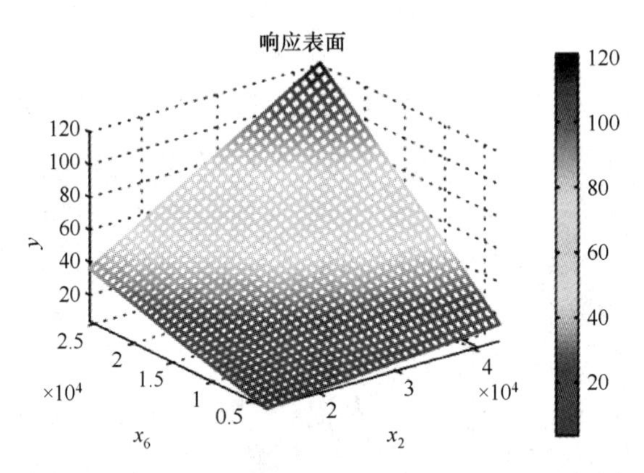

图 11.21　当输入 x_2 和 x_6 超出范围 10%，并且输入 x_5 和 x_8 固定，排放变量的响应表面

图 11.21 和图 11.22 使用了不同的假设检验来测试模型的性能。通常用户自行评估，以选定或拒绝模型。在特定情况下，根据生产经验选定非线性模型，也能给出合理预测，并且受到生产工程师的青睐。

该方法的最后一步将探讨通过线性变换并将其应用于统计模型的方法。定义变换的基础就是对选定的 GP 解进行符号回归。例如，对式（11.1）定义以下线性变换：

$$z_1 = x_2 x_6 \tag{11.2}$$

$$z_2 = 1/x_5 \tag{11.3}$$

$$z_3 = x_8 \tag{11.4}$$

式中：x_i 为与排放量有关的过程输入变量。采用下面的多线性回归模型，其在训练数据上测试的结果为 R^2=0.85（与之前的非线性模型测试结果相同）

$$y = -238.6 + 1.13e^{-7}z_1 + 41{,}066z_2 + 0.92z_3 \tag{11.5}$$

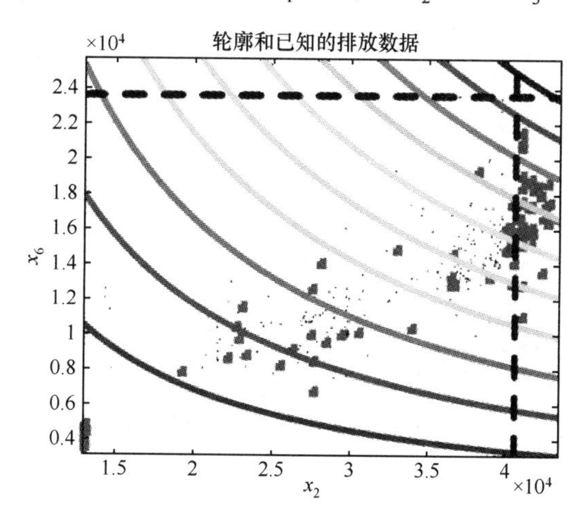

图 11.22　当输入 x_2 和 x_6 超出范围 10%，并且输入 x_5 和 x_8 固定，外差区域在虚线的右边，测试数据用小方框表示

使用统计软件包 JMP[①]计算的置信限，如图 11.23 所示。

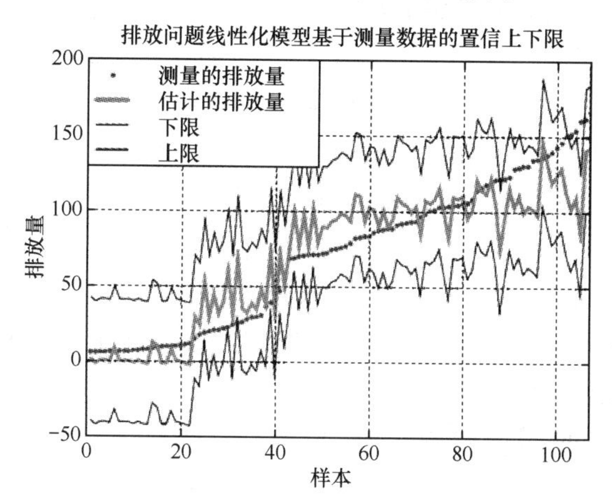

图 11.23　选定的线性化模型的统计置信区间

这一模型的明显优势是基于多元线性回归的理论基础，因此可以进行所有的统

① JMP 是美国北卡罗来纳州 Cary 的 SAS 公司的一个注册商标。

计活动，包括预测和参数的置信区间、异常检测和重要的观测检测。另外，还可以进行模型拟合以及多重共线性检测。

11.7 小　　结

主要知识点：

工业应用的糟糕现状需要解决特定问题的技术、基础设施以及相关人员联合起来。

实际应用成功的关键因素包括可信度、可接受性、鲁棒性、可推广性、集成能力，当然还有低成本。

建模方法的集成提高了模型开发的效率、降低了成本并提高了所得解的可信度和可接受性。

不仅不同的计算智能方法之间，而且第一原理模型和统计学方法都有可能被成功地集成起来。

集成方法已经成功应用于如通用电气、福特汽车公司和陶氏化学公司的工业生产现场。

总　　结

整合建模方法，征服现实世界。

推荐阅读

下列书籍给出了主要的计算智能技术集成方法并进行了详细描述：

L.Jain and N.Martin,Fusion of Neural *Networks,Fuzzy Sets,and Genetic Algorithm: Industrial Applications*, CRC Press,1999.

R.Khosla and T.Dillon,*Engineering Intelligent Hybrid Multi-Agent System*, Kluwer, 1995.

L.Medsker,*Hybrid Intelligent Systems*,Kluwer,1995.

Z.Michalewicz,M.Schmidt,M.Michalewicz,and C. Chiriac, *Adaptive Business Intelligence*, Springer, 2007.

D.Ruan （Editor）,*Intelligent Hybrid Systems:Fuzzy Logic,Neural Networks,and Genetic Algorithm*, Kluwer, 1997.

第12章 如何应用计算智能

商业的目的只有一个：创造出客户。

——Peter F. Drucker

任何新兴技术的成功实施，例如计算智能技术，都需要很多利益相关者的持续支持、合适的基础设施并且随时应对变化。本章的主要目标是阐释如何用计算智能指导一些商业中的应用，减少应用带来的问题，并用一些实际的例子来证明。

12.1 计算智能应用的场合

计算智能在什么时候是合适的方案？这个问题的答案可能在图12.1中提到了，或者还没有提到。

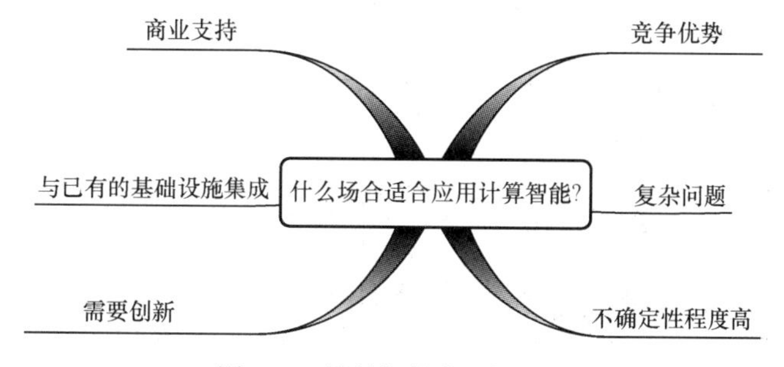

图12.1 计算智能应用的场合

（1）竞争优势。是否应用计算智能最重要的衡量标准是它能否带给用户竞争优势。如果在特殊行业应用这种新兴的技术时没有很明确的竞争优势，那么将很难维持长期的成功。

（2）复杂问题。通常技术人员会在用尽其他方法并且都没有成功后才会考虑使用计算智能技术。主要原因是问题的复杂性很高，特别是存在非线性的相互作用，同时包括高维度和社会系统建模问题。计算智能在复杂的建模上更能发挥其价值，如智能代理、神经网络、支持向量机以及进化计算。

（3）不确定性程度高。利用计算智能能解决模糊的数据与现有的专业知识的不确定特性。模糊系统与神经网络、智能代理的结合可以很大程度地减少这种不确定性并建立可靠的模型。另外一种不确定性的来源是模型开发需要高水平的先验假设。与第一原理建模和统计建模相反的是，神经网络、支持向量机或进化计算建模时不需要严格的假设。另外，机器学习能够通过持续不断地学习变化的环境并且相应地更新模型参数来减少不确定性。

（4）需要创新。在商业中创新显得格外重要，而计算智能能够有效地在商业中应用。智能代理能够通过局部的交互捕获到新兴行为，这种行为就被定义为创新。进化计算能够自动地产生创新架构，例如电路、光学镜片、控制系统。神经网络、支持向量机和进化计算能够捕获到变量之间未知的依赖关系，这可以被用于监视整个工作过程以及设计新产品。

（5）与已有的基础设施集成。在特定行业中的建模经验和创建工作流程的水平是要考虑的重要因素。是否能将计算智能融入到现有的软件环境和工作流程中，例如六西格玛中，需要很仔细的研究。当然也需要关注以下因素：主要开发者和使用者的训练、计算智能解决方案的维护等。

（6）商业支持。一方面，在具体的商业领域应用计算智能能带来优势；另外一方面还需要明确商业能够为计算智能分配多少时间和资源。组织者和决策者的支持必须形成书面形式，例如声明等。同时也必须预先声明应用的资助方式。

12.2 应用计算智能的障碍

应用计算智能的第二步就是要避免潜在的技术以及非技术陷阱。计算智能问题的详细分析已经在第 10 章讨论过了，接下来主要关注以下几个关键障碍。

12.2.1 应用计算智能的技术障碍

一些重要的技术问题影响了计算智能的应用效率，如图 12.2 所示。

（1）数据质量。由于大部分的计算智能方法都是由数据驱动的，数据的质量就成了应用成败的一个关键因素。第一，必须要详细检查数据的可用性。有时历史记录太短不可能反映合理的影响或趋势。第二，需要比较大的数据范围才能描述非线性的行为。在很窄范围的数据基础上建立的模型具有较低的鲁棒性，并且需要频繁地校正。第三，数据采集的频率要匹配模型的属性。例如，动态建模需要频繁地进行数据采样。另外，静态建模采取比较低的数据采样频率，可以过滤掉一些动态效应。第四，为避免 GIGO 影响，噪声数据必须限制在一定的范围内。如果这些要求中的任何一个达不到，那就必须创建强大的数据采集系统，并且确保在采集到正确的数据后才开始应用。对数据质量要求不严格是计算智能应用中最常见的错误之一，用“魔幻般”复杂的先进建模方法来弥补数据的贫瘠也是应用计算智能失败的一个主要原因。

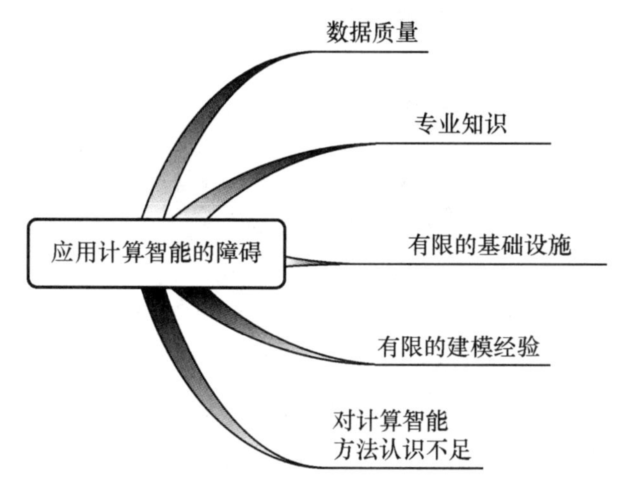

图 12.2 应用计算智能存在的关键问题

（2）专业知识。在应用计算智能时具备相应的专业知识是非常重要的。同时，获取必要的资源和支持并非无足轻重。一些主题专家特别乐意参与采用先进技术的项目，特别是在他们的角色获得认可的时候。但是，这种潜在的“竞争者”也让一些领域大师感到威胁，所以他们并不热心配合。把这些专家拉到计算智能这条船上要花费的精力是非常大的，并且还有可能需要管理者的协调。

（3）有限的基础设施。计算智能应用成功的关键取决于与现有的硬件、软件以及工作流程等基础设施集成的能力。通常，大部分的离线应用不需要对已有的基础设施做明显的改变。例如，用户习惯于应用 Excel，那么只需在此环境中交互即可。幸运的是，在一些专业的软件产品中如 SAS 公司的企业挖掘工具中使用 Excel 插件能够解决基础设施有限的局限性。但是，对于计算智能的在线应用，仔细分析软件的限制条件和维护基础设施是非常必要的。

（4）有限的建模经验。应用计算智能能否成功以及快速实现还取决于之前的建模经验。甚至简单的统计建模教程也会有所帮助，因为毕竟已经掌握了建模的基本知识，用户对使用和维护模型以及对模型创造价值能力的评估是有一些经验的。另外，有限的建模经验带来的一个问题是会对模型产生不切合实际的期望，这将导致损失惨重。特别是缺乏建模基础知识，同时基础设施有限，这会额外的增加总成本，因为基础设施和培训所需的投资会增加。

（5）对计算智能方法认识不足。这是大多数企业普遍存在的一个问题，解决这一问题的工具本书中已讨论过了。

12.2.2 应用计算智能的非技术障碍

可能导致计算智能应用失败的几个主要的非技术障碍如图 12.3 所示。

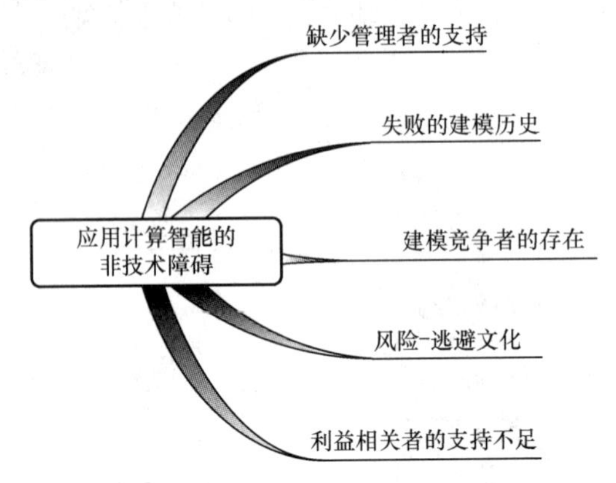

图 12.3 应用计算智能的非技术障碍

（1）缺少管理者的支持。对于任何新兴技术，在其可以创造持续的价值之前都需要管理者的眷顾，并且需要至少三年连续不断的支持。然而在商业中，随着频繁的机构重组和管理者替换，这样的要求在今天似乎是不切实际的。最好的办法是在某些应用领域使用计算智能快速创造价值，并用最有效的营销手段推广。

（2）失败的建模历史。除了因为应用方法之间相互独立导致建模失败以外，没有什么可以阻止计算智能的应用。然而，人们需要花很多年来弥补这种失败导致的用户不信任。没有管理者的支持和热情的用户（他们中的大多数不了解过去的失败），在目前的商业环境下应用计算智能风险太大。如果有失败历史，建议在很短的文件里分析以前建模失败的原因，并明确新的计算智能的方法与之前方法的区别，把这个作为应用的一个先决条件。因此，必须要建立能清楚描述建模历史的文档。

（3）建模竞争者的存在。第 10 章讨论了多种不同类型的应用计算智能的问题。最好的方法是挖掘计算智能和其他竞争方法的集成使用会带来的好处。相关的比较分析在第 9 章已经进行了讨论，其中介绍的几个主要例子是一个很好的开始。

（4）风险-规避文化。要想以较小的风险将计算智能应用到一个组织是非常困难的。然而，评估风险又至关重要。判断技术守旧的标准如下：五年内没有投资过高科技，没有支持创新和过程改进的工作流程，没有鼓励承担风险。

（5）利益相关者的支持不足。新兴技术持续应用的一个关键问题是需要应用技术的所有利益相关者的支持，包括开发人员、用户、支持与维护人员、规划和管理人员。通常计算智能创造的价值需要较长时间才能表现出来，在这个关键的时期，需要对研发小组给予一定的支持使他们能努力创新。

12.2.3 检查清单“我们准备好了吗？”

为了描述影响应用计算智能最初决策过程的因素，本书给出了如下清单。括号中包含典型的问题示例，其中主要考虑推理传感器应用上的一些问题：

（1）明确合适的应用（在线推理传感器）。

（2）明确竞争优势（比硬件分析仪成本更低）。

（3）获得管理者支持（决定投资给项目）。

（4）利益相关者的合理配置（建模人员、过程工程师、操作人员）。

（5）检查数据质量（测量到的过程数据和实验室数据的可用性和范围）。

（6）明确对基础设施的需求（开发和运行推理传感器所需的新软件；项目可以在六西格玛工作流程中开发；维护基础设施）。

（7）评估用户态度（根据用户的信任程度、对模型的关注程度以及建模经历来评估用户对模型的信任度）。

（8）评估培训开销（对开发者的全面培训，对用户的短期培训）。

（9）为所有利益相关者创造利益（对具体管理领域的专家的实践活动进行奖励）。

12.3 在商业中应用计算智能的方法

如果一个组织对于上述清单中的各项内容都有能力做到并且很愿意去挑战应用计算智能创造价值，那么接下来开始讨论关键的应用环节。将此环节分成两个部分：第一，应用计算智能的步骤将在本节进行讨论；第二，计算智能的管理过程将会在 12.4 节讨论。

在商业中，有很多方法可以引进、集成一个新的技术（如计算智能）[①]。这取决于商业的规模和其为技术开发分配资源的能力。小型企业最终由于不能支付昂贵的开发费用从而选择更便宜简单、培训费用少的解决方案。然而国际大型公司有巨大的能力，在全球利用内部和外部资源来开发和使用计算智能技术。本书中介绍的陶氏化学公司的例子就是一个很好的说明。应用计算智能的通用步骤，如图 12.4 所示。公司可以根据自身能力调整应用的规模。

应用计算智能的步骤可以分为三阶段：①引入阶段；②应用阶段；③发展阶段。

引入阶段的作用是确认技术在已选择的试点工程中所具有的潜在能力。由于对计算智能知识有所欠缺，所以在市场营销、培训和项目开发中需要来自学校、供应商和顾问的外部资源。应用阶段的目的是验证实践中的几个项目创造价值的潜力。通常，从供应商处获取的外部资源用于项目的开发和支持。第三阶段的目标是尽量将其集成到现有的工作流程中，并发挥其优势。每个阶段更详细的描述如下。

---

① T. Davenport and J. Harris, *Competing on Analytics: The New Science of Winning*, Harvard Business School Press, 2007.

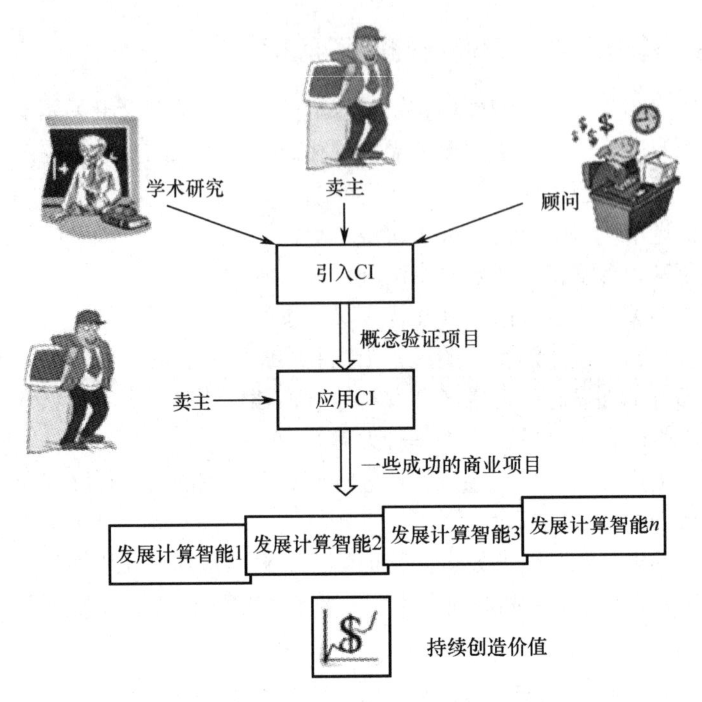

图 12.4　在商业中应用计算智能的通用步骤

12.3.1　在商业中引入 CI 的步骤

商业中引入 CI 的关键步骤如图 12.5 所示。

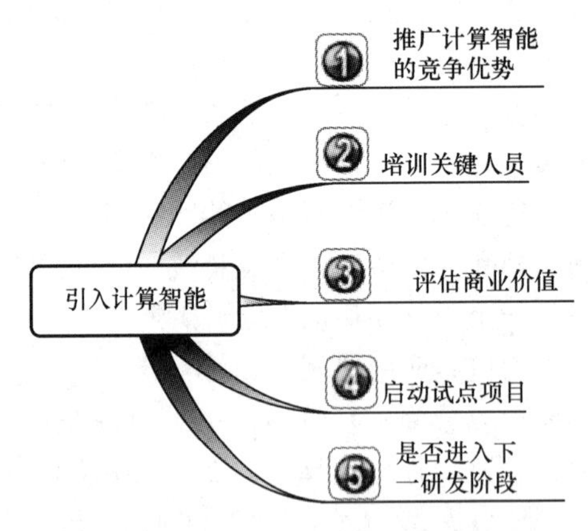

图 12.5　商业中引入 CI 的关键步骤

（1）CI 的营销。显而易见，在一个并不了解 CI 的组织中推广该技术的第一步就是营销。目标是向潜在用户明确计算智能的竞争优势。如何有效地组织营销工作将会在下一章介绍，CI 的营销范例演示也已在每章中进行了重点介绍。营销也可以包含一些来自研究人员、顾问或供应商的外部资源。最佳的展示方法是介绍 CI 在类似的其他领域的应用已经产生了经济效益。

（2）培训关键人员。向未来开发者和使用者介绍更多、更详细的技术细节是很重要的。也可以从网络获取计算智能方法的介绍展示信息。大部分著名的计算智能会议上会提供技术教程。强烈建议读者多参加这一类会议，并且与该学术圈建立联系。计算智能是一个充满活力的研究领域，需要持续关注。

（3）评估商业价值。应用计算智能的驱动力是商业需求，这种需求是目前已有的方法无法满足的。早期阶段，必须要明确优先解决哪些需求。普遍的需求包括改进过程监控系统、基于推理传感器的过程控制、为新产品开发强大的经验模型。在很多例子中，这些需求的现有解决方法不是基于第一原理模型就是基于统计模型，但这样做耗时耗力。而大多数计算智能技术是低成本、数据驱动模型和基于模式识别算法的。

（4）启动试点项目。引入阶段最重要的步骤是明确商业需求，展示引入的技术较已有方法的竞争优势，并且开发周期要相对较短，最好不超过6个月。例如，在生产制造过程中开发和部署一种特殊的推理传感器，至少可以采用四种计算智能方法：神经网络、符号回归、支持向量机和模糊系统。试点项目开发和部署期间，通常的做法是从外部资源获取知识。

（5）是否进入下一研发阶段。试点项目是决定是否进入下一研发阶段的试金石。如果试点项目成功，那么接下来就可以在更大规模的项目中应用计算智能。管理者根据试点项目的性能和用户的接受程度做出决策。

12.3.2 在商业中应用CI的步骤

在商业中应用CI的步骤如图12.6所示，首先假设试点项目已经引起了广泛兴趣，并且明确了计算智能的独特优势。试点项目的主要目的是展示计算智能技术在商业领域创造价值的潜力。

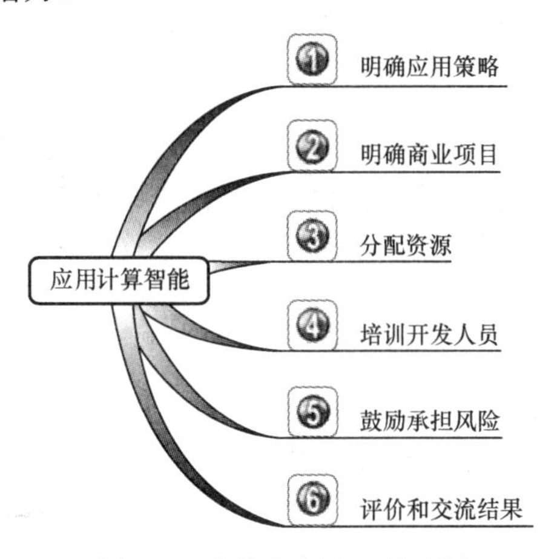

图12.6　商业中应用CI的步骤

（1）明确应用策略。强烈建议系统地明确应用计算智能的工作方向。作为一个良好的开端，相对于初始阶段对当前业务需要进行一个更详细地调查，同时建议评估应用的价值。通常情况下，一些选定的应用领域都与试点应用相关（如着眼于推理传感器的发展）。在这种情况下，最好是根据创造的价值逐渐增加应用数量，然后再继续探索其他应用领域，例如新产品的开发领域。

（2）明确商业项目。必须遵循应用策略选择合适的项目。然而，建议不要立即从试点应用直接跳到大规模的项目应用中。例如，雄心勃勃地开发项目，在大规模的生产流程中创建 50 个推理传感器，有限的经验和不足的内部资源会带来失败的风险。

（3）分配资源。应用阶段的最大挑战是开发、实施和支持潜在项目的实际能力。一方面，评估长期需求和提供大量的内部资源实在是言之过早；另一方面，仅仅依靠外部资源将导致计算智能无法在企业战略中存在。因此，决策过程的关键是评估内部开发的需求程度。如果第一批的应用结果表明了其能够创造价值，那么建议对项目的内部开发逐步分配资源，评估选择。例如，在过程监控领域，根据不同的推理传感器不断增长的需求，最好是将模型开发从供应商处转移到内部专家处。

（4）培训开发人员。对内部模型开发分配资源必然包括针对计算智能方法和其相应工具开展综合的培训。

由于技术的快速发展，培养模式必须是持久、连续的。培训可以由供应商和计算智能方面的主要会议来承担。

（5）鼓励承担风险。鼓励新技术发展最好的做法之一是将利益相关者在项目应用中承担的风险与其奖金挂钩。

（6）评价和交流结果。没有比一系列计算智能价值创造的成功应用更能支持计算智能发展的了，这对于证明计算智能比其他竞争方法更具备竞争优势极其重要。例如，相对于建立昂贵的硬件分析仪，几个推理传感器的应用可能带来超过数百万美元的成本节约。

建议从失败的应用中学习问题及失败的原因以建立可信度。例如，关于推理传感器，需要关注终端用户的评论。失败的推理传感器开发的例子，就是因为缺乏已提出的技术局限性和相应数据的信息。

12.3.3 在商业中发展 CI 的步骤

应用方法最好的状态是在商业的不同领域中发现了使用计算智能持续创造价值的机会。商业中发展 CI 的关键步骤如图 12.7 所示。

（1）管理层授权。计算智能技术在整个商业中处于领先地位的关键是必须获得高层管理者的支持。理想情况下，由高层管理者带头，成立由主要专家和执行主管构成的指导委员会。发展技术需要多年的战略支持和相应的组织决策。最重要的因素是高层管理者的承诺和远见。然而，管理者永远都有替换的风险，富有远见的赞助商可能会换成狭隘的官僚主义者。在这种情况下，技术的应用就无法获得之前的热情支持而继续执行下去了。最好的保护措施是现有的应用持续不断地创造价值。

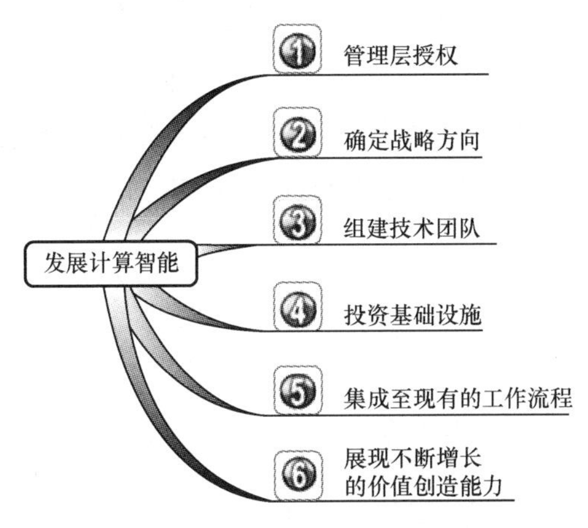

图 12.7　商业中发展 CI 的关键步骤

（2）确定战略方向。需要一个声明技术发展方向的关键文件。它需要明确地定义计算智能在商业中的应用（例如，过程监测和控制、数据挖掘和新产品开发）。文件的另一个重要部分是明确技术的适用范围（例如，商业领域、软件环境、数据库和控制系统）。文件声明还应包括不同的利益相关者应该承担的工作，在一定时期内未来技术发展应采取的步骤，包括具体日期、业主、股东和联系方式。

（3）组建技术团队。如果前面的两步可以由个体或者是使用技术的用户和支持者来做，那么发展技术还需要成立一个组织或团体以拥有计算智能所有权。一些大公司，如微软、GE 和谷歌都成立了专业的内部研发团体。普遍的情况是，计算智能技术的拥有者是一些通用建模或数据挖掘研究小组。发展技术只是这些团体的一部分工作，他们还承担其他建模工作。技术拥有者的主要责任包括成长为计算智能专业中心、把握战略方向、领导实施工作以及技术培训。

（4）投资基础设施。特别重要的是解决现有应用的维护和支持问题。除了供应商的支持，还需要合理分配内部资源。

（5）集成至现有的工作流程。发展技术最好的方式是使用现有的工作流程，减少基础设施的投资。本章将会介绍如何在工业中最流行的六西格玛中集成计算智能。

（6）展现不断增长的价值创造能力。成功的发展技术是需要自我维持的，即全面实施项目创造的价值能抵消总成本。如果能做到这一点，发展技术就是基于项目需求而不是管理者支持。推理传感器应用的例子中，在不同的生产过程中应用推理传感器，其创造的价值越来越多，对其的需求和支持自然逐渐增加。

除了经济利益，计算智能的成功发展还可以吸引大量用户和技术支持者，这些人自然会带动下一波应用浪潮。

12.4 计算智能项目管理

有很多种不同的方法可以用于管理计算智能的项目[①]。以下将重点讲述一种常见的项目管理流程，如图 12.8 所示，图中给出了项目开发的关键步骤和预期结果。本章的最后将介绍将项目管理用于六西格玛的方法，并给出数据挖掘及建模的项目管理案例。

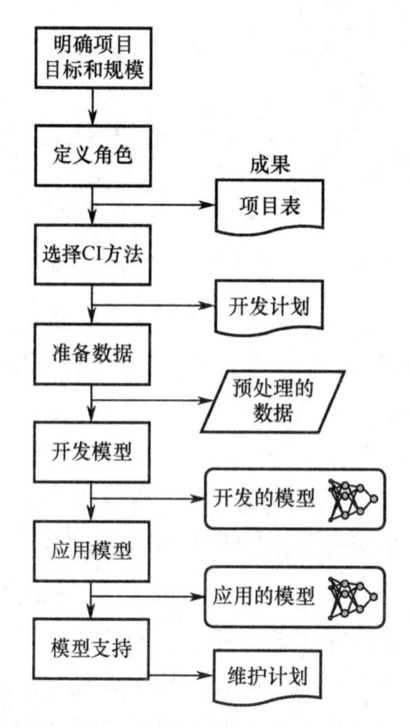

图 12.8 计算智能项目管理的关键步骤和预期结果

将要讨论的项目管理模式适用于任何模型开发技术，唯一的区别是需要选择合适的计算智能方法。在所有的步骤中，都会讨论有关技术的具体问题。必须认识到，计算智能方法往往需要与其他技术集成来解决行业中的某一具体问题。

12.4.1 明确项目目标和规模

明确项目目标和规模是整个项目管理流程中最重要也是最容易出错的一步。面

① D. Pyle给出了在实际应用中开发模型的详细系统方法：D. Pyle, *Business Modeling and Data Mining*, Morgan Kaufmann, 2003.

临的挑战之一是找到一个性能指标，这个指标可测量并且可追踪，同时能够定义成功的程度。举例来说，为估算排放量开发一个推理传感器，这个传感器要通过标准测试[①]，提高 2%的开工率，同时每年减少 30%的违规情况。这个定义包括三个衡量指标：①推理传感器精度要在 7.5%以下，以通过年度标准检验；②开工率，这是直接衡量经济效益的指标；③罚单数量。

由于开工率与排放水平是成正比的，所以最后两项指标是冲突的，即提高开工率会导致更多的排放量和潜在的违规罚单，反之亦然。在缺少在线排放量估算的条件下，为避免违反环境法规，生产率是非常保守的，这样工厂损失很大。该项目背后的经济推动力是，推理传感器在降低违规风险的同时可以有效地控制较高的开工率。

明确项目规模也需要尽可能地遵循定量指标。通常它包括业务区域范围、数据的限制、现有设备的限制以及工作流程的需求。在此例中，项目的规模因素包括具体的生产单元，生产率变化范围内收集数据的可行性，管理层的支持，现有控制系统的控制范围，现有的工厂信息系统中项目的实施过程。

这一步最重要的是在产品和影响方面定义项目的成果。在排放量推理传感器项目中，预计交付的产品是一种经验模型，计划将此模型集成到现有的过程信息系统中。应用推理传感器带来的经济影响，可以通过开工率持续增加和违规风险降低来计算。

12.4.2 定义角色

定义适当的利益相关者是计算智能项目成功的另一个非常重要的步骤。一种方式是确定必要的利益相关者，如项目发起人、用户、开发人员以及模型的支持者，并评估项目对他们的影响。在评估中，几个因素如利益相关者的需求、职业目标、支持程度以及其在该组织的实际影响，必须重点评估。

在推理传感器项目中，以下股东是确定的：管理投资方（提供了项目资金），过程所有者（有权调整现有的制造系统），项目负责人（协调所有项目活动），技术专家（开发、实施和维护模型），流程专家（掌握流程和数据）和用户（基于排放量估计采取新的控制方案）。

基于确定的目标、规模和角色，项目章程被传达到整个团队。在拨款批准和将项目章程纳入相应的项目追踪数据库之后，该项目正式启动。

12.4.3 选择 CI 的方法

实施计算智能项目的一个具体任务是选择合适的方法满足项目需求。各种应用

① 通常，测试要求模型平均误差小于 7.5%。

领域适合的计算智能方法如表 12.1 所列。表中的缩写具有以下含义：FUZZY——模糊系统、ANN——人工神经网络、SVM——支持向量机、EC——进化计算、SI——群体智能、ABMS——基于智能代理的建模。

表 12.1　一些关键领域对应的最适合的计算智能方法

应用领域/方法	FUZZY	ANN	SVM	EC	SI	ABMS
经验建模	√	√	√	√		
预测		√		√		
优化				√	√	
分类	√	√	√			
计划	√			√	√	√
社会系统建模	√					√
新产品研发			√	√		
游戏		√		√		√

从表 12.1 中可见，开发人员可以在同一应用领域选择多种方法。还有一些因素，例如具体的性能要求或软件的可用性，可在最后再予以考虑。

例如在推理传感器系统中，模型开发可能用到的主要方法是神经网络和基于遗传编程的符号回归。神经网络解决方案的优点是整个项目的开发、实施都可以获得供应商的支持（Pavilion 科技）。然而，模型开发过程中的数据收集能力有限，增加了导出模型潜在的外插能力不足的风险。与神经网络相反，符号回归模型可以在微小的过程变化中提供可靠的预测。项目团队也倾向于将符号回归模型直接加入到已有的控制系统中，而不是使用需要单独运行的实时神经网络软件。最终选定的方法是由 GP 产生的符号回归。

这一步的输出是模型开发计划，包括建模方法、需要调整的参数和软件工具。

12.4.4　准备数据

准备数据的工作包括探索、净化和预处理现有数据，这是为了尽可能用最多的信息开始模型开发[①]。现实中，数据的准备非常耗时、烦琐，难以实现自动化。很多时候这是工业环境中模型开发最昂贵的阶段，数据的收集费用占成本的很大一部分，特别是当需要设计实验时。

数据准备的关键环节和步骤，如图 12.9 所示。

① 数据预处理的经典节籍：D. Pyle, *Data Preparation for Data Mining*, Morgan Kaufmann, 1999.

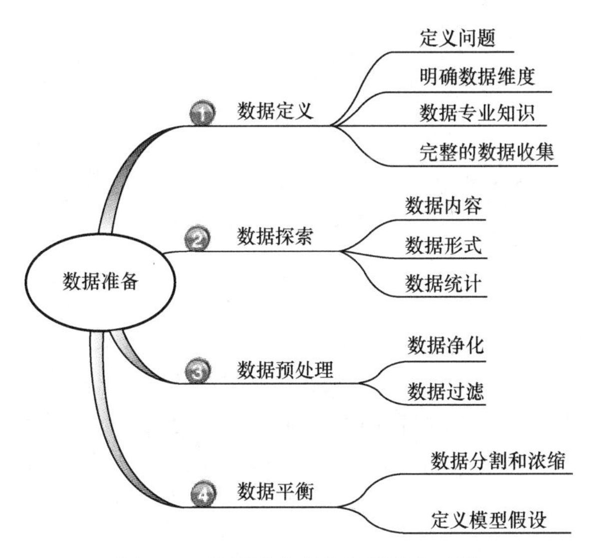

图 12.9 数据准备的关键环节和步骤

实际的做法是，根据不同阶段关键问题的答案清单来准备数据，如图 12.2 所示。

表 12.2 数据准备过程检查清单

数据准备阶段的关键问题
（1）是否有解决问题所需的数据？（数据定义阶段） 需要哪种数据来解决问题？ 数据集期望的大小是多少？ 变量的个数； 数据的个数。 对已获得的数据是否掌握必须的知识？ 数据收集是否充分？ 基于已经设计的实验，是否能承担起数据收集工作？ 数据收集中是否存在明显的不足？ 变量是否充分分布，能否覆盖过程参数变化的预期范围？ （2）已经获得的数据是否可以应用？（数据探索阶段） 数据是否有意义？ 数据在形式上是否可接受？ 数据在统计上是否可接受？ （3）如何改善数据的信息内容？（数据预处理阶段） 数据是否已经清除了明显的异常值？ 是否可以降低数据中的噪声？ （4）是否已经准备好建模？（数据平衡阶段） 根据特定的建模方法，是否已经准备好数据？ 基于已有的数据质量，是否可以定义实际的建模假设？

数据准备的第一阶段，数据定义（问题 1）包括问题定义、数据维度定义、数据专业知识收集以及完整的数据收集。在这一阶段，旨在回答的主要问题是“是否有解决问题所需的数据？”这取决于图 12.2 中所列的问题的答案以及对这个问题的必要了解，包括确定数据集的预期大小、分配专业资源以及评估所收集的数据的充分性。数据定义阶段的目的是最大可能地收集原始数据，以用于未来的数据分析和模型建立。

数据探索阶段（问题 2）通过检查可用数据的质量、完整性、性能和关键的统计属性来评估数据质量。在本阶段结束时，必须有一个明确的答案：现有数据可以做什么，以及如何进一步处理。由于测量或者数据收集系统故障，或出现了统计问题(分布异常或高可变率)，会使收集的数据有很大的偏差，那么可能需要返回到上一个阶段，重新收集数据。

数据预处理阶段（问题 3）的目标是用各种技术，如异常检测、插值、平滑、过滤等，增加已收集的数据所能提供的信息内容。这个环节的任务就是获得一个可以用于建模的噪声很少的干净数据集。

数据准备的最后一个阶段，数据平衡（问题 4），有着双重作用。一方面，它定义了潜在的集群，并根据具体建模方法的要求分割数据（如神经网络模型的训练和测试数据集）；另一方面，它基于可用数据集的统计属性再次提炼了预期模型的初步假设。这使得即将进行的建模工作更加切合实际。

计算智能项目流程中的这一步主要是准备高质量的训练、验证和测试数据，为后续的建模工作做好准备。

12.4.5 开发模型

模型的开发必须遵循已制定的策略，必须基于选定的计算智能方法及其具体内容。在开始导出复杂的计算智能方案之前，最好是根据现有数据测试潜在的统计模型的性能。这个性能可以作为基准，与使用计算智能导出的解决方案进行对比。如果没有明显的性能提升，用户可能更喜欢简单的统计解决方案。

每种计算智能方法的具体模型开发流程，包括参数选择，都在相关章节做了介绍。建议对生成模型，在其参数范围内进行调整以了解其鲁棒性。基于群体的方法，如进化计算，至少需要独立运行 20~30 次，以保证结果具有统计意义上的可再现性。

推荐使用集成技术进行模型开发，这在前面的章节中已有论述。这样，可以探索多种计算智能方法的优势，同时将增加生成经验模型的鲁棒性。另外，还可以通过集成模型来提高鲁棒性。集成来自不同方法（如神经网络、支持向量机、符号回归）的模型是非常有趣的。第一，不同方法生成的模型性能类似会提高解决方案的可信度。第二，每个模型预测的平均值是一个更好的预测指标。第三，集成方法中的各个模型的标准差也可以作为预测的置信测度。不过，必须要小心，因为模型集成设计仍然是一个开放的研究领域，其具体做法并不系统化。

模型验证是模型开发的关键一步。经典模型验证方法是采用三个不同的数据集分别训练、验证和测试模型的性能，通过变换数据集的比例和数据的范围来验证模型的鲁棒性是很好的做法。另一种模型验证方式是测试模型在选定的“假设”场景中的预期行为。将开发的模型交给用户验证，并且要求他们评价预期的行为，也是很好的策略。选择用户验证方式有较高的可信度，并且在使用和操作模型期间有更多的机会取得成功。反之，没有得到用户肯定或反馈会产生忽视预测和抵触模型的风险。用户的感受将会脱节，并认为模型是“异物”。

在排放估计的例子中，研究人员和用户在Pareto-front中选择了数个符号回归模型进行探索，并共同做出最终选择。

这一步的输出就是开发的模型集，这些模型都经过了仔细验证，并被用户所接受。

12.4.6 应用模型

开发阶段选择的解决方案与特定的计算智能方法有关，不同方法选择的解决方案会有所不同。例如，模糊系统可以看作“if-then”规则结合隶属度函数；神经网络和支持向量机可以看作一个需要指定模型结构(层的数目、神经元数目、支持向量和权值矩阵)的黑盒子；符号回归模型可以表示为数学表达式。通常情况下，使用模型需要一个具体的实时版的开发软件。

模型的离线使用和在线使用有很大的不同。在实时环境中使用模型，需要在数据丢失、异常或超出范围情况下添加额外的保护。建议用一些模型性能自评估的测度增加预测的可靠性[①]。这种能力对于推理传感器非常重要，其经常在模型性能评估时缺少输出测量。在排放量估计的例子中，用实际输出测量值来验证模型，在标准测试中每年用输出测量对模型性能进行验证。

模型部署的一个重要步骤是用户界面设计。在大多数应用中，使用模型就是将其集成到现有的信息或控制系统中。这种解决方案的明显优势是可以最小化终端用户的培训。在推理传感器的实例中，所选的符号回归模型直接编码嵌入到已有的过程监测系统中，表现为一个测量标签。这使面向过程操作人员的界面非常友好，因为使用模型和使用系统中的其他硬件传感器没有任何的差异。

当已使用的模型不可避免地需要特殊界面时，对话框必须尽可能简化。此外，必须要对用户进行培训。明确参数的含义和调整范围也是非常重要的。提供模型安装和操作信息的所有必要文件对模型使用和信誉至关重要。

计算智能项目流程的这一步需要在用户友好的软件环境中实施模型，并且配备

---

① 各种测度详见A. Kordon, G. Smits, E. Jordaan, A. Kalos, and L. Chiang, Empirical models with self-assessment capabilities for on-line industrial applications, *Proceedings of CEC 2006*, Vancouver, pp. 10463–10470, 2006.

完整的使用文档。

12.4.7 模型维护和支持

对模型的维护和支持是计算智能项目流程的所有步骤中最容易被低估和忽视的。不同的方法需要不同的维护工作。例如，通常以神经网络为基础的模型对过程变化较为敏感，因此需要频繁地调整模型。神经网络的部分维护过程还包括收集历史数据捕获过程的变化。建议对统计上灵敏度最显著的输入添加超限指示器，以避免超限后模型预测能力下降。

模型性能的跟踪对于模型维护和支持也是非常关键的。鲁棒性对于模型的性能非常重要，是重要的经济因素。建议在模型中内置自评估测度，当模型性能恶化时对用户发出警告。如果性能恶化成为一种趋势，则需要调整模型或完全重新设计。

然而，几乎没有任何文献阐述建模技术的长期性能[①]。上述的例子，在化学工业中应用推理传感器的周期是3~5年，描述其工作条件的数据仍很有限。因为各种原因，例如不同产品的需求造成的运营制度的波动、控制系统的调整或设备的变化，在线应用的工作条件比离线开发初期设置的应用范围至少超出30%，比最终离线开发的应用范围至少超出20%。这个外插水平要求非常高，对任何一种经验建模技术都是挑战。外插水平高可能需要重新设计模型，包括导出全新的模型结构。可以减少维护费用的潜在技术方案是使用进化模糊系统，它可以根据工作条件的变化来调整自身的结构和参数[②]。

在计算智能的引进和应用阶段，维护和支持由厂商或开发人员完成。在平衡成本阶段，可以在内部创建支持服务小组，或是对已有的支持服务进行提升培训。在推理传感器的例子中，这一工作由开发人员完成。

计算智能项目流程的最后一步是定义一个明确的维护和支持计划，这个计划应至少持续3年。

12.5 六西格玛中的计算智能技术及其设计

在一系列新技术中，六西格玛[③]已经成为一种运动，一种改进商业流程的管理规则。20世纪80年代，六西格玛最初由摩托罗拉公司提出，是一个质量测量和改进项目，目标是将过程控制在基线±六西格玛（标准差）水平上，或是百万分之三点四的缺陷。缺陷水平从三西格玛减少到六西格玛，在现实世界的具体含义如

---

① 有一个例外，关于神经网络的长期性能: B. Lennox, G. Montague, A. Frith, C. Gent and V. Bevan, Industrial applications of neural networks – An investigation, *Journal of Process Control*, 11, pp. 497–507, 2001.

② P. Angelov, A. Kordon, and X. Zhou, Evolving fuzzy inferential sensors for process industry. *Proceedings of the Genetic and Evolving Fuzzy Systems Conference (GEFS08)*, Witten-Bommerholz, Germany, pp. 41–46, 2008.

③ 六西格玛最好的参考书: F. W. Breyfogle III, *Implementing Six Sigma: Smarter Solutions Using Statistical Methods*, 2nd edition, Wiley-Interscience, 2003.

图 12.10 所示。

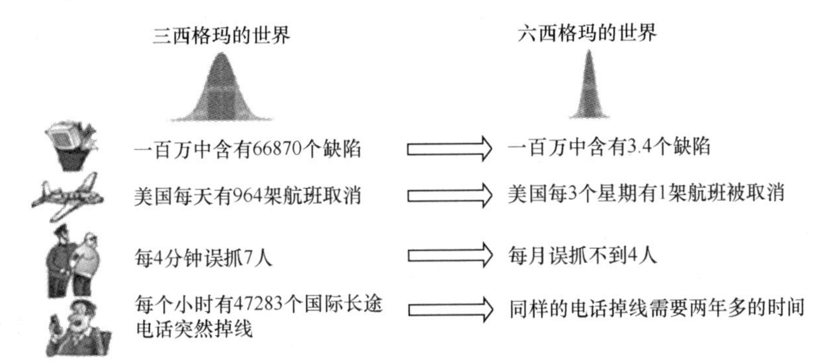

图 12.10 三西格玛和六西格玛质量体系在不同情况下对应的缺陷值

六西格玛系统质量体系为企业改善其业务流程提供了工具。另一个类似的质量体系是六西格玛设计（DFSS），添加了统计理论来提高新产品及过程设计的效率①。这两个方案都是基于经典统计的。计算智能方法用于解决六西格玛和六西格玛设计所不能解决的问题。

12.5.1 工业中的六西格玛与六西格玛设计

六西格玛方法的原理是以方差（而不是平均值）为标准进行简单观察，减少产品缺陷的方差是让客户满意的关键所在。重要的是，六西格玛不仅提供技术方案，而且能不断改进工作流程来追求利润和客户满意度。这是其在工业界具有巨大声望的原因之一。据 *iSixSigma Magazine* 统计②， 在世界 500 强企业中有 53%的企业使用六西格玛，但在 100 强企业中这个数据是 82%。在过去的 20 年，使用六西格玛的 500 强公司节省了大约 4270 亿美元资金。六西格玛的支持者里最有名的是通用电气（GE），30 万个 GE 员工必须通过六西格玛认证，所有新产品的开发必须使用六西格玛设计方法。

实施六西格玛的公司每偏移一个标准差，年利润率增长 20%，标准差约为 4.8～5.0。大多数企业最初的瑕疵方差为三西格玛，如果每个员工均接受了六西格玛培训，那么每个项目最少将多创造 23 万美元的价值。毕竟，节约成本通常不会如此戏剧化。

六西格玛的关键优势之一是在项目开发中很好地明确了角色。典型的角色定义为负责人、黑带、绿带和黑带大师。负责人由高层领导担任，是项目的总负责者，负责协调项目所需资源和处理各小组的纠纷等。负责人的奖金与其所负责的六西格玛项目能否达到目标密切相关。

项目小组负责人称为黑带。黑带任期通常为 2 年，负责 8～12 个项目。通常每

---

① K. Yang and B. El-Haik, *Design for Six Sigma: A Roadmap for Product Development*, McGraw-Hill, 2003.
② 2007 年 1 月至 2 月出版：http://www.isixsigma-magazine.com/.

个项目会分成 4 个子项目，小组中的人员可能从一个子项目借调到另一个子项目。

项目成员称为绿带，他们通常是兼职人员，所接受的培训和黑带类似，但时间更短。

所有的“带”都被认为是改革的推动者，为这些角色选择合适的人选很重要。这些人必须喜欢创新，并且以后能成为组织的领导者。

还有一个级别称为黑带大师，他们都有黑带的经历，曾经做过很多项目。他们熟悉很多先进的工具，了解很多行业，并且接受过领导能力培训，通常还具有教学经验。他们的主要职责是指导和培训新的黑带。

如图 12.11 所示，经典的六西格玛和六西格玛设计被用于产品或过程的不同阶段。

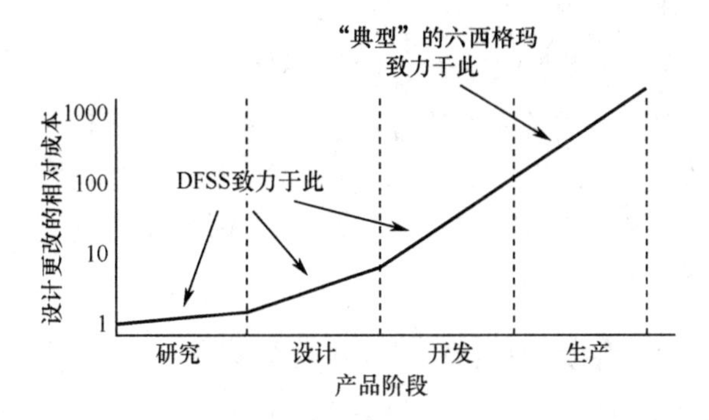

图 12.11　经典的六西格玛和六西格玛设计在产品的不同阶段所扮演的角色

六西格玛设计的侧重点是，在早期阶段通过市场调研定义新产品、优化产品设计、原型研究，而六西格玛的重点是提高产品的生产率。在这种情况下，可能的设计更改带来的相对成本比较高，更好的选择是通过减少现有的生产流程的变化来增加盈利。侧重点不同，因此六西格玛设计和六西格玛的工作流程也就不同，这两种方法的关键步骤如图 12.12 所示。

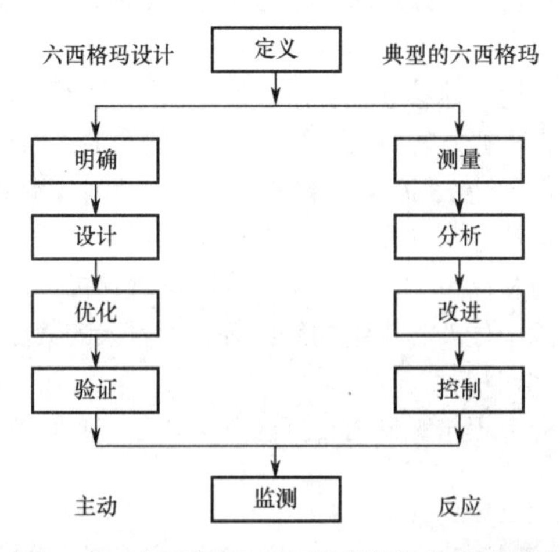

图 12.12　六西格玛和六西格玛设计的关键步骤

六西格玛设计包含以下几个关键步骤：
定义：理解问题。
明确：定义新产品。
设计：开发新产品。
优化：对新产品做优化设计。
验证：建立新产品原型。

典型的六西格玛方法包含以下步骤：
定义：理解问题。
测量：针对问题收集数据。
分析：找到问题产生的根本原因。
改进：针对根本原因做出改进。
控制：确保问题被解决。

更详细的描述步骤和计算智能的潜在应用如下：

最流行的六西格玛流程称为 DMAIC（定义—测量—分析—改进—控制）。该流程如图 12.13 所示，这个序列包括计算智能项目管理的所有环节。然而，在一个使用六西格玛的企业，建模项目管理和相应的基础设施建设必须融入企业文化。这会使模型的开发、实施和维护更加容易并且成本更低。此外，还需适当的对大多数员工进行培训、建立工作流程并且对员工制定职业发展、奖金和晋升机制。对绝大多数大公司而言，最好能通过六西格玛来实施计算智能项目。

定义—测量—分析—改进—控制DMAIC流程

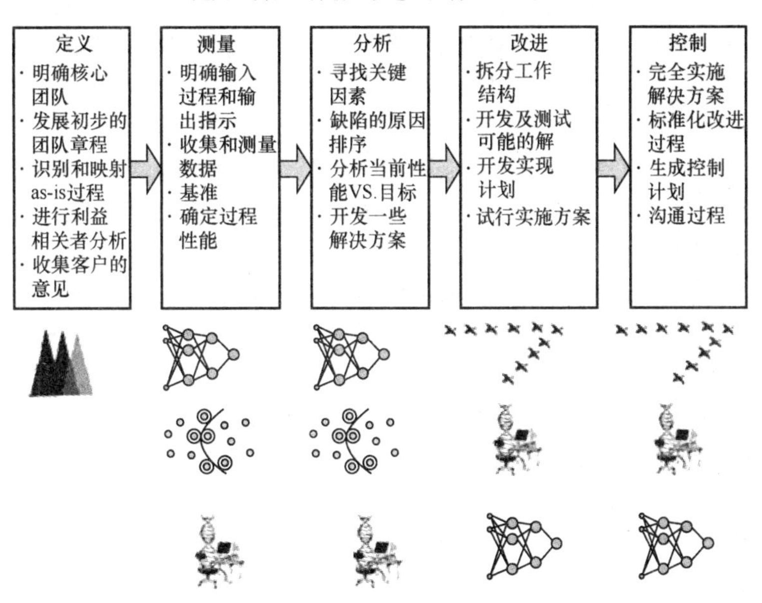

图 12.13　DMAIC 的流程和对应的计算智能方法

计算智能提供的最大优势就是将其独特功能（处理非线性、复杂性、不确定性和社会影响）集成到六西格玛所使用的统计方法中。在不同的 DMAIC 阶段，要做以下工作。

在定义阶段，需要和所有利益相关者进行交流，明确要解决的问题。需要确定团队成员、制定时间表、根据客户的需要确定项目目标、分析现有系统的缺陷。在这个阶段主要建立的文件是项目章程，包括财务、技术目标、评估所需的资源、利益相关者的角色分配以及项目计划等内容。

定义阶段能够使用的关键计算智能方法是模糊逻辑。在这个阶段中的信息可以用模糊逻辑量化定性，以用于下一阶段。尤其，如“坏气味”这种缺陷描述，无法直接测量，只能通过人类语言直接预估。六西格玛项目管理流程的定义阶段包括以下步骤：定义项目目标和范围、定义角色、选择合适的计算智能方法。

在测量阶段，应分析收集到的所有可用数据，从而更详细地了解问题。我们想知道到底发生了什么问题，在哪里发生的，什么时候会发生，是什么原因导致问题的发生，问题是如何发生的，确定会导致缺陷（输出）的必要因素（输入）。收集和准备数据是这个阶段的主要目的，以便于下一步分析。另一个非常重要的目的是通过数据计算统计测度，诸如缺陷的方差水平和处理能力（流程满足客户的期望的能力，以流程的测量值变化的六西格玛范围来衡量）。这对定义的目标给出了坚实的统计基础，这使我们能用已知标准作为基准来测试流程，在决策制定上能达到更高的目标。

通常在这个阶段会使用一些计算智能方法来配合统计分析。特别重要的是非线性的变量选择方法，例如分析型神经网络和 Pareto-front 遗传编程，它们可以大大减少输入变量的个数，仅留下与缺陷最相关的输入。支持向量机只提取信息量大的数据记录，因此可以使用支持向量机降低数据的维数。在数据准备阶段，支持向量机还能对数据进行异常检测。

六西格玛测量阶段，相当于项目管理的数据准备阶段，如图 12.8 所示。

在分析阶段，分析所收集的数据，并尝试找出在过程中出现问题的根本原因。分析的目的是寻找会导致客户或企业受到巨大影响的问题的关键因素（关键的 X）。这些分析主要是基于统计方法，分析的目的是尝试找出缺陷的主要原因或其输出 $Y=f(x)$。专家讨论潜在的因果关系或模型，并对其排序。因此，在使用技术前就能够明确问题的一些潜在解。

几乎所有的计算智能方法都能用在分析阶段，根据数据建立经验关系的主要方法包括神经网络、支持向量机和 GP 符号回归。对六西格玛团体非常适用的一个选择是线性化统计模型，已在第 11 章讨论。

六西格玛分析阶段，相当于项目管理的模型开发阶段，如图 12.8 所示。

在改进阶段，应先将各种解决方案排序，然后集思广益，制定一个影响最大、成本最低的解决方案。在本阶段结束时，将实施一个试验方案。改进的目的是消除导致过程中的问题的根本原因。在开始实施方案之前，应用数据对选定的解决方案进行测试来验证预期的改进效果。同时，推荐使用失败—模型—影响—分析（FMFA）方法，它能够在方案执行过程中识别、评估潜在缺陷。更高级的执行计划必须经赞助商和利益相关者重新审查。实验项目的初步结果将传达给所有利益相关者。

若干计算智能方法可用于改进阶段，特别是在参数优化领域，如粒子群算法和遗传算法。如果所选的解决方案是非线性的，还可以利用神经网络、符号回归或支持向量机。

六西格玛改进阶段，相当于项目管理的模型应用阶段，如图 12.8 所示。

在最后的控制阶段，实施所选的解决方案，需要验证问题已经彻底解决。这是六西格玛的"布丁证明"阶段，即实践是检验真理的唯一标准。通常，需要建立测量系统来确认问题是否已经解决，性能是否达到预期。控制阶段的主要成果是过程控制和监测计划。计划的部分内容是应用项目的所有权从开发团队过渡到终端用户。

在这个阶段用到的计算智能的方法与改进阶段是一样的：粒子群算法、进化计算、神经网络、支持向量机。

六西格玛控制阶段，相当于项目管理的模型维护阶段，如图 12.8 所示。

在六西格玛工作进程中应用计算智能方法的例子是由卡洛斯和雷伊给出的陶氏化学公司[①]采用数据挖掘[②]的例子。

12.5.2 使 CI 适应六西格玛设计

六西格玛设计（DFSS）是一种将新产品或现有产品重新设计以使其流程缺陷维持在六西格玛水平的方法。DFSS 背后的驱动力是新产品能够快速地进入市场，这为更快获得经济收入和更长时间的专利保护带来了优势。DFSS 通过客户的反映和对市场的分析能尽早发现问题。应用六西格玛的关键策略是尽快将其应用到产品或服务的生命周期中。六西格玛设计的关键阶段和使用的相应计算智能方法如图 12.14 所示。

与传统的六西格玛相反，DFSS 经常在创新时使用，并通常基于小型数据集或通过昂贵的实验设计生成的数据集。在这两种情况下，计算智能都能发挥其独特的作用，与现有的统计技术相比提高了模型的开发效率。以下将讨论六西格玛设计各阶段采用的具体计算智能技术。

DFSS 定义阶段与前面讨论的经典的六西格玛相同，六西格玛所有步骤以及采用的相应的计算智能方法，在 DFSS 中仍然有效。

---

① A. Kalos and T. Rey, Data mining in the chemical industry, *Proceedings of the Eleventh ACM SIGKDD International Conference on Knowledge Discovery and Data Mining*, Chicago, IL, pp. 763–769, 2005.

②数据挖掘与建模是从一个已知的数据库探索不同模型、模式、概要和衍生价值的过程。数据挖掘几乎完全依赖于计算智能方法。

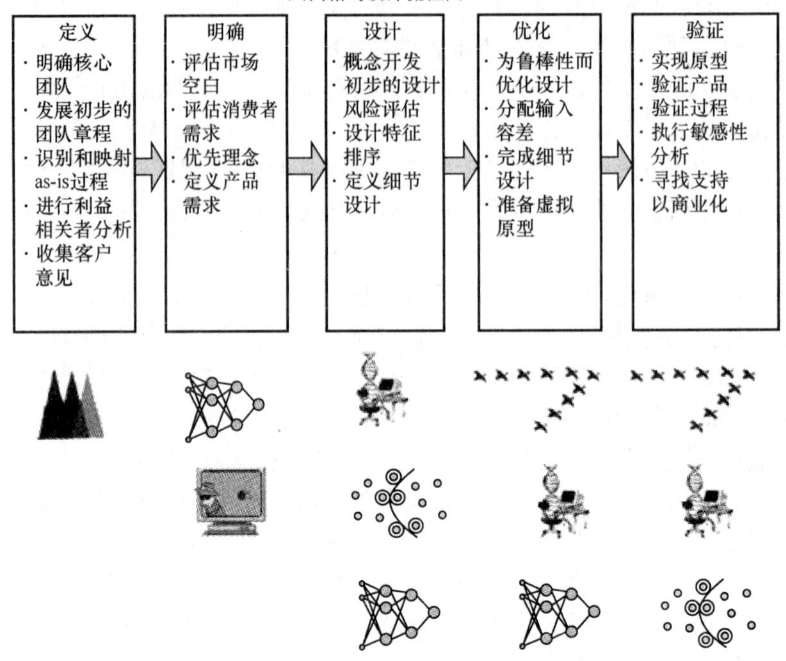

图 12.14　DFSS 的关键步骤和对应的计算智能方法

在明确阶段，DFSS 根据市场分析和对客户的调研，为新产品开发创造机会。市场分析的目的是通过对未来需求的预测、竞争对手的分析以及技术发展趋势来评估存在的市场空白。通常结合客户之声（VOC）明确客户需求，并将其转化为功能性和可测量的产品需求或用户评判指标（CTCS）。在 DFSS 中可以使用多种计算智能方法来实现这一目标。质量功能部署（QFD）是一种将客户之声转变成明确的设计、生产、制造过程要求的规划工具。QFD 质量办公室（HOQ）可以根据相互关系的强度将客户的需要转化为需求。

根据市场空白以及客户的需求带来的灵感触发头脑风暴并完成优先排序。这一阶段的成果是一份明确产品设计需求的文件。

在明确阶段，计算智能能够在市场分析和客户需求分析方面发挥重大作用。例如，神经网络可以用于市场模式的识别和客户群体分类。客户行为可以被智能代理所模拟，以判断可能出现的新需求。

在设计阶段，所制定的产品需求要转化为产品的设计规格。首先，执行概念设计，紧接着是一个初步的风险评估。其次，探索一些可用的解决方案，并分析其优先级。最后，对所选的解决方案进行详细设计。

计算智能可以增强设计阶段使用的统计方法的性能。进化计算能自动或交互地产生一个完全新颖的设计方案。在模拟设计产品时，利用神经网络、支持向量机或符号回归开发的经验模型可以较低的成本替代第一原理模型。特别重要的是，在新产品开发时，支持向量机能用少量的数据记录导出鲁棒模型。

在优化阶段，设计的产品需要优化，以提高鲁棒性满足六西格玛的性能要求。最优设计包括模型开发、规划和运行实验设计、输入灵敏度的分析、设置生产允许的标准偏差以及建立一个虚拟的原型。

通过遗传算法和群体智能来扩展传统优化方法，计算智能在优化阶段也可以发挥作用。此外，符号回归可以减少昂贵的实验设计成本，这在第 11 章讨论过。

在验证阶段，虚拟原型将在小范围内全面实施和验证。在各种运行条件下衡量其执行状况，比较其具体功能。如果新产品通过所有测试，那么随之将由发起人发起一个全面的商业展示。

计算智能在验证阶段，特别是在鲁棒经验模型的建立方面发挥了很大的作用。在这一阶段最艰难的决定是，是否考虑为了节约成本而忽略小规模试产阶段直接跳到全面生产。具备第一原理、鲁棒的经验模型以及可靠的规模拓展性能是免除试点生产的一个先决条件。支持向量机和符号回归可以生成低成本的经验模型，其泛化能力也令人印象深刻，可用于评估扩大规模后的预期性能。

12.6 小　　结

主要知识点：

计算智能是用来处理具有极高不确定性和复杂性的问题或追求创新的技术。

对计算智能应用取得成功做出贡献的关键因素是管理层的支持、业务问题的明确、高水平的项目小组以及鼓励承担风险的奖励机制。

计算智能成功应用的关键前提是拥有高品质的数据、过程知识，提供相应的基础设施和受过培训的利益相关者。

在企业中应用计算智能的三个关键阶段：引入阶段（试点项目的技术验证）、实施阶段（几个全面实施的项目的价值创造能力的展示）和发展阶段（将计算智能集成到现有的过程中创造价值）。

计算智能项目管理包括项目定义、CI 方法选择、数据准备、模型开发、部署和维护。

将计算智能集成到六西格玛方法中，既提高了效率，又降低了成本。

总　　结

成功的计算智能应用需要很多利益相关者的持续支持、适当的基础设施以及创新的精神。

推荐阅读

以下书籍和论文涉及计算智能和六西格玛的不同应用方面：

F. W. Breyfogle III, I*mplementing Six Sigma – Smarter Solutions Using Statistical Methods, 2nd edition*, Wiley-Interscience, 2003.

T. Davenport and J. Harris, *Competing on Analytics: The New Science of Winning*, Harvard Business School Press, 2007.

Y. Yang and B. El-Haik, *Design for Six Sigma: A Roadmap for Product Development*, McGraw-Hill, 2003.

A. Kalos and T. Rey, *Data mining in the chemical industry, Proceedings of the Eleventh ACM SIGKDD International Conference on Knowledge Discovery and Data Mining*, Chicago, IL,pp. 763–769, 2005.

D. Pyle, *Data Preparation for Data Mining*, Morgan Kaufmann, 1999.

D. Pyle, *Business Modeling and Data Mining*, Morgan Kaufmann, 2003.

第13章 计算智能的营销

模型就像一幅政治漫画。它挑选系统最重要的部分，然后将其夸大。

——John Holland

本章是关于营销研究密集型的新兴技术如计算智能的讨论。研究的营销策略基于通用的营销原则之上，适用于具体的计算智能目标市场和研究产品。通过大学和行业之间的相互影响，引发人们对计算智能的特别关注。最后，本章将向广大技术类和企业类客户提供市场营销学的指导纲领和实际案例。

研究型营销的关键是用鼓舞人的信息和吸引人的展示来赢得目标受众的关注。简单的非技术性的语言、有趣的故事和内容丰富的视觉效果在这个过程中是必不可少的。幽默是取得成功的重要因素之一，在很多方面广泛使用，其令人印象最深的形式之一是讽刺漫画，本书将从流行的迪尔伯特漫画开始，用一个有趣的例子来创建“有效”的市场营销策略，如图13.1所示。

图13.1 迪尔伯特的“有效”营销观点（迪尔伯特：斯科特·亚当斯，美国联合菲彻辛迪加公司）

13.1 研究型营销准则

学术界和工业团体关于研究型营销的观点和方法是不同的，通常学术界对工业团体营销的态度是负面的，工业团体的营销工作被看作是“汽车经销商的活动，远低于高水平的学术营销”。学术界通常是通过出版物、专利、会议演讲和经费议案来交流探讨。在相应的研究领域内采用这种方式，目标受众被限制在科学同行中。受众人群的平均规模是几百人，最受欢迎的著名科学团体也几乎不超过几千人。也许这个数字足以让信息蔓延整个学术界，但在面向广大潜在用户时是绝对不够的。

不同的研究方法需要不同的营销措施。被人们熟知并广泛应用的第一原理模型或统计方法不需要研究营销能力，然而新技术如计算智能，则需要大量系统的营销工作。当然，并非是将研究人员转化为广告代理商或汽车经销商，而是要提高他们研究市场营销需求的意识，并论证一些必要的技术。

13.1.1 营销的关键因素

首先，本节将给出一个简明的营销步骤概述。市场营销定义如下[①]：

市场营销是与个人和团体建立并保持关系，以使其满意为目的，针对理念、商品、服务、组织、项目等进行定价、推广以及产品发布的过程。

这是一个公认的观点：没有有效的营销策略，即使是高质量的产品也会失败。质量是买家对产品表现的判断，而不是公司的设计师和工程师对产品的判断。销售应该把重点放在产品而不是客户的利益上，这是对市场营销关键性的误解，称为“营销近视症”。这个问题对于了解市场营销的本质是非常重要的，同时需要痴迷技术的产品开发者具有对文化变革的认知。查尔斯·雷夫森很好地阐明了不同的态度，其名言为：“在工厂里，我们生产香水；在广告中，我们出售希望”。

通用的市场营销战略的关键要素如下：

（1）确定目标市场——确定一个群体即市场营销的对象，通过调研，设计满足其具体需求和喜好的商品、服务理念。

（2）产品策略——不仅要包括企业应该提供给目标市场何种商品或服务的策略，还要包括有关客户服务、包装设计、品牌名称、商标、质保等相应的决策。

（3）发布策略——确保客户在适当的时间和地点发现产品和服务。发布策略还涉及营销渠道、库存控制、仓储和订单处理等问题。

（4）推广策略——涉及将个人销售、广告以及促销相结合，目的是沟通、说服潜在客户。

（5）定价策略——包括销售中的利润和合理价格的制定方法等决策问题。

13.1.2 研究型营销策略

接下来将通用营销具体到销售研究理念。从所有通用的步骤来讲，本书将集中

---

① 市场营销最经典的教材之一：L. Boone and D. Kurtz, *Contemporary Marketing*, 13th edition, South-Western College Publishers, Orlando, FL, 2007.

阐述以下三个要素（因为它们对于制定有效的研究型营销是最重要的）：①识别目标受众；②定义产品战略；③促销策略。具体步骤见图 13.2。

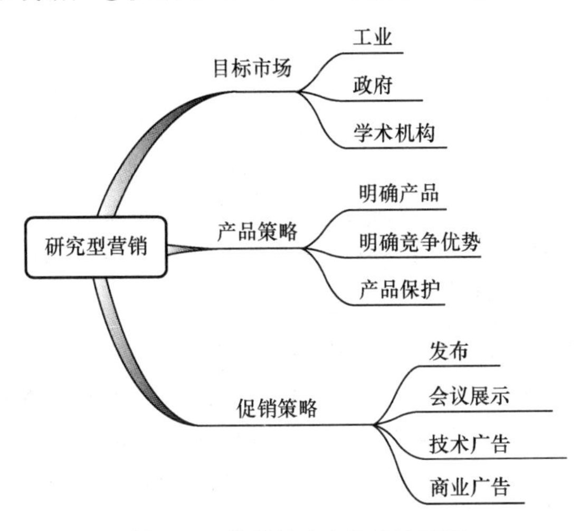

图 13.2　营销策略中的关键问题

13.1.2.1　确定目标市场

研究理念和方法的潜在用户可以定义在三大领域：工业、政府和学术机构。

（1）工业。工业界是研究方法最多用户的领域，其中一些方法来自其内部发明。此领域用户的共同期盼是提出的方法在现实中可用。除极少数的例外，当科学理念达到成熟阶段后，工业领域中用户的要求均能基本满足，如完善的软件和令人印象深刻的仿真。通常情况下，工业领域只接受由老牌厂商实施的研究理念，这些厂商有能力维护已部署的解决方案。

（2）政府。政府扮演着技术用户和资金主要来源的双重角色。作为研究类用户，政府的标准与工业界类似。然而，在与国防相关的应用方面，由于强制性军用标准，就需要具体的市场营销工作了。

不同的政府机构为使自己纯粹的科学想法变为科学方法会以不同的方式提供资金，从这一点来看，他们又与学术界的受众类似。

（3）学术机构——学术受众分为两类：探索技术的研究团体（如计算智能团体），以及广泛领域的科学团体（如计算机科学与工程协会）。针对第一类受众不需要密集的市场推广，针对第二类受众则需要在市场营销方面花费很大的功夫与他们交流并使他们认可提出的方法的优势，尤其是该方法具有集成及增强其他方法的潜力。

13.1.2.2　产品策略

通用型市场营销和研究型市场营销之间的一个关键区别是产品的特征。通用营销手段中，对产品进行广告时，产品已经具有非常明确的性能，然而在研究型营销中，产品有不同的特征，并且没有与具体用户的需求直接挂钩。因此需要额外特殊的营销工作来明确研究方法满足目标用户需求的最合适的方式。制定产品策略的步骤如下：

（1）明确产品。研究工作产生的可能产品包括：发表的文章、专利、内部定义的商业机密、软件包、设计过程、设备或材料。这些产品都需要不同的营销技巧，这将在本章后面讨论。这些产品的性质有所不同：一类是基于具体研究方法的产品，例如一个包括一些遗传算法的工具箱；另一类是特定的应用领域的相关产品，例如一种包括遗传算法的优化工具箱；第三类是由研究方法产生的相关产品，例如使用遗传编程自动生成的电路或推理传感器。

（2）明确竞争优势。这一过程的第一步是通过与主要竞争对手比较，证明提出的研究方法的技术优势。下一步是将技术优势与潜在客户的业务需求进行结合，并确定商业竞争优势，这一步更为困难。关键是明确使用推荐的研究方法比已有的方案带来的价值更大。定义计算智能的竞争优势的一般方法在第 9 章已介绍，具体的例子将在本章给出。

（3）产品保护。强烈建议在市场营销活动的早期阶段，产品要有版权或专利或者商业秘密保护措施。

13.1.2.3 实施促销策略

通用型营销具有宽广的广告效果，相比较而言，通过出版物或以其他方式与潜在客户交流的研究型营销的效果非常有限。一方面，虽然营销成本明显要低很多；另一方面，目标人群却非常有限。这种情况可能会改善，但是，其前提是基于互联网营销的影响越来越大。

（1）出版。出版的推广策略对学术和工业研究团体来说是很熟悉的，因此不需要额外的阐述。唯一的建议是要避开狭窄的技术领域，在一些著名的科学、技术或商业刊物上发表综述文章或热点论文，以此来拓宽技术和非技术受众。当然，在这些刊物里，描述方法的语言必须通俗易懂、生动形象，以引起潜在用户的关注，提高他们的兴趣。另外，分享一些有关潜在应用领域的想法也大有帮助。

（2）会议演说。会议演说也是学术和工业研究领域众所周知的一种方法。拓宽目标人群仍是最关键的，不要局限在具体的科学领域。有效的方法之一是做技术入门的介绍。另一种方法是参加技术应用会议，并与工业界和供应商交流。

（3）技术广告。技术广告包括采用一些必要的措施来引起技术专家的关注，如此也许能打开研究方法在实践中应用的大门，本章最后将举例说明。

（4）商业广告。商业广告包括采用一些必要的措施来描述提出的研究方法在用户商业应用中能展现的技术优势，说服管理者支持潜在的项目。在本章最后部分将举例说明。

13.2 技术-传递、可视化、幽默

研究型营销的关键细节之一是对潜在用户直接推销产品，这是主要的营销工作。在这种情况下，产品演示的质量和吸引力是最重要的。本书将关注对营销成功非常重要的三个方面，包括信息传递、有效的可视化，当然，还有幽默。

13.2.1 信息传递

表达明确的信息，并将它与一个动人的故事结合是推广过程的关键。成功的营销者是让消费者愿意相信其故事的供应商。随着互联网的普及，理念的传递有基本的方式。最好会说故事，否则营销将变得苍白无力。以下将给出营销人员有效传递信息的关键性建议①：

（1）有吸引力的标题。众所周知，公司及产品的图标和标题是任何形式广告的重要组成部分。产品的图标和标题要能够抓住消息的本质，在激烈的市场竞争中成功地吸引客户的注意力。这一思路同样适用于研究型营销，对本书描述的计算智能方法，图 13.3 给出了一些有关标题定义的建议。理想情况下，标题必须代表该方法及其创造价值的主要来源。

图 13.3 计算智能方法的图标和标题

① S. Godin, *All Marketers Are Liars: The Power of Telling Authentic Stories in a Low-Trust World*,Portfolio Hardcover, 2005.

（2）讲述真实的故事。直接营销中，最好的办法是讲一个能立刻获得注意的故事，并且这个故事在客户脑海中的印象应大于产品的特征。故事必须很短、令人震惊并且真实。以下是作者自身的经历。

在营销以符号回归为基础的推理传感器的介绍中，作者首先对客户讲述了一个真实的故事，这个故事是一个化工厂的应用案例，用户对现有的以神经网络为基础的解决方案不满意。有人问该工厂的工程师，近期神经网络模型预测的效果如何，她用讽刺的语气问道："你真的想知道真相？"然后，她走向垃圾箱，从垃圾中找出最后打印的模型预测，一个星期的预测是一个不变的负数，没有实际意义。该模型的可信性就是这样的"过时的"水平——垃圾箱里的一片废纸。有了这个故事就不需要更多的解释了。

（3）传递，然后承诺。营销最重要的部分是向用户传递清晰的信息。在上述的例子中，用神经网络惨败来重点强调符号回归的优势。同时可以进一步阐述在不同的厂家产品中都使用了推理传感器这一信息。信息传递最好的方式是客户的口碑。例如，产品工程师和操作员喜欢简单的改进方案。一位操作员甚至用最直白的语言"非常酷的东西"向周围的同事宣传应用符号回归推理传感器。

（4）避免过度营销。避免"蛇油"销售形象是直销的关键。然而，普通受众对计算智能功能的相对无知给了"荒谬过度"型营销以机会。20 世纪 90 年代对神经网络的过度销售，导致了令人失望的结果，就像之前提到的例子。

避免过度营销最好的策略是明确定义产品，并公开讨论技术的局限性。在之前给出的符号回归推理传感器的例子中，这一类模型众所周知的问题需要明确，例如依赖于数据质量、超出训练范围 20%的预测不可靠、维护和支持更加复杂。另外，如何解决这些问题在以前的章节中已经给出。

13.2.2 有效的可视化

形象是营销的关键。没有有吸引力的视觉表现，产品的销售机会就会降低。在研究型营销策略时，找到一个简单的、令人记忆深刻的形象并不难。成功的广告需要想象力和运用与众不同的可视化技术，下面给出一些例子。

13.2.2.1 思维导图与剪切画结合使用

作者在本书中推荐了一个广泛应用的可视化办法，即将思维导图[①]的功能与剪切画[②]的吸引力结合起来，如图 13.4 所示，另外，图 13.5 给出了图 13.4 的另一种表达方式。

图 13.4 清楚地展现了这两种方法（思维导图和剪切画）之间的协同效应的优势。

---

① T. Buzan, *The Mind-Map Book*, 3rd edition, BBC Active, 2003.

② 剪切画来源之一： www.clipart.com.

虽然思维导图能非常有效地表示结构和联系，但其没有视觉吸引力，因此，思维导图保存在我们记忆中的机会很小。最后，记住，有效地展示也是市场营销的主要目的之一。添加生动的剪切画图标和图像能给展示带来“生命”，增加了吸引潜在客户注意的机会。

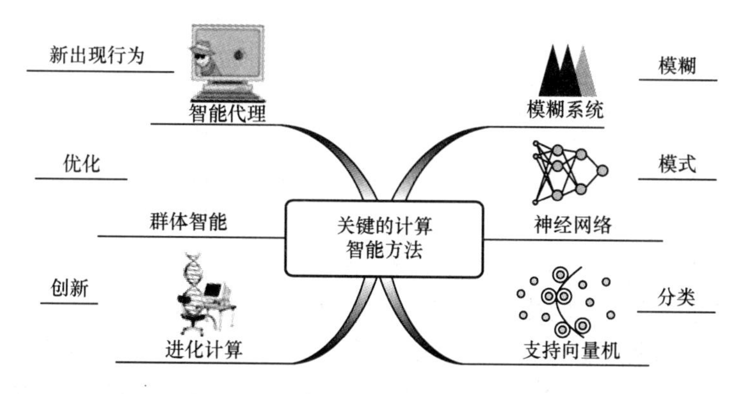

图 13.4 思维导图和剪切画相结合

关键的计算智能技术：

(1) 模糊系统

——解决知识或数据存在模糊的问题

(2) 神经网络

——发现模式以及数据间的依赖关系

(3) 支持向量机

——数据分类并创建鲁棒系统

(4) 进化计算

——通过模拟进化产生创新

(5) 群体智能

——使用社会交互进行优化

(6) 智能代理

——从微观的互动中捕获宏观行为

图 13.5 图 13.4 的另一种表达方式

将思维导图与剪切画合并展示的图13.4与无趣的文本模式幻灯片的图13.5相比较，其影响力高低立显。

双方介绍的文本内容基本相同，而且幻灯片的解释方法更详细。然而，显著缺乏可观性会降低对潜在客户的影响。读者可以通过回答一个简单的问题来估计这种信息的影响：这种幻灯片演示方式将会在他/她的记忆中保存多久？

13.2.2.2 可视化技术

在已知的多种可视化技术中，本书主要关注一些由著名视觉领袖爱德华·塔夫特给出的建议[1]。

爱德华·塔夫特对有效的可视化的定义如下：这些图形的卓越之处在于，在最小的空间中，用最少的墨水，在最短的时间内带给观众最大量的信息。他给出了达到这一目标的关键方法：

（1）比较；

（2）显示因果关系；

（3）显示多元数据；

（4）综合信息；

（5）使用小倍数；

（6）显示相邻空间信息。

图 13.6 就是基于其中的一些技术设计的展示实例。

图 13.6 展示了经典的第一原理建模与使用符号回归加速基础建模（详细描述见第 14 章）的方法之间的对比结果。通过对两种方法同一步骤的横向比较强调了竞争的特性，每一步骤都用图标或图形可视化展示，关键的结合部分用一个阴阳图来支持，这是一种有名的描述结合的符号。比较的最终结果——模型开发时间的显著差异直接用日历和时钟来表达。

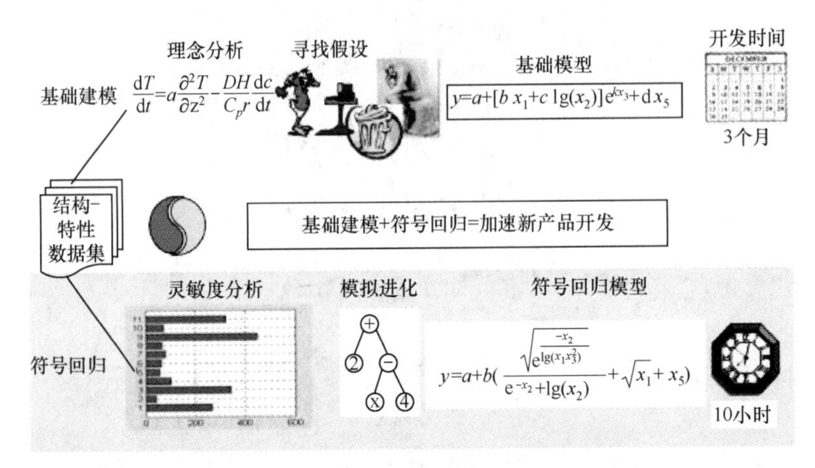

图 13.6　第一原理与符号回归模型横向可视化比较

13.2.2.3　是否使用幻灯片

研究型营销的成功因素之一是掌握幻灯片的演示方法。塔夫特表示，每年都会产生 100～1000 亿张幻灯片[2]。然而，大部分形式丰富的幻灯片平均包含的信息量

① E. Tufte, *Visual Explanations: Images and Quantities, Evidence and Narrative*, Graphics Press, 2nd edition, Cheshire, CT, 1997.

② E. Tufte, *Beautiful Evidence*, Graphics Press, Cheshire, CT, 2006.

都非常低，更不用提它达到的安眠效果了。迪尔伯特喜剧漫画的创作者斯科特·亚当斯甚至将幻灯片的负面影响称为一种新疾病“幻灯片中毒”，如图 13.7 所示。

图 13.7　幻灯片中毒（迪尔伯特：斯科特·亚当斯，美国联合菲彻辛迪加公司）

有一种常见的幻灯片，并不是为了提供信息，而是让发言者假装正在进行一个真正的演讲，观众要假装正在仔细倾听。这是常见的官僚作风的沟通方式，这种方式将导致完全的信息滥用，一定要加以避免，其讽刺漫画如图 13.8 所示。

图 13.8　谚语“该死的幻灯片”的新说明（迪尔伯特：斯科特 • 亚当斯，美国联合菲彻辛迪加公司）

塔夫特建议为讲义准备文本文件、图形和图像。该讲义的一大优势是，潜在客户会留下深刻的记忆。一张 A3 的纸，将其对折后分成四部分，用来添加讲义。塔夫特表示，在一张纸上可以包含 50~250 张幻灯片的内容！作者的经验是即使使用双面 A4 格式文件，也可以有效地抓住观众的注意力。相关章节所讲述的计算智能内容（第 2~7 章）可作为这种形式的讲义使用。

考虑到幻灯片无处不在，另一个更现实的选择是，增加幻灯片的内容和吸引力，并尽可能减少其数量。作者的经验是，即使是最复杂的课题也可浓缩到 20~25 页信息量丰富的幻灯片上。如图 13.6 所示展示了这种幻灯片的设计。

13.2.3　幽默

成功的营销必须是有趣的。很多时候，一个包括漫画、笑话、语录和墨菲定律的简短介绍，比任何技术资料更令人印象深刻。这就是幽默的营销过程非常重要的原因。迪尔伯特漫画的几个例子如图 13.9 所示。下面给出了与计算智能相关的引用以及墨菲定律。这对于准备激发自己幽默能力的人是一个很好的起点。

13.2.3.1 迪尔伯特漫画[①]

图 13.9 数据挖掘和六西格玛的漫画（迪尔伯特：斯科特·亚当斯，美国联合菲彻辛迪加公司）

13.2.3.2 可用的语录

几乎所有的模型都是有问题的，只有某些是有用的。

——George Box

不要爱上模型。

——George Box

复杂的理论不可靠，简单的算法行得通。

——Vladimir Vapnik

---

① 本节的漫画来自保加利亚漫画家 Stelian Sarev。

每一个流程如何运行不是问题，问题是它们如何共同运行。

——Lloyd Dobens

如果你局限于有限的信息，那么你需要解决更普遍的问题，而不是解决具体问题。

——Vladimir Vapnik

没有什么比一个好的理论更具实践意义了。

——Vladimir Vapnik

愚蠢的理论意味着愚蠢的图表。

——Edward Tufte

机器没有使人与问题分离，而是更深地陷入问题。

——Antoine de Saint-Exupery

模型的复杂性，无需超过对它的要求。

——D. Silver

对正确的问题的近似解比解决错的问题更有意义。

——John Tukey

13.2.3.3 与计算智能相关的墨菲定律

墨菲定律

会出错的事，必定会出错。

Box 定律

当墨菲说话时，请听着。

推论：墨菲是唯一永远不会错的领袖。

无处不在的数据挖掘定律

我们相信，所有事情都会带来数据。

机器学习的墨菲定律

计算机不会出错，一定是计算机方案出错。

科登的计算智能定律

计算机增强了人类智能。

积极的推论：

聪明的人会更聪明。

负面的推论：

笨的家伙会更笨。

基于规则的系统的墨菲定律

例外总比规则多。

模糊逻辑来源的墨菲定律

明确规定的指令将不断产生多种解释。

建模成功的门格尔定律

如果你充分研究数据，几乎能从中得到一切。

墨菲定律对数据的影响

如果你需要它，它往往不会被推荐。

如果它被推荐，它不容易被采集。

如果它被采集，它会被扔掉。

如果没有被扔掉，它往往是垃圾。

Knuth 的邪恶优化

过早的优化是一切不幸的根源。

进化计算中的墨菲定律①

模拟进化反而使适者生存过程中遗漏的瑕疵数量最大化。

13.3 学术界和工业界的相互作用

在大学中计算智能的科学基础不断发展，在工业中成功的应用创造了价值，两者之间的相互作用是驱动并提高技术的关键因素。向工业界推销研究理念与说服提供方法的技术人才组成研究团队一样重要。后者为科学认识铺平了道路，而前者建立了未来创造价值的桥梁，缺少任何一个，研究方法都将变得苍白无力。

以下将讨论一些市场营销的建议，即将学术思想完全融入于工业中的做法，如知识产权保护、发布会、技术开发、拜访供应商。

---

① R. Brady, R. Anderson, R. Ball, *Murphy's Law, the Fitness of Evolving Species, and the Limits of Software Reliability*, University of Cambridge, Computer Laboratory, Technical Report 471, 1999.

13.3.1 保护知识产权

既然创造价值是计算智能应用的关键问题，那么保护知识产权就成了头等大事。有三种可用的保护办法：①申请专利；②申请商业秘密；③防御性出版[①]。专利保护是指发明人将所有发明细节提交给政府，并在一段时间内拥有独家的优势，即没有人可以在未付费的情况下使用专利来获利。

商业秘密可以在任意时间内保护与业务有关的任何形式的资料，但是如果他人独立地发现了秘密或通过反向工程发现了秘密，则法律许可其利用发现赚取利润。

防御性出版可使自己比现有竞争对手更具有优先权[②]。它禁止了潜在的专利申请，并防止了竞争对手对某种知识产权的声明。

选择适当的知识产权保护方法的决策过程的简化流程如图 13.10 所示。

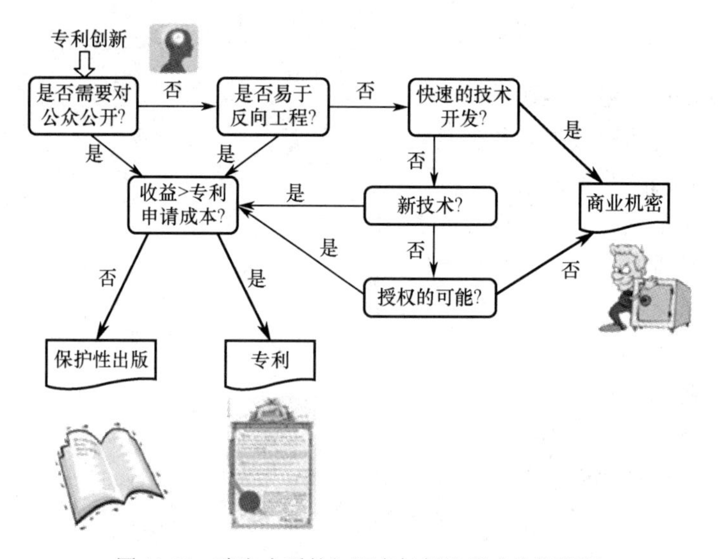

图 13.10　确定合适的知识产权保护策略的流程图

决策制定过程可分为六部分[③]：

（1）是否需要对公众公开？在某些情况下，如美国的联邦药物管理局（FDA）法规存在迫使发明公开的法律法规。在这种情况下，无法进行商业秘密保护，因此必须对发明创新申请专利或公开发表相应论文。

（2）创新是否易于反向工程或被其他人独立地重新发明？在这种情况下，企业会对这种难度进行风险评估，如果易于反向工程或被重新发明，建议对此创新申请专利。

---

① 一本很好的关于知识产权保护的参考书：H. Rockman, *Intellectual Property Law for Engineers and Scientists*, Wiley, 2004.

② 原则是阻止发明申请，因为已公开发表的文献使得提请的发明不能保证具有足够的新内容。

③ I. Daizadeh, D. Miller, E. Glowalla, M. Leamer, R. Nandi, and C. Numark, A general approach for determining when to patent, publish, or protect information as a trade secret, *Nature Biology*, 20, pp.1053－1054, 2002.

（3）该技术领域的发展迅速吗？如果技术发展的步调太快（计算智能就是这种情况），那么该发明的市场渗透速度就成为关键因素。通常，技术的发展速度超过了专利发布的年限2~3年，这使得从一开始发明就过时了，投资是无意义的。

（4）这是一个新的技术领域吗？申请专利的独特机遇是新技术的产生，因为之前几乎没有（专利法中的）任何相关记录。这是千载难逢的机会，允许定义一个相当广泛的声明，通过限制潜在的竞争对手建立一种虚拟垄断。

（5）授权是否能带来利益？如果授权给第三方可能为开发者提供额外的收入，那么授权专利是最好的办法，因为授权商业秘密会造成擅自披露秘密给第三方的潜在风险。

（6）潜在收入是否超过专利申请及其相关费用？必须要考虑到专利和其相关费用可能是相当昂贵的，因此了解法律知识是必要的。在美国，工业界的专利申请的平均成本是20,000美元。此外，相关的执法和诉讼成本轻易就会达到7位数。

如果预期的收入不能支付专利申请的相关成本，建议使用杂志出版这样的防御型策略。这一策略还有几个额外的好处，包括保护市场品牌以及防止他人对该发明进行声明。

13.3.2 出版

从保护知识产权出发，最适合保护计算智能技术方面相关发明的方式是最后一种方法，即在技术刊物上出版保护性文章，明确科学声明以及将研究理念推销给具体的技术团队，这种方式被任何一个积极的研究人员所熟悉。一个良好的科学出版物是学术评价和建立研究者信誉的关键，这也是被工业合作伙伴认可并讨论的必要依据。然而，这只是一个必要条件，不足以成为富有成果的学术和产业互动的充分条件。

学术和工业互动成功的关键主要取决于学术研究者的创新精神。必须具有贴近广大工业受众的市场营销技巧。建议在流行的技术类和非技术类期刊上发表有关论文或技术综述文章。这些论文的目的是用简单的语言准确地解释所提出的方法，并说明价值创造潜力。这是很好的告知目标行业的方式，一般会被工业技术领导者特别是管理人员读到。

13.3.3 会议广告

对于大多数学术研究者来说，会议是最好的启动研究型营销活动的方式。然而，这一过程必须超越技术介绍，其他一些工作将在下文中描述。

第一种选择是显而易见的，用有吸引力的技术介绍来获得关注，并利用所有机会去展示技术潜在的适用性和创造价值的能力。

第二种选择是参加应用会议，了解工业需要。会议的另一个好处是可以看到技术在现实应用中的局限。参加年度的遗传与进化计算会议（GECCO），关注实践中的进化计算主题会议 ECP，可以了解其工业应用情况。

第三种方式是参加技术比赛，这是几乎任何重大的技术会议都会采用的形式。这些比赛大多是基于产业界的案例研究，为方法的实际检验提供了机会。获奖者会名声远扬，远超出狭窄的技术团体范围。此外，还获得了能有效解决实际问题的信誉，这也能引起工业界研究者的注意。

研究型会议营销的关键目标是建设和维护一定的社会网络，其中包括应用导向型学者、工业研究人员、来自工业和政府的潜在客户、软件供应商和顾问。没有这样的社会网络，包括计算智能在内的任何技术都不可能正常运作。

13.3.4 技术发展

在大多数情况下，研究型营销的成功表现为提出的科学理念被纳入项目或者获得行业或政府的资助。在技术发展领域，工业界和学术界的协作有多种形式，如工业界和政府直接或联合资助项目、对研究生或博士后的支持、企业实习、联盟支持以及顾问服务[①]。我们必须意识到，技术发展过程中产生的知识产权可能会成为一个问题。很多时候来自于产业的财政支持与知识产权的权属相关。

在学术界和工业界之间建立桥梁的通常做法是建立个人关系，这种做法非常依赖于研究者的社会关系。然而，这种方法的效率并不是非常高，随机因素的影响也很大。另一种能将学术研究者与 GP 领域关键从业人员更有效地连接起来的方式已经于 2003 年在密歇根大学复杂系统中心进行了实践。在为期三天的遗传编程理论与实践（GPTP）研讨会中，双方会表明自己的思想并进行问题讨论，但首先，双方会仔细聆听对方的需求，心态上的差异逐渐减少，理论学家和实践者已经开始了富有成效的交流[②]。然而，要达成共识需要 2~3 年面对面的沟通与交流。

13.3.5 供应商之间的相互作用

很多时候，一个研究成果的直接营销在行业中失败的原因很简单，可能只是缺少标准软件。除极少数例外，如具体的研发需求，工业用户更愿意在老牌厂商开发的软件工具中应用计算智能软件。通常情况下，应用解决方案必须充分考虑全球化，全球化支持成了关键性问题，这一问题只有知名供应商才能解决。从这个方面来看，在工业领域推广一项研究成果合适的策略是首先要联系供应商。如 SAS 研究所、Aspen 技术公司以及 Pavilion 技术公司[③]等供应商对新想法很感兴趣，它们不断用新

---

① 学术与工业协作的例子： R. Roy and J. Mehnen, Technology transfer: Academia to industry, in the book of T. Yu, L. Davis, C. Baydar, R. Roy (Eds), *Evolutionary Computation in Practice*, Springer, pp. 263－281, 2008.

② 自2003年以来的交流成果已经开始出版：*Genetic Programming Theory and Practice* by Kluwer Academic and recently by Springer.

③ 最近，该公司并入 Rockwell 公司。

的计算智能算法提升他们的产品。

13.4 对技术受众的市场营销

研究型营销的成功取决于两个关键受众——技术受众和业务受众。技术受众包括计算智能应用的潜在开发者。这类受众通常有工程和数学背景，并对技术原理和功能感兴趣。业务受众包含未来使用系统的潜在用户，他们对科技创造价值的能力和如何简便地将科技融入工作流程更有兴趣。技术受众的市场营销途径将在本节中讲述，非技术受众的市场营销途径将在 13.5 节介绍。本节将集中讨论两个议题：①如何针对有技术背景的受众筹备有效的技术展示；②如何说服技术领袖。

13.4.1 应用 CI 技术展示的准则

技术展示的主要目的是证明方法的技术竞争优势。对一项新技术介绍的主要期望是解释好其主要原理和特点、明确竞争优势、在技术潜在的应用领域符合用户的需求，以及实施工作的评估。计算智能面临的一个挑战是，该技术实质上并不为广大技术团体熟知。首先，计算智能必须以最少的技术细节进行介绍，从头开始推出最小的技术细节，以此来满足受众不同等级的知识结构；其次，更多的细节介绍可以在线下提供给感兴趣的受众。

技术展示中的主要议题之一是讨论所提出的方案和最流行的方法的差异，尤其是那些被目标受众频繁使用的流行做法，如第一原理模型和统计数据模型。在第 2 章和第 9 章给出的一些例子为我们准备这一类型的展示提供了很好的参考。受众必须相信，相对于另一种技术，新提出的方法在科学原理、模拟实例以及应用能力方面有更大的技术竞争优势。强烈推荐使用能在优劣之间寻求平衡的较为真实、准确的评价。例如，介绍神经网络的幻灯片如图 13.11 所示。

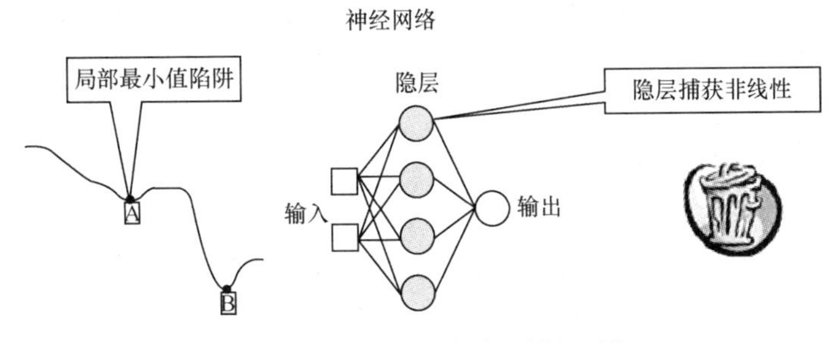

图 13.11 向技术受众介绍神经网络

神经网络的两个中心议题：①神经网络的非线性模型生成能力；②由于局部优化而导致解决方案整体低效的风险。第一个议题是通过三层神经网络的隐层如何捕获非线性来说明的。在幻灯片左边标注了第二个议题：产生非最优模型的原因是学习算法陷入了局部最优。在展示过程中垃圾桶图标可以作为一个提醒标志，用来提醒神经网络的局部最优可能会在实际使用中失去可信性（垃圾桶的故事在 13.2.1 节）。

另一个更复杂的展示遗传编程（GP）的关键技术特征的幻灯片如图 13.12 所示。

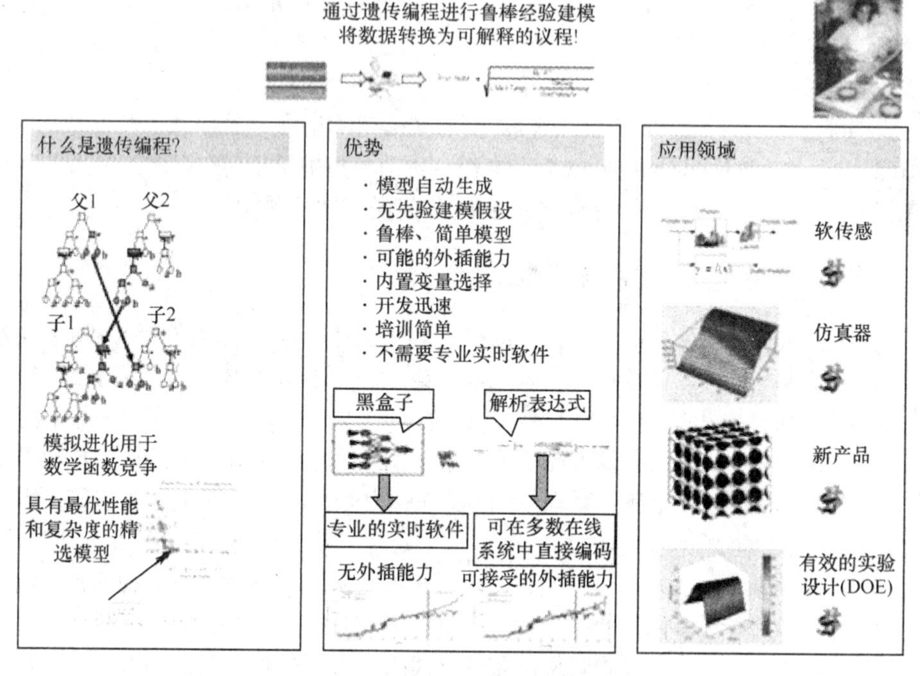

图 13.12　向技术受众介绍遗传编程

这是一张为技术受众展示新方法的典型幻灯片，称为“厨房幻灯片”，因为它包含有关技术原理的所有信息。幻灯片模板的编写方式：标题部分为一个简明的描述，展示该方法的实质。例如在 GP 中，这个简明的信息是“将数据转换为可解释的方程！”图标可视化地展示了 GP 将数据转化为方程的过程（本例中使用标准的进化计算图标）。

幻灯片分为三个部分：①方法描述；②优势介绍；③应用领域展示。方法描述部分采用了直观描述方法。如在 GP 中，将相互竞争的数学函数表示成树形图像，用 Pareto-front 图像表示精度和复杂度之间的抉择。该方法描述部分传递给受众两个明确的信息：①GP 的基础是数学函数的相互竞争和模拟进化；②选择的解决方案是基于预测精确度与模型复杂度之间的最佳权衡。

优势介绍部分使用文字和图像归纳了该方法的主要优点。如在 GP 中，图 13.12 给出了其与神经网络进行可视化比较的例子，说明了符号回归的关键优势，通过 GP 生成解析式，直接在用户系统中编码，具有可接受的外插能力。

应用领域展示部分着眼于方法的成功应用，强烈建议给出所创造价值的具体数据。

上述模板适用于任何技术，也可以在演示之前打印文字资料分发下去。

13.4.2 技术展示的关键目标受众

典型的工业受众包括研究人员、技术专家、从业者、系统集成者和软件开发人员。利益促使他们打破现有的安逸环境，驱动他们去采用新技术来提高生产力和产品易用性，用职业发展潜力和奖金鼓励他们去冒险。原则上，很难预料，引入计算智能能否满足所有这些目标。因此，争取管理层的支持是首要工作。获得必要支持的关键因素是组织或研究团体中技术领袖的意见。没有他们的欣赏，新技术几乎不可能占有一席之地。这就是为什么本节其余部分将重点放在如何有效地接近关键的技术人员的原因[①]。

为了尽可能多地实现特定的营销，根据对新观点的支持程度，本书将技术领导者分成了 6 类。表示不同类型的曲线如图 13.13 所示，其中右侧是支持的趋势，左侧是拒绝新理念的趋势。

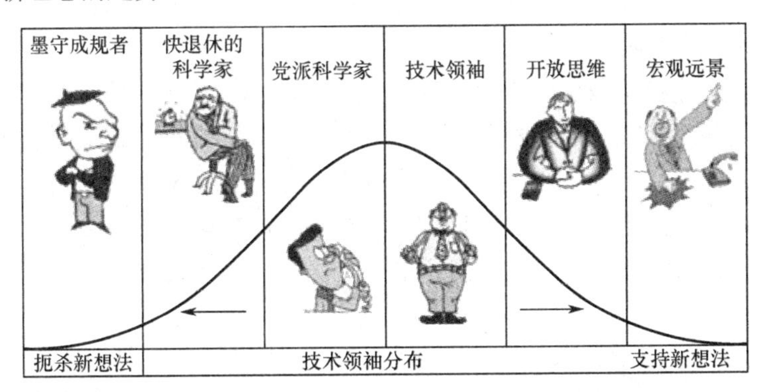

图 13.13 技术领袖的分布（基于对新思想的观点）

两种类型的领导者（有远见者和思维开放者）都完全支持新技术。站在对立面的是墨守成规和快要退休的科学家，他们尽一切手段扼杀或推迟引进新技术。大多数的技术领袖对新技术保持中立，他们的支持与否将取决于是否增加了他们的个人技术影响力（技术领域）或能否获取政治利益（党派科学家）。下面给出了不同类型的领袖的典型行为，并提供了向他们展示新思想的方法。

13.4.2.1 有远见的领袖

典型行为：拥有一个有远见的领袖的支持，是充满热情的新想法获得支持最好的情况。领袖的远见是组织内部驱动创新的力量。她/他在技术上是敏锐的，具有丰

① 很好的分析高技术产品的目标用户的参考书： G. Moore, *Crossing the Chasm: Marketing and Selling Disruptive Products to Mainstream Customers*, HarperCollins, 2002.

富的学识，既分享她/他的想法，又愿意探索新想法。有远见的领袖的其他重要特点是关注外界知识、承担风险、有使管理者信服的政治技巧。领袖见多识广，其办公室的书架上的科技期刊和书籍均来自不同的科学领域。

推荐的方法：基于严谨的技术介绍，准备一个鼓舞人心的谈话。准备好如何详细地回答技术问题，并展现对这一想法的科学基础的良好掌握。说服有远见的领袖是不容易的，但如果能取得成功，实施提出的新方法的机会接近 100%。

13.4.2.2 思想开放的领袖

典型行为：思想开放的领袖能接受新的想法，但前提是新的想法是经过严肃的技术讨论的。她/他更愿意支持渐进式的改革或有成功应用的方法，不太愿意冒险。支持新的想法之前，思想开放的领袖将认真征求技术专家的意见，特别是管理人员的意见。她/他的书架上科技期刊和书籍的规模是有远见领袖的一半大小。

推荐的方法：专注于详细的技术分析并展示出技术竞争优势，这样更易于被思想开放的领袖接受。展示特定应用领域的例子或与目标行业相似的令人印象深刻的模拟。同时建议讨论在具体商业中将新方法与最常用的方法集成使用的方案。获得思想开放领袖的支持的重要因素是，新方法已被软件供应商所采纳。

13.4.2.3 技术领袖

典型行为：技术领袖用她/他自己的想法、项目和亲信控制组织。她/他的行为的关键目的是获得权力，即获得他/她的支持的最佳方式是增加她/他的技术影响力。在这种情况下，技术领袖将全力支持这个构想，并将使用她/他的影响力实施技术。否则，成功就只能依托最高管理层的推动。技术领袖在其专业领域具有良好的内部网络并能起到业务支持的作用。在她/他的书架上，我们只能看到她/他最喜欢的研究课题的书。

推荐的方法：了解技术领袖专长的关键领域，提出在特定领域融合新方法的建议。承认技术领袖的重要性和贡献，并尝试说明新的想法与她/他的技术领域是相匹配的，实施新方法能够增加她/他的荣耀和权力。另外，最高管理层的支持可以达到力排众议的效果。

13.4.2.4 政治科学家

典型行为：政治科学家是对新想法持负面态度的人，如图 13.13 所示。通常她/他排斥新方法，因为他们认为潜在的新技术失败会带来相应的负面行政后果。在技术上，政治科学家不在“最优秀和最聪明”名单中，这是其对新事物持怀疑态度的另一个原因。政治科学家的真正权力是能有效地利用政治手段达到技术目标。从这个角度看，新理念的支持与否纯粹取决于政治因素，如高层管理人员的意见、企业的初衷以及有关新技术的不同组织的利益平衡。在她/他的书架上，我们可以看到融合了技术和社会科学的书籍，特别是著名作者 Machiavelli 的书。

推荐的方法：市场营销努力的方向比技术专家更广泛。至关重要的是首先单独给高层管理者介绍，强调新方法的竞争优势。最理想的情况是竞争对手也正在使用新方法。展示必须涉及最少的技术细节，并非常直观地以应用为导向。

13.4.2.5 快退休的科学家

典型行为：快退休的科学家都在计算着剩下的退休时间，并努力践行最大政治忠诚、最低技术工作量的安全模式。为了表现得很积极，他/她使用了复杂的抑制手段，即“用拥抱的方式杀死新观点”。快退休的科学家是利用官僚僵局和部门争斗拖延时间的大师。因此，新的想法在一个遥遥无期的部门内部决策环节中被埋葬。通常，可行的解决办法是承诺其退休后来当顾问。不要寄希望于她/他的办公室书架，只有过时的技术手册占用着他们的办公桌。

推荐的方法：面向多个部门开展营销工作。首先直接向高层管理人员推销新理念。要小心地避免“拥抱并扼杀”的策略。试着去了解，新技术是否可以在他们退休后当顾问的阶段得到执行。

13.4.2.6 墨守成规者

典型行为：最坏的情况是几乎所有新想法都会被墨守成规的领导拒绝。她/他的职业生涯是只用一种方法创造价值。这种思维模式造成对新颖性的恐惧以及采取激进的姿态保护工作。任何新的想法都被视为是一个威胁，且必须被淘汰。墨守成规的领导对任何新方法的弱点都了然于心，并积极传播负面信息，特别是向高层管理人员。墨守成规的领导的办公室缺少书架，然而，墙壁上往往挂满证书和企业大奖。

推荐的方法：不要再浪费你的时间了，考虑其他人吧。

13.5 对非技术受众的市场营销

在本节将讨论针对非技术群体的市场营销手段。本节将着重讨论两个主题：①如何针对没有技术背景的受众准备有效的展示；②如何接近管理者。

13.5.1 应用 CI 的非技术性展示

非技术性展示的主要目的是展示计算智能创造价值的能力。对于一项新技术（如计算智能）的非技术性介绍的关键是充分说明该技术的优势，定义企业竞争优势，新技术潜在的应用领域包括用户的需求以及对实施结果的预测。

图 13.14 给出了一个 GP 的非技术性介绍的例子。这是一种将新方法展现给非技术受众的典型幻灯片，称为“盘子幻灯片”。

与图 13.12 的“厨房幻灯片”相比，它不包括技术原理，重点介绍技术的最终产品——“盘子”。幻灯片模板的标题部分为一个简明描述，代表了价值的来源，由适当的可视化作支持。如在 GP 中，价值的来源是“将数据转换为可以创造价值的方程!”，通过图标可视化地展示了将数据转化为可以创造价值的方程的过程（由美元符号表示）。

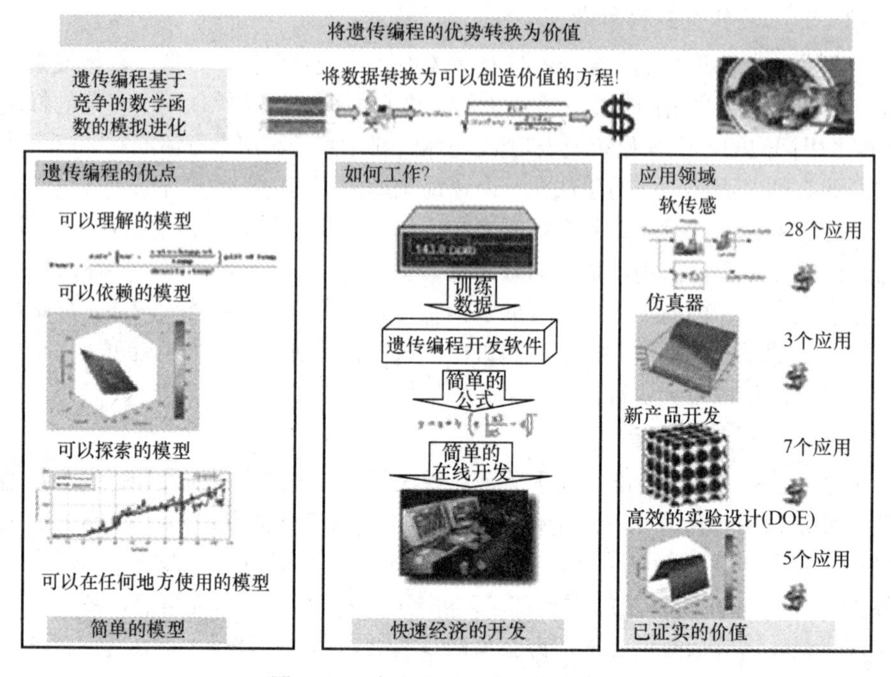

图 13.14　向企业用户介绍遗传编程

幻灯片分为三个部分：①收益；②部署；③应用领域。收益部分着重展示了符号回归模型的主要优势，由 GP 产生的可解释的模型，用户信任且鲁棒性更好，并且几乎可以随处部署。解释性好是指专家可以很容易理解方程。模型可信度高的优势可以通过“What-If”响应来表现。通过训练范围外的数据验证模型可以展示模型鲁棒性。

幻灯片通过一个技术应用的简单序列说明了模型的部署。应用领域部分主要突出方法的成功实现。如果可能的话，强烈建议给出具体应用和创造价值的数据。上述模板适用于任何技术，也可以在演示之前作为文字资料分发下去。

13.5.2　非技术性介绍的主要受众

典型的非技术性群体包括非技术领域的专业人士，例如，会计、规划、销售、人力资源等。他们与技术群体一样鼓励引进新技术。原则上，这些人对于新的复杂的技术是更加抵触的。支持的重要因素是新技术的易用性和所需培训少。

新技术的最终命运将由管理者决定。这就是为什么要在本节其余部分将重点放在有效地接近非技术群体上。但是，必须说明的是，管理决策过程中的关键因素是技术权威的意见。通常情况下，该意见自然而然地影响了管理决策。在做出决定前，聪明的管理者甚至会获取外部技术权威的意见。

管理者支持或反对一项新技术的钟形曲线分布与图 13.13 所示的技术领袖的分布类似。在分布的两边有两个极端的情况：①积极方——有远见的管理者会发起和接受变化；②消极方——循规蹈矩讨厌任何新鲜事物。就像以书架的大小和内容判断技术领袖的类型一样，“价值”的使用频率可用于管理者分类。接受创新的有远见的管理者对“价值”使用得当。另一种极端情况——拒绝支持新技术、有创新恐惧症的经理在一句话里使用“价值”的频率为 2～3 次。

然而，如果新技术适合商业战略和管理者的职业发展，那么大多数的管理者愿意接受创新。下面本节将注意力放在如何接近这一类型的管理者。

（1）了解业务的优先级。做好功课并收集足够多的关于业务优先级的信息。技术建议和研究理念的提出如果超出了经营战略的范围和管理者的目标，那么就是一种自杀式市场营销。

（2）了解管理风格。关于经理的类型的信息非常重要。他是一个事必躬亲、注重细节、每一个决策都要参与的管理者，还是一个不干涉，只需要一个有结果的解决方案的管理者？她/他更新知识的速度很快吗？她/他的性格是刚性的还是柔性的？

（3）了解目标企业对成功的标准。新技术必须符合成功的主要商业测度。如果按时交付是商业成功的主要衡量标准，那么促成这一条件的任何解决方案都将被全面支持。如果低成本开发是主要目标，那么任何将会增加成本的建议都将不会被采纳。偏离现有指导方针的未来规划都将被忽略。

（4）避免问题饱和指数（PSI）。PSI 的意思是对现有问题的管理出现了饱和。任何许诺三年后会有结果的做法，实际上都不会被采纳。

（5）提供解决方案，而不是技术。经理更愿意得到解决现有问题的方案。例如，在目标业务中要改进质量，最好的办法是使用推理传感器提供在线质量估计（解决方案）而不是采用遗传编程生成的符号归回模型（技术）。

13.6 小　　结

主要知识点：

研究型市场营销包括三个步骤：①识别目标群体；②定义产品战略；③实施促销策略。

技术研究型市场营销成功的关键是有吸引力的信息传递、有效的可视化以及幽默。

学术界和工业界之间互动的研究型市场营销可以不同的方式来完成，例如知识产权保护、会议广告、技术开发、与软件提供商合作。

对技术和非技术受众的研究型市场营销应使用不同的方法。

针对技术受众的研究型市场营销的主要目的是说明提出的办法的技术竞争优势。

针对非技术受众的研究型市场营销的主要目的是说明提出的方法的价值创造能力。

总　　结

应用计算智能需要大量的营销工作来将研究方法销售给技术和业务受众。

推荐阅读

下列书籍给出了营销和可视化技术的基础知识：

L.Boone and D.Kurtz,*Contemporary Marketing*,13th edition,South-Western College Publishers, Orlando, FL,2007.

T.Buzan,The Mind-Map Book,3rd edition,BBC Active,2003.

S.Godin,*All Marketers Are Liars:The Power of Telling Authentic Stories in a Low-Trust World, Portfolio* Hardcover,2005.

G.Moore,Crossing the Chasm:*Marketing and Selling Disruptive Products to Mainstream Customers*,Harper Collins,2002.

E.Tufte,Visual Explanations:*Images and Quantities,Evidence and Narrative*,Graphics Press, 2nd edition,Cheshire,CT,1997.

E.Tufte,*Beautiful Evidence,*Graphics Press,Cheshire, CT, 2006.

第14章 计算智能的工业应用

理论是不能工作的知识；实践是所有环节都工作正常，但你却不知原由。

——Hermann Hesse

如果按照这句谚语“实践是检验真理的唯一标准”，那么本章中介绍的计算智能的工业应用就是该书的“实践”。以下所介绍的例子是作者在陶氏化学公司中应用计算智能的个人经验，它们是化学工业的典型应用，并且大部分是关于生产和新产品研发的。

针对每个例子，本书将首先介绍其商业应用，然后介绍技术方案。某些技术细节会要求读者具备高于一般水平的专业知识，非技术人员可以直接略过。但精通该领域技术的读者会发现，方案中的具体实践非常有用。

本章将介绍 3 个关于生产、2 个关于新产品研发和 2 个失败的计算智能应用的实例。本章讨论的例子所涉及的细节的详细信息可见具体的参考文献。

14.1 计算智能在生产中的应用

在化学生产领域中的 3 个应用均与过程监控和优化有关。第一个应用是推理传感器，基于符号回归模型，主要关注鲁棒解。该应用使用的是第 11 章中所讨论的集成方法学。考虑到读者已经对第 11 章中导出符号回归模型的过程非常熟悉，本章仅关注它们在生产中的应用能力。第二个生产应用针对工厂运营的关键领域，即自动化操作。下列技术已经整合在这些应用中：专家系统、遗传编程和模糊逻辑。第三个计算智能的生产应用是采用了复杂的第一原理模型仿真器的在线过程优化。

14.1.1 鲁棒的推理传感器

化工过程中的一些关键参数如物质组成、分子分布、密度、黏度等无法在线测量，主要通过实验室样品分析或离线分析来获取。然而，由于过程监控和质量监督的响应时间相对较长（通常需要几个小时甚至几天），导致缺乏质量控制而引起生产损失。当一些引起预警的关键参数无法在线获取时，负面效应将会凸显，并最终导致死机。针对以上情况，解决办法之一是开发并安装昂贵的在线分析硬件；另一种解决方法是利用软传感器或推理传感器，通过其他诸如温度、压力和流量等容易测量的参数来推测关键参数①。

一些经验建模方法，如统计、神经网络、支持向量机和符号回归可以根据历史数据提取相关信息并用于推理传感器的开发。目前应用的很多推理传感器都基于神经网络②。这些产品通常都称为“软传感器”。但神经网络有其局限性，例如：

（1）对于有效范围（模型开发过程中定义的过程输入）外的输入，神经网路的性能很低（例如：在新的工作条件下，软传感器的预测并不可靠）；

（2）不能自由选择模型结构（如开发的模型并不简单，对进程的微小变化也很敏感）；

（3）模型的开发和维护需要专业培训；

（4）模型使用需要专门的实时许可。

因此，经常性的培训是必不可少的，这将大幅增加维护成本。在许多应用中，运行性能和可靠性的下降甚至要通过数月的在线运行才能观察到。

陶氏化学公司于 1997 年研制出了一种称为鲁棒型推理传感器的替代解决方案。它基于遗传编程产生符号回归，可以解决目前市场上基于神经网络的软传感器存在的大部分问题。Kordon 等对该项技术进行了详细说明③，该技术采用了第 11 章中描述的集成方法。鲁棒型推理传感器已成功应用于公司的不同业务中，下面将讨论一些典型例子。

14.1.1.1　鲁棒型推理传感器用于报警检测

报警检测是鲁棒型推理传感器应用的首例，这项应用开启了以符号回归为基础的推理传感器的发展。鲁棒型推理传感器的目标是检测出化学反应器中的复杂报警④。在大多数情况下，报警滞后会造成装置停机，损失巨大。开发硬件传感器费用昂贵，并且需要数月的实验。由于操作条件的频繁变化，试图建立基于神经网络的推理传感器没有成功。

选取 25 个潜在输入（反应器中每小时的平均温度、流量、压力）用于模型开发。输出是化学反应器的一个关键参数，每 8h 对样本进行实验分析获得该参数的具体

① 软传感器的现状参见 L. Fortuna, S. Graziani, A. Rizzo, and M. Xibilia, *Soft Sensors for Monitoring and Control of Industrial Processes*, Springer, 2007.

② http://www.pavtech.com.

③ A. Kordon, G. Smits, A. Kalos, and E. Jordaan, Robust soft sensor development using genetic programming, in *Nature-Inspired Methods in Chemometrics*, R. Leardi (Editor), Elsevier, pp. 69–108, 2003.

④ A. Kordon and G. Smits, Soft sensor development using genetic programming, *Proceedings of GECCO 2001*, San Francisco, pp. 1346–1351, 2001.

值。所选模型是一个解析函数，即

$$y = a + b\left[e\left(\frac{x_3}{x_5} - d\right)\right]^c \tag{14.1}$$

式中：x_3和x_5为反应器的两个温度；y为预期输出；a、b、c、d和e为调整参数。

由于用于反应器关键参数预测的函数具有简洁性，因此其可以直接在分布式控制系统中使用。此外，可以在 Gensym G2 中采用遗传编程生成鲁棒型推理传感器。在自动化操作领域，对专家系统而言，预测器是一个关键的报警指示器，具体将在 14.1.1.2 节中介绍。该系统在 1997 年 11 月开始运行，最初每一个反应器包含一个鲁棒的推理传感器。如图 14.1 所示，在实验室样本检测之前数个小时，该系统成功地检测到一个报警。

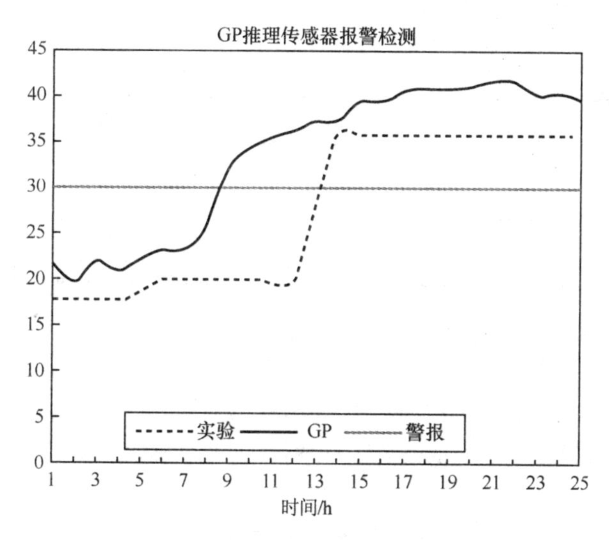

图 14.1　推理传感器在实时报警检测中的成功应用

该传感器前六个月的运行操作所表现出的鲁棒性能让工程师对在其他两个相似的化学反应器上使用该技术充满了信心。模型扩展不需要新的额外的建模工作，只需要使用从其他两个反应器获得的数据集对 GP 产生的函数（式（14.1））的五个参数 a、b、c、d、e 进行匹配即可。在 1998 年秋季，鲁棒型推理传感器已经可以无须再次训练即可投入运行环境，其测量值标准差接近实验室测量结果（预测标准差为 2.9%～4.1%，实验室测量标准差为 2%）。自 1999 年 7 月份起，GP 生成的推理传感器的运行长期稳定，从而说服现场操作人员将实验室采样频率从每轮班一次减少为每天一次。实施后只需监视三个推理传感器的运行性能，维护费用大大减少。

14.1.1.2　鲁棒型推理传感器用于产品过程监测

鲁棒型推理传感器已经用于化工生产过程的接口水平估计，目前已有多个产品类型[①]。工程师对将产品生产过程控制在一定范围内非常感兴趣，失控会导致反应过程的混乱。起初，人们尝试采用一些硬件传感器去评估接口水平（如水平器件和密度表）。但是这些测量数据并不可靠且不一致，在防止反应过程混乱方面几乎毫无作用。对过程操作员来说，唯一可信的估计是采用五级范围表示，每隔 2h 人工读取接口参数。

原始的数据集包括 14 种不同产品的 28 个输入特性，共 2900 个数据点。对不同的解决方案进行评估后，过程工程师最终选择了下面的函数，并将它用于在线型接口水平鲁棒传感器：

$$y = 7.93 - 0.13\frac{x_{24}\sqrt{x_{27}}}{x_{22}} \tag{14.2}$$

各项输入的物理意义如表14.1所列。

表 14.1　输入的物理意义

输入	描述
x_{22}	卤水流量
x_{24}	有机质/酸液的比值设定点
x_{27}	碱水流量

该鲁棒型推理传感器的特点是，用于开发的输出数据不是通过定量测量的，而是生产操作员在一个从 1 到 5 的分级中人为定性的估计水平值。由于这是个主观过程，在 0~100%的范围内，其精度只能为 20%。这个鲁棒型传感器在 2000 年 10 月上线，尽管鲁棒型传感器在很宽泛的工作条件下经过训练，但其工作时也会有 11.7%的时间超出之前的训练范围。

14.1.1.3　鲁棒型推理传感器用于生物量的估计

生物量监测是追踪细胞生长和细菌发酵质量的基础。在生长阶段，随时监测生物量可以计算生长率。缓慢的增长率表示没有达到最佳发酵条件，这可以作为优化培养基和培养条件的依据。在补料分批发酵中，当产出系数已知时，生物量数据还可以用于确定基底补料率。

通常，每隔 2~4h 通过实验室数据分析来确定生物量浓度。然而，这种低频率测量可能导致控制不佳、低质量以及生产率下降，这时就需要在线评估。自 20 世纪 90 年代以来，已有多个基于神经网络的软传感器得以实施。但由于每一批次的实验室数据之间差异明显，因此很难在整个工作条件下通过一个基于神经网络的推理传感器完成鲁棒预测。替代方案是对 GP 生成的预测器进行组合，并且在真实的发酵

① A. Kalos, A. Kordon, G. Smits, and S. Werkmeister, Hybrid model development methodology for industrial soft sensors, *Proc. of ACC 2003*, Denver, CO, pp. 5417–5422, 2003.

过程中进行测试①。

采用 8 个批次的数据开发（训练数据）模型，3 个批次的数据测试模型。7 个过程参数，如压力、搅拌工艺参数、氧的摄取率（OUR）、二氧化碳排放量（CER）等，作为模型的输入。输出是测量的光密度（DO），它与生物量成正比。通过 GP 算法采用不同的代进行 20 次运行，产生了几千个候选模型，最终选定了 5 个模型进行组合，其平均性能 R^2 值大于 0.94（具体的设计细节描述见 Jordaan 等人的文献）②。

组合模型的预测采用 5 个独立模型的预测的平均值。组合模型的预测精度要求在生长阶段末期观察的光密度的 15%水平以内。组合模型在训练和测试数据集上的性能见图 14.2。

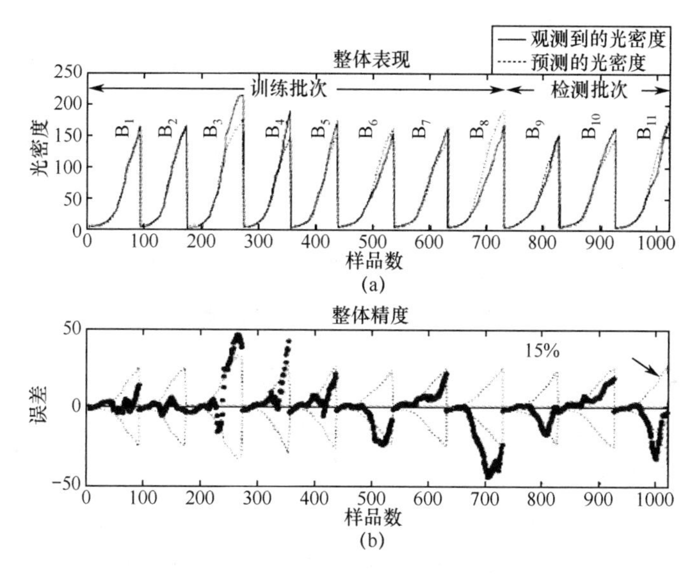

图 14.2　生物量组合模型在训练和测试数据上的表现

在图 14.2（a）中，光密度线与样本值相对应，时间起点是发酵起始时刻。实线代表观察到的光密度水平，虚线代表组合模型的预测值。图 14.2（b）表示相对观测到的光密度的残余，并示出了 15%的误差界。可以看到对 3 个批次的训练数据(批次 B_3，B_4 和 B_8)，组合模型的预测超出了规定的精度要求。B_3 批次的运行和其他批次不一样，增加这个批次是为了拓宽操作条件的范围。对于所有测试数据(批次 B_9，B_{10} 和 B_{11})，在批次数据运行的后期，组合模型的性能均在误差范围内。

① A. Kordon, E. Jordaan, L. Chew, G. Smits, T. Bruck, K. Haney, and A. Jenings, Biomass inferential sensor based on ensemble of models generated by genetic programming, *Proceedings of GECCO 2004*, Seattle, WA, pp. 1078–1089, 2004.

② E. Jordaan, A. Kordon, G. Smits, and L. Chiang, Robust inferential sensors based on ensemble of predictors generated by genetic programming, *Proceedings of PPSN 2004*, Birmingham, UK, pp. 522–531, 2004.

14.1.2 自动操作规则

操作规则是构建有竞争力的生产的关键因素。它的主要目的是为工厂中所有可能情形提供一个一致的处理过程。它是工厂运行的最大知识库，但是文档记录是静态的，而且与实际的生产数据脱节。动态的操作过程和静态的操作规则之间的脱节，通常由操作人员来解决。过程操作人员和工程师的责任是评估工厂的状态、检测问题、寻找并且遵循建议的行动。这个过程中的关键环节是问题识别。这使现行的操作规则对于人为错误、能力、注意力不集中以及缺少投入时间非常敏感。

实时智能操作系统能解决与操作规则有关的问题并自动适应变化的操作环境。这个系统和化学生产过程并行，独立地监测过程中的事件，分析过程的状态，并且进行故障检测。如果检测到一个已知的问题，现存控制系统没有针对这个问题的措施，需要人为干涉，那么智能系统就可以自动建议正确的措施。

以下结合一个应用自动化操作规则的大规模的化学工业应用来阐述该方法的优势[①]。

具体的应用以报警处理为关键因素，主要目的是建立一个处理复杂生产条件的一致性操作规则。系统的目标如下：

（1）自动识别复杂报警的根本原因；

（2）减少非计划停机的次数；

（3）寻找引起实时报警的原因，并为操作人员提供适当的意见；

（4）自动关联行为和问题；

（5）协助训练新操作员发现问题并且给出纠正措施。

该系统是在 Gensym 公司的 G2 上实现的[②]。将各种智能系统技术整合为一个混合智能系统，需要采取以下步骤。

14.1.2.1 从专家处获取知识

知识获取有两个主要步骤：专家定义报警情况；知识工程师分析化工过程混乱的潜在原因验证报警情况。经过专家间的讨论，检测和处理过程混乱的知识被组织成一个称为“报警案例”的区块。一个报警事件定义了一个复杂的根本原因，并且通常包含一些低级别的报警。报警事件采用自然语言描述。一个报警事件的例子如图 14.3 所示。

为了量化诸如“温度快速变化”和“反应器中液体不足”等隶属度函数表达式，部分知识获取采用模糊逻辑。特别重要的是验证过程，这个过程需要结合工厂的以往操作历史对报警事件进行评估。

---

① A. Kordon, A. Kalos, and G. Smits, Real-time hybrid intelligent systems for automating operating discipline in manufacturing, *Artificial Intelligence in Manufacturing Workshop Proceedings of the 17 th International Joint Conference on Artificial Intelligence IJCAI 2001*, pp. 81–87, 2001.

② http://www.gensym.com.

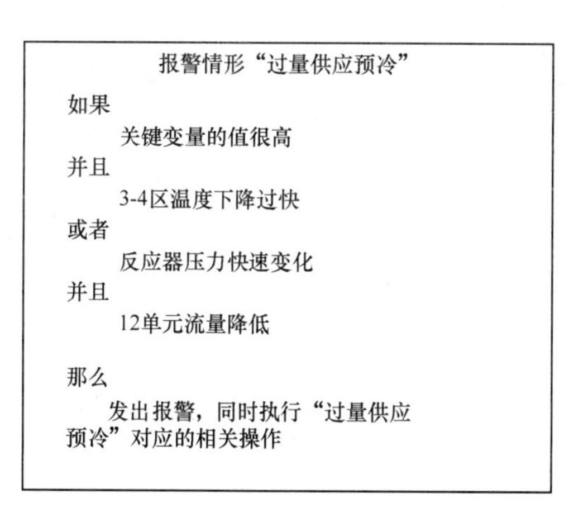

图 14.3　一个报警事件的例子

14.1.2.2　知识库的组织

报警逻辑的实现使用 Gensym G2/GDA (G2 的诊断助理) 逻辑图，这个报警逻辑是在知识获取阶段定义的。该图以下列的方式组织（图 14.4）：

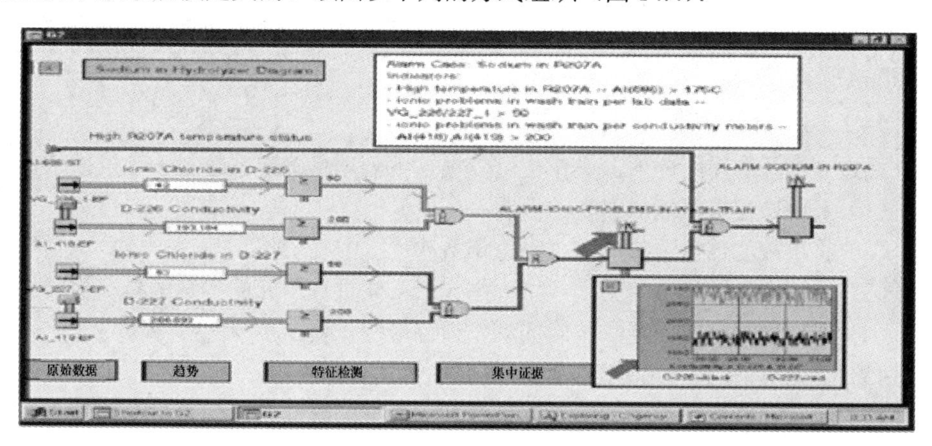

图 14.4　一个报警逻辑图的例子

首先，将化学反应过程中的原始数据和图关联，然后分析其变化趋势，处理后的数据用于针对阈值和范围的特征检测。每个阈值包含一个由模糊逻辑定义的隶属度函数，隶属度函数的参数值来自专家的评估或者是对数据的统计分析。

图的集中证据阶段包括实现报警逻辑的必要逻辑，这些逻辑会触发报警模块。当模块激活时，会在图标周围出现红色的压力线。逻辑路径可以从报警触发模块反向追踪至数据源。逻辑状态可以根据颜色来评估（红色或绿色），过程操作人员可以快速解释，非常方便。

14.1.2.3　过程单元的原型实现

过程单元的原型实现阶段将所有的组件充分整合进 Gensym G2 的软件环境。验证知识库的关键任务是调整报警阈值。阈值不正确会对报警触发有负面影响，这个过程关乎报警专家系统的信誉。它们要么过于频繁地触发报警（误报），要么对于报警条件做出的响应太迟。为了改善这个过程，有必要利用统计资料验证专家们已定义的阈值。如果检测到的差异很显著，就有必要在投入运行前重新设定。否则，在线运行时初始值就会失去可信度，并可能对过程操作员造成心理上的负面影响。

14.1.2.4 扩大到全系统的所有过程单元

由于 Gensy G2 环境是面向对象的，因此从一个过程单元扩大到多个过程单元的过程会非常有效。它包括对象的克隆和实例化以及逻辑图。在特定的应用中，单元间的差异很小，这可以加快系统的全面开发。

14.1.2.5 操作员的参与

需要对每班的两名操作员进行培训，使他们掌握如何与系统进行交互。训练结束时，操作员应知道如何响应报警事件，如何访问和输出正确的行为，如何访问报警日志文件，以及如何启动和关闭智能系统。通过训练后，绝大部分操作员都可以掌握以上系统交互方法。然而，一部分人员经过训练后并不经常使用系统，其使用经验很少。但是，其他例行使用系统的操作员甚至可以对逻辑图和正确行动序列给出重要的改进建议。

14.1.2.6 价值评估

经过 6 个月的使用评估，操作员可以根据下列项目确定系统对于工厂的价值：

（1）发现操作员可能会忽视的问题；

（2）将事故的数量消除或减少到每年数次；

（3）能识别出操作员的失误，特别是包括不同过程单元的参数的复杂报警；

（4）通过检测到的问题和正确的动作训练新操作员；

（5）借助可信的软传感器迅速识别问题。

这类系统的价值评估中的主要问题是评估性能的时间跨度。价值的创造主要是通过避免发生大的故障或事故实现的。原则上这极其罕见，即通常不会出现这种情况。这就是为什么在很短的时间内（少于 1 年）很难去评估智能系统的成本和效益。评估的合理周期是 3~5 年。

14.1.3 经验仿真器用于在线优化

经验仿真器通过使用各种各样的数据驱动建模技术来模拟第一原理模型的性能。开发经验仿真器的驱动力是减少新产品或过程开发的时间和成本。当对各种复杂的基础模型进行实时优化时，经验仿真器会非常有效。

14.1.3.1 开发经验仿真器的动机

开发第一原理模型经验仿真器的最主要目的是方便生产监测和控制的在线实施。通常，在一个优化框架中直接集成第一原理建模比较困难或者不切实际。例如，模型的复杂度并不包含其周围的优化层，或者模型在不同的软/硬件平台上运行，而非常见的分布式控制系统（DCS），这限制了其在线使用。在另外一些场合，模型的源码甚至无法获得。在这些情况下，基础模型的经验仿真器就很有吸引力。另一个好处是可以大大提高在线模型的执行速度（提高 10^3~10^4 倍）。

14.1.4 经验仿真器的结构

应用经验仿真器最常见的方案是完全“取代”基础模型。这个方案的主要特点（见图 11.10）是仿真器完全代表基础模型，并且独立在线应用。当基础模型的输入变量不多时，可以通过实验设计生成的数据建立一个鲁棒且经济的经验模型。

在模型的维度更高、复杂度更高的情况下，建议使用第一原理建模和仿真器一体化的混合结构（图 14.5）。高计算负荷的子模型使用不同的训练数据集离线开发。这些仿真器将相关的子模型代入在线操作，提高了原始的基础模型的执行速度。在建模时需要考虑过程动态性时，这种做法很有意义。

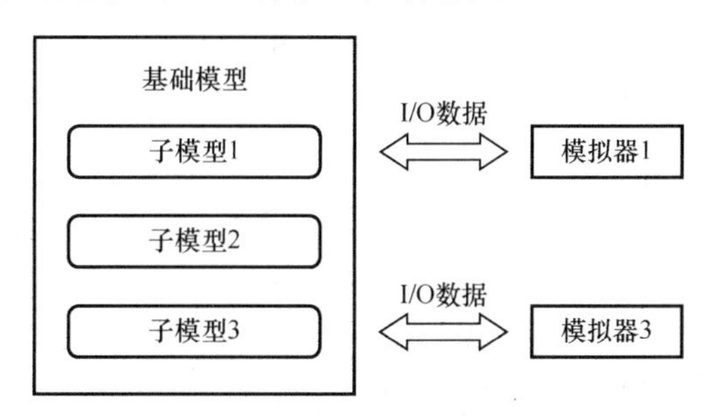

图 14.5 仿真器和经验基础模型的综合方案

最后，在线优化的一个特别重要的项目是方案，如图 14.6 所示，这里经验仿真器是不同类型的基础模型（关于稳态、动态、流体、动力学和温度的模型）的集合。

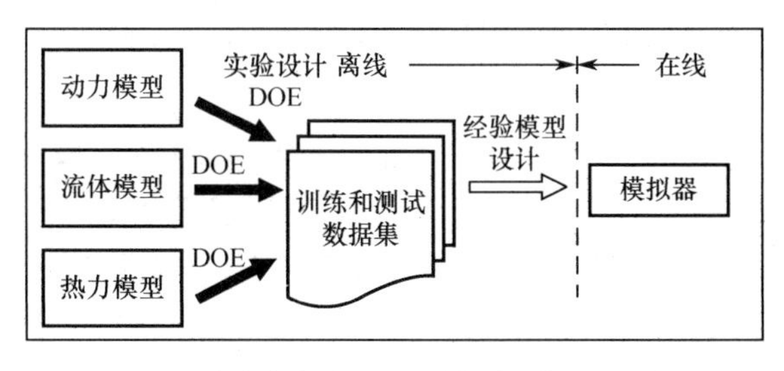

图 14.6 经验仿真器作为基础模型的集成器和加速器

在这个结构中，可以合并来自几个基础模型的数据，并且通过合并的数据开发单一的模型。作为不同基础模型集成的经验仿真器，其在线实施有两个主要的优势。第一个优势是，它只与模型的输入和输出而非模型本身进行交互。更重要的是，当使用 DOE 建立数据集时，开发者可以选择那些对优化最重要的输入或输出。因此，仿真器是一个仅与优化最相关的信息相关的紧凑经验表达。

第二个优势是，一个优化器可以解决整个问题，这样就不需要与多个独立的优化器进行交互。优化的目标、成本、算法和参数更加一致，从而使多模形问题得到更有效解决。

14.1.5 实例分析：经验仿真器用于化工过程优化[①]

14.1.5.1 问题定义

化学工业中的一个重大问题是对中间产品的最优化处理。尤其值得注意的是，一个过程的中间产品可以作为不同地域的另一个过程的原料。研究案例来自陶氏化学公司的两个工厂的中间产品的优化，其中一个工厂在得克萨斯州的 Freeport 港，另一个在路易斯安那州的 Plaquemine。目的是最大化得克萨斯州的中间产品，并且用它作为路易斯安那州工厂的原料。在生产规划中使用“What-if”场景的大型基础模型并不可行，因为这需要大量的专业知识，并且执行速度很慢（预测一次需耗时20~25min）。经验仿真器是一个解决此类问题的可行方案，目标是开发一个可以模拟已有基础模型的经验模型，其精度 R^2 要达到 0.9，计算时间小于 1s。

14.1.5.2 数据准备

专家在基础模型的几百个参数中选出 10 个输入变量（不同的产品流），在过程优化中需要预测和使用的输出变量有 12 个（Y_1 到 Y_{12}）。假设过程的行为可以通过这些最显著的变量捕获，并且可以为每一个输出建立一个具有代表性的经验模型。实验设计策略为 32 次 Plackett&2011 运行、10 个因子-四层 Burman 实验设计。训练数据集包括 320 个数据点。基础模型对 15 个数据的 3 个输出未能收敛。测试数据集包括 275 个数据点，这些输入都是在训练范围内随机产生的。

14.1.5.3 基于分析型神经网络的经验仿真器

运行了几个具有不同隐层节点的神经网络，12 个基于神经网络的仿真器的结果如表 14.2 所列。

表 14.2 仿真器在训练和测试数据上的性能

输出	神经网络训练 R^2	神经网络测试 R^2	隐层节点数
Y_1	0.910	0.890	30
Y_2	0.994	0.989	20
Y_3	0.984	0.979	20
Y_4	0.987	0.981	20
Y_5	0.991	0.967	30

① A. Kordon, A. Kalos, and B. Adams, Empirical emulators for process monitoring and optimization, *proceedings of the IEEE 11th Conference on Control and Automation MED 2003*, Rhodes, Greece, p.111, 2003.

（续）

输出	神经网络训练 R^2	神经网络测试 R^2	隐层节点数
Y_6	0.999	0.999	1
Y_7	0.995	0.999	1
Y_8	0.995	0.993	10
Y_9	0.994	0.992	10
Y_{10}	0.992	0.993	1
Y_{11}	1.000	1.000	1
Y_{12}	0.997	0.989	20

每个仿真器的神经网络结构包括 10 个输入和 1 个输出。所有的仿真器采用相同的输入集。因为单隐层分析型神经网络是基于直接优化的，唯一需要调整的设计参数是隐层的神经元数目。构建了一些具有不同隐层节点的网络结构（隐层节点在 1~50 之间），并且每个神经元在测试数据集的基础上进行优化。把每个神经网络都代入到测试数据集中，并选择具有最小 R^2 值的结构来确定最佳隐层节点数。这一步骤在每个仿真器上重复进行。

分析型神经网络的一个特点是随机初始化输入和隐层之间权重的方法。为了最小化因随机带来的影响，对每一个仿真器可以用一个有多个相同复杂度的神经网络的堆栈（例如，具有相同数目的隐层节点）。此方法的一个优点是最终的预测是堆栈中的所有模型的预测的平均值。更重要的是，可以将堆栈中各个模型预测的标准差作为模型的不一致性测度，它可以作为神经网络堆栈模型的置信指示，也可以增加仿真器的自我评估能力。

如表 14.1 所列，所有的仿真器在训练数据和测试数据上都获得了满意的精度。下面给出了一个仿真器 Y_5 性能的实例（图 14.7 是针对训练数据集的结果，图 14.8 是针对测试数据集的结果）。

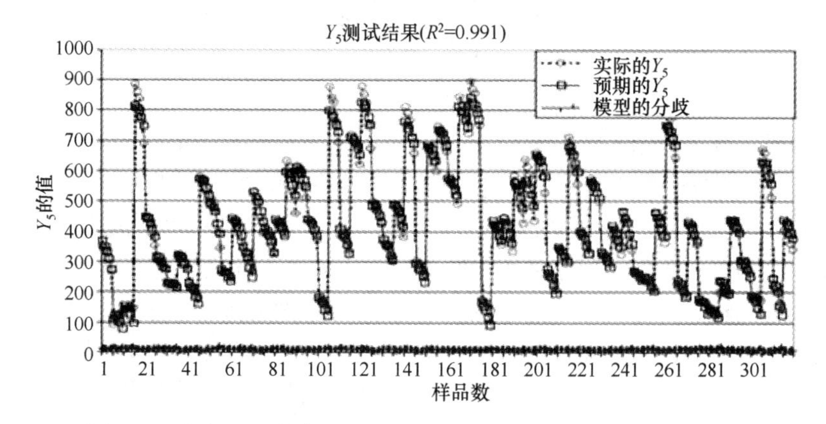

图 14.7　仿真器 Y_5 的实际值和预测值以及训练数据的模型差异指标

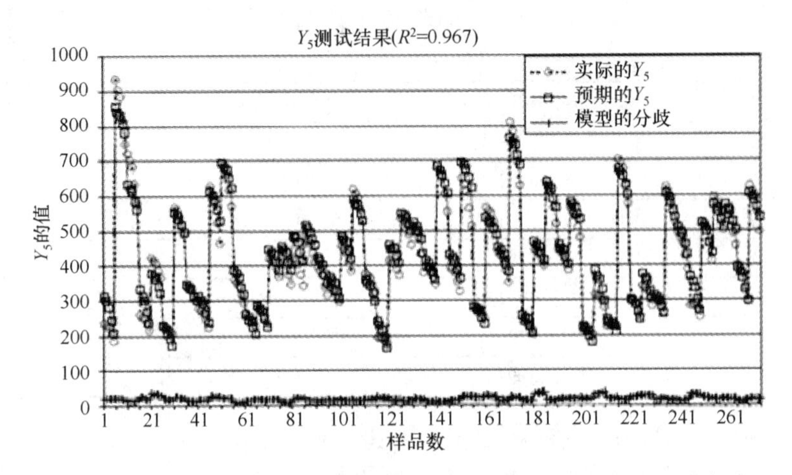

图 14.8　仿真器 Y_5 的实际值和预测值以及测试数据的模型差异指标

在这两种情况下，堆栈组合模型的不一致性见图底所示，幅度范围均很小。正如所料，测试数据的不一致性略大。

仿真器性能参数 R^2 处于 0.89~1 之间，Y_{11} 的性能最佳。神经网络的复杂度从 Y_6、Y_7、Y_{10} 和 Y_{11} 的几乎线性结构到 Y_1 和 Y_5 的含有 30 个隐层节点。预测的质量在整个范围内都很好。

14.1.5.4　基于符号回归的经验仿真器

另一种开发仿真器的方法是符号回归。符号回归建模采用遗传编程算法进行，有 200 个潜在函数作为一个群体，经 300 代进化，以 0.5 作为随机交叉概率，函数及端点突变概率为 0.3，每代有 4 个后代，并以 0.6 的概率选择函数作为下个节点，选择相关系数作为适应度函数。GP 的初始函数集包括加、减、乘、除、平方、平方根、相反数、自然对数、指数和幂。一个以 GP 为基础的符号回归仿真器 Y_5 的例子如下：

$$Ys = \frac{6x_s + 2x_4x_6 - x_2x_9 - \sqrt{x_6 \mathrm{e}^{-x10}}}{x_1 \lg(x_2^{\ 3})} \tag{14.3}$$

式中：x_1~x_{10} 是仿真器的输入。

在训练数据集（图 14.9，其中 R^2=0.94）和测试数据集上的性能基本类似。

总之，堆栈分析型神经网络的性能通常好于遗传算法仿真器（训练数据 R^2=0.99 VS 0.94，测试数据 R^2=0.97 VS 0.94）。尽管如此，由 GP 产生的函数仍然获得了预期可接受的精度。决定使用哪种方法取决于具体应用：堆栈分析型神经网络具有不可靠模型预测结果的自我评估潜力以及模型不一致性指标，这些对于在线过程监控和优化至关重要。另一方面，因为 GP 是计算密集型的算法，符号回归仿真器需要更长的开发时间。但是，终端用户更乐于采用解析函数进行过程优化（如式(14.3)），而不是黑盒模型。

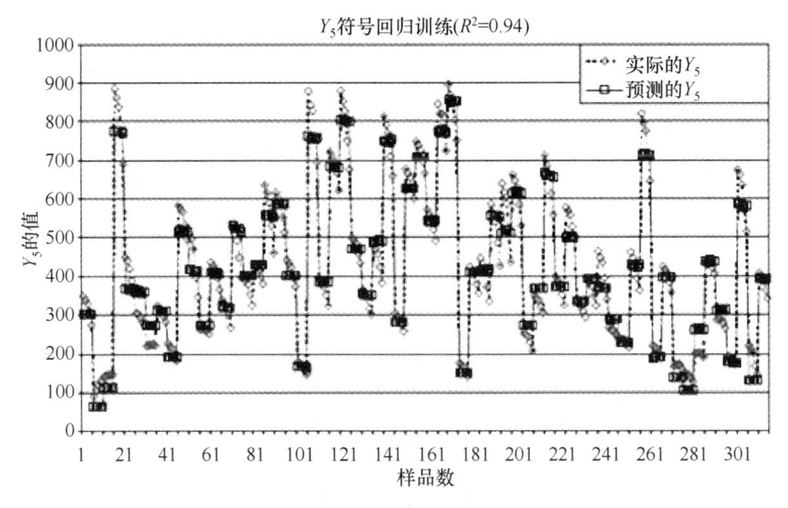

图 14.9　符号回归仿真器 Y_5 在训练数据上的实际值和预测值

14.2　在新产品开发中的应用

生产应用和新产品开发之间的一个主要不同是可利用的数据量的大小。生产中的应用有大量的数据可供使用，新产品的开发则只有很少的数据记录。因此，计算智能方法旨在小数据集上建立可信模型，方法之一是符号回归。本节将提供两个在新产品开发中应用符号回归的例子。

第一个例子可以彻底改变这一应用领域，它关系到结构的关键问题——属性关系。这个案例描述和说明了利用符号回归模型建模方法来加速建立第一原理模型。第二个例子演示了符号回归的性能，它在吹膜工艺效果建模领域中以很小的数据集建立了强大的经验模型。

14.2.1　加速基础建模①

随着全球市场经济动态性的增强，越来越有必要加快决策过程来促进新产品的开发和生产。高效地开发和使用所建模型成为成功的关键因素。基于稳固的基础或第一原理的模型具有最强的鲁棒性。这些所谓的“皇冠上的宝石”的建模需要大量的研究和开发时间。因此关键在于缩短这一过程的耗时，并且通过“加速”和“操纵”假设搜索和验证来丰富创造力。假设搜索和验证的必经步骤是进行某种形式的实验和数据分析。根据支持向量机和遗传编程等新型数据分析方法，有可能取得这样的结果，即不仅可以提供鲁棒模型而且有助于理解假设。

---

① 感谢国际遗传和进化计算学会允许，本节内容节选自 A. Kordon, H. Pham, C. Bosnyak, M. Kotanchek, and G. Smits, Accelerating industrial fundamental model building with symbolic regression, *Proc. of GECCO 2002, Volume: Evolutionary Computation in Industry*, pp. 111–116, 2002.

14.2.1.1 在基础模型的构建中使用 GP 符号回归的潜力

典型的建立基础模型的步骤如图 14.10 所示[①]。它包括 7 个建模步骤：问题定义、确定关键变量、分析问题数据、根据正确的物理规律构建模型、定性或定量模拟模型、最后反复验证模型方案直至得到一个可接受的模型。

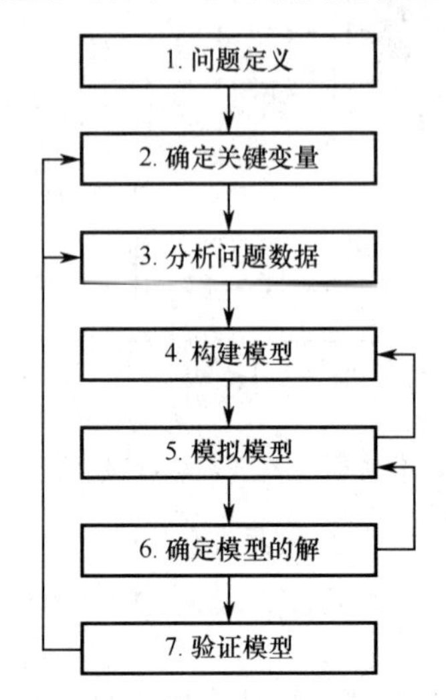

图 14.10 典型的基础模型建立步骤

在这些步骤中，关键的创造性过程是假设搜索。针对每个假设，通常需要定义一个假设空间，寻找各种假设的物理或化学机制，开发假设的基础模型并且在选定的数据上测试假设。然而，假设搜索的有效性取决于模型开发人员的创造力、经验和想象力。假设空间越大（具有很高的复杂度和维度），模型开发人员的表现之间的差异也越大，建立低效的基础模型的概率也越大。

在团队建模过程中，当各种各样的基础模型（流体力学模型、动力学模型、热力学模型）必须由不同的专家整合时，问题会进一步扩大。另一个有效假设搜索的障碍是测试数据的有限性。很多时候，最初的可用数据集只包括过程变化范围的一小部分，不足以用于模型验证。为了提高假设搜索的效率从而使基础模型的发现过程更一致，人们提出一种新的“加速”基础模型开发的步骤。基本思路是通过符号回归生成的原型模型来减少基础模型的搜索空间。方案的主要步骤如图 14.11 所示。

与传统建模步骤的主要不同是，在开始建立基础模型前进行模拟进化。基于 GP 的符号回归的一个作用是建模者可以识别关键变量并进一步识别其是否存在具体的物理意义。另一个重要作用是在 GP 运行期间仍然可以保持关键变换的高度匹配。

很多时候，一些变换都有一个直接的物理解释，这在基础模型开发的早期阶段可以更好地理解过程。GP 运行的结果是以符号回归形式存在的一系列潜在的经验

① K. Hangos and I. Cameron, *Process Modeling and Model Analysis*, Academic Press, San Diego, 2001.

模型，这些模型也称为原始模型。专家可能会选择和解释一些经验解，或者反复运行 GP 生成符号回归直至发现一个可以接受的原始模型。也可能在预期操作条件下对所选择的经验模型的行为进行仿真，并在难以进行物理解释的情况下评估其物理相关性。基础模型建立的第 5 步是直接运用经验模型或通过原始模型的结果独立衍生出第一原理模型。这两种情况，都能使整个建模步骤的效率达到最大。

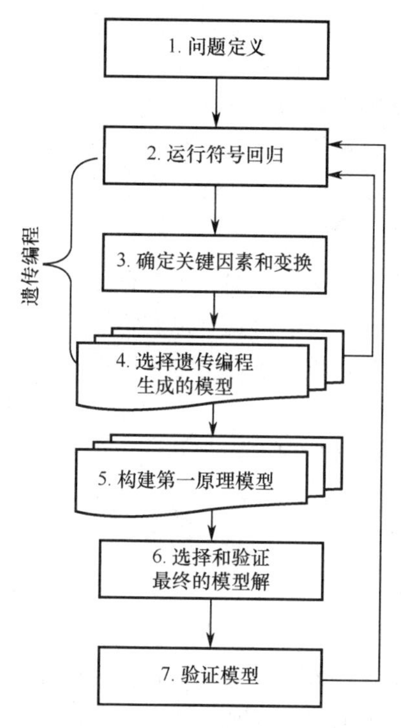

图 14.11　加速基础模型建立的步骤

这个方法不同于经典的人工智能，经典的人工智能方法试图通过各种各样的可行方法（定性推理、定性仿真、几何推理等）模拟专家，建立非线性动态系统的常微分方程。它也不同于其他极端情况，例如完全依赖 GP 进行模型发现的模拟进化，用 GP 作为自动发明机器来取代人类①。“加速”方法的目的并不是取代专家，而是通过减少基础模型的假设搜索空间来提高专家的工作效率。作者相信，在建立基本模型方面，没有东西可以替代人的创造力和想象力，也就是说仅仅是提高这些方法的质量而不是代替专家。

基于 GP 生成符号回归的加速建模方法的潜能可以用陶氏化学公司的一个真实的模型开发案例来说明。

① J. Koza, F. Bennett III, D. Andre, and M. Keane, *Genetic Programming III: Darwinian Invention and Problem Solving*, Morgan Kaufmann, 1999.

14.2.2 符号回归用于结构-特性基础建模

14.2.2.1 案例研究概述

所研究的案例是一个典型的工业问题，对于具体的材料建立结构-特性模型。影响材料特性的因素很多，如分子量、分子量分布、粒子的大小、结晶的水平和类型等。所有的这些因素以不同的方式与影响程度相互作用，从而呈现出具体的性能特性。根据传统的实验设计，需要做大量的实验才能得到想要的结果。更糟糕的是，这些参数中的很大一部分都不由系统控制并且相互耦合。导致验证第一原理建模需要耗费大量的时间。由于缺乏数据，所开发出来的“黑盒”模型也是不可靠的。研究案例的主要目的是验证相对传统的第一原理建模过程，提出的“加速”基础模型构建方法在某种程度上可以缩小假设搜索空间和减少开发时间。

14.2.2.2 基础模型的建立方法

传统基础模型的建立方法需要仔细回顾已有文献，并给出结构与特性之间关系的假设。通过所选的 33 个实验可以得到一组实验结果，从而系统地覆盖所需的变量。通过对不同类型的假设与物理机制进行讨论和探索，仅凭 4 个输入属性就能得到下列简化模型：

$$y = a + [b_1 x_1 + c\lg(x_2)]e^{kx_3} + dx_5 \tag{14.4}$$

式中：a、b、c、d、k 是常数；x_1、x_2、x_3、x_5 是输入参数；y 是输出参数。所建立的基础模型有明确的物理描述，并且已经通过了选定数据集的验证。对于一个杰出专家而言，建立和验证这个模型大概要花费 3 个月的时间。

14.2.2.3 符号回归方法

符号回归模型以 200 个潜在函数作为群体，进化 50 代，随机交叉概率为 0.5，函数与终端的突变概率为 0.3，每代的后代数为 4，函数作为下个节点的概率为 0.6，并且将相关系数作为优化准则。用于第一原理建模的 33 组实验数据同样用于符号回归建模。最初的 GP 函数集包括加、减、乘、除、平方、相反数、平方根、自然对数、指数和幂。在推导符号回归模型的过程中，可以得到以下变换（按照复杂度顺序给出）：

转换 1：x_3 / x_1，其中 R^2 的值是 0.74。

转换 2：$x_3 / \sqrt{x_5}$，其中 R^2 的值是 0.81。

转换 3：$x_1 x_3 / \sqrt{x_5}$，其中 R^2 的值是 0.84。

这三个变换是最终解的进化过程中的副产品。但是，它们可以作为变量影响的指标或潜在的物理或化学关系用于基础建模过程中。

“典型”经验建模与 GP 经验回归建模的一个主要差别是最终解的多样性。通常会有多个具有相似质量和结构的函数表达式。在本例中选择的函数形式如下：

$$y = a + b\left[\frac{\sqrt{\dfrac{-x_3}{\mathrm{elg}(x_1 x_5^{\,2})}}}{\mathrm{e}^{-x_3} + \lg(x_2)} + \sqrt{x_1} + x_5\right] \tag{14.5}$$

式中：a、b 为常数；x_1、x_2、x_3、x_5 为输入属性；y 为输出属性。图 14.12 给出了所选择数据集上的测量输出属性以及预测输出属性。由图 14.12 可知 R^2 =0.9，该模型的性能非常好，并在可接受的范围内。

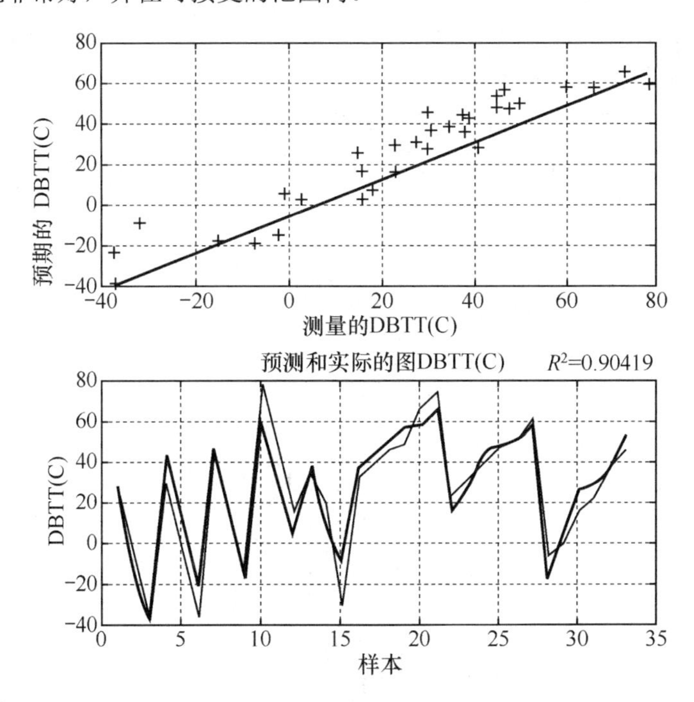

图 14.12　符号回归解决方案的性能

输出特性的函数形式是通过符号回归定义的，这与人工推导的模型一致（式（14.4）），只是独立变量 x_1 不用开平方根。其差异性可以通过对过程的物理特性的分析得到解释，这也促进了第一原理模型的发展。模拟进化的另一个结果是，无关输入属性 x_4 在进化过程中会自动消去。

定义问题、选择符号解决方案、分析并解释结果整个过程大概需要花费专家 10h。这些时间大部分都花费在对问题的定义与解释、从 GP 生成的报告中得到最终结果和寻找物理解释的会议上。

总之，案例研究表明 GP 产生符号回归在加快基础模型的建立方面有着巨大的潜能。产生的符号回归解决方案和基础模型相似，但花费的时间大大缩短（与 3 个月相比，它仅需 10h）。

14.2.3 快速鲁棒经验模型的建立

在新产品开发中，计算智能的另一个巨大应用领域是开发基于鲁棒经验模型的低成本建模方案。大多数情况下，第一原理模型的开发非常昂贵，并且只能选择经验建模方法。通常，经验建模方法基于典型的数据统计。但是，日趋复杂的化学过程（由高维数、进程的交互以及非线性物理关系造成）与可用数据的减少使得模型的建立需要更复杂的方法。通常，能得到的数据集很小，并且在很多情况下需要基于实验设计。新产品建模的典型特征使得神经网络难以发挥作用，因为神经网络需要大量的训练、测试数据。由于模型本身是黑盒子（几乎不能得到非线性关系的物理解释），这也使得神经网络难以发挥作用。

由 GP 产生的符号回归恰好有能力解决上述问题。小数据集自动生成经验模型的特点使其有广阔的实际应用前景。如图 14.13 所示，这些优势是基于 GP 开发鲁棒经验模型的基础。

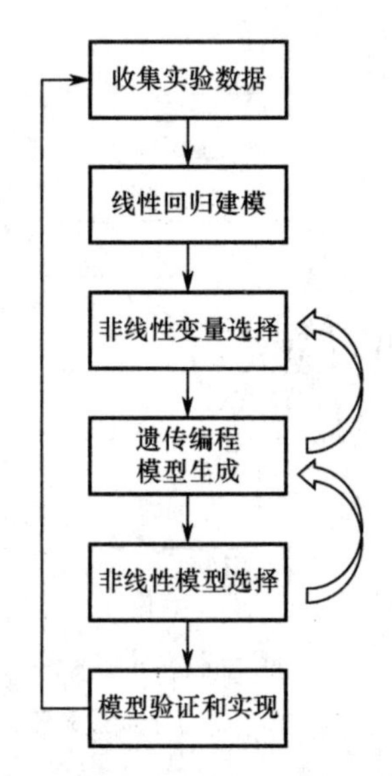

图 14.13　基于符号回归快速开发经验模型的主要流程

前两个模块（收集实验数据和线性回归建模）反映了新产品建模的技术现状。最终将得到一个基于统计上最显著的主要过程输入的线性经验模型。它可以用于模型预测以及安排下个阶段的实验设计，这将有利于获取更多的过程知识或达到最优过程条件。

在许多实际场合中，线性模型在特定过程范围内是可预测的，并且线性模型还是一个有说服力的解决方案。但在许多情况下，面对的问题是非线性模型。为了解决这个问题，可以把输入与输出线性化，但这非常耗时，并且有可能丢掉一些关键的非线性信息。解决这个问题的第二种方法是开发一种基础模型，但这会增加模型的开发成本。解决这个问题还有一种方法，即基于符号回归的探索方法。本书已经讨论过与符号回归相关的方法的关键原理。14.2.4 节将以一个研究吹膜工艺效果的案例来描述这种方法的实际应用[①]。

14.2.4 预测吹膜工艺效果的符号回归模型

14.2.4.1 建模背景

由于对吹膜分子参数流变性工艺性能关系的分析缺乏一个完善的理论，因此需要开发一个能将关键工艺变量与涂膜性能相关联的可靠经验模型。案例包括对 9 个过程参数（输入特征）和 21 个具体产品的膜参数的研究，所选择的输入特征如表 14.3 所列。

表 14.3 过程输入

输入	描述
x_1	模口隙距/mil[②]
x_2	薄膜厚度/mil
x_3	吹起的比例
x_4	融化温度/℉
x_5	输出 lb/h[③]
x_6	模具压力/psi
x_7	霜线的高度/in[④]
x_8	卷绕速度/fpm[⑤]
x_9	MD 伸展率

从两组实验中得到（不基于 DOE）20 个数据点。线性多变量分析表明，可以用 13 个膜参数建立 R^2>0.9 的线性模型。但是，8 个膜参数只能建立非线性模型。上述方法已经成功应用于自动生成所有膜参数的模型，本书将用这些关键膜属性中的一个（落锤冲击效应）来说明这个方法。

14.2.4.2 落锤冲击效应的符号回归模型

落锤冲击效应的线性模型的 R^2 是 0.64。因此，它满足一个非线性模型的开发需求，并且符合符号回归方法的要求。

本书依照图 14.13 所示的方法开发符号回归模型。非线性灵敏度分析和参数选择的结果如图 14.14 所示，这些结果是 9 个输入特征在 2000 代模拟进化期间对落锤

① A. Kordon and C.T. Lue, Symbolic regression modeling of blown film process effects, *Proceedings of CEC 2004*, Portland, OR, pp. 561–568, 2004.

② 1mil=0.0254mm。

③ 1b/h=1.25998×10^{-4}kg/s。

④ 1in=2.54cm。

⑤ 1fpm=0.00508m/s。

冲击效应的累积非线性灵敏度。非线性灵敏度的分析结论是吹起的比例(BUR) x_3、融化温度 x_4、输出 x_5 以及 MD 伸展率 x_9 这 4 个输入对落锤冲击效应的影响比其他输入参数更大。

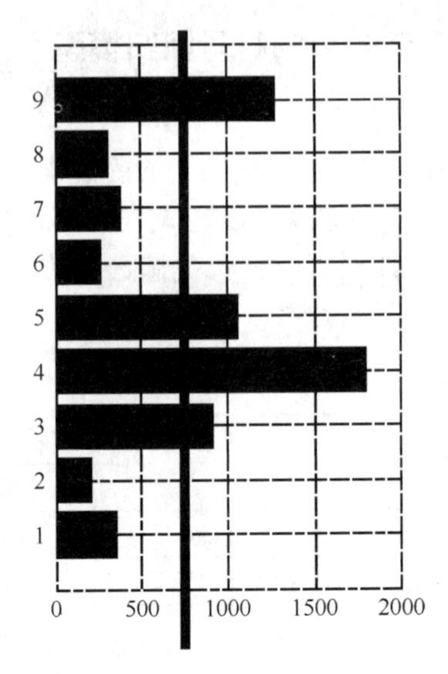

图 14.14　不同输入对落锤冲击效应的影响的灵敏度分析

这种方法的下一步骤是将 4 个所选输入特征进行 20 代模拟进化来得到 GP 模型：x_1=吹起的比例、x_2=融化温度、x_3=输出、x_4=MD 伸展率。

在 Pareto-front 解集上所选模型的非线性表达式如下：

$$y = A + B\mathrm{e}^{\left[\mathrm{e}^{-x_1} + \frac{x_4 - x_2}{x_3 - x_1}\right]^2} \tag{14.6}$$

式中：A=151.15；B=0.358；y 是 DART 影响参数；x_1、x_2、x_3 和 x_4 是 4 个输入参数。

模型的性能如图 14.15 所示。由图可知，其性能比线性多变量模型要好（与线性模型 R^2=0.64 相比，其 R^2=0.71）。

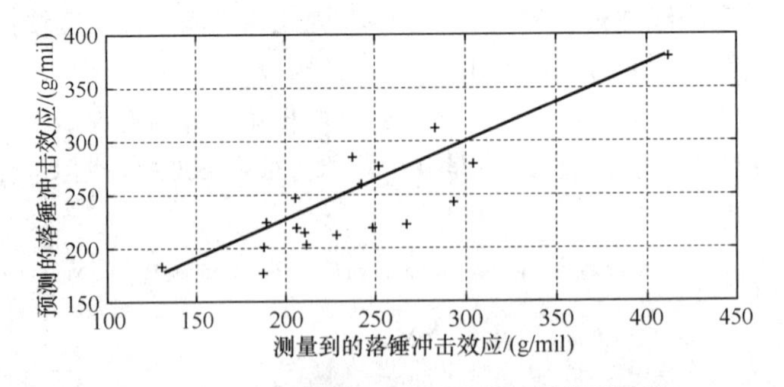

图 14.15　所选落锤冲击效应的非线性模型性能

14.2.4.3 吹膜过程影响的模型的实现

所有关键属性的线性模型与非线性模型都能在 VBA（Visual Basic for Applications，*VBA*）中实现，并且能整合到 Excel 电子表格中，这使得将模型发布到终端用户的过程中无须任何训练。假设膜厚度从 1mil 增加到 4mil，膜关键属性的变化如图 14.16 所示，雷达图给出了关键属性的变化态势。

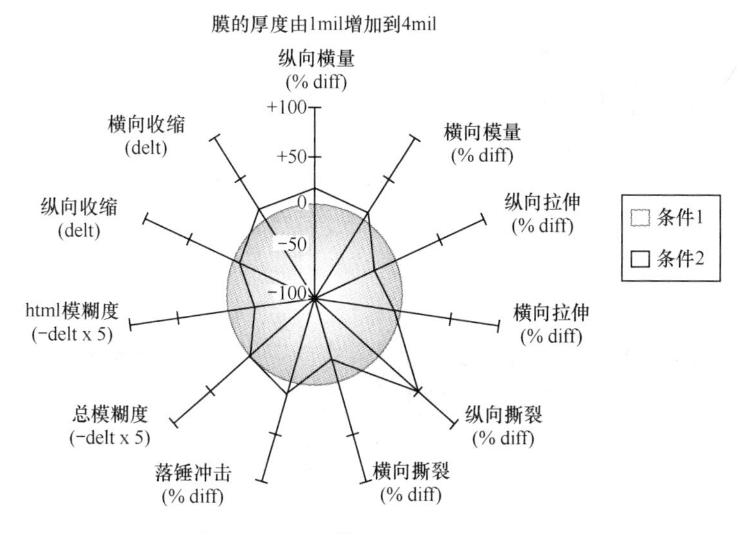

图 14.16 经验模型——膜厚度影响图

图 14.16 进行了标准归一化，当点沿轴向外移动时，相关的属性就得到改进（相对于增加值）。例如，当膜厚度从 1mil 增加到 4mil 时，将会增加纵向撕裂强度，并减少内部的模糊度、横向撕裂（裂变）以及横向拉伸。

14.3 计算智能的失败应用

不可能每个计算智能方法的应用都成功，本书将用两个典型的失败案例说明失败的计算智能应用：①引入重大的企业文化变革；②低质量的数据。

14.3.1 重大的企业文化变革

一个项目能够取得成功的关键因素是组织的能力以及由所应用的计算智能系统带来的企业文化变革水平。当大部分的工作人员需要在很短的时间内大幅度改变他们的工作习惯时，挑战是非常大的。当 40~50 个工艺流程操作员以不同的班次参与这个过程时尤其困难。通常情况下，在管理上实行新的工作流程所带来的劣势的大小等同于使用更先进的系统带来的技术优势。

以 14.1.2 节中描述的智能报警系统为例。一方面，该系统完全达到了技术指标，并且作为一项成功的技术被所有的工作人员所认同；另一方面，它给公司现有的规章流程带来了重大改变，影响的人员范围从部门经理覆盖到过程操作员。对新工作流程的评价存在显著差异，其中在过程操作员之间尤为明显。有些操作员从中看到了训练经验不足的新操作员的机会；有些操作员认为自己已掌握了检测问题的能力且无须智能系统帮助。一个操作员甚至表示他比计算机更聪明，所以他将不会使用新系统，并且他也不想让一台计算机告诉自己该去干什么。最初推测，经验不足的操作员会更频繁地使用新系统，因为他们缺乏识别问题的知识。而实际上，最有经验的操作员才是智能系统最大的支持者和使用者。他们不仅丰富了知识的内容，而且能在智能系统制定决策的困难时期成为实际上的领导者。

不幸的是，仅凭经验丰富的操作员和管理层来推进企业文化变革是行不通的。面临的阻力和惯性太强，在运行了几年之后，系统将逐渐被忽视。

14.3.2 低质量数据的应用

低质量的数据和数据不充分是引起计算智能应用失败的常见原因。下面两个开发鲁棒推理传感器失败的原因就归结于此。第一个例子中的数据来自于一个废水处理厂，数据噪声很大。第二个例子中的数据来自于一个有故障的气象色谱仪，数据用于化学性质推理传感器的初期设计。但是一旦纠正了问题，并进行良好校准而获得了高质量数据时，就能开发一种高性能的解决方案，可用于相似的工厂。

14.4 致　　谢

几乎所有的工业应用都需要团队协作。作者以不同的身份参与了所有提到的应用项目，但是这些项目成功的真正保障是相关的项目小组。作者在这里感谢那些为部署与开发本书中所提系统作出贡献的来自陶氏化学公司的同事，他们是 Elsa Jordaan、Sofka Wsrkmeister、Alex Kalos、Brian Adams、Hoang Pham、Ed Rightor、David Hazen、Lawrence Chew 和 Torbeen Bruck。来自 Evolved Analytics 公司的 Mark Kotanchek；来自 Univation Technologies 公司的 Ching-Tai Lue；以及前陶氏化学公司同事 Clive Bosnyak、loa Gavrila 和 Judy Hacskaylo。

14.5 小　　结

主要知识点：

计算智能在制造业中的成功应用包括推理传感器、自动操作规则和用于过程优化的经验仿真器。

计算智能在新产品开发中的成功应用包括加速第一原理模型开发和建立基于小

数据集的快速鲁棒经验模型。

计算智能在工业中的失败应用包括产生重大的企业文化变革和基于低质量数据的工程。

总　　结

计算智能为工业问题提供了有价值的解决方案。

推荐阅读

以下参考文献提供了本章中提到的有关应用的详细说明：

E. Jordaan, A. Kordon, G. Smits, and L. Chiang, Robust inferential sensor based on ensemble of predictors generated by genetic programming, *Proceedings of PPSN 2004*, Birmingham, UK,pp. 522–531, 2004.

A. Kalos, A. Kordon, G. Smits, and S. Werkmeister, Hybrid model development methodology for industrial soft sensor, *Proc. of ACC 2003*, Denver, CO, pp. 5417–5422, 2003.

A. Kordon and G. Smits, Soft sensor development using genetic programming, *Proceedings of GECCO 2001*, San Francisco, pp. 1346–1351, 2001.

A. Kordon, A. Kalos, and G. Smits, Real-time hybrid intelligent systems for automating operating discipline in manufacturing, *Artificial Intelligence in Manufacturing Workshop Proceedings of the 17th International Joint Conference on Artificial Intelligence IJCAI 2001*, pp. 81–87, 2001.

A. Kordon, G. Smits, E. Jordaan and E. Rightor, Robust soft sensor based on integration of genetic programming, analytical neural networks, and support vector machines, *Proceedings of WCCI 2002*, Honolulu, pp. 896–901, 2002.

A. Kordon, H. Pham, C. Bosnyak, M. Kotanchek, and G. Smits, Accelerating industrial fundamental model building with symbolic regression, *Proc. of GECCO 2002*, *Volume: Evolutionary Computation in Industry*, pp. 111–116, 2002.

A. Kordon, G. Smits, A. Kalos, and E. Jordaan, Robust soft sensor development using genetic programming, in *Nature-Inspired Methods in Chemometrics*, pp. 69–108, (R. Leardi, editor), Elsevier, 2003.

A. Kordon, A. Kalos, and B. Adams, Empirical emulators for process monitoring and optimization, *Proceedings of the IEEE 11th Conference on Control and Automation MED 2003*, Rhodes,Greece, p.111, 2003.

A. Kordon A. and C.T. Lue, Symbolic regression modeling of blown film process effects, *Proceedings of CEC 2004*, Portland, OR, pp. 561–568, 2004.

A. Kordon, E. Jordaan, L. Chew, G. Smits, T. Bruck, K. Haney, and A. Jenings, Biomass inferential sensor based on ensemble of models generated by genetic programming, *Proceedings of GECCO 2004*, Seattle, WA, pp. 1078–1089, 2004.

A. Kordon, G. Smits, E. Jordaan, A. Kalos, and L. Chiang, Empirical model with self-assessment capabilities for on-line industrial applications, *Proceedings of CEC 2006*, Vancouver, pp. 10463–10470, 2006.

第 4 部分

计算智能的未来

第15章 计算智能应用的发展方向

科学的实践应用往往先于科学的诞生。

——N. K. Jerne

所有的事物都是因为需要才产生的。

——Democritus

本书最后一章的目的是探讨计算智能应用的未来趋势和领域，包括分析两种不同的趋势。第一种趋势是关注下一代计算智能技术，其仍然处于研究阶段，但在未来的工业应用中将极具潜力，具体包括语义计算、进化智能系统、协同进化和人工免疫系统；第二个趋势是探索未来10～15年的业界需求，例如，市场预测、加速新产品推广、高吞吐量的创新等。这两种趋势的关键假设是，预期的工业需求将推动开发和部署新兴技术，如计算智能。本章将提出工业需求驱动应用研究的原则和机制。令人欣慰的是，几乎所有现存的和新的计算智能方法都可以满足现在和未来的工业需求。但是，计算智能的可持续性取决于新增用户，未来需要从大企业转向小公司甚至个人来扩宽用户群体。

15.1 供需驱动应用研究

与占星术相比，技术预测依赖于可靠的科学方法和数据支持。通常长期的预测依赖于一般趋势[①]，例如，计算能力的发展、不同地区的经济预测以及能源效率的提高。这种方法的一个明显的局限是它无法预测意外的创新，例如，互联网和大多数的计算智能方法。潜在的解决方案是通过资助一些有前景的科学领域来“塑造未来”，例如，纳米技术或量子计算。但是，在一些例子中，如20世纪90年代兴起的

① 在长期预测中使用一般趋势的重要参考书：R. Kurzweil, *The Singularity is Near: When Humans Transcend Biology*, Viking, 2005. 相反地，使用微观趋势，可参考：M. Penn and K. Zalesne, *Microtrends: The Small Forces Behind Tomorrow's Big Changes*, Twelve, New York, NY, 2007.

超导技术，巨额资金并没有在预期的方向上改变未来，也并没有带来所期望的技术突破。

与预测科学趋势相反，应用研究预测是用已有的技术和预期创新来平衡未来的工业需求。通过类比经济学，称这种估计未来趋势的方法为供需驱动的应用研究。在建议的框架内，供应方代表研究方法和理念，如已知的不同成熟层次的计算智能方法。需求方包括当前和预期的产业需求，例如一个最优的全球供应链（包括不同地方的基础设施）、价格方面大幅度波动的动态规划、高吞吐量的发明创新等。就像商品和服务的动态供需平衡推动了经济发展，类似地，学术理念和工业需求驱动了应用研究。

15.1.1 供给驱动应用研究的局限

供给驱动研究的模型如图15.1所示，它代表了传统学术的运作模式。根据这一模型，关键驱动力是社会中长期存在的科学理念。这一过程开始于创始者发表的想法，这激发了一些热心的支持者。最后，随着越来越多学者论文数量的增加，思想也越发丰富，最终发展为一种新的方法，或者由大学教授、研究员、研究生和博士后以及相关会议和期刊形成科学团体。然而，要进一步延续该方法，必须要增加资金投入。

图 15.1　供给驱动研究的剪贴画

可持续的资助成为驱动研究的关键因素。众所周知，资助是不可预测的，竞争非常激烈，并且速度很慢。基础研究的资源和费用可能来源于政府机构和工业界，但他们的资源都很有限，还需要在不断增长的新方法中配置。不幸的是，因为资金不足，学术创新可能被学术分裂、政治和官僚主义所取代。结果是，研究的产出大幅度降低，因为大部分的时间忙于撰写申请书以及与决策者建立个人关系。资助过程的低效是供给驱动研究的局限。

另一个局限是通常研究相比紧凑的工业节奏呈现出缓慢的状态。典型的例子是大部分学术研究机构所建立的研究生教育。3～5年的研究生教育在21世纪的商业界同样保持不变。在这期间，经济趋势可能已发生显著变化，驱动了组织的变化和相应的业务重点的转移。考虑到工业预算的年度周期，长期确保外部资助几乎是不可能的。这就是工业界对博士生的支持下降的原因之一。

然而，供给驱动研究最主要的局限是缺乏价值评估机制。评估研究理念的可用性在学术绩效评估上并不是一个重要因素，其重点还在于出版物的质量和数量上，这导致论文的大量增加，而长时间忽视了对应用的实践评估。因此，现实世界的反馈往往被基于良好设计的仿真玩具的“证明”所代替。

15.1.2　什么是供需研究?

供需研究的本质说明如图15.2所示，下面将进行讨论。

在供应方面存在不同的研究方法，这些方法以不同的成熟程度应用在工业应用中，其中一些方法，像经典统计，已经相当成熟（拥有坚实的科学基础、众多专业软件，对潜在用户的培训要求少），并且成本低，市场推广难度低。其他方法，如计算智能方法，仍然处于研究开发阶段，但是它已在许多行业显示出应用潜能。还有些研究方法仍处在非常早期的起步阶段，它们的科学基础还不完整，但是具有广阔的应用前景。

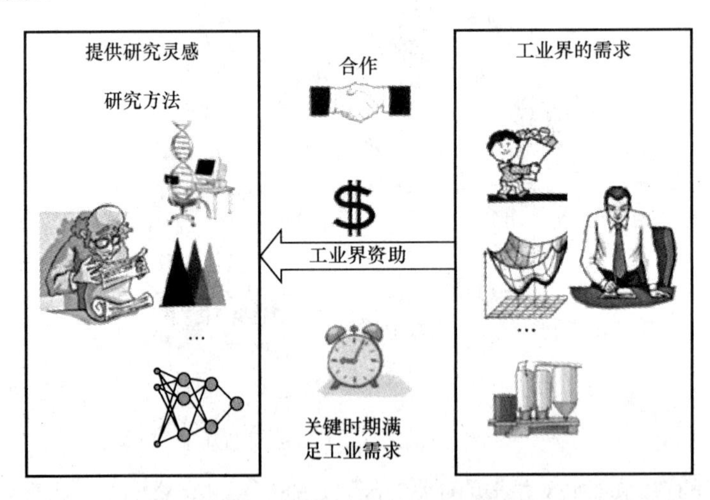

图 15.2　供需研究本质的剪贴画

在需求方面存在多种工业需求，如客户忠诚度分析、动态优化、供应链优化等，这些需求按照其创造价值的能力进行排序。在关键时期内，必须采用一些工具和方法来满足这些需求，这个阶段可能是数月或2～3年。在某些情况下，工业需求的复杂特性要求使用复杂的研究方法。例如，一个工厂的复杂的动态优化可能会从群体智能或者进化算法中获益。当明确的需求匹配上一个恰当的研究方法之后，就可能获得某种形式的工业资助。如果特定的产业问题得到成功解决，则打开了长期合作的大门。

15.1.3 供需研究的优势

供需驱动研究并不是一个普遍的机制，它仅适用于短期的应用科学。但是，相对经典的理念驱动研究，它有以下优势：

（1）创造价值的能力驱动研究工作。资助直接而具体，几乎不涉及官僚主义。

（2）研究的动态性强并且和产业用户的节奏一致。高速研究模式改变了学者的工作习惯，并且为学生在将来的产业界工作做好了准备。

（3）供需驱动研究存在内在的反馈机制，这种机制可评估所使用方法的性能。被工业应用的实践检验后，所探讨方法的优势和局限性会更明确。通常，学者通过解决实际问题来丰富他们的研究理念。此外，基于工业应用的出版物比基于模拟方法的出版物更可信。

（4）工业需求更容易预测，相比之下，预测新的学术思想要困难很多。

15.1.4 供需研究的机制

在学术团体和各种形式的产-学合作结构中，众所周知供需研究的好处。最常见的形式是多个工业企业组建一个财团，共同承担研究成本。通常情况下，财团会资助一个宽泛的研究领域（如过程控制），并且资助的优先顺序由各个企业之间协商达成，是绝对的需求驱动。政府资助的另一种形式是在特定的研究领域开展产-学合作。例如，能源部的工业技术计划支持战略应用研究。但是，大部分机制的建立是缓慢的，受官僚主义影响，并且脱离了当前的工业需求。作者认为，需要更灵活和动态的机制使学术思想的提供和工业需求的连接更加有效。理想的情况是创造一种思想和实际需求开放的市场，这种市场准入门槛低并有大量的参与者。这样的机制运作的必要条件是，学术界和工业界双方将积极参与这一过程，并能直接或以最少的中间人间接沟通。

供应方新出现的高应用潜能技术需要高效推销，这个过程可以使用第13章描述的相关方法。将需求反馈给研究人员可以采取不同的形式。

日益普及的第一种形式是定义一个特定的产业需求，然后引发一个竞争。在这种形式中最著名的案例是2006年10月由Netfli提出的比赛。这个DVD租赁公司为将影片推荐算法的性能提高10%，提供了100万美元的奖励，反响是巨大的。一个月之内就收到了来自AT&T公司、普林斯顿和多伦多大学等机构提交的超过1000种解决方案。最好的算法把性能改进了8.43%。接近理想值10%[①]。

另一个有名的竞赛是自动驾驶城市挑战赛，由DARR在2007提出，并且为成功的解决方案提供200万美元的奖励[②]。要求竞赛团队建立一个有自动驾驶能力的汽车执行复杂的动作，如合并、通过、停车和判断十字路口。在复杂的城市交通环境中，载人车辆和无人驾驶的自动车辆交错穿行，11个团队为了获奖而竞争。

竞争形式存在多种优势。它更接近典型的市场机制。因为消除了官僚主义和偏袒（即给每个人平等的权利），它吸引了很多的参与者。在工业方面，可以节省巨大的评估潜在的学术合作伙伴的时间和精力来转而协调联合项目。

将产业需求传递给学术界的第二种形式是制定工业测试基准并鼓励对话。这些基准来自真实世界的典型案例，给学术界提供了一个可靠的检验想法的机会。这样可以为算法性能声明引入置信度指标。工业基准的典型案例是田纳西-伊斯曼问题[③]，现已广泛用于验证新的过程监测和控制算法。

第三种形式是在学术界和产业界之间建立长期的关系，即工业休假机制。直到最近依然是研究人员在工业界进行学术休假。一些公司，如陶氏化学公司，已经开始探索工业休假的其他形式，例如向企业研究人员提供在世界级的学术机构院学习至少3个月的机会。

15.2 下一代计算智能的应用

本节将用供需研究方法估计计算智能应用的未来趋势。首先，将在这个蓬勃发展的研究领域关注供给方的学术思想。通过估计它们的价值创造潜能，从许多有前景的新方法中选择了以下四种方法（图15.3）：语义计算、进化智能系统、协同进化系统和人工免疫系统。

15.2.1 语义计算

众所周知，计算机基于数值计算和符号操作。但是，人类的思维过程则是来自自然语言的文字。语义计算背后的核心思想是对自然语言语义用数学模型建模，以此来缩小人类推理和机器推理之间的鸿沟。语义计算是基于模糊集和模糊逻辑的概念，这些在第3章中描述过。这个新技术通过扩展模糊逻辑的功能，使用自然语言表示机器的表达过程，并且驱动计算机生成可以口头陈述、易于被人理解和接受的解[④]。

---

① J. Ellenberg, The Netflix challenge, *Wired*, March 2008, pp. 114–122, 2008.

② http://www.darpa.mil/grandchallenge/.

③ 田纳西-伊斯曼问题的描述和模型可从下面的网址下载：http://depts.washington.edu/control/LARRY/TE/download.html.

④ 该技术的研究现状参见：L. Zadeh, Toward human level machine intelligence – Is it achievable? The need for a paradigm shift, *IEEE Computational Intelligence Magazine*, 3, 3, pp. 11–22, 2008.

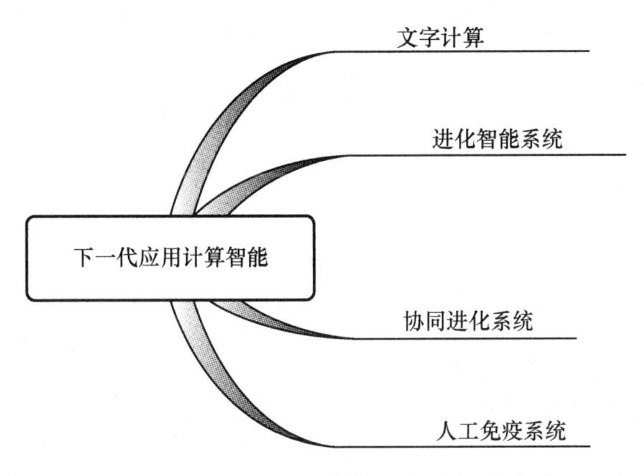

图 15.3 从下一代计算智能中选择的方法

15.2.1.1 语义计算的基本原理

语义计算和感知计算都是一种类人类的计算模式，计算的对象是一种用自然语言描述的词、命题和观点。这种革命性技术的通用方案如图15.4所示。

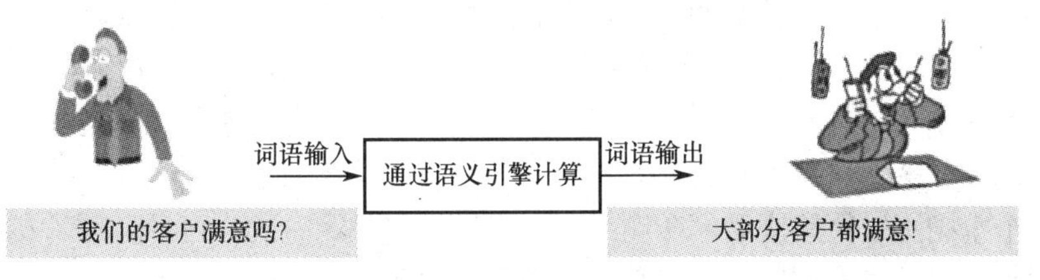

图 15.4 语义计算的通用方案

语义计算是一种方法，这种方法使用文字代替数字进行计算和推理。模糊逻辑之父Lotfi Zadeh指出了使用这种技术的两种主要原因[①]：第一，当提供的信息不精确无法支撑数字推理时，就必须采用语义计算；第二，当允许有不准确容限时，语义计算可以实现可追踪、鲁棒性、低成本以及与现实更为匹配的解决方案。探索不准确容限是语义计算的关键。

语义计算可以使用不同的计算引擎开发，例如，PNL语言[②]、颗粒计算[③]和2型模糊集[④]。本节将只关注PNL语言，在这个语言中计算和推理过程可以简化为操作自然语言中的命题。

PNL语言的基本结构如图15.5所示。

PNL语言的核心概念是Lotfi Zadeh提出的，它是在计算机中表示自然语言含义的一种有效方法，它用一种称为广义约束的方法。模糊系统典型的广义约束的例子

① L. Zadeh, Fuzzy logic =Computing with words, *IEEE Trans. Fuzzy Systems*, 90, pp. 103–111,1996.
② L. Zadeh, Precisiated natural language (PNL), *AI Magazine*, 25, pp. 74–91, 2004.
③ S. Aja-Fernandez and C. Alberola-Lopez, Fuzzy granules as a basic word representation for computing with words, *SPECOM 2004*, St. Petersburg, Russia, 2004.
④ J. Mendel, An architecture for making judgment using computing with words, *Int. J. Appl. Math. Comput. Sci*, 12, pp. 325–335, 2002.

是If – Then 规则。

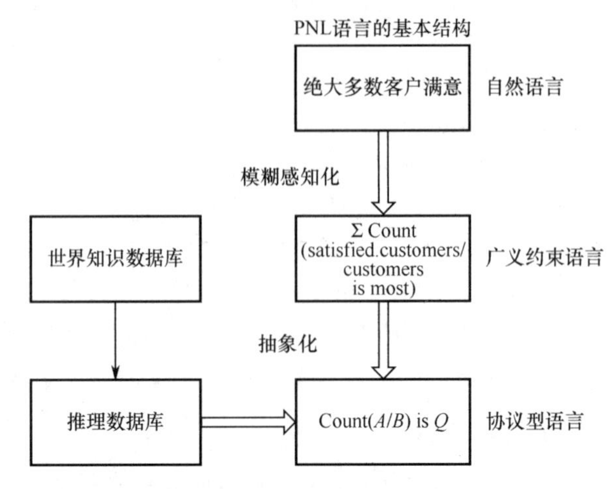

图 15.5　PNL 语言的基本结构

PNL语言包括两个关键的命题操作，如图15.5所示。第一个操作称为模糊感知化，是把口头的命题转化成某种形式的计算机化的关系，这种关系定义为广义约束。然而，即使使用相对宽广的潜在广义约束，也并不是每个命题都可以转化的。必需考虑到，模糊感知化可能包含相当数量的数值计算，例如权值计算。在图15.5中给出了一个模糊感知化的例子，命题“绝大多数客户是满意的”可以分解为相应文字的模糊感知化。对于文字“大多数”的通用约束可以使用满意的用户除以所有用户进行加权。

PNL语言的第二个操作是抽象化，把模糊感知化命题转化成一个通用的表达式，称为原型形式。这是对命题语义的抽象表示。命题“绝大多数客户是满意的”的通用原型表达式为Count（A/B）=Q。抽象的过程还包括一个知识数据库和一个演绎数据库。

PNL语言可以被用作为一个高水平的概念定义语言。它允许我们描述概念，例如自然语言中的“绝大多数”，将其表示为数值项除以约束项，然后再表示为通用原型形式①。

15.2.1.2　语义计算的潜在应用领域

在不精确信息的建模中能凸显语义计算的竞争优势，例如用自然语言表示想法，这种技术的经济驱动力：①当采集精确信息的成本过高时；②当文字的表达能力比数字表达能力更强时。

语义计算的应用领域之一是互联网，特别是采用语义模型的搜索引擎研发领

① 时间序列分析中采用语义计算的例子：J. Kacprzyk, A. Wilbik, and S. Zadrozny, Towards human consistent linguistic summarization of time series via computing with words and perceptions, in *Forging New Frontiers: Fuzzy Pioneers 1*, M. Nikravesh, J. Kacprzyk, and L. Zadeh (Eds), Springer, pp. 17–35, 2007.

域。另一个有前景的应用领域是模拟新产品感知和定义市场营销策略。但是，语义计算仍然处于研究开发的早期阶段，可用的软件很少并且还没有工业应用的记录。

15.2.2 进化智能系统

工作条件不断变化是现实应用中最大的挑战。潜在的解决方案基于三个关键方法——自适应系统、进化算法和进化智能系统。自适应系统允许工作条件在10%～15%的范围内发生微小的变化。通过更新一个固定结构的模型（通常是线性的）的参数来捕获过程变化。正如第5章中所讨论的，进化算法通过对有着完全不同结构和参数的候选解决方案进行模拟进化来响应过程变化。然而，这种方法并不适合在线应用，因为进化算法有不可预知的波动并且对计算能力要求很高。对于这类问题，最佳的解决方案是新出现的进化智能系统。

进化智能系统是具有学习和总结能力的自适应结构[①]。与进化算法相比，它基于引入数据适当地改变自身结构和调整参数来响应改变。对大的改变，它通过改变模型结构来响应；对小的改变，通过调整参数来响应。通过这种方式来处理过程变化，进化智能系统的在线性能非常稳定，计算成本也很低。

15.2.2.1 进化智能系统的基本原理

进化智能系统的绝大多数发展形式是进化模糊系统。它们基于一种通用的称为Takagi-Sugeno的模型，这种模型对于结构和参数辨识都非常方便。非常简单的Takagi-Sugeno模糊模型的可视化解释如图15.6所示。

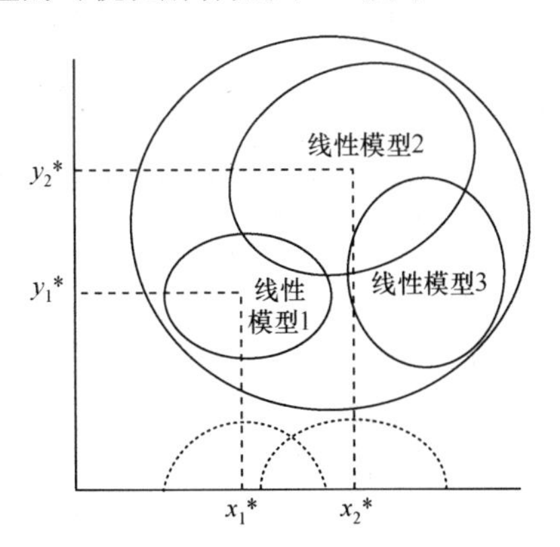

图 15.6 基于 Takagi-Sugeno 模糊规则系统的可视化表示

Takagi-Sugeno 模型基于假设，数据可以分解成模糊类。在每一个类中，可以

① P. Angelov, http://www.scholarpedia.org/article/Evolving_fuzzy_systems.

定义一个线性模型，它们的参数可以很容易地进行更新。如图15.6所示，把数据划分成三个类，每个类对应一个线性模型。Takagi-Sugeno 模型的主要优点是使用灵活、有效的方式表示非线性系统并可以用于实践应用。模糊的 If-Then规则（类）捕获非线性，简单的局部线性模型表示函数的输入和输出关系（见图15.6简单If-Then规则的例子）。

规则是不固定的，结构可以在没有任何先验知识的情况下从头开始建立。一个进化模糊系统是一个灵活、开放的Takagi-Sugeno 模糊规则集，它可以通过传入的数据信息实时扩大、缩小和更新。它基于简单算法，对计算资源要求低，并且可以通过语言解释模型。

15.2.2.2 进化智能系统的潜在应用领域

进化智能系统的竞争优势是具有创造低成本的自愈系统的潜能，并且维护成本较低。该系统的一个例子是进化模糊推理传感器“eSensor”，这种传感器嵌入了一个进化Takagi-Sugeno模型，具有自我开发、自我矫正和自我维护的功能①。进化Takagi-Sugeno的学习方法基于两步，并且是在一个单一的时间间隔内完成：①通过进化聚类自动分割现有数据，并定义模糊规则；②对规则的参数进行递归线性估计。

新的在线预测模型和之前章节已经讨论过的鲁棒推理传感器相比于当前过程工业中应用的传感器有以下优点：

（1）进化结构会自动跟踪过程变化，因此，它需要的维护工作量最少；

（2）进化结构过程可以在过程知识以及历史数据很少的情况下开始，因此，它需要的模型开发工作量最少；

（3）具有多输入-多输出结构，因此，它可以对一个多输出过程进行简洁表示；

（4）通过在线监控类和模糊规则的质量，它可以自动检测数据模式中的偏移。

提出的新方法已经在化工行业的四个问题（预测三种成分的属性以及在模拟在线模式预测丙烯的属性）上进行了测试。这四个测试案例包括了一系列的挑战，例如操作工况改变、数据中的噪声以及大量的初始变量。当开发和应用推理传感器时，这些问题几乎覆盖了所有工业实际问题。在所有测试中，提出的新的eSensor性能优越，可以替代目前应用的低灵活度的传感器。

eSensor的工作流程如下：第一，它从读到的第一个数据样本开始学习和生成模糊规则库；第二，eSensor 在样本流基础上演变模糊规则库的结构（见图15.7中的成分3的规则演化实例）；第三，在线调整规则的参数。通过这种方式，进化模糊推理传感器不断地自动调整结构并进行自我校正。

---

① P. Angelov, A. Kordon, and X. Zhou, Evolving fuzzy inferential sensors for process industry, 3rd *Workshop on Genetic and Evolving Fuzzy Systems*, Witten-Bommerholz, Germany, pp. 41–46, 2008.

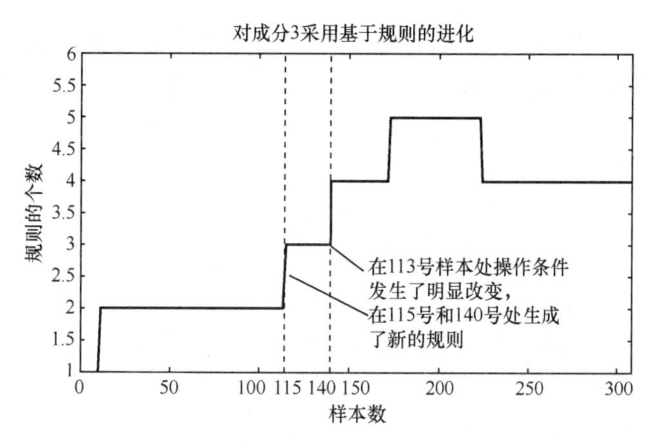

图 15.7　基于 eSensor 的成分 3 的模糊规则的演化

eSensor的另一个优点是进化模型简单、易于解释。在对成分2用Takagi-Sugeno模型进行测试时，结果如图15.8所示，工厂的工程师和过程操作员可以很容易对其解释。

进化智能系统是一个应用记录快速增长的新的计算智能方法，其应用领域包括移动机器人、移动通信、过程建模与控制以及最近福特汽车公司的机器健康预测[①]。

FIN AL RULE-BASE for COMPOSITION 2:

R_1: ***IF***(x_1 is around 183.85) ***AND*** (x_2 is around 170.31) ***THEN*** ($\bar{y}=84.0-0.9\bar{6}x_1+0.\bar{6}1x_2$)

R_2: ***IF***(x_2 is around 178.09) ***AND*** (x_2 is around 166.84) ***THEN*** ($\bar{y}=0.87-0.9\bar{8}x_1+0.\bar{5}4x_2$)

R_3: ***IF***(x_1 is around 172.70) ***AND*** (x_2 is around 166.01) ***THEN*** ($\bar{y}=0.87-1.0\bar{2}x_1+0.\bar{6}4x_2$)

图 15.8　成分 2 的最终规则

15.2.3　协同进化系统

协同进化是进化计算的一种形式，其基于个体之间的相互作用进行适应度评估[②]。它受生物学启发，所有的进化都是协同进化，因为，单个个体的适应度都是其他个体的函数。一个例子是捕食协同进化，两个物种之间存在倒转适应作用。这种模式称为军备竞赛，其中一个获胜，那么另一个就是失败的；反之亦然。为了生存，失败的物种将改变它的行为去对付获胜的物种，以改变现状成为新的赢家。因此，这两个物种的复杂度都增加了。

协同进化算法和传统进化算法类似，传统方法在第5章中讨论过。例如，在协同

① D. Filev and F. Tseng, Novelty detection-based machine health prognostics, *In Proc. 2006 International Symposium on Evolving Fuzzy Systems*, IEEE Press, pp. 193–199, 2006.

② E. de Jong, K. Stanley, R. P. Wiegand, Introductory tutorial on co-evolution, *Proceedings of GECCO 2007*, London, UK, pp. 3133–3157, 2007.

进化中，个体根据具体的问题被编码。它们在遗传算子搜索期间发生改变，以适应度为基础的选择指导搜索过程。然而，这两种算法在有些特点上大不相同。例如，评价需要多个个体之间的相互交流，这些个体可能属于一个群体或者属于不同的群体；单个个体的适应度取决于这个个体和其他个体之间的关系；存在新的合作和竞争模式。

15.2.3.1 协同进化系统的基本原理

在模拟的协同进化中，两个群体（称为寄生者和宿主）同时演化，每个群体中的个体的适应度取决于它与另一个群体中的个体的相互作用①。模拟的协同进化的成功由三个因素决定：①每个群体与其他群体相互作用产生不断变化的环境；②宿主和寄生者之间多样性的维持；③宿主和寄生者之间的军备竞赛。在这种竞争中，宿主的进化可以迫使寄生者不断地进化，以和宿主做更有效的竞争。结果，宿主根据待解决的问题不断进化，如此循环。假设协同进化有一个内置的机制，这个机制使两个群体都得到了提高，那么进化会给出一个鲁棒的解决方案。

在协同进化中存在个关键的工作模式，取决于两个群体是否从对方处获益或是它们是否存在冲突。这两种交互模式分别称为“合作”和“竞争”模式。第一种模式适用于复杂优化应用；第二种模式在计算机游戏中应用潜力巨大。

在合作协同进化中，所有互相联系的个体同时成功或是失败。这种合作模式改进了其中的一方，必然会积极影响另一方；反之亦然。结果是两个种群之间的关系有所加固。合作协同进化适合应用于复杂优化中。一个大问题分解成一系列小的简单的子问题，这些问题的解共同来解决原始的复杂问题。具体来说，合作协同进化就是将一个复杂问题分解成N个小问题，然后通过协同进化求解一个有效解的集合。这N个分离的解以合作的方式“协同进化”以解决复杂的原始问题。这些子问题之间的联系越少，合作协同进化就越有效。

在竞争协同进化中，一些个体会成功，其他个体则失败了，也就是说，两个群体是有冲突的。这种模型可能导致两种结果——群体有稳定的或是不稳定的行为。在稳定情况下，一个群体一直比另一个群体优越，就可以达到均衡的结果。这个结果可以强有力地证明成功群体中的个体的策略更强。

在不稳定的情况下，一个群体中的个体比另一个优越，直到另一个种群中的个体开发出一个更优的对抗策略，情形才发生改变；反之亦然。这就导致一个循环模式，一个物种出现，然后消失，然后又在后代中出现。

当协同进化不能提供实际的解决方案时，这种不稳定的行为就称为病症。遗憾的是，通用的协同进化病症理论分析方法尚不存在。因此，协同进化存在可能不会带来预期结果并且将会停滞在病症处的风险。

---

① M. Mitchell, M. Thomure, and N. Williams, The role of space in the success of co-evolutionary learning. In *Proceedings of Artificial Life X: Tenth Annual Conference on the Simulation and Synthesis of Living Systems*, MIT Press, 2006.

15.2.3.2 协同进化系统的潜在应用领域

协同进化系统的竞争优势基于军备竞赛会产生收益的假说，假设在军备竞赛中每个群体都相对于其他群体在持续改善自身性能，通过这种方式，系统可以产生持续稳定的改善。模拟协同进化降低了适应度，这样就可以使系统更快地进化以获得更好的决策。在演化的过程中，通过提高适应度和选择压力，协同进化的结构会变得越来越好。

当搜索空间很大或目标函数很难确定或未知时，协同进化就是一个很好的选择。第8章中讨论过的大部分的网络游戏都是属于此类型。协同进化方法已经成功地应用在三个企业的电力市场均衡分析中[①]。协同进化的另一个潜在的广泛应用领域是模拟经济和社会系统[②]。

15.2.4 人工免疫系统

计算智能算法的另一个经典例子是受生物学启发的人工免疫系统。免疫系统保护生物免受细菌、病毒以及其他未知生命形式的伤害。这些有害的非己物称为病原体。免疫系统通过区分自身（自身机体受免疫系统的保护）和非自身（任何其他东西）完成保护功能。这个过程通过称为淋巴细胞的特殊探测器完成。虽然它们是随机产生的，但是它们都经过训练，并且可以记住感染体，因此，生物体不管是对于未来的还是过去的入侵都可以受到保护。

自然免疫系统提供了两条防御路线，先天性免疫系统和后天性免疫系统[③]，如图15.9所示。

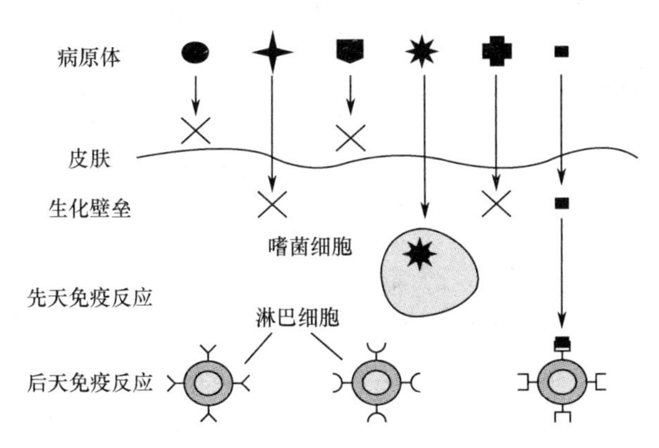

图 15.9 机体保护的两条防御线，先天性免疫系统和后天性免疫系统

第一条防御路线以先天性免疫系统为基础，通过细胞抵御已知的入侵，这些入

① H. Chen, K. Wong, D. Nguyen, and C. Chung. Analyzing oligopolistic electricity market using co-evolutionary computation. *IEEE Transactions on Power Systems*, 21, pp. 143–152, 2006.

② B. LeBaron. Financial market efficiency in a co-evolutionary environment. In *Proceedings of the Workshop on Simulation of Social Agents: Architectures and Institutions*, pp. 33–51. Argonne National Laboratory and the University of Chicago, 2001.

③ L. de Castro and J. Timmis, *Artificial Immune Systems: A New Computational Intelligence Approach*, Springer, 2002.

侵者称为“抗原”。最重要的特点是，先天免疫系统不需要曾经遭受病原体入侵的经历。抗原可以全部是外来入侵者或者部分来自生物体自身的细胞。

第二条防御路线是后天性免疫系统，这个免疫系统可以通过学习来识别、清除并且记住特定的新抗原。关键的病原体战士是骨髓和胸腺，它们可以连续产生淋巴细胞。这些淋巴细胞每个都可以消除特定类型的抗原并且产生大量的克隆细胞，称为克隆选择。

先天性免疫和后天性免疫系统细胞对入侵者的直接反应称为初次免疫应答。在初次应答过程中选择激活的淋巴细胞，进而会转为睡眠记忆细胞。当细胞再次被激活时，如果入侵者属于同一抗原，那么清除过程将更快、更有效。

15.2.4.1 人工免疫系统的基本原理

20世纪90年代对计算机安全的要求越来越高，直接推动了人工免疫系统的出现。人工免疫系统的灵感来自于生物免疫系统，属于后天性免疫系统，可应用于复杂问题领域。它基于三个主要的仿生算法——积极选择、消极选择和克隆选择，如图15.10所示。

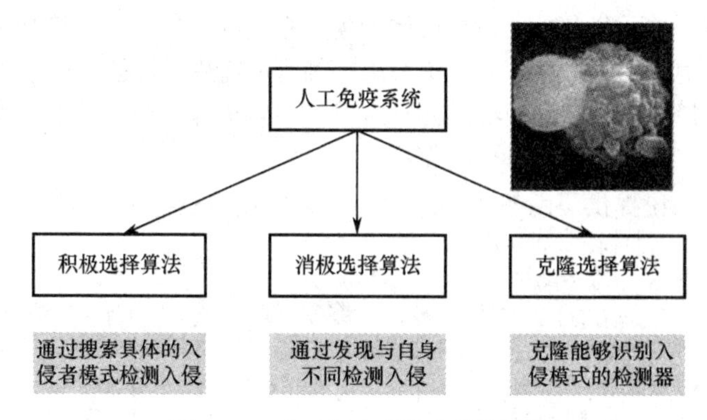

图 15.10 人工免疫系统的关键算法

积极选择算法的生物学基础是选择那些识别它们自身的细胞。它们变成熟以后，成熟细胞能够识别的任何东西都被定义为非已体或抗原。因此，成熟的细胞在识别抗原时被激活。细胞成熟机制的计算机模拟是定义非自身探测器，可以检测异常活动的典型模式。积极选择算法生成一个探测器集，每个探测器至少可以检测一个异常活动模式；否则，这个探测器就不合格。该算法连续检测活动模式，如果任何模式触发至少一个探测器，就表示检测到入侵物，系统就会采取行动。

消极选择算法的生物学基础是胸腺产生的T细胞和骨髓产生的B细胞。消极选择算法的第一步是把自身定义成一个正常的活动模式。接着，算法生成一个检测器集，每一个检测器和任何一个正常活动模式都不匹配。消极选择算法可以不断检测探测器是否发生了匹配，任一探测器发生了匹配，系统就会采取行动。

积极选择算法和消极选择算法基本上是相似的。积极选择算法是基于异常行为的先验知识。相反地，消极选择算法假设系统的状态正常，从实际考虑，这是一个非常弱的假设。

克隆选择算法的生物学基础是对具有识别能力的细胞进行增殖，保证有足够的B细胞去触发免疫反应。这个过程和自然选择相似，称为免疫微进化。改进的B细胞具有很高的亲和力去识别抗原并且具有长期记忆功能。

最普及的克隆选择算法，称为CLONALG[①]，与第5章中讨论过的进化算法很相似。但是有两个主要的不同：①免疫细胞的繁殖与检测抗原的亲和力成正比；②细胞的突变率和亲和力成正比。克隆选择算法和进化算法相比有一定的优势，例如动态调整种群大小、有能力维护局部最优解以及定义一个停止准则。

人工免疫系统开发过程中的非常重要的一步是将问题映射到人工免疫系统的框架中，即定义解决方案中的免疫细胞的类型、它们的数学表达式和免疫原理。

15.2.4.2 人工免疫系统的潜在应用领域

人工免疫系统的竞争优势是假设它们不需要大量的消极（非自身）样本去训练区分自身和非自身的能力，可以可靠地识别从未见过的外来机体或者入侵者。这种独特的能力打开了一些潜在应用的大门，这些应用包括故障检测、银行和审计中的欺诈检测以及计算机和网络安全。

人工免疫系统在上述领域的应用已经开始探索[②]。本节将通过一个飞机故障检测的应用说明这个新的计算智能方法的能力。它基于模拟失效条件实验，用美国宇航局Ames C-17飞行模拟器，对5个不同的模拟失效进行针对性的检测，包括1个引擎，2个机尾和机翼。使用一种实值消极选择算法MILD[③]来检测一个很宽范围内的已知和未知故障。一旦故障被检测到并且确认，一个直接的自适应控制系统就会使用检测到的信息通过调用有效的资源来稳定飞机。

15.3 预估工业需求

工业需求是建立在不断发展的全球化与外包、持续增加计算能力和不断升级的无线通信技术等的趋势之上的。可以肯定的是，计算智能方法完全可以满足这些工业需求。一些精选的需求如图15.11所示，下文将对此进行简要讨论[④]。

---

① L. de Castro and F. J. von Zuben, The clonal selection algorithm with engineering applications, *Proc. GECCO Workshop on Artif. Immune Syst. Their Appl.*, pp. 36–37, 2000.

② 一个代表性的综述文章：D. Dasgupta. Advances in artificial immune systems. IEEE Computational Intelligence Magazine,1, 5, pp. 40–49, 2006.

③ http://www.nasa.gov/vision/earth/technologies/mildsoftware_jb.html.

④ 感谢 Springer-Verlag 的许可，本节材料摘自：A. Kordon, Soft computing in the chemical industry: Current state of the art and future trends, In: *Forging the New Frontiers: Fuzzy Pioneers I: Studies in Fuzziness and Soft Computing*, M. Nikravesh, J. Kacprzyk, and L. A. Zadeh (eds), pp. 397–414, Springer, 2007.

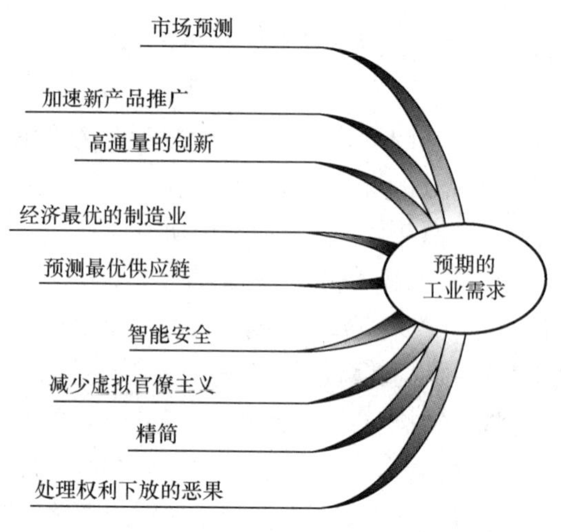

图 15.11　预期的与计算智能有关的工业需求

15.3.1　市场预测

获得市场的认可是任何新产品或者服务商业成功的关键。到目前为止，大部分建模工作都集中于产品研发和制造业。通常，产品研发过程基于新的成分或技术特征。然而，有些具有吸引力的新特征的产品并未获得潜在客户的接受，导致大量的损失，并导致该产品开发的合理性和相关技术建模工作的可信度都受到质疑。

这个工业普遍问题的可能解决方案是，用更好的建模方案提高市场预测的准确性。目前，出现了许多利用互联网大数据、应用智能代理技术进行客户刻画和建模的工作[①]。计算智能在这种新的建模方式上扮演了一个重要的角色。通过建模客户感知可以获得关键突破。市场的主体是消费者。在预测消费者对一个新产品的反应中，产品感知是决策过程的关键。然而，感知建模仍然是一个开放的研究领域。但是，存在的差距可能给该领域创造一个好的机会，这可以通过将智能代理和其他新的计算智能方法集成来实现，例如语义计算。

随着全球化不断增速，预测不同文化背景的客户的新产品感知就显得特别重要。如果成功，市场预测对任何类型的产业的影响都将是巨大的。

15.3.2　加速新产品推广

优化新产品推广是另一个需要改进建模的领域，假设产品的市场接受度较好。在这个领域，现存的建模方法主要有分析法和智能代理。目的是在研究开发、生产制造、供应链和市场等方面定义一个最佳的行动序列以推销新产品。在这些方面存

① D. Schwartz, Concurrent marketing analysis: A multi-agent model for product, price, place, and promotion, *Marketing Intelligence & Planning*, 18(1), pp. 24–29, 2000.

在不同的解决方案[1]。但是，缺少跨越所有部门的综合办法，这种方法将是优化价值最有效的办法。

15.3.3 高通量的创新

近来，高通量组合化学是化学和制药行业生产创新产品的一种领先方法[2]。它通过将潜在的化学成分和催化剂进行组合，设计了大量的实验，然后在小规模反应器中进行实验。其理念是快速实验结合数据分析，发现并且取得新材料的专利。但是，存在的瓶颈是生成模型的质量和速度比实验数据的生成要慢很多。计算智能通过增加额外的建模方法可以提高高通量创新的效率，这些建模方法可以从小数据集中产生鲁棒的经验模型，并捕获实验工作中积累的知识。

通过集成统计、进化计算和群体智能有可能开发出高吞吐量、自我指导的实验系统，这可以最小化新产品的开发时间。将高吞吐量的系统和市场预测系统相结合，可以获得最大的效益。通过这种方式，可以借助智能代理模拟目标用户，快速给出新发现材料的潜在市场反馈。因此，新产品的投资风险会显著降低。

15.3.4 经济最优的制造业

一些最好的制造过程是在模型预测控制系统或PID控制器的调整下运作的。模型基于这样一种假设，即控制器的设定点基于最优或次优条件来计算。然而，在大多数情况下，目标函数包括技术准则与经济利润没有直接关系。即使在优化问题中明确使用了经济指标，最终也很难匹配原材料价格的快速改变和波动。全球经济的高动态性和局部事件灵敏性要求过程控制方法可以持续性匹配动态经济的最优值。这种控制方法还应包含基于经济预测的预测成分。

为了强调如何持续跟踪经济最优，给出了一个基于群体智能的控制方法，它可以不断跟踪经济最优值，并且彻底改革过程控制[3]。它使用进化增强学习把设计和控制开发函数合并成一个连贯步骤。在一些案例研究中，所设计的神经控制器群体可以不断发现和追踪经济最优值，同时避免陷入不稳定区域。在生物反应器控制中，新方法获得的利益高于传统的最优控制30%[4]。

15.3.5 预测最优供应链

因为不断增加的制造外包和不断增强的网上购物趋势，供应链成本在总成本中

① B. Carlsson, S. Jacobsson, M. Holmén, and A. Rickne, Innovation systems: Analytical and methodological issues, *Research Policy*, 31, pp. 233–245, 2002.

② J. Cawse (Editor), *Experimental Design for Combinatorial and High-Throughput Materials Development*, John Wiley, 2003.

③ A. Conradie, R. Miikkulainen, and C. Aldrich, Adaptive control utilising neural swarming, *Proceedings of GECCO 2002*, New York, NY, pp. 60–67, 2002.

④ A. Conradie and C. Aldrich, Development of neurocontrollers with evolutionary reinforcement learning, *Computers and Chemical Engineering*, 30 (1), pp. 1–17, 2006.

所占的比例明显增加[1]。鉴于无线电射频识别技术的应用，供应链未来要面对的一个挑战是需要实时处理爆炸量级的数据。预计，这项新技术需要在在线快速模式识别、趋势检测以及大数据集上定义规则。供应链模型的扩展特别重要，需要包括管理决策、公司财务决策及约束条件。很显然，不管是在战略还是在战术上，如果不能将销售倾向于那些利润率最高的产品和地区，其供应链策略都将是欠优的。如果没有未来需求预测，供应链模型就缺乏预测能力。目前在供应链上的研究主要集中在提高数据处理能力、分析能力和探索不同的优化方法上。在供应链建模过程中，很难集成所有参与者的经验，同时采用计算智能的预测方法进行决策也比较困难。

15.3.6 智能安全

预计随着分布式计算和通信技术的发展，信息安全的需求将不断增长。在某些时候，因为知识产权窃取、制造业的事端甚至是过程突发事件等的风险很高，安全原因甚至会阻碍一些技术在工业上的大规模应用。这一类技术中的一个是分布式无线控制系统，它包括许多通信智能传感器和控制器。然而，如果通信安全不能保证，即使它有明显的技术优势，这一技术也会受到置疑。

计算智能在开发内置的具有智能安全功能的先进系统上可以发挥显著的作用。特别重要的是在智能代理基础上的协同进化方法。

15.3.7 减少虚拟官僚主义

与最初的通过全球虚拟办公提高效率相反的是，人们观察到电子通信呈指数级增长，但是创造性工作并未发生相同的变化。虚拟官僚增强了传统官僚的压力，并带有新的特征，例如各级管理层的电子邮件轰炸；给组织中的每个雇员转发通信流程；被巨大的虚拟培训计划所困扰，填写电子反馈表或者是做详尽的调查；连续跟踪事务性任务并不惜任何代价推动个体去完成等，这使得创造性工作的效率大大降低。计算智能不能消除这个事件的根本原因是其来源于企业文化、管理政策和人性。然而，通过对管理决策建模并且分析业务沟通的效率，就有可能确定消息中的官僚内容标准。这可能使个体免受官僚主义干扰，其工作方式非常类似于垃圾邮件过滤。

另外，可以通过智能代理模拟的方法来展示管理决策的结果和创建虚拟官僚主义。

15.3.8 精简

对不同方法和建模技术在工业中的生存能力的分析表明，越简单的解决方案使用的时间越长，并且被其他方案代替的可能越小。典型的例子是PID控制器，60多年来一直是制造业的支柱控制系统。最近的一项调查显示，PID用在超过90%的实时

---

[1] J. Shapiro, *Modeling the Supply Chain*, Duxbury, Pacific Grove, CA, 2001.

控制系统中，从消费类电子产品如相机到工业过程如化工过程[1]。原因之一是它们的结构简单，工程师和操作人员只需要有通用的知识即可。参数调整规则也很简单，易于理解。

当多目标优化将复杂性作为一个明确的标准使用时，计算智能就能导出简单的解决办法。这种方法在化学工业上成功应用的例子是，通过使用Pareto-front遗传编程生成的符号回归。如在第5章和第14章中说明的，实现的经验模型多数都非常简单，并且很容易被过程工程师接受。它们的维护工作量很低，并且随着过程条件发生改变，其性能都是可以被接受的。

15.3.9 处理权力下放的恶果

无线通信技术的飞速发展使得大规模引入多种工业实体智能元件成为可能，例如，传感器、控制器、封装、零部件、产品等，这些元件价格相对较低。这种趋势给设计内置自管理能力的去中心化系统创造了机会。一方面，这可能促使设计能够持续结构自适应和快速响应不断变化的业务环境的全新的灵活的工业智能系统；另一方面，由成千上万甚至数百万不同性质的通信实体形成的分布式系统的设计原理和可靠操作在技术上仍然是一个梦想。大多数现存的工业系统通过分层组织避免分权造成的障碍。但是，这样做强加了重大的结构性制约，同时假设层次结构即使不是最佳但至少是合理的。问题是这种静态结构和未来产业发展不断增长的动态性形成鲜明的对比。一旦设置，因为结构变化需要大量的投资，所以工业系统的等级结构很少甚至完全不会做出改变。结果是，系统在动态条件下很难高效运行。

由传感器、控制器、制造单元、加工单元相互自由通信构成的去中心化智能系统，可能导出实时最优解，并且能够对变化的商业运行环境做出有效的反应。计算智能是这种系统设计的基础，智能代理是每个分布式实体中智能元件的关键载体。

基于特定的计算智能方法和预期的工业需求的供需思维导图如图15.12所示。计算智能未来的应用趋势是在工业需求和相应的研究方法之间形成最佳匹配。必须注意到这是一种竞争关系，因为一些预期的工业需求可能被其他一些非计算智能方法所满足。

对预期的工业需求的分析表明，未来的需求将会从与生产过程相关的模型转到与商业相关的模型，例如市场、产品分销、供应链和安全等领域。正如在第8章中讨论的，生产过程的一些模型已经饱和，并且一些工厂的运作已经接近最优。在商业过程中使用计算智能对与人相关的活动进行建模，可以提供与工厂运行优化同样的甚至是更大的效益。人类有关的活动的本质是模糊信息、模糊感知和不精确交流。毫无疑问，计算智能是解决这些建模问题的合适方法。

---

① Y. Li, K. Ang, and G. Chong, Patents, software, and hardware for PID control, *IEEE Control Systems Magazine*, 26 (1), pp. 42–54, 2006.

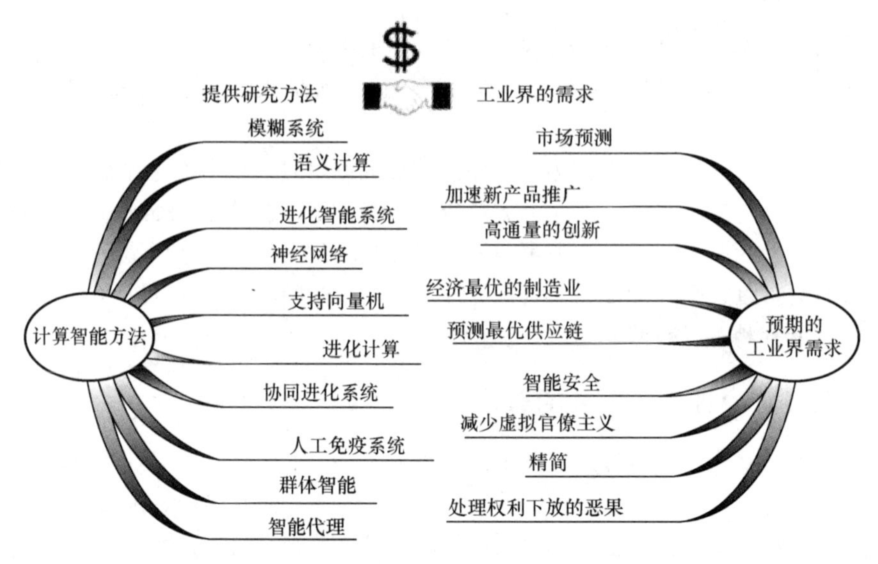

图 15.12　新的计算智能方法和预期的工业需求之间的供需关系

15.4　计算智能应用的可持续性

关于应用计算智能可持续性问题的客观回答取决于计算如何成功地满足预期的工业需求。关于优化存在几个客观的因素，计算智能领域的学术发展非常迅速，出版物和专利数量持续增加。它是计算机科学最活跃的领域之一，不仅产生了新的算法，而且是全新的模式，如语义计算或人工免疫系统。

计算智能可持续性的另一个重要因素是，这种学术发展可以快速与现实世界应用相结合。我们能看到一种自相矛盾的情况，行业没有足够的耐心等待一些方法的理论完善，但是却为其实际应用承担了风险。计算智能这种相对快速的价值创造力对于建立最初的可信度非常关键，可以打开未来工业应用的大门。

计算智能的可持续性主要取决于其在不同行业的技术信誉度。如果工业和学术之间的合作更有效，使用的总成本不断减少，那么潜在用户和应用领域将不断拓宽。

然而，人工智能的应用经验表明，复杂的新技术具有脆弱性。如果方法实施不当，就很可能很长时间都不能再次在产业界获得应用。一些潜在的障碍可能减缓计算智能应用的发展，15.4.2节将讨论这种应用技术的乐趣。

15.4.1　潜在的障碍

可能减缓甚至危害应用计算智能长期可持续性的关键因素如下：

（1）理论与应用的代沟越来越大。新的理论与实践应用之间的链条断裂是失败的原因。在一些研究领域如先进的过程控制，学术界产生的主要理论成果与应用之间存在很大的差别，例如，每年产生的数百个新的理论控制算法并没有实际应用。

（2）昂贵的基础设施。开发成本高限制了计算智能在更大的繁荣的商业应用领域中的进一步应用。如果情况不改变，这个市场在不久将会饱和。基础设施价格高昂的一个原因是软件厂商的数量有限。这个成本可以通过更激烈的竞争并让越来越多的厂商参与计算智能系统的开发得到降低。建议在接触软件供应商过程中增加学术开发人员的角色。

（3）另一种减少基础设施费用的方法是，将计算智能应用集成到已有的工作流程中，例如在第12章中讨论的六西格玛。

（4）精英主义。在引进技术的早期阶段，应用计算智能被视为一个非凡的活动。通常涉及龙头企业，并且在研发方面有最好的研究人员，在应用领域有德高望重的专家。然而，这样的精英方法可能会限制发展，必须转为大规模的应用。成功的关键标志是，计算智能用户从大企业到小企业逐渐过渡。最初，小企业可以在领先的研究团队、供应商和大企业之间发挥重要的中间商作用。从目前的研究方法和工业需求之间的市场触发，定义关键应用，逐渐地寻找市场定位。

（5）在集成方面努力不足。正如第11章中讨论的，计算智能方法之间不同形式的集成分为计算智能方法之间的集成或与其他方法之间的集成，是实际应用的关键。然而，这个方向的研究工作却很少，因为发现新方法比不同的建模方法集成更受关注。此外，集成多种计算智能方法的软件尚不存在。这成为计算智能应用的一个大的障碍，并且可能增大理论和实践间的差距。

15.4.2 有趣的计算智能

本书的最后一个章节将专门讨论计算智能探索、应用和使用的乐趣。实际上，它是并且将是这项惊人技术的主要驱动力。下面讨论了一些用计算智能创造乐趣的例子，它可以生成新的应用领域。

一个例子是兴趣教育，几乎涉及所有主题的有趣的智力游戏。它改革学习方式、吸引学生注意力，这一点和目前人们对游戏机（PlayStation）的痴迷效果类似。

另一个例子是进化艺术，它可以在各种不同的艺术形式中加入新的创意和乐趣，而且它可以为许多新的人才创造机会，这其中大多数都将是非专业人士。

然而，最大的机遇是，不断壮大的受过高等教育的从小伴随计算机成长的一代，他们的退休生活将会大大不同。他们将在挑战技术上花费大量的空闲时间，例如计算智能。预计，战后出生的一代人将打开智能健康分析和监护的大门，在这一领域计算智能可以发挥巨大的作用。

15.5 小　　结

主要知识点：

供需驱动的应用研究是解决当前工业需求的一个有效机制。

计算智能技术的学术思想供应方提供的新技术包括语义计算、进化智能系统、协同进化和人工免疫系统。

未来10~15年工业需求的各个方面包括市场预测、加速新产品的推广、高通量的创新、经济最优的加工制造、预测最优供应链、智能安全、减少虚拟官僚机构、精简和处理权力下放的恶果。

未来计算智能应用的趋势取决于工业需求和相应研究方法的最佳匹配。

计算智能长期的可持续性取决于用户群的拓宽，未来其用户群将从大企业过渡到小企业直至个人。

总　　结

计算智能应用的未来方向取决于工业需求。

推荐阅读

下面的参考文献描述了计算智能的一些新技术：

P. Angelov, D. Filev, and N. Kasabov (Eds), *Evolving Intelligent Systems: Methodology and Applications*, Wiley, in press.

D. Dasgupta, *Advances in Artificial Immune Systems: IEEE Computational Intelligence Magazine*,1, 5, pp. 40–49, 2006.

L. de Castro and J. Timmis, *Artificial Immune Systems: A New Computational IntelligenceApproach*, Springer, 2002.

L. Zadeh and J. Kacprzyk (Eds), *Computing with Words in Information/Intelligent Systems 1(Foundations)*, Springer, 1999.

L. Zadeh, Toward human level machine intelligence – Is it achievable? The need for a paradigm shift, *IEEE Computational Intelligence Magazine*, 3, 3, pp. 11–22, 2008.

很好的在长期预测中使用通用趋势的参考书：

R. Kurzweil, *The Singularity is Near: When Humans Transcend Biology*, Viking, 2005.

在此书中提出了根据不同的微观趋势预测的相反方法：

M. Penn and K. Zalesne, *Microtrends*: *The Small Forces Behind Tomorrow's Big Changes*,Twelve, New York, NY, 2007.

术语表

精度（Accuracy）：用于模型时，精度通常指模型和数据之间的匹配程度，可以用来评价模型的预测误差。

自适应系统（Adaptive system）：自适应系统可以随着外部环境的改变而改变，其性能可以通过与外部环境的交互而得到提高。

基于代理的集成商（Agent-based integrator）：可以协调商业过程的多个代理构成的系统。

代理建模（Agent-based modeling）见“智能代理”。

代理系统（Agent-based system）：具有多个代理的系统，包括社会交互，例如合作、协调和谈判。

蚁群优化（Ant Colony Optimization，ACO）：一种针对困难的优化问题寻找近似解的样本方法。在蚁群算法中，一组软件代理被称为人工蚂蚁，对具体的优化问题使用它们来寻找最优解。

前项（Antecedent）：一个规则中的如果部分的条件陈述。

应用人工智能（Applied AI）：通过模拟人类智能来表示已有的领域知识和推理机制以解决特定领域问题的方法和架构。

应用计算智能（Applied CI）：通过学习和发现复杂动态环境中的新模式、关系和结构来增强人类智能、解决实际问题的方法和架构。

近似推理（Approximation reasoning）：对系统的不精确求解。近似推理的特点是由模糊前提造成的模糊化和非唯一性。

近似（Approximate）：能够胜任具体目标的不精确解。

人工智能（Artificial Intelligence，AI）：计算机科学中的一部分，主要设计能够表现人类行为中的智能特征（理解语言、学习推理和解决问题等）的计算机系统。

人工神经网络（Artificial Neural Network，ANN）：一个由处理单元——神经元连成网络的系统，它可以通过调整权重进行学习。

假设空间（Assumption space）：通过具体的建模技术可以获得有效结果的条件。

生物计算（Bio-inspired computing）：生物计算使用来源于生物的方法、机制和特点来开发新的计算机系统用于解决复杂问题。

黑盒模型（Black-box model）：对用户不透明的模型。

自下而上建模（Bottom-up modeling）：包括通过拼凑形成宏大系统，将原始的子系统升级为大系统。在自底而上方法中，首先对系统中的个体基础单元进行细化。这些单元共同构成大的子系统，它们之间再进行互联，某些情况下可能会存在多个层级，最终形成完整的顶层系统。

染色体（Chromosome）：表示个体（实体）的一串基因。

分类（Classification）：将物体分成不同的组。

聚类（Clustering）：聚类算法寻找具有类似特征的组。例如，公司根据收入、年龄、消费类型和以前的索赔经验等采用聚类算法将客户分成不同的组。

协同进化（Co-evolution）：一个种群通过与其他种群的交互完成的进化。

组合优化（Combinatorial optimization）：优化的一个分支，其具有多个离散的可行解，或者可以简化成一个离散的可行解，目标是寻找最佳的可行解。

研究方法的竞争优势（Competitive advantage of a research approach）：其他技术与之相比在技术上不具优势地位，同时该方法可以很容易地在市场中获得竞争优势地位。

复杂系统（Complex system）：一个系统由多个交互的部分组成，它的活动是非线性的，通常还呈现自组织的特点。

计算智能（Computational Intelligence，CI）：一门方法学，通过计算来学习或处理新的情形，使得系统具有一个或多个推理属性，例如泛化、发现、相关和抽象。

置信区间（Confidence limit （interval））：在相应的置信水平（例如 95%）下的模型参数的区间。

结果（Consequent）：规则中的如果部分的结论。

收敛（Convergence）：在进化算法中，其定义为样本中的个体趋近于相同的趋势。

交叉（Crossover）：在有性繁殖过程中，基因材料之间的部分交换。

维度灾难（Curse of dimensionality）：在数学空间中，随着增加额外的维度，问题的难度会呈指数增加。

数据（Data）：通过记录、投票、观察、测量来收集数据，通常将数据组织起来用于分析和决策。简单地讲，数据就是事实、交易记录和图。

数据分析（Data analysis）：通过研究和总结数据来提取有效信息、得出结论的过程。

数据挖掘（Data mining）：一个信息和知识抽取活动，它的目标是发现数据库中隐藏的事实。典型的应用包括市场划分、客户分析、欺诈检测、零售促销评估和信用风险分析。

数据记录（Data record）：数据库中的一行数据。

决策（Decision-making）：在多个备选中选择一个的脑力思维过程。

隶属度（Degree of membership）：一个 0～1 之间的数值，代表一个东西属于某个相关组的程度。

自由度（Degrees of freedom）：用于估计模型参数的一组多个独立的测量值的个数。

应变量（Dependent variable）：模型的应变量（输出或响应）是方程或规则对独立变量（输入或预测）的响应结果。如果将一个模型表示成 $y=f(x)$，则 y 是应变量，x 是独立变量。

部署成本（Deployment cost）：包括运行新的应用所需的硬件成本、软件的授权费、将新应用集成到已有工作流程中所需的人力成本（或者重新设计新的工作流程）、训练终端用户和开发模型。

非导数型优化（Derivative-free optimization）：不需要明确计算目标函数的导数的优化方法。

六西格玛设计（Design For Six Sigma，DFSS）：一种设计新产品的方法，同时也包括对从六西格玛层次考虑存在缺陷的产品的重新设计。

实验设计（Design Of Experiments （DOE））：一种收集数据的系统方法，目标是可以从收集到的数据中最大化地获取信息，以确定影响一个过程的多个因素之间的因果关系，这个过程可以测量一个或多个输出。

设计数据（Designed data）：通过实验设计收集的数据。

开发成本（Development cost）：包括必要的硬件成本（特别是需要采购超过普通个人计算机计算能力的计算资源时）、开发软件的授权费以及引入、改进、维护和应用新技术的成本。

颠覆性技术（Disruptive technology）：一项创新技术、产品或服务使用颠覆性策略而非演化或维持策略，即它直接推翻市场上已有的主导技术或产品。

聚类的距离（Distance to cluster）：有多种不同方式来计算一个数据点和一个聚类之间的距离。最常用的方法称为均方欧氏距离，它通过计算每一个变量的平方差之和，然后取开方而获得。

领域专家（Domain expert）：在一个特定的技术领域具有深厚的知识和很强的实践经验的人。

动态模型（Dynamic model）：捕获系统状态的改变，它通常表示为微分或差分方程。

电梯演说（Elevator pitch）：对一个产品、服务或项目的浓缩性介绍。这个名字反映了推介可以在一次电梯运行中完成，时间约在 60s 以内。

新兴现象（Emerging phenomena）：当多个实体工作于一个环境中时，它们可以通过交互形成非常复杂的行为，这时就会出现新兴现象。

新兴技术（Emerging technology）：一个常用术语，指的是一些技术以非常高调的姿态进入新的领域，获得广泛应用。当前的新兴技术有纳米技术、生物技术和计算智能。

经验模型（Empirical model）：仅基于数据，用于预测。经验模型由函数组成，可以捕获数据中的趋势。

误差（Error）：实际值与模型的预测值之间的差异。

欧氏距离（Euclidean distance）：见“聚类的距离”。

进化算法（Evolutionary algorithm）：一个基于样本的优化算法，它使用类似生物进化的机制，例如繁殖、重组、免疫和选择。

进化计算（Evolutionary computation）：在计算机上模拟自然进化，对给定匹配度的问题自动生成解。

专家系统（Expert system）：能够达到某一领域专家知识水平的计算机程序。

表示复杂度（Expressional complexity）：一个数学表达式的复杂度测度，可以表示为树状结构的节点数。

外插（Extrapolation）：预测建模可以超越已知和已识别的系统的能力，超越已获取数据范围的能力。

假阴性（False negative）：一个结果被认为是阴性，但实际上它是阳性。

假阳性（False positive）：实际上是阴性，测试结果为阳性，导致又接受了一些不必须的测试检验。

特征空间（Feature space）：数学上对原始变量进行变换以后获得的抽象空间。完成变换的函数称为核。

反馈（Feedback）：输出信号的一部分又接入输入端的过程。

第一原理建模（First-principles model）：通过自然定律开发模型。

匹配函数（Fitness function）：用于计算匹配度的数学函数。在复杂的优化问题中，它测度的是一个特定解的匹配度。函数值越高或越低，解的匹配度越好。

匹配地形（Fitness landscape）：对所有的候选解评价匹配函数。

模糊逻辑（Fuzzy logic）：与二值逻辑不同，模糊逻辑是一个多值逻辑，并且可以处理部分真实的概念（处于完全真实或完全虚假之间）。

模糊数学（Fuzzy math）：杂乱的或错误的计算。

模糊集（Fuzzy set）：具有模糊边界的集合，例如“小”“中等”或“大”。

模糊系统（Fuzzy system）：使用自然语言和非二值逻辑来量化建模的方法。

泛化能力（Generalization ability）：模型使用从未训练过的数据获得正确的结果的能力。

代（Generation）：在进化算法中的一次迭代。

遗传算法（Genetic Algorithm，GA）：一个进化算法生成一组可行解的样本，这些样本都被编码成染色体，在进化中评价它们的匹配度，并通过使用遗传算子如交叉和变异生成新的后代样本。

遗传编程（Genetic Programming，GP）：用于结构进化的进化算法。

基因类（Genotype）：生物的基因。

GIGO 1.0 效应（GIGO 1.0 effect）：垃圾进，垃圾出。

GIGO 2.0 效应（GIGO 2.0 effect）：垃圾进，金子出。

全局最小（Global minimum）：一个函数在其整个参数范围内的最小值。

梯度（Gradient）：一个函数的斜率或倾角率。

直觉（Heuristics）：经验法则。

超平面（Hyperplane）：对二维平面上的直线、三维空间内的平面在更高维度上的泛化。

假设检验（Hypothesis test）：用于在备选之间选择能使风险最小化的项的统计算法。

病态问题（Ill-defined problem）：在某些方面其结构缺乏定义的问题。在问题开始求解时，其结果（一组目标）和措施（一组过程行为和决策规则）之间存在的关系未知。

独立变量（Independent variable）：一个模型的独立变量（输入或预测）就是那些用于模型方程或规则的变量，将它们输入模型以预测输出变量即应变量。一般将模型表示成 $y=f(x)$，y 是应变量，x 是独立变量。从统计上来说，当两个变量同时发生的概率等于两个变量单独发生的概率之积时，就说明两个变量是独立的。

归纳学习（Inductive learning）：从特例推广到用模型表示的通用关系。

推理机制（Inference mechanism）：专家系统最基本的构成，通过它专家系统可以得出结论（寻找到解）。

输入（Input）：见“独立变量”。

智能代理（Intelligent agents）：一个人工实体，它具有多个智能特性，如自治、对环境改变充分响应、持续性追求目标、灵活、鲁棒以及与其他代理存在社会交互。

内插（Interpolation）：模型对已知范围内的输入数据进行预测。

核（Kernel）：一个数学函数，可以将原始变量转变为特征。

失配度（Lack Of Fit，LOF）：表示模型与数据不匹配程度的统计测度。

自然定律（Laws of Nature）：描述自然界中的循环现象或事件的通用规律，如物理定律。

大数定律（Laws of numbers）：规则或定理表明，一个随机变量的大量独立测量值的平均值总是趋近于该变量的理论平均值。

学习（Learning）：基于已有的数据训练模型（估计模型的参数）的过程。

最小二乘（Least squares）：通过选择权重，使模型的预测值与观测值之间的差值的平方和最小的一种方法。这种方法通常用来训练（估计）模型的权重（参数）。

线性模型（Linear model）：一个模型与 β_k 而非输入变量 x 线性相关，也就是说输出与输入之间是非线性关系的模型，仍然可以当成线性模型对待，只要模型的参数是线性形式的。

语义变量（Linguistic variable）：可以取值为词组或短语的变量。

局部最小值（Local minimum）：在输入参数范围的一部分内，一个函数所对应的最小值称为局部最小值。

损失函数（Loss function）：见“匹配函数”。

机器学习（Machine learning）：设计和开发使机器进行学习的算法和技术的研究领域。

模型的维护成本（Maintenance cost of a model）：包括模型的验证、重新调整和重新设计所需要的长期支持和付出。

市场短视（Marketing myopia）：集中关注产品而非用户利益。

隶属度函数（Membership function）：定义模糊集的数学函数。

模型（Model）：可以是描述性的，也可以是预测性的。预测性模型有助于理解基本过程或行为。预测性模型是一组方程或规则，可以通过其他项（已知的独立变量或输入）来预测未见或未测量的值（应变量或输出）。一般将模型表示为 $y=f(x)$，y 是应变量，x 是独立变量。

模型复杂度（Model complexity）：与模型的类型和结构有关。对统计模型主要是参数的个数，对神经网络主要是隐层和神经元的个数。

模型置信度（Model credibility）：模型可信是指模型在很宽的工作条件下性能稳定。通常情况下，模型置信度取决于其工作原理、性能和透明度。

模型部署（Model deployment）：简单地讲，就是使用模型，如用模型进行过程控制或用户通过 Internet 周期性访问和使用模型。部署可以是离线、静态地使用模型，也可以是作为大系统的一部分在线、嵌入式地使用模型。

模型可解释性（Model interpretability）：使用过程知识解释模型的结构和行为。

模型维护（Model maintenance）：包括周期性的模型验证和校正，例如模型重新调整和重新设计。

模型过匹配（Model overfit）：一个模型为达到匹配而具有太多参数，这会导致模型对于未知数据的预测性能明显恶化。

模型性能（Model performance）：根据已经定义的匹配函数，模型对未知数据可靠预测的测度。

模型重新调整（Model readjustment）：对新数据重新匹配模型参数的过程。

模型重新设计（Model redesign）：在新数据的基础上重新开发模型。

模型选择（Model selection）：模型选择基于多个准则，大部分基于模型在测试数据上的性能以及模型的复杂度。

模型欠匹配（Model underfit）：模型匹配中参数太少，不能充分表示给定数据间的函数关系。

多重共线性（Multicollinearity）：假设模型输入之间存在关联结构，输入之间的多重共线性可能导致模型参数的有偏估计。

多层感知器（Multilayer perceptron）：一种最流行的神经网络结构，其神经元之间互联形成层。多层感知器有三层，分别是输入层、隐层和输出层，隐层用于捕获非线性关系。

多目标优化（Multiobjective optimization）：同时优化两个或两个以上的互相矛盾的目标，目标同时受限于某些约束。如建模中，最优模型追求同时满足模型精度和模型复杂度两个目标。

自然选择（Natural selection）：在自然界进化中，只有最适应环境的生物得以生存，并使它们的生物基因得以存续，繁衍后代。

神经网络（Neural network）：见“人工神经网络”。

非线性模型（Nonlinear model）：应变量 y 和至少一个模型参数之间的关系是非线性关系，这样的模型称为非线性模型。

目标函数（Objective function）：见“匹配函数”。

目标智能（Objective intelligence）：通过机器学习、模拟进化和新兴现象自动抽取解的人工智能。

面向对象编程（Object-oriented programming）：一种高级编程语言，使用对象作为分析、设计和实现的基础。

知识体系（Ontology）：在一个领域中，描述概念以及概念之间的关系。

优化（Optimization）：对一个问题的迭代过程，使得对应特定的目标函数，解更有效、更完善。

优化准则（Optimization criterion）：选择一个预测和数据估计之间的差值函数进行优化，使函数或准则最优化。

最优值（Optimum）：能使条件、程度或某种量达到最优。

奇异值（Outliers）：从技术上讲，奇异值就是那些并不属于同一样本的数据，这些数据落在绝大多数数据所包含的边界之外。

输出（Output）：见“应变量”。

过匹配（Overfitting）：某些建模技术对数据中的随机变异过于敏感，结果误将其识别为重要模式。

Pareto-front 遗传编程（Pareto-front genetic programming）：一种基于多目标选择的遗传编程算法。

简约原则（Parsimony）：应该选择能够解释现象的最简单的解释。在经验建模中，通常使用尽可能少的变量来开发鲁棒模型。

粒子群优化（Particle Swarm Optimization，PSO）：基于样本的随机优化方法，灵感来源于鸟类或鱼类的群聚行为。

模式（Pattern）：一种能够表示抽象行为的规律。例如，模式可以是两个变量之间的关系。

模式识别（Pattern recognition）：在决策过程中不需要人工参与自动识别图、符号、形状、表格和模式的过程。

显型（Phenotype）：生物体的一组可观察的特性，主要是它的身体和行为。

信息素（Pheromone）：昆虫分泌的一种化学物质，用于向同类中的其他成员传递信息。

比例积分微分控制（PID control）：一种广泛应用于工业控制系统的反馈闭环控制机制。PID 控制器通过计算尝试校正过程变量的测量值和预设值之间的误差，然后输出一个校正动作，相应地调整过程。

样本（Population）：同一品种或类型的一组个体。

样本多样性（Population diversity）：主要包括显型之间的行为差异和基因型之间的结构差异。

预测型模型（Predictive model）：用于分析和规划的实体的数学表示方法。

早熟收敛（Premature convergence）：优化问题的样本收敛过早。

主成分分析（Principal Component Analysis，PCA）：一种将多维数据降为低维数据的技术。

概率（Probability）：对于特定事件，量化描述其似然性的方法。

过程监控系统（Process monitoring system）：一个监控所有位置点的中央系统，或跨越大区域的复杂系统。

范围（Range）：数据的范围就是数据中最大值和最小值之间的差值。也就是说，范围中包含最小值和最大值，例如“数据范围从 2 到 8”。

记录（Record）：一列特征值表述一个事件。通常情况下，数据集、数据库或电子表格中的一行代表一个记录，有些情况下也称为案例。

并发神经网络（Recurrent neural network）：具有记忆和反馈环路的神经网络结构，可以表示动态系统。

回归（Regression）：一种对于连续性变量构造基于方程的预测模型的技术，其目标是最小化测量误差。

增强学习（Reinforcement learning）：基于动作和奖励评价的试错机制。

残差（Residual）：见“误差”。

鲁棒模型（Robust model）：很少受到异常观测或奇异值影响的模型。

R 平方值（R-squared，R^2）：一个处于 0～1 之间的值，它评价的是模型与训练数据匹配的程度。1 表示完美匹配，0 表示模型没有预测能力。

规则（Rule）：用如果（前提）和那么（结果）这种形式表示的陈述。

搜索空间（Search space）：对于一个具体问题，所有可能的解的集合。

自组织映射（Self-Organizing Map，SOM）：神经网络的一种结构，通过对输入数据中存在的模态进行拓扑映射完成构造，神经元的坐标关系反应了数据模态中的本质统计特征。

自组织（Self-organization）：不需要外部组织或管理能够自动提高系统组织性的过程。

西格玛（Sigma）：一个评价均值附近随机误差散布程度的测度。

六西格玛（Six Sigma）：最初由摩托罗拉公司开发的商业管理策略，主要用于寻找加工和商业过程中的缺陷和错误的原因。

统计学习理论（Statistical learning theory）：关于学习和泛化的统计理论，主要解决对具体经验数据如何选择目标函数的问题。

统计（Statistics）：统计是一个数学分支，主要用于处理大量的数值数据的收集、分析、解释和描述。

生物信息素（Stigmergy）：间接通信方法，个体通过修改它们的局部环境进行通信。

随机过程（Stochastic process）：与确定性过程相对应。

主题专家（Subject Matter Expert，SME）：见“领域专家”。

主观智能（Subjective intelligence）：基于专家知识和经验法则的人工智能。

监督学习（Supervised learning）：一种机器学习类型，它需要一个外部教师，由他给神经网络提供学习样本序列。最终，生成输入和预期输出之间的功能映射关系。

支持向量机（Support Vector Machines，SVM）：由统计学习理论的数学分析中导出的一种机器学习方法。基于信息量最大的数据生成模型，这些数据点成为支持向量。

群体智能（Swarm intelligence）：一种计算智能方法，通过人工计算机实体群来模仿动物和人类社会中的交互行为，进而探索集体行为的优势。

符号推理（Symbolic reasoning）：一种基于符号的推理，它可以表示不同类型的知识，例如事实、概念和规则。

符号回归（Symbolic regression）：一种自动发现数学表达式的函数形式和数值参数的方法。

测试数据（Test data）：测试数据独立于训练数据集，它用于精细调整模型的参数（如权重）估计。测试数据集在避免模型过匹配（过度训练）方面特别有用。

整体使用成本（Total-cost-of-ownership）：模型的开发、部署和维护成本的总和。

训练数据（Total-cost-of-ownership）：用于估计或训练模型的数据集。

直推学习（Transductive learning）：直接通过已有数据不需要通过构建预测模型来完成预测的机器学习方法。

非设计模式数据（Undesigned data）：在实验设计（DOE）中采用非系统方式收集的数据。

通用近似（Universal approximation）：能够以任意精度逼近任意函数。神经网络就是一种通用近似器。

非监督学习（Unsupervised learning）：一种机器学习类型，它不需要教师。神经网络通过在输入数据中发现的模态进行自我调整。

内容简介

计算智能领域中的很多学术思想已经以极快的速度和持久性渗透到了工业界，数以千计的实际应用证明了模糊逻辑、神经网络、进化算法、群体智能和智能代理在实际使用中的潜力。本书以简明清晰、科学严谨的方式介绍了各种计算智能方法的科学原理、开发流程和实际应用。本书内容共十五章，分为四个部分：第1部分是计算智能构成要素的简明介绍，主要讲述了模糊系统、人工神经网络、支持向量机、进化计算、群体智能和智能代理技术的科学原理、应用领域及开发流程；第2部分侧重于讨论计算智能创造价值的潜力，介绍了计算智能的主要应用领域、竞争优势以及应用中所遇到的一些实际问题；第3部分涵盖了本书最重要的内容，即成功应用计算智能解决实际问题的方法策略，并给出了在制造业和新产品设计方面高效整合计算智能技术以解决实际问题的具体实例；第4部分指明了计算智能的未来发展方向。

本书的目标读者不仅包括现有的计算智能科学团体，同时包括从事计算智能、机器学习、数据挖掘、人工智能、计算机科学与技术等领域研究工作的大学教师、科技工作者、研究生、大学本科高年级学生和从事企业管理、流程开发、工业应用软件开发的不同行业的工作者，以及六西格玛用户、管理人员、软件供应商、企业家等工程应用开发和企业管理人员。

本书的特点：

1. 以广阔的视野描述计算智能，拓宽了计算智能的应用领域；
2. 力求科学技术的纯正性与市场行销之间的平衡；
3. 强调可视化的描述。